大学物理学习与习题辅导

（附大学物理学习与习题辅导作业）

陶桂琴　张本袁　殷　实　陈小凤　编著

东南大学出版社
南京

图书在版编目(CIP)数据

大学物理学习与习题辅导/陶桂琴等编著. —南京：东南大学出版社，2009.1（2013.1重印）
ISBN 978-7-5641-1045-1

Ⅰ. 大…　Ⅱ. 陶　Ⅲ. 物理学—高等学校—教学参考资料　Ⅳ. 04

中国版本图书馆CIP数据核字(2009)第008100号

大学物理学习与习题辅导

出版发行　东南大学出版社
出 版 人　江建中
网　　址　http://press.seu.edu.cn
电子邮箱　press@seu.edu.cn
社　　址　南京市四牌楼2号
邮　　编　210096
电　　话　025-83793191(发行)　025-57711295(传真)
经　　销　全国新华书店
排　　版　南京理工大学印刷厂
印　　刷　溧阳市晨明印刷有限公司
开　　本　787mm×1092mm　1/16
印　　张　23.5
字　　数　542千
版　　次　2009年1月第1版
印　　次　2013年1月第4次印刷
书　　号　ISBN 978-7-5641-1045-1
印　　数　9001—11500册
定　　价　44.00元(共2册)

序

随着时代的发展，大学物理课程的教学工作面临的新问题不断地出现. 怎样帮助同学们在有限的学时内，更好地达到大学物理课程的教学基本要求，掌握大学物理课程的核心内容，是从事大学物理教学的广大教师孜孜以求的目标之一.

同学们在学习大学物理课程时，常常对一些物理基本概念和规律理解不深，掌握不透，表现在遇到问题时束手无策，无从下手. 这说明他们在分析问题、解决问题的能力上还有待进一步提高. 多看、多练是学习过程中不可缺少的环节，这时手头有一本好的学习参考书，可以帮助同学们少走弯路，起到事半功倍的作用. 为此我向同学们推荐这本《大学物理学习与习题辅导》.

东南大学及东南大学成贤学院的系科众多，要求各异，东南大学成贤学院从事大学物理教学的老师们总结了许多行之有效的教学模式，习题讨论课是其中一个比较成功的经验. 在历届的教学工作中，他们不断地总结经验，不断地创新提高，《大学物理学习与习题辅导》就是他们多年辛勤汗水的结晶. 书中对一些有典型意义的问题作了深入细致的分析，富有启发性，对同学们加深理解和切实掌握物理概念和物理规律很有帮助. 书中更重视基本解题方法指导和训练. 题目精炼，类型丰富，难度适中且有层次，便于同学们复习参考，也便于教师上课时选用. 他们将物理相关内容适当合并成七个单元，十分有利于同学们学完有关章节后的综合复习和提高. 每单元都有内容提要、解题指导、讨论题、综合习题、自测题和活页作业，构成了一个完整的学习体系. 此外，还为一些基础较好、学有余力的优秀学生穿插了少部分的拓展内容.

愿编者的意愿和同学们的学习目标一致，共同为大学物理的教与学取得丰硕成果而努力.

馬文蔚

2008 年 10 月

前　言

本书是根据马文蔚教授主编的高教版《物理学》（第五版）和《物理学教程》（第二版）两本教材的内容，在原《大学物理学习与习题指导》（第一版）基础上，参照教育部非物理类大学物理课程教学基本要求的最新精神改编的. 它力求适应当今大学物理课程的教学需要，既可为学生课后自己理解、复习、提高提供详尽指导，也为教师积极开展旨在提高学生科学素质的习题讨论课提供素材，并为正在学习大学物理课程的学生提供分单元的课后作业，在帮助学生加深理解大学物理的基本概念和规律的同时，也注重帮助同学们掌握物理学的各种思想方法，从而提高学生分析问题、解决问题的能力.

本书根据物理课程的知识体系分为七个单元，覆盖大学物理课程的所有基本内容和部分拓展内容. 每个单元设有内容提要、解题指导、讨论题、综合习题、自测题和活页作业 6 个部分，内容提要总结了本单元的基本概念和规律，指出了应用条件和需要注意的问题，归纳了本单元所涉及的重要思想方法. 解题指导则针对教学内容的重点和难点有层次地精选了若干经典例题，通过分析，帮助学生建立正确的物理图像和解题思路. 书中所选例题、讨论题、综合习题和自测题除了注重物理知识的覆盖面外，还注重对重点、难点内容的必要的重点训练，这里有各种解题方法的综合应用、物理学各部分知识的融合以及物理学基本原理在工程技术中的应用等，以期培养学生的创新思维和工程意识，自测题则为学生学完本单元内容后检查学习效果提供一种手段. 活页作业则为学生提供课后作业，其内容着重于基本概念的理解和基本规律的常规训练，涉及物理知识的方方面面，与本书其他内容构成了一个完整的教育和训练体系. 为适应教学新需要，活页作业单列印刷成册. 全书除了为所有学习大学物理课程的学生达到课程基本要求提供各种训练外，还为那些学有余力的优秀学生提供指导，并冠以“ * ”号以示区别.

本书绪论及第三、七单元由陶桂琴编写，第一单元由陈小凤编写，第二、四单元由张本袁编写，第五、六单元由殷实编写，编者不仅是东南大学教师，自东南大学成贤学院成立以来就在该院从事教学工作，得到了东南大学成贤学院的支持与赞助，同时还得到了新老同仁们的帮助，在此一并表示衷心感谢.

由于编者水平有限，不妥之处在所难免，敬请读者不吝指正.

编者

于东南大学

2008 年 10 月

目　录

0 绪 论

物理学研究的内容非常广泛,物理学定律是自然界最基本的定律,物理学研究问题的方法是人类认识自然的最基本方法,物理学的前沿是世界科学的前沿,物理学既是自然科学的基础学科,也是自然科学前沿的伴侣. 在大学里,“大学物理”课是理工科专业必修课,必须学好大学物理课,才能在今后的专业工作中充分地施展能力.

如何能够学好“大学物理”课呢? 我们做以下推荐:

1. 必须正确理解、深刻领会物理学中的基本概念及基本定理　只有这样你才能准确知道定律及有关公式的适用范围.

2. 善于抽象　物理学定律常常是以数学形式表达出来的,因而必须善于把具体的、实际的问题抽象化为数学关系,当通过定理或定律计算出结果时,也必须善于分析、讨论,转化到具体实际问题中来.

3. 必须完成一定量的作业　为了提高分析问题、解决问题的能力,必须完成一定量的作业,以此复习巩固知识,加深对问题的理解,同时通过作业培养表达能力.

为了帮助同学们高标准地完成物理作业,对此提出以下要求:首先认真复习有关内容;仔细审题,搞清题意,简要地写出该题的已知条件和待求的物理量;画出必要的示意图(例如示力图、坐标系等);说明应用的物理概念、物理定律、思路、列方程的依据;先求文字解,再代入数据计算;对计算结果进行讨论.

下面举两例作为示范,供参考.

【例 0-1】　质量 $M=10$ kg,半径 $R=0.20$ m 的匀质圆柱体与质量 $m=4$ kg,半径 $r=0.10$ m 的匀质圆柱体固定在一起,可以绕水平光滑几何轴 OO' 转动,现分别绕以足够长的轻绳,绳的一端固定在圆柱体上,另一端系一质量分别为 m_1 和 m_2 的物体,且 $m_1=m_2=2$ kg,它们挂在圆柱体的两侧(如图 0-1),若开始时 m_1 与 m_2 离地高度均为 $h(h=2.0\ \text{m})$,并由静止释放,求:

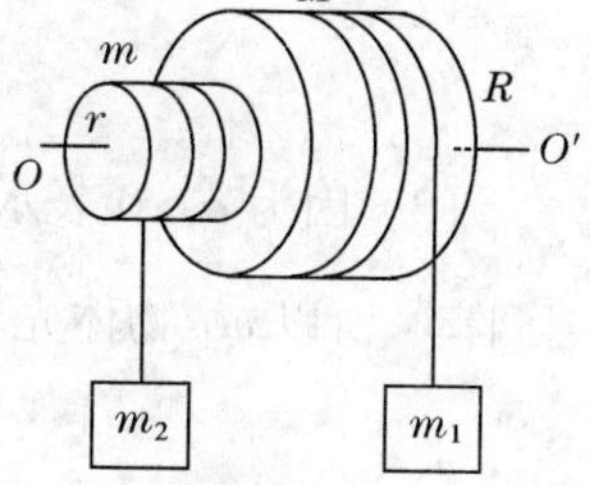

图 0-1

(1) 圆柱体转动的角加速度;

(2) 两侧轻绳的张力;

(3) 经过多长时间一物体着地.

解:(1) 隔离物体,画出联合圆柱体、m_1、m_2 的受力图(如图 0-2). 设各物体的加速度如图所示,m_1 物体作平动,选向下为坐标轴正向,据运动定律有

$$m_1 g - F_{T_1} = m_1 a_1 \tag{1}$$

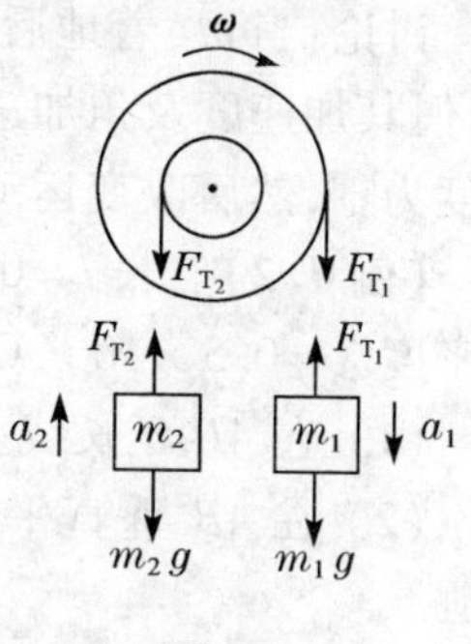

图 0-2

联合圆柱体作定轴转动,设顺时针向为转动正方向,据转动定律有

$$F_{T_1}R - F_{T_2}r = J\alpha = \left(\frac{1}{2}MR^2 + \frac{1}{2}mr^2\right) \cdot \alpha \tag{2}$$

m_2 物体作平动,设向上加速度为 a_2,据运动定律有

$$F_{T_2} - m_2 g = m_2 a_2 \tag{3}$$

根据运动之间关系有

$$\left.\begin{aligned} a_1 &= R \cdot \alpha \\ a_2 &= r \cdot \alpha \end{aligned}\right\} \tag{4}$$

式(1)·R+式(2)+式(3)·r,并代入式(4)可解得

$$\alpha = \frac{m_1 gR - m_2 gr}{m_1 R^2 + m_2 r^2 + \frac{1}{2}MR^2 + \frac{1}{2}mr^2}$$

$$= \frac{2 \times 9.8 \times 0.20 - 2 \times 9.8 \times 0.10}{2 \times 0.20^2 + 2 \times 0.10^2 + \frac{1}{2} \times 10 \times 0.20^2 + \frac{1}{2} \times 4 \times 0.10^2}\ \text{s}^{-2}$$

$$= 6.13\ \text{s}^{-2}$$

(2) 由式(1)及式(4)得

$$F_{T_1} = m_1 g - m_1 a_1 = m_1(g - R\alpha)$$
$$= 2 \times (9.8 - 0.20 \times 6.13)\ \text{N} = 17.1\ \text{N}$$

由式(3)及式(4)得

$$F_{T_2} = m_2 g + m_2 a_2 = m_2(g + r\alpha)$$
$$= 2 \times (9.8 + 0.10 \times 6.13)\ \text{N} = 20.8\ \text{N}$$

(3) 因为 $\alpha > 0$ 表示联合圆柱体顺时针转动,$a_1 > 0$ 表示 m_1 向下平动,$a_2 > 0$ 表示 m_2 向上平动,所以 m_1 物体先着地,对 m_1,$h = \frac{1}{2}a_1 t^2$,所以

$$t = \sqrt{\frac{2h}{a_1}} = \sqrt{\frac{2 \times 2}{0.20 \times 6.13}}\ \text{s} = 1.81\ \text{s}$$

讨论:当 m_1 着地后,与它相联系的绳中张力 T_1 消失,m_2 及联合圆柱体依靠惯性继续运动,但其加速度及角加速度数值和方向都发生变化,作减速运动及减速转动,直至速度及角速度为零,然后改变运动、转动方向……

【例 0-2】 长 $l = 0.20$ m 的绝缘线 AB 上均匀带电,线电荷密度 $\lambda = 0.5 \times 10^{-8}$ C·m^{-1}(如图 0-3),求:

(1) 在 AB 延长线上,离 B 点 $d_1 = 0.10$ m 的 P 点场强;

(2) 在 AB 垂直平分线上,距垂足 $d_2 = 0.10$ m 的 Q 点场强.

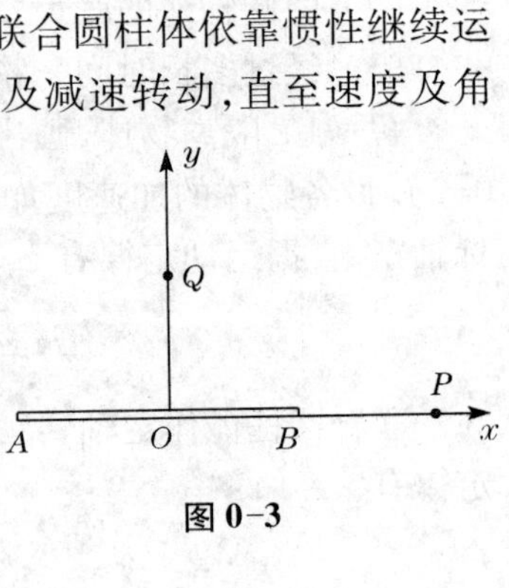

图 0-3

解: 以 AB 中点为坐标原点,沿 AB 方向为 x 轴正方向,与

它垂直方向为 y 轴正方向，P 点在 x 轴上，Q 点在 y 轴上.

（1）把 AB 带电体看作由许多点电荷组成，其中位于 $x\to x+\mathrm{d}x$ 的电荷元带电量 $\mathrm{d}q=\lambda\mathrm{d}x$，它在 P 点产生的场强 $\mathrm{d}E=\dfrac{\lambda\mathrm{d}x}{4\pi\varepsilon_0\left(d_1+\dfrac{l}{2}-x\right)^2}$，沿 x 轴方向（如图 0-4），其余各点电荷在 P 点场强也都沿 x 轴方向.

由叠加原理得

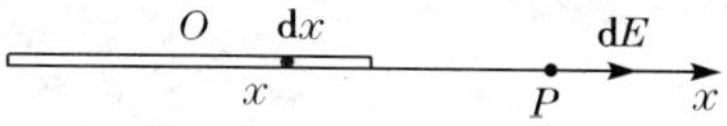

图 0-4

$$E=\int\mathrm{d}E=\int_{-\frac{l}{2}}^{\frac{l}{2}}\frac{\lambda\mathrm{d}x}{4\pi\varepsilon_0\left(d_1+\dfrac{l}{2}-x\right)^2}$$

$$=\frac{\lambda}{4\pi\varepsilon_0}\frac{1}{\left(d_1+\dfrac{l}{2}-x\right)}\Bigg|_{-\frac{l}{2}}^{\frac{l}{2}}=\frac{\lambda l}{4\pi\varepsilon_0 d_1(d_1+l)}$$

$$=9\times10^9\times\frac{0.5\times10^{-8}\times0.20}{0.10\times(0.10+0.20)}\ \mathrm{N\cdot C^{-1}}$$

$$=300\ \mathrm{N\cdot C^{-1}}$$

方向沿 x 轴正方向.

（2）位于 $x\to x+\mathrm{d}x$ 的点电荷在 Q 点产生的场强 $\mathrm{d}E=\dfrac{\lambda\mathrm{d}x}{4\pi\varepsilon_0(x^2+d_2^2)}$，沿 Q 点相对电荷元径矢方向如图 0-5，其余电荷在 Q 点产生的场强方向分布也如图 0-5，因电荷分布对称于 y 轴，故电场分布也对称于 y 轴，合场强在 x 方向分量为零，下面仅将电场向 y 方向投影叠加.

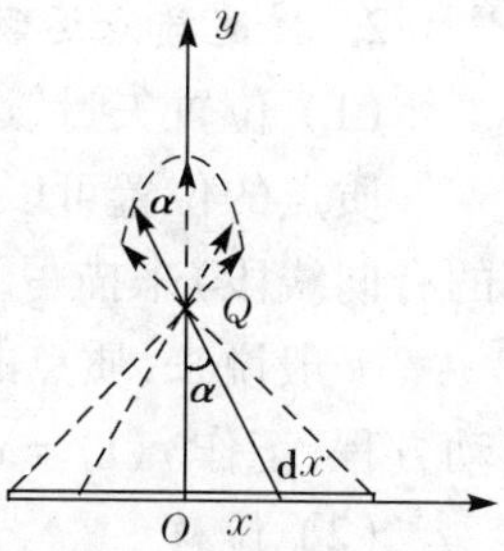

图 0-5

$$\mathrm{d}E_y=\mathrm{d}E\cos\alpha,\quad \cos\alpha=\frac{d_2}{\sqrt{x^2+d_2^2}}$$

$$E_y=\int\mathrm{d}E_y=\int_{-\frac{l}{2}}^{\frac{l}{2}}\frac{\lambda\mathrm{d}x}{4\pi\varepsilon_0(x^2+d_2^2)}\cdot\frac{d_2}{\sqrt{x^2+d_2^2}}$$

$$=\frac{\lambda d_2}{4\pi\varepsilon_0}\cdot\frac{x}{d_2^2\sqrt{x^2+d_2^2}}\Bigg|_{-\frac{l}{2}}^{\frac{l}{2}}$$

$$=\frac{\lambda}{4\pi\varepsilon_0 d_2}\cdot\frac{l}{\sqrt{\dfrac{l^2}{4}+d_2^2}}$$

$$=9\times10^9\times0.5\times10^{-8}\times\frac{0.20}{0.10\times\sqrt{\dfrac{0.20^2}{4}+0.10^2}}\ \mathrm{N\cdot C^{-1}}$$

$$=6.36\times10^2\ \mathrm{N\cdot C^{-1}}$$

方向沿 y 轴正方向.

第一单元　力　学

第一部分　质点运动学

一、内容提要

1. 质点、参考系、坐标系

运动和静止都是相对的概念. 描述物体的运动必须选择一假定不动的物体作为参考系. 选择不同的参考系对物体运动的描述不一定相同. 定量描述物体运动引入坐标系. 常用坐标系有:直角坐标系,平面极坐标系,自然坐标系等.

"质点"是物理学中的一个理想模型. 它突出了物体具有质量、占有位置的基本特征,而忽略物体的形状、大小和形变等,不考虑物体的内部结构,也不涉及物体的转动、内部振动等运动形式.

2. 描述质点运动的物理量

(1) 位置矢量、运动方程

质点的位置可以用它的三个坐标来描述,也可以用位置矢量(即自坐标原点指向该点的有向线段)来描写. 在直角坐标系中,位置矢量的表达式为 $\boldsymbol{r}=x\boldsymbol{i}+y\boldsymbol{j}+z\boldsymbol{k}$.

一般说来,质点的位置是时间的函数. 通常将质点位置随时间的变化关系称为质点的运动方程,记作 $\boldsymbol{r}(t)=x(t)\boldsymbol{i}+y(t)\boldsymbol{j}+z(t)\boldsymbol{k}$,它详尽地描述了质点的运动情况.

(2) 位移

质点运动了,质点的位置就发生了变化. 位移是描述质点运动位置变化的物理量,它是自质点运动的起点指向终点的有向线段. 在直角坐标系中,位移与质点的坐标变化之间的关系为 $\Delta\boldsymbol{r}=\Delta x\boldsymbol{i}+\Delta y\boldsymbol{j}+\Delta z\boldsymbol{k}$.

(3) 速度

质点位置变化的快慢用速度来描述,其定义式为 $\boldsymbol{v}=\dfrac{\mathrm{d}\boldsymbol{r}}{\mathrm{d}t}$,即质点位置矢量对时间的变化率. 在直角坐标系中,$\boldsymbol{v}=\dfrac{\mathrm{d}x}{\mathrm{d}t}\boldsymbol{i}+\dfrac{\mathrm{d}y}{\mathrm{d}t}\boldsymbol{j}+\dfrac{\mathrm{d}z}{\mathrm{d}t}\boldsymbol{k}$;在自然坐标系中,$\boldsymbol{v}=\dfrac{\mathrm{d}s}{\mathrm{d}t}\boldsymbol{e}_{\mathrm{t}}$,式中 s 为质点运动的路程(或质点运动径迹的长度),$\boldsymbol{e}_{\mathrm{t}}$ 为轨道的切线方向.

速度是矢量,其大小为速率,其方向就是质点运动的方向.

(4) 加速度

质点的加速度反映质点速度的变化率,$\boldsymbol{a}=\dfrac{\mathrm{d}\boldsymbol{v}}{\mathrm{d}t}$. 在直角坐标系中,

$$\boldsymbol{a}=\frac{\mathrm{d}v_x}{\mathrm{d}t}\boldsymbol{i}+\frac{\mathrm{d}v_y}{\mathrm{d}t}\boldsymbol{j}+\frac{\mathrm{d}v_z}{\mathrm{d}t}\boldsymbol{k}=\frac{\mathrm{d}^2x}{\mathrm{d}t^2}\boldsymbol{i}+\frac{\mathrm{d}^2y}{\mathrm{d}t^2}\boldsymbol{j}+\frac{\mathrm{d}^2z}{\mathrm{d}t^2}\boldsymbol{k}$$

在自然坐标系中,

$$\boldsymbol{a}=\frac{\mathrm{d}v}{\mathrm{d}t}\boldsymbol{e}_{\mathrm{t}}+\frac{v^2}{\rho}\boldsymbol{e}_{\mathrm{n}}$$

式中第一项叫切向加速度 $\boldsymbol{a}_{\mathrm{t}}=\frac{\mathrm{d}v}{\mathrm{d}t}\boldsymbol{e}_{\mathrm{t}}$,它是由于速度大小发生变化而产生的;第二项为法向加速度 $\boldsymbol{a}_{\mathrm{n}}=\frac{v^2}{\rho}\boldsymbol{e}_{\mathrm{n}}$,它是由于速度的方向变化而产生的,其中 ρ 是轨道的曲率半径.

3. 运动学问题的求解

运动学问题可分为两大类. 第一类:已知运动方程求运动的速度、加速度,这可通过求导方法解决;第二类:已知加速度求速度,已知速度求运动方程,一般运用积分法求解,但须知道初始条件.

由加速度的物理意义及定义式,可以推导出 $\boldsymbol{v}=\boldsymbol{v}_0+\int_0^t\boldsymbol{a}\mathrm{d}t$; 由速度的物理意义及定义式,可以推导出 $\boldsymbol{r}=\boldsymbol{r}_0+\int_0^t\boldsymbol{v}\mathrm{d}t$. 请注意,它们都是矢量式,计算时通常采用分量式. 若加速度为恒矢量(即加速度的大小和方向都不变),则上面两积分式是容易完成的,结果为

$$\boldsymbol{v}=\boldsymbol{v}_0+\boldsymbol{a}t$$

$$\boldsymbol{r}=\boldsymbol{r}_0+\boldsymbol{v}_0t+\frac{1}{2}\boldsymbol{a}t^2$$

此为矢量式,必要时可用分量式计算. 对匀速直线运动,容易导出

$$v^2-v_0^2=2a\cdot\Delta x$$

4. 运动叠加原理

一个运动可以看成由几个同时进行的、各自独立的直线运动的叠加而成,这称为运动叠加原理(或运动独立性原理). 叠加原理是物理学的基本原理之一.

5. 相对运动

运动是绝对的,但人们对运动的描述是相对的. 同一个物体的运动在不同的参考系中的描述不尽相同. 设有两个参考系,一个为 S 系,另一个为 S' 系,S' 系相对于 S 系以速度 $\boldsymbol{u}$ 平动. 则质点相对于 S 系的速度等于质点相对于 S' 系的速度加上 S' 系相对于 S 系的速度,即 $\boldsymbol{v}=\boldsymbol{v}'+\boldsymbol{u}$;质点相对于 S 系的加速度等于质点相对于 S' 系的加速度加上 S' 系相对于 S 系的加速度,即 $\boldsymbol{a}=\boldsymbol{a}'+\boldsymbol{a}_{S'S}$.

6. 本部分要求

掌握位置矢量、位移、速度、加速度等描述质点运动和运动变化的物理量(注意这些物理量的矢量性、瞬时性和相对性);理解其物理意义,并能用直角坐标系或自然坐标系求解质点的速度、加速度;或由质点的速度(或加速度)和已知条件求解质点的运动方程(或速度).

二、解题指导

【例 1-1】 已知质点运动方程 $x=10+15t-2.5t^2$ m,求:(1) 质点的速度和加速度的表示式,并作出 $x-t$,$v-t$,$a-t$ 图;(2) 质点在最初 8 s 内走过的路程和第 8 s 末的位移.

解:这是已知运动方程求运动的一类问题. 质点作直线运动,其运动方程

$$x=(10+15t-2.5t^2)\text{ m}$$

求导一次得
$$v=\frac{dx}{dt}=(15-5t)\text{ m}\cdot\text{s}^{-1}$$

再求导一次得
$$a=\frac{dv}{dt}=\frac{d^2x}{dt^2}=-5\text{ m}\cdot\text{s}^{-2}$$

为了作出 $x-t$,$v-t$,$a-t$ 图线,可采用数值计算的方法,$t=0,1,2,3,\cdots,8$ 各时刻的位置、速度和加速度的数值见下表:

t(s)	0	1	2	3	4	5	6	7	8
x(m)	10	22.5	30	32.5	30	22.5	10	−7.5	−30
v(m·s^{-1})	15	10	5	0	−5	−10	−15	−20	−25
a(m·s^{-2})	−5	−5	−5	−5	−5	−5	−5	−5	−5

分析讨论:

(1) 从表中看到,加速度为恒定值 $a=-5$ m·s^{-2},但不能认为物体在做减速运动(为什么?).

(2) $x-t$,$v-t$,$a-t$ 见图 1-1. 从图中可非常方便地看出它们的变化规律和相互联系.

(3) 计算 $x=0$ 的时间:

由 $x=10+15t-2.5t^2=0$,得 $t=6.6$ 秒和 $t=-0.61$ 秒. 这又如何理解呢?

(4) 第 8 秒末的位移:

$$\Delta x=x\big|_{t=8}-x\big|_{t=0}=-30-10=-40\text{ m}$$

最初 8 秒内走过的路程:

$$s=(32.5-10)+32.5+30=85\text{ m}$$

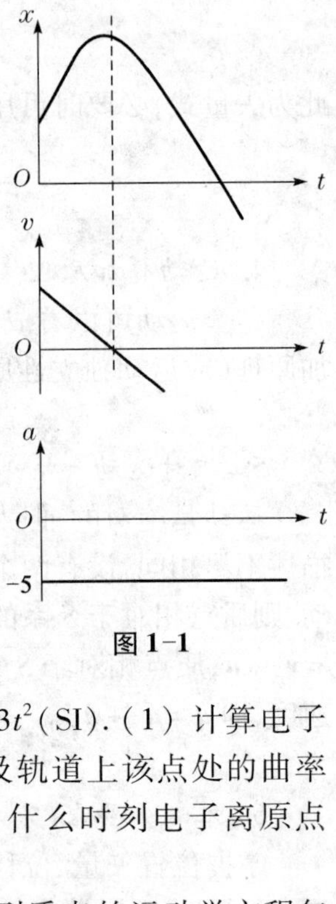

图 1-1

可见,位移和路程不是同一个物理概念.

【例 1-2】 一电子在电场中运动,其运动方程为 $x=3t$,$y=12-3t^2$(SI).(1) 计算电子的运动轨迹;(2) 计算 $t=1$ s 时电子的切向加速度、法向加速度及轨道上该点处的曲率半径;(3) 在什么时刻电子的位矢与其速度矢量恰好垂直;(4) 什么时刻电子离原点最近.

解:本题为质点运动学的第一类问题. 通过本题的求解,可以看到质点的运动学方程包含着质点运动的全部信息.

(1) 质点的轨迹方程可以由参数方程消 t 得到

$$y=12-3t^2=12-\frac{x^2}{3}$$

(2) 为了计算切向加速度和法向加速度,必须先计算电子速度的大小和加速度的大小

由运动方程,得 $\begin{cases}v_x=3\\v_y=-6t\end{cases}$ $\begin{cases}a_x=0\\a_y=-6\end{cases}$

速度的大小为 $v=\sqrt{v_x^2+v_y^2}=3\sqrt{1+4t^2}$

加速度的大小为 $a=\sqrt{a_x^2+a_y^2}=6(\mathrm{SI})$

切向加速度 $a_\mathrm{t}=\frac{\mathrm{d}v}{\mathrm{d}t}=\frac{\mathrm{d}}{\mathrm{d}t}(3\sqrt{1+4t^2})=\frac{12t}{\sqrt{1+4t^2}}$

法向加速度 $a_\mathrm{n}=\sqrt{a^2-a_\mathrm{t}^2}=\sqrt{6^2-\frac{144t^2}{1+4t^2}}=\frac{6}{\sqrt{1+4t^2}}$

将 $t=1$ s 代入,得

$$a_\mathrm{t}=\frac{12}{\sqrt{1+4}}=5.37\ \mathrm{m\cdot s^{-2}},\quad a_\mathrm{n}=\frac{6}{\sqrt{1+4}}=2.68\ \mathrm{m\cdot s^{-2}}$$

又,$a_\mathrm{n}=\frac{v^2}{\rho}$. 在 $t=1$ s 时刻,轨道曲率半径为

$$\rho=\frac{v^2}{a_\mathrm{n}}=16.8\ \mathrm{m}$$

(3) 根据矢量点乘知识,位置矢量与速度矢量恰好垂直时,$\boldsymbol{r}\cdot\boldsymbol{v}=0$. 即

$$\boldsymbol{r}\cdot\boldsymbol{v}=\{3t\boldsymbol{i}+(12-3t^2)\boldsymbol{j}\}\cdot(3\boldsymbol{i}-6t\boldsymbol{j})=9t-72t+18t^3=0$$

解得 $t=1.87$ s

(4) 电子离原点最近,意味着位矢的数值最小. 故,先求位矢的大小,再取极小值.

位矢的大小

$$r^2=x^2+y^2=(3t)^2+(12-3t^2)^2=9t^4-63t^2+144$$

对 t 求导,由 $\frac{\mathrm{d}r}{\mathrm{d}t}=0$ 解得 $t=1.87$ s

【例 1-3】 已知质点的运动方程为 $\boldsymbol{r}=3\cos\pi t\boldsymbol{i}+3\sin\pi t\boldsymbol{j}$. 求:(1) 该质点的运动轨迹;(2) 任意时刻质点的速度和加速度.

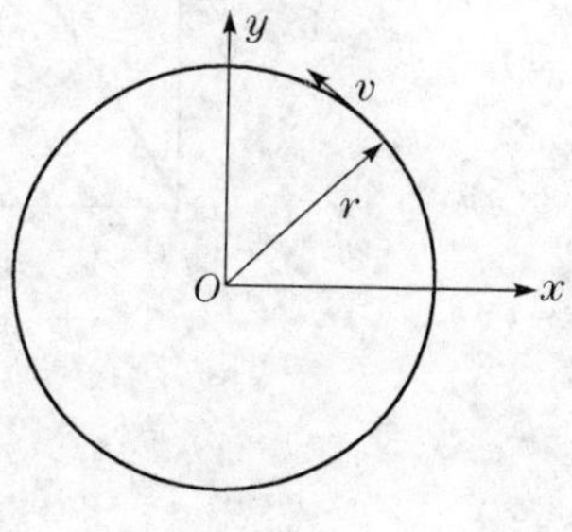

图 1-2

解:(1) 由题意,在直角坐标系中,任意时刻质点的坐标为

$$x=3\cos\pi t$$

$$y=3\sin\pi t$$

这是一个参数方程,消 t 得质点的轨迹方程

$$x^2+y^2=9$$

所以,质点的运动轨迹是一个半径为 3 m 的圆.

(2) 把运动方程对时间求导,便可得到速度

$$\boldsymbol{v}=\frac{\mathrm{d}\boldsymbol{r}}{\mathrm{d}t}=-3\pi\sin\pi t\boldsymbol{i}+3\pi\cos\pi t\boldsymbol{j}$$

速度的大小$|\boldsymbol{v}|=\sqrt{v_x^2+v_y^2}=3\pi$ 为常量,质点作匀速率圆周运动;速度的方向沿轨道的切线方向. 由于速度的方向始终在变化,故仍有加速度

$$\boldsymbol{a}=\frac{\mathrm{d}\boldsymbol{v}}{\mathrm{d}t}=-3\pi^2\cos\pi t\boldsymbol{i}-3\pi^2\sin\pi t\boldsymbol{j}=-\pi^2\boldsymbol{r}$$

由此可见,加速度的方向与 $\boldsymbol{r}$ 方向相反. 即沿半径指向圆心(向心加速度).

分析讨论:在已知轨道的情况下,往往采用自然坐标系比较方便.

质点的速度 $\boldsymbol{v}=3\pi\boldsymbol{e}_t$,切向加速度 $a_t=\frac{\mathrm{d}v}{\mathrm{d}t}=0$,法向加速度 $a_n=\frac{v^2}{\rho}=\frac{9\pi^2}{3}=3\pi^2$,质点的加速度 $\boldsymbol{a}=a_t\boldsymbol{e}_t+a_n\boldsymbol{e}_n=3\pi^2\boldsymbol{e}_n$.

【例 1-4】 一作直线运动的物体,因受到阻力而作减速运动,其加速度 $a=-\alpha v$(α 为大于零的常量). 已知初始条件为:$t=0$ 时,$x=0$,$v=v_0$,求此物体的运动方程.

解:本题属于运动学第二类问题. 已知加速度和初始条件求运动方程,通常采用积分法求解.

由题意,加速度 $a=-\alpha v$ 是速度 v 的函数,由于函数中不明显含时间 t,不能将 a 直接对时间 t 积分,但根据 $a=\frac{\mathrm{d}v}{\mathrm{d}t}=-\alpha v$,可将变量 v 和 t 分别写于方程的两边,叫分离变量,并对两边分别积分,得

$$\int_{v_0}^{v}\frac{\mathrm{d}v}{v}=\int_0^t-\alpha\mathrm{d}t,\quad \ln v\Big|_{v_0}^{v}=-\alpha t\Big|_0^t$$

所以 $$v=v_0\mathrm{e}^{-\alpha t} \tag{1}$$

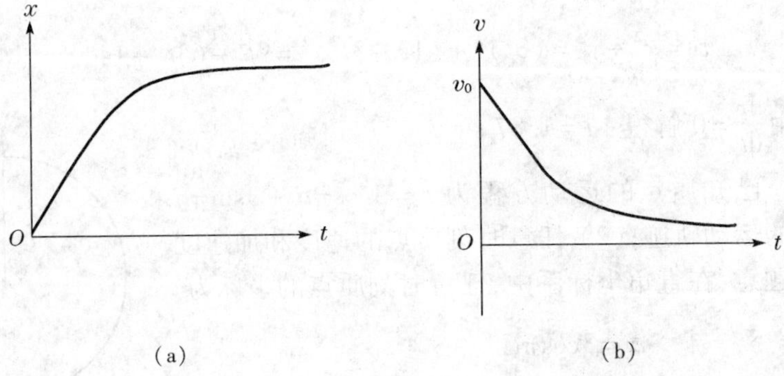

图 1-3

可见速度 v 随时间呈指数衰减,当 $t\to\infty$ 时,$v\to0$.

根据 $v=\frac{dx}{dt}=v_0e^{-\alpha t}$，再积分一次，得

$$\int_0^x dx = \int_0^t v_0 e^{-\alpha t}dt$$

物体的运动方程 $$x=-\frac{v_0}{\alpha}e^{-\alpha t}\Big|_0^t=\frac{v_0}{\alpha}(1-e^{-\alpha t})$$

分析讨论：(1) 虽然理论计算表明，只有当 $t\to\infty$ 时，才有 $v\to 0, x\to\frac{v_0}{\alpha}$. 换句话说，需要经过无限长的时间以后物体才会停止运动. 但实际上，速度 v 随时间呈指数衰减是很快的，α 越大，衰减越快. 一般来说，经过 $t=\frac{1}{\alpha}$ 秒后，$v=e^{-\alpha\frac{1}{\alpha}}=v_0e^{-1}=0.37v_0$，速度已减少三分之二；当 $t=\frac{5}{\alpha}, v=v_0e^{-\alpha\frac{5}{\alpha}}=v_0e^{-5}=0.006\,7v_0$，完全可以认为物体已停止运动.

(2) 物体的加速度与速度及时间的关系：$a=-\alpha v=-\alpha v_0e^{-\alpha t}$. 所以，该物体作变减速直线运动.

【例 1-5】 在倾角为 $\alpha=30°$ 的斜坡顶上，有一个小孩以初速度 $\boldsymbol{v}_0$ 抛出一小石子. 设 $\boldsymbol{v}_0$ 与斜坡夹角 $\beta=60°$，如图 1-4(a)所示. 求小石子落地处离抛球点之间的距离 L. 假设小石子在运动过程中的空气阻力很小，可以忽略不计.

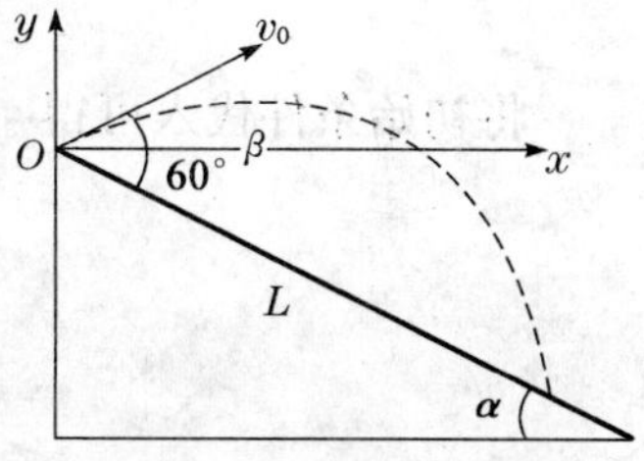

图 1-4(a)

解：法一 根据中学物理知识，抛体的运动可以认为是在水平方向的匀速直线运动与竖直方向的自由落体运动的叠加. 取图示直角坐标系，在忽略空气阻力的情况下，小石子飞行过程中的加速度始终是恒定的

$$\begin{cases}a_x=0\\a_y=-g\end{cases}$$

初始条件为：$t=0$ 时，$x=0$，$y=0$，$v_x=v_0\cos30°$，$v_y=v_0\sin30°$

运用积分法，代入初始条件，可以解得

$$\begin{cases}v_x=v_0\cos30°=\frac{\sqrt{3}}{2}v_0\\v_y=v_0\sin30°-gt=\frac{1}{2}v_0-gt\end{cases}$$

再积分一次，并代入初始条件

$$\begin{cases}x=x_0+v_0\cos30°t=\frac{\sqrt{3}}{2}v_0t\\y=y_0+v_0\sin30°t-\frac{1}{2}gt^2=\frac{1}{2}v_0t-\frac{1}{2}gt^2\end{cases}$$

落地时有 $\begin{cases}x=L\cos30°\\y=-L\sin30°\end{cases}$，小石子落地处离抛球点之间的距离 $L=\frac{2v_0^2}{g}$.

法二 如果选用的坐标系的 Ox' 与斜坡平行，组成 $x'Oy'$ 坐标系，原点也取在斜坡的顶点，如图 1-4(b) 所示. 则在 Ox' 和 Oy' 方向上小石子的加速度都不为零.

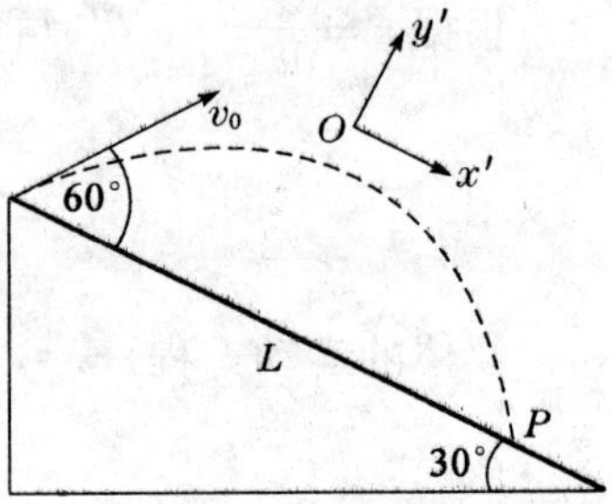

图 1-4(b)

$$\begin{cases} a_x = g\sin 30° = \dfrac{1}{2}g \\ a_y = -g\cos 30° = -\dfrac{\sqrt{3}}{2}g \end{cases}$$

初始条件为 $t=0$ 时，$x'_0=0$，$y'_0=0$，

$$v'_{x0} = v_0\cos 60° = \frac{1}{2}v_0, \quad v'_{y0} = v_0\sin 60° = \frac{\sqrt{3}}{2}v_0$$

运用积分法，解得

$$\begin{cases} v'_x = v'_{x0} + a'_x t \\ v'_y = v'_{y0} + a'_y t \end{cases} \qquad \begin{cases} x' = x'_0 + v'_{x0}t + \dfrac{1}{2}a'_x t^2 \\ y' = y'_0 + v'_{y0}t + \dfrac{1}{2}a'_y t^2 \end{cases}$$

将初始条件代入可得

$$\begin{cases} x' = \dfrac{1}{2}v_0 t + \dfrac{1}{4}gt^2 \\ y' = \dfrac{\sqrt{3}}{2}v_0 t - \dfrac{\sqrt{3}}{4}gt^2 \end{cases}$$

落地点的坐标 $\qquad x'_P = L, \quad y'_P = 0$

于是小石子落地处离抛球点之间的距离 $L = \dfrac{2v_0^2}{g}$.

根据以上的分析可知，坐标系的选择并不会改变质点的运动情况. 在求解力学问题时，选择恰当的坐标系，可以简化运算，便于求解.

法三 在抛体运动中，加速度 $\boldsymbol{a}=\boldsymbol{g}$，为一恒矢量（它的大小为恒定值，方向始终向下）. 利用矢量积分，我们立即可以得到

$$\boldsymbol{v} = \boldsymbol{v}_0 + \boldsymbol{g}t$$

$$\boldsymbol{r} = \boldsymbol{r}_0 + \boldsymbol{v}_0 t + \frac{1}{2}\boldsymbol{g}t^2$$

这样，也可以认为小石子是在初速度 $\boldsymbol{v}_0$ 方向作匀速直线运动，与在竖直方向（重力加速度 $\boldsymbol{g}$ 的方向）作匀加速直线运动的矢量叠加.

由图 1-4(c) 看出，

$$\boldsymbol{L} = \boldsymbol{AB} + \boldsymbol{BP} = \boldsymbol{v}_0 t + \frac{1}{2}\boldsymbol{g}t^2$$

$$|\boldsymbol{L}| = |\boldsymbol{AB}| = |\boldsymbol{BP}|$$

解得　$t=\dfrac{2v_0}{g}$

小石子落地处离抛球点之间的距离 $L=\dfrac{2v_0^2}{g}$.

应该说明的是,以上的讨论是在如下几个近似情况下得出的:

(1) 小石子的射程 L 很小,因此地球的弯曲可以忽略不计;

(2) 小石子飞行的高度很小,因此重力加速度随高度的变化可以忽略不计;

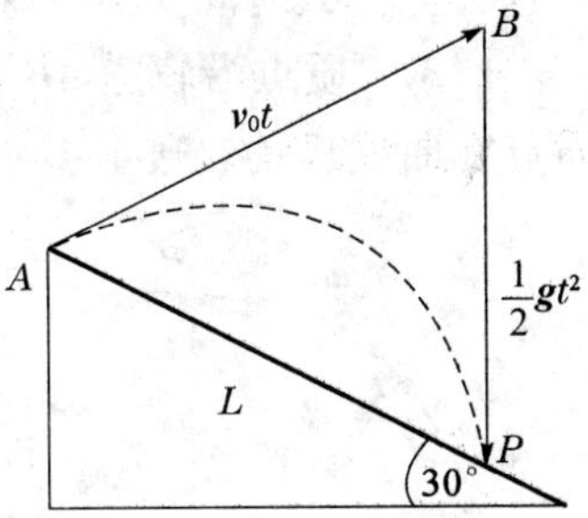

图 1-4(c)

(3) 小石子抛出时的初速度很小,飞行时间很短,在飞行过程中空气的阻力忽略不计.

【例 1-6】 河水静静地流着,流速为 $u=0.8\ \mathrm{m\cdot s^{-1}}$,河面宽 l 为 100 m. 一个人划船到对岸,船相对于水的速度 v' 为 $1\ \mathrm{m\cdot s^{-1}}$. 若船头相对于上游成 $\theta=60°$ 角,求船到对岸需要花费多少时间? 到达对岸时船位于下游何处?

解:根据速度合成公式

$$\boldsymbol{v}_{船对地}=\boldsymbol{v}_{船对水}+\boldsymbol{v}_{水对地}$$

取 xOy 坐标系,

$$\begin{cases}v_x=u-v'\cos\theta\\ v_y=v'\sin\theta\end{cases}$$

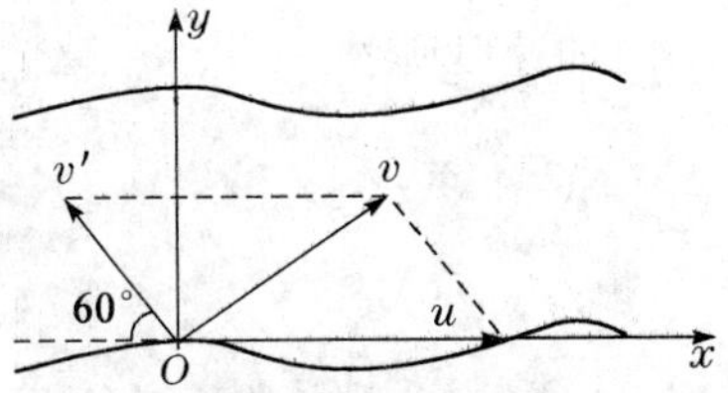

图 1-5

船到对岸所需时间

$$t=\frac{l}{v_y}=\frac{l}{v'\sin\theta}=\frac{100}{1\times\frac{\sqrt{3}}{2}}=115.47\ \mathrm{s}$$

到达对岸的位置

$$d=v_xt=\frac{(u-v'\cos\theta)}{v'\sin\theta}l=\frac{0.8-1\times\frac{1}{2}}{1\times\frac{\sqrt{3}}{2}}\times100=34.64\ \mathrm{m}$$

讨论:

(1) 要使船到达对岸的时间最短,船头与河岸应成多大角度?

(2) 要使船相对于河岸走过的距离最短. 船头应与河岸成多大角度?

三、讨论题

1-1　质点在平面内运动,其位置矢量为 $\boldsymbol{r}$. 试说明 $\dfrac{\mathrm{d}|\boldsymbol{r}|}{\mathrm{d}t}$、$\left|\dfrac{\mathrm{d}\boldsymbol{r}}{\mathrm{d}t}\right|$、$\dfrac{\mathrm{d}|\boldsymbol{v}|}{\mathrm{d}t}$、$\left|\dfrac{\mathrm{d}\boldsymbol{v}}{\mathrm{d}t}\right|$ 的物理意义,并指出它们分别为零时,除了表示静止外,还可以表示质点作何种运动.

1-2　质点沿 x 轴作直线运动,运动方程为 $x=t^3-3t^2-9t+5$. 什么时间质点的速率越来越大？什么时间质点的速率越来越小？

1-3 质点沿轨道 AB 做曲线运动，速率逐渐减小. 在下列图形中，哪一幅正确地反映了质点在曲线运动轨迹上 C 处的加速度？

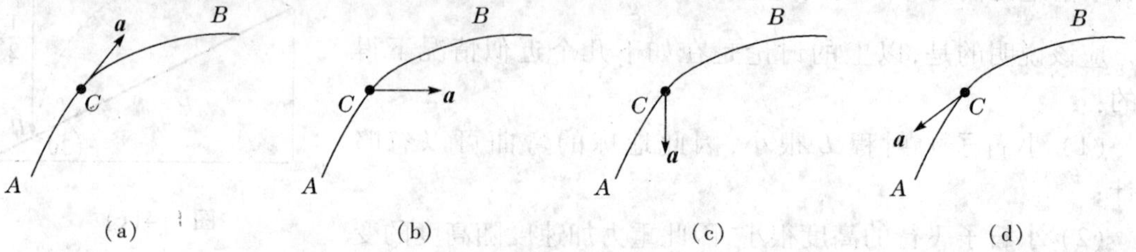

图 1-6

1-4 已知质点的运动方程 $\boldsymbol{r}=x\boldsymbol{i}+y\boldsymbol{j}$，有同学先求出 $r=\sqrt{x^2+y^2}$，然后再根据 $v=\dfrac{\mathrm{d}r}{\mathrm{d}t}$ 计算速度的大小，这样的方法正确吗？请说明理由.

1-5 当质点做曲线运动时，质点的速度始终是沿着轨道的切向方向的，为什么会出现法向加速度呢？

综 合 习 题

1-1 一质点的运动方程为 $\boldsymbol{r}=(10-5t^2)\boldsymbol{i}+10t\boldsymbol{j}$(SI). 求：$t=1$ s 时刻质点的(1)位置矢量的大小；(2)速度的大小；(3)加速度的大小.

1-2 一质点在平面上运动，已知质点的运动方程为 $\boldsymbol{r}=at^2\boldsymbol{i}+bt^2\boldsymbol{j}$，其中 a、b 均为常量. 试问：该质点做什么运动？

1-3 有一个球体在某液体中竖直下落，其初速度 $\boldsymbol{v}_0=10\boldsymbol{j}$，它在液体中的加速度为 $\boldsymbol{a}=-1.0\boldsymbol{v}$. 问：(1) 经过多少时间后可以认为此球体已停止运动？(2) 此球体在停止运动前经历的路程有多长？

1-4 一气球以速率 v_0 从地面升空. 由于风的影响，随着气球高度的上升，气球的水平速度按 $v_x=by$ 的规律增大，其中 b 为正常数，y 是从地面算起的高度，x 轴取水平方向向右. 计算：(1) 气球的运动方程；(2) 气球水平漂移的距离与高度的关系；(3) 任意时刻气球的切向加速度和法向加速度；(4) 轨道的曲率半径与高度的关系.

1-5 质点作半径为 R 的圆周运动，运动方程为 $s=v_0t-\dfrac{1}{2}bt^2$，其中 s 为弧长，v_0 为初速度，b 为常数. 求：(1) 任意时刻 t，质点的法向加速度、切向加速度和总加速度；(2) 当 t 为何值时，质点的总加速度在数值上等于 b？这时质点已沿圆周运行了多少圈？

1-6 一歼击机在高空 A 点时沿水平方向运动，速率为 540 m · s^{-1}，沿近似圆弧曲线俯冲到 B 点，其速率为 600 m · s^{-1}，经历时间为 3 s，设飞机从 A 到 B 的过程可视为匀变速率圆周运动，$\overset{\frown}{AB}$ 的半径约为 3.5 km，不计重力加速度的影响，求：(1) 飞机在 B 点的加速度；(2) 飞机由 A 点到 B 点所经历的路程.

第二部分　质点动力学

一、内容提要

1. 牛顿运动定律

17 世纪,牛顿继承发展了伽利略等人的科学见解,提出了运动三大定律,奠定了经典力学的基础.

(1) 牛顿第一定律　任何物体都保持静止或匀速直线运动状态,直到作用在它上面的外力迫使它改变这种运动状态为止. 写成数学形式为 $\boldsymbol{F}=0, \boldsymbol{v}=$ 恒量.

(2) 牛顿第二定律　动量为 $\boldsymbol{p}$ 的物体,在合外力 $\boldsymbol{F}(\boldsymbol{F}=\sum_i F_i)$ 的作用下,其动量对时间的变化率等于作用于物体上的合外力. 写成数学形式为

$$\boldsymbol{F}=\frac{\mathrm{d}\boldsymbol{p}}{\mathrm{d}t}=\frac{\mathrm{d}(m\boldsymbol{v})}{\mathrm{d}t}$$

这是牛顿第二定律的原始表达式. 在低速(即 $v \ll c$ 时)和物体质量 m 不随时间变化时,牛顿第二定律可以写成

$$\boldsymbol{F}=m\frac{\mathrm{d}\boldsymbol{v}}{\mathrm{d}t}=m\boldsymbol{a}$$

它反映了物体运动的变化与它所受的合外力成正比,并发生在该合外力所沿的方向上.

(3) 牛顿第三定律　对于每一个作用力 $\boldsymbol{F}$,总有一个反作用力 $\boldsymbol{F}'$,它们大小相等,方向相反,沿同一直线,但分别作用在两个物体上. 写成数学形式为

$$\boldsymbol{F}=\boldsymbol{F}'$$

牛顿第三定律反映了物体之间的作用是相互的,作用力与反作用力是同时存在的,它们是性质相同的力,因为分别作用在两个物体上,所以不是平衡力.

应该指出,牛顿运动定律只适用于惯性参考系(简称惯性系). 一般说来,以太阳中心为坐标原点,指向其他恒星为坐标轴的参考系,可以非常近似地认为是惯性参考系. 相对于惯性系做匀速直线运动的参考系也为惯性系.

地球绕太阳公转,还有自转,所以严格地说,地球不是一个惯性系. 但考虑到地球公转和自转的向心加速度都比较小,在解决地球上的运动问题时(只要不涉及地球的自转),建立在地面上的坐标系,都可以颇为近似地看作惯性系.

(4) 力学的相对性原理　设有两个惯性系 S 系和 S' 系,S' 系相对于 S 系以恒定的速度 $\boldsymbol{u}$ 匀速运动,据相对运动关系,质点相对于 S 系速度 $\boldsymbol{v}$ 等于质点相对于 S' 系速度 $\boldsymbol{v}'$ 加上 S' 系相对于 S 系速度 $\boldsymbol{u}$,写成数学关系为 $\boldsymbol{v}=\boldsymbol{v}'+\boldsymbol{u}$. 两边对时间求导,因 $\boldsymbol{u}$ 是恒量,对时间求导为零,故有 $\boldsymbol{a}=\boldsymbol{a}'$,即质点相对于 S 系的加速度等于质点相对于 S' 系的加速度. 推而广之,质点对所有惯性系加速度都相同,即有 $\boldsymbol{F}=m\boldsymbol{a}=m\boldsymbol{a}'=\boldsymbol{F}'$.

上式推导也告诉我们,牛顿第二定律在所有惯性系内都具有相同的形式,换句话说,在所有的惯性系中,牛顿运动定律都是等价的,因而,在一个惯性系内部所做的力学实验都不

能确定该惯性系相对于其他惯性系是否在运动. 这个原理叫做力学的相对性原理,或伽利略相对性原理.

2. 动量定理和动量守恒定律

(1) 动量　质点的动量等于质点的质量和速度的乘积,即 $\boldsymbol{p}=m\boldsymbol{v}$. 动量是矢量,是状态量. 质点系的动量等于质点系内各质点动量的矢量和,即 $\sum_i m_i\boldsymbol{v}_i$.

(2) 冲量　冲量是力对时间的累积作用. 力的冲量 $\boldsymbol{I}=\int_{t_0}^{t}\boldsymbol{F}\cdot \mathrm{d}t$. 它是矢量,是过程量.

(3) 质点的动量定理　将牛顿第二定律的原始形式 $\boldsymbol{F}=\dfrac{\mathrm{d}\boldsymbol{p}}{\mathrm{d}t}$分离变量,对两边积分有 $\int_{t_0}^{t}\boldsymbol{F}\cdot \mathrm{d}t=\boldsymbol{p}-\boldsymbol{p}_0$(或$\boldsymbol{I}=m\boldsymbol{v}-m\boldsymbol{v}_0$),即合外力的冲量等于动量的增量. 由此可见,质点的动量定理是牛顿第二定律的积分形式. 注意:这是矢量关系式,也可以写成分量形式.

(4) 质点系的动量定理　将质点系中每一个质点应用质点的动量定理,并进行叠加,就得到质点系的动量定理. 注意到系统的内力是成对出现的,内力的矢量和等于零,对应的内力冲量也为零. 所以有

$$\boldsymbol{I}=\int\boldsymbol{F}^{\mathrm{ex}}\cdot \mathrm{d}t=\sum_i m_i\boldsymbol{v}_i-\sum_i m_i\boldsymbol{v}_{i0}$$

合外力的冲量等于质点系动量的增量. 这是矢量式,可以写成分量式,在直角坐标系中为

$$\int F_x^{\mathrm{ex}}\cdot \mathrm{d}t=\sum_i m_i v_{ix}-\sum_i m_i v_{i0x}$$

$$\int F_y^{\mathrm{ey}}\cdot \mathrm{d}t=\sum_i m_i v_{iy}-\sum_i m_i v_{i0y}$$

(5) 动量守恒定律　若系统不受外力作用,或所受合外力的矢量和等于零,即 $\boldsymbol{F}^{\mathrm{ex}}=0$,则

$$\sum_i m_i\boldsymbol{v}_i=\sum_i m_i\boldsymbol{v}_{i0}=\boldsymbol{p}=\text{常矢量}$$

这时系统的总动量为常矢量,系统的总动量守恒. 这就是质点系的动量守恒定律.

值得说明的是:①动量守恒是对整个系统而言的,对于系统内某一个质点来说,它的动量是可以改变的(为什么?). ②动量守恒也可以就某一个方向来讨论,若系统受到的合外力在某一个方向上的分量为零,则系统的动量在该方向上守恒. ③动量守恒是有条件的,要求系统不受外力或所受合外力为零. 但在碰撞(或爆炸)等特殊过程中,虽然内力很大,但作用时间很短,常常可以忽略重力、摩擦力等外力,可近似认为系统不受外力作用,而应用动量守恒定律. ④动量守恒定律中各速度都是对同一个惯性系而言的.

动量守恒定律是物理学中最普遍、最基本的定律之一,不仅适用于宏观物体,还适用于微观粒子系统.

*3. 质心与质心运动定理

质点系的质心位置:在一个质点系中,质心的位置由各质点的位置、各质点的质量确定.

质心的位置矢量

$$\boldsymbol{r}_c = \frac{\sum_i m_i \boldsymbol{r}_i}{\sum_i m_i}$$

质心的速度

$$\boldsymbol{v}_c = \frac{\sum_i m_i \boldsymbol{v}_i}{\sum_i m_i}$$

质心运动定理:作用于质点系上的合外力等于质点系的总质量与质心加速度的乘积

$$\sum_i \boldsymbol{F}_i = \sum_i m_i \boldsymbol{a}_c$$

4. 功与能

(1) 功　功是力对空间的累积作用. 做功总是涉及状态的变化,它不仅与始末状态有关,还与过程有关.

变力的功: $W = \int_A^B \boldsymbol{F} \cdot \mathrm{d}\boldsymbol{r} = \int_A^B F\cos\theta \mathrm{d}r$

功随时间的变化率为功率: $P = \dfrac{\mathrm{d}W}{\mathrm{d}t} = \boldsymbol{F} \cdot \boldsymbol{v}$

(2) 动能　动能定理

① 质点的动能　定义为 $E_\mathrm{k} = \dfrac{1}{2}mv^2$,它是描述质点运动状态的单值函数.

② 质点的动能定理　合外力对质点做的功等于质点动能的增量,写成数学关系式为

$$W = \frac{1}{2}mv^2 - \frac{1}{2}mv_0^2$$

③ 质点系的动能定理　将质点系中每一个质点应用动能定理并叠加,可得质点系中所有外力与内力做的功等于质点系动能的增量,写成数学关系式为

$$W^{\mathrm{ex}} + W^{\mathrm{in}} = \sum_i \frac{1}{2}m_i v_i^2 - \sum_i \frac{1}{2}m_i v_{i0}^2$$

(3) 保守力与势能

保守力:做功只与始末位置有关,而与质点所经历的路径无关,具有这种特性的力称为保守力. 重力、弹性力、万有引力等都是保守力.

势能:质点之间因保守力作用而具有的与位置(或形变)有关的能量. 势能是属于系统所有的,质点位于某位置时,系统具有的势能等于把质点从该位置移至零势能处相应保守力做的功. 应注意,势能的数值具有相对性,它的数值与零势能处的选择有关,但两点之间的势能差与零势能处的选择无关.

① 若零势能点选在地面,质点在 h 高度处的重力势能为 $E_\mathrm{p} = mgh$;

② 若零势能点选在无穷远,两质点间的距离为 r 时,引力势能为 $E_\mathrm{p} = -G\dfrac{mM}{r}$;

③ 若零势能点选在弹簧未形变时,弹性势能为 $E_p=\frac{1}{2}kx^2$,其中 x 为弹簧的形变量.

将保守内力做的功用对应的势能减少量代入质点系的动能定理,得出:外力与非保守内力做的功等于系统机械能的增量,这就是功能原理. 写成数学形式为

$$W^{ex}+W^{in}=E-E_0=(E_k+E_p)-(E_{k0}+E_{p0})$$

(4) 机械能守恒定律　对一系统而言,若外力及非保守内力不做功,则系统的机械能守恒. 即,$W^{ex}+W^{in}=0$,则 $E-E_0=(E_k+E_p)-(E_{k0}+E_{p0})=0$.

5. *质点动力学问题的解题步骤*

(1) 首先明确物理现象的过程特点. 如遇到比较复杂的问题,则应先分析整个物理过程是由哪几个物理过程组成的,并找出相邻过程的联系点,再分别研究每一个物理过程.

(2) 根据问题要求和计算的方便确定研究对象(可以是质点,也可以是质点系).

(3) 把质点(或质点系)从周围物体中隔离出来,进行受力分析,并画出力的示意图.

(4) 选定坐标系,分析研究对象的运动状态及其变化.

(5) 根据运动基本定律分别列出运动方程,进行求解. 解毕,可适当进行分析讨论.

6. *本部分要求*

掌握牛顿三定律及其使用条件. 能用微积分方法求解一维变力作用下的质点动力学问题.

掌握功的概念,能计算在直线运动情况下变力做的功和在曲线运动情况下简单变力做的功. 理解保守力做功的特点及对应势能的概念,会计算重力势能、弹性势能和引力势能.

掌握质点的动能定理和动量定理,质点系的动能定理、动量定理、功能定理,并能用它们分析、解决质点在平面内运动的简单力学问题.

掌握机械能守恒定律、动量守恒定律. 掌握运用守恒定律分析问题的思想和方法,能分析简单系统在平面内运动的动力学问题.

二、解题指导

【例 1-7】 在水平地面上有物体 A 和 B,它们的质量分别为 m_A 和 m_B,用轻绳连接(如图 1-7(a)所示). 现用一与水平方向夹角为 α 的恒力拉 A 物. 设地面与两物之间的摩擦因数为 μ,求物体的加速度和绳中张力.

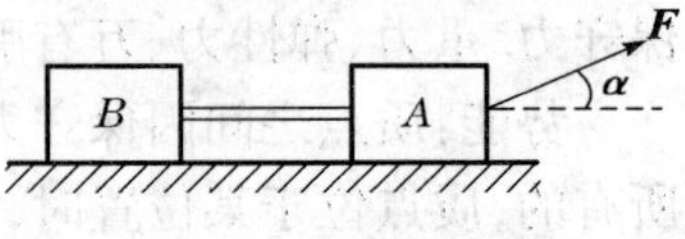

图 1-7(a)

解:研究物体的加速度时,我们选 A、B 及绳为研究对象,对它进行受力分析如图 1-7(b),系统受重力 $(m_A+m_B)g$,方向向下;地面支承力 F_N,方向向上;摩擦力 F_f, $F_f=\mu F_N$,方向水平向左;外加恒力 $\boldsymbol{F}$,它与水平向右方向成 α 角,这些力作用点可画在质心. 取水平向右为 x 轴正方向、竖直向上为 y 轴正方向. 并设系统加速度为 a,可列质点动力学方程:

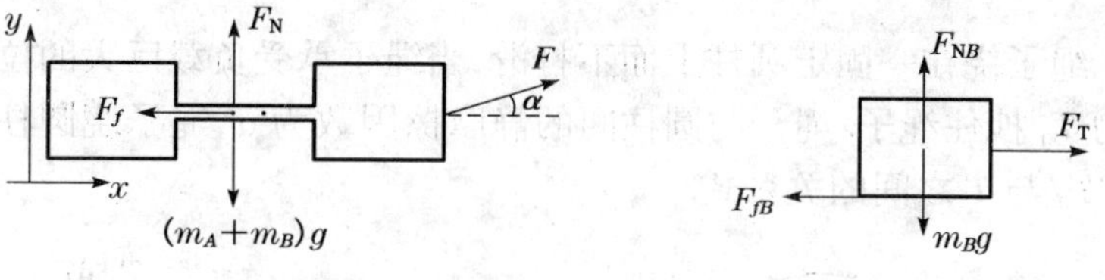

（b）　　　　　　　　（c）

图 1-7

x 方向　　$F\cos\alpha - F_f = (m_A + A_B)a$　　(1)

y 方向　　$F\sin\alpha - (m_A + m_B)g + F_N = 0$　　(2)

由式(2)得　　$F_N = (m_A + m_B)g - F\sin\alpha$　　(3)

又摩擦力 $F_f = \mu F_N$. 将式(3)代入式(1)有

$$a = \frac{F\cos\alpha + \mu F\sin\alpha}{m_A + m_B} - \mu g \qquad (4)$$

研究绳中的张力时我们可选 B 为研究对象. 对 B 进行受力分析,如图 1-7(c)所示:B 受绳中张力 F_T,方向水平向右,B 受重力 m_Bg,方向竖直向下,地面支承力 F_{NB} 方向向上,及摩擦力 F_{fB} 方向水平向左. B 是整体的一部分,它的加速度与整体相同,对 B 可列质点动力学方程:

x 方向　　$F_T - F_{fB} = m_Ba$　　(5)

y 方向　　$F_{NB} - m_Bg = 0$

$$F_{fB} = \mu F_{NB} \qquad (6)$$

可以解得　　$F_T = m_B \dfrac{F\cos\alpha + \mu F\sin\alpha}{m_A + m_B}$　　(7)

讨论:

(1) 由式(4)看出,物体运动的加速度与力 $\boldsymbol{F}$ 的倾角 α 有关,它对物体运动加速度的影响如何呢? 由 $\dfrac{da}{d\alpha} = 0$ 和 $\dfrac{d^2a}{d\alpha^2} < 0$ 得,$\tan\alpha = \mu$ 时物体的加速度最大.

(2) 若题中将物体 A 和 B 的位置互换,以同样的拉力 $\boldsymbol{F}$ 直接作用于物体 B,则式(7)变为

$$F'_T = m_A \frac{\cos\alpha + \mu\sin\alpha}{m_A + m_B} F$$

可见,若 $m_A > m_B$,则 $F_T > F'_T$,即在相同的外力 $\boldsymbol{F}$ 作用下,质量大的物体拖动质量小的物体,绳中的张力较小;反之,质量小的物体拖动质量大的物体,绳中的张力较大. 请问,一列火车以恒定的加速度前进时,哪两节车厢间的张力最大? 哪两节车厢间的张力最小? 为什么?

(3) 所谓张力一般指物体由于形变而产生的物体内部的弹性力. 对于质量为 m、长为 l 的均匀柔软细绳,一端系着放在光滑桌面上质量为 m' 的物体,在绳的另一端用力 $\boldsymbol{F}$ 拉绳,则绳被拉紧时会略有变形(但一般伸长很小,可略去不计). 绳上各点处的张力是否处处相等

呢？为什么？

【例 1-8】 绳子绕在一固定圆柱上而不打滑，当绳子承受负载巨大的拉力 T 时，人可以用小得多的拉力 T_0 拽住绳子. 绳子与圆柱间的静摩擦因数为 μ，绳子绕圆柱的张角为 θ（如图 1-8(a)），求 T_0 与 T 之间的关系式.

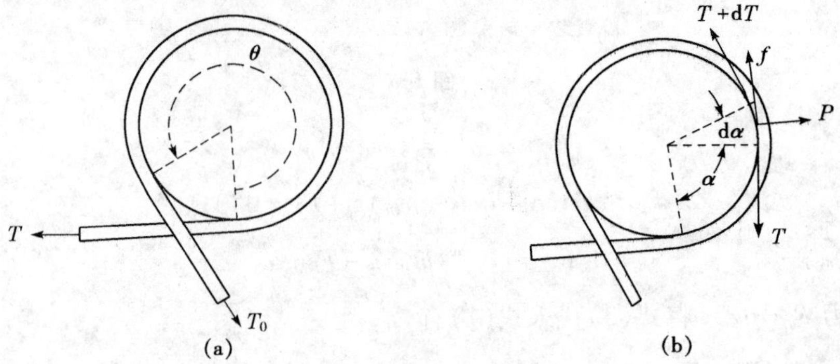

图 1-8

解：通常一条绳索各截面上张力的大小是不相同的，往往和位置有关. 对绕在圆柱上的绳索建立角坐标，沿逆时针为角度增大方向（如图 1-8(b)），取绳上长为 Δl，位于 $\alpha \to \alpha + \mathrm{d}\alpha$ 位置的一小段绳为研究对象，该段绳所受之力：绳之张力分别为 $T + \mathrm{d}T$ 与 T，方向分别沿逆时针切向与顺时针切向（它们并不在一条直线上，有 $\mathrm{d}\alpha$ 的角偏差）；圆柱体给予支承力 P 沿法向向外；因负载拉力巨大，忽略重力；绳索有顺时针滑动趋向，故在该段绳索上受到沿逆时针向的摩擦力 f：

$$f = \mu P \tag{1}$$

对该段绳列平衡方程

法向
$$(T + \mathrm{d}T)\sin\frac{\mathrm{d}\alpha}{2} + T\sin\frac{\mathrm{d}\alpha}{2} - P = 0$$

因 $\mathrm{d}\alpha$ 很小，$\sin\frac{\mathrm{d}\alpha}{2} \approx \frac{\mathrm{d}\alpha}{2}$，忽略 $\mathrm{d}T\mathrm{d}\alpha$ 项，有

$$P = T\mathrm{d}\alpha \tag{2}$$

切向
$$(T + \mathrm{d}T)\cos\frac{\mathrm{d}\alpha}{2} - T\cos\frac{\mathrm{d}\alpha}{2} + f = 0$$

因 $\mathrm{d}\alpha$ 很小，$\cos\frac{\mathrm{d}\alpha}{2} \approx 1$，上式简化为

$$\mathrm{d}T + f = 0 \tag{3}$$

将式(1)、式(2)代入式(3)，有

$$\mathrm{d}T + \mu T\mathrm{d}\alpha = 0$$

分离变量

$$\frac{\mathrm{d}T}{T} = -\mu \mathrm{d}\alpha$$

两边积分,当 $\alpha = 0$ 时 $T = T$,$\alpha = \theta$ 时 $T = T_0$,故

$$\ln T \Big|_{T}^{T_0} = -\mu\alpha \Big|_{0}^{\theta}$$

所以
$$T_0 = T\mathrm{e}^{-\mu\theta}$$

讨论:由计算结果可见,T_0 要比 T 小得多. 例如当 $\theta = 10\pi$(即绳子在圆柱上绕五圈)时,$\frac{T_0}{T} = 0.003\,9$.

在生活中和生产实际中有许多例子用到这一物理学基本原理. 请举出 1 ~ 2 例加以说明.

【例 1-9】 质量为 3 kg 的物体由静止下落,受到的阻力与速度大小成正比,比例系数 $k = 1.5\ \mathrm{N \cdot s \cdot m^{-1}}$. 求:(1) 该物体下落的极限速度;(2) 速度随时间变化的关系式.

解:(1) 选物体初始位置为坐标原点,向下为 x 轴正方向.

物体在运动过程中受重力 mg,方向向下;阻力 f,大小为 kv,方向与运动方向相反. 据运动定律有

$$mg - kv = m\frac{\mathrm{d}v}{\mathrm{d}t}$$

从初始条件和运动方程可以看出,当 $t = 0$ 时,速度为零,阻力也为零,合外力为 mg,此时加速度为 g,是最大值. 随着速度 v 增大,阻力也增大,合外力减小,加速度减小,速度依然增大. 当阻力增大到与重力相等时加速度为零,速度才不再增大,此时速度即为极限速度. 在数学上,令 $\frac{\mathrm{d}v}{\mathrm{d}t} = 0$,解出 $v = \frac{mg}{k} = v_T$,即为极限速度.

$$v_T = \frac{mg}{k} = \frac{3\ \mathrm{kg} \cdot 9.8\ \mathrm{m \cdot s^{-2}}}{1.5\ \mathrm{N \cdot s \cdot m^{-1}}} = 19.6\ \mathrm{m \cdot s^{-1}}$$

(2) 求速度随时间变化的关系式

将运动方程两边除以 k,并将 $\frac{mg}{k} = v_T$ 代入有

$$v_T - v = \frac{m}{k}\frac{\mathrm{d}v}{\mathrm{d}t}$$

分离变量,有

$$\frac{\mathrm{d}v}{v_T - v} = \frac{k}{m}\mathrm{d}t$$

两边积分,利用当 $t = 0$ 时速度为零,时间 t 时速度为 v 可以确定

$$v = v_T\left(1 - \mathrm{e}^{-\frac{k}{m}t}\right) = 19.6\left(1 - \mathrm{e}^{-0.5t}\right)\ \mathrm{m \cdot s^{-1}}$$

【例1-10】 质量为2 kg的木箱放在水平面上，木箱初速度 $v_0=2.5\ \mathrm{m\cdot s^{-1}}$，在水平方向受力 $F(t)$ 作用，其拉力随时间变化关系如图1-9，木箱与地面间滑动摩擦力为10 N，那么：

（1）$t=2$ s时木箱速度多大？

（2）$t=6$ s时木箱速度多大？

（3）何时木箱停止运动？

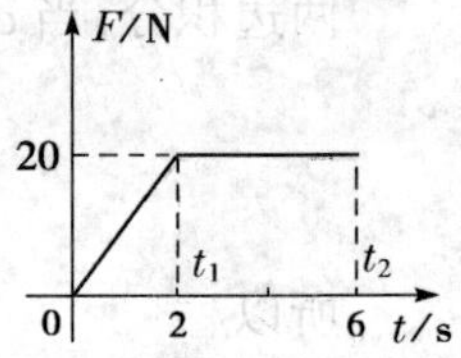

图1-9

分析：经过几个世纪的发展，经典力学已相当严密、系统、成熟，应用它处理问题的思路、方法、技巧也比较多，本题也不例外，它可以直接逐段应用牛顿第二定律 $\boldsymbol{F}=m\boldsymbol{a}$ 解题（该方法读者自行处理），在这里仅用冲量定理（动量定理的积分形式）来处理.

将时间分为 $0\sim t_1$、$t_1\sim t_2$、$t_2\sim t_3$ 段，其中 t_1、t_2 分别为拉力 $F(t)$ 函数的分段点，t_3 为速度为零对应的时刻，v_1、v_2、v_3 分别为 t_1、t_2、t_3 时刻的速度.

对于每一时间段，合外力的冲量等于该时间段动量增量，即

$$\int \boldsymbol{F}_{合}\cdot \mathrm{d}t = m\boldsymbol{v} - m\boldsymbol{v}_0$$

式中合外力的冲量等于各分力冲量的矢量和.

对于一维问题，有

$$\int F_{合x}\cdot \mathrm{d}t = mv_x - mv_{0x}$$

式中合外力冲量等于各分力冲量的代数和. 而拉力冲量可以用力函数 $F(t)$ 曲线下曲边梯形面积计算.

据此对各时间段逐一求解.

解：(1) 对 $0\sim t_1$ 时间段

拉力 $F(t)$ 的冲量 $I_1(t_1)=\dfrac{1}{2}t_1F_0$；摩擦力冲量 $I_2(t_1)=-ft_1$. 在此时间段动量增量为 mv_1-mv_0.

据冲量定理，有

$$\frac{1}{2}t_1F_0-ft_1=mv_1-mv_0$$

$$v_1=\frac{\frac{1}{2}t_1F_0-ft_1}{m}+v_0=\left(\frac{\frac{1}{2}\times2\times20-10\times2}{2}+2.5\right)\mathrm{m\cdot s^{-1}}=2.5\ \mathrm{m\cdot s^{-1}}$$

(2) 对于 $t_1\sim t_2$ 时间段

拉力冲量 $I_1(t_1t_2)=F_0(t_2-t_1)$，摩擦力冲量 $I_2(t_1t_2)=-f(t_2-t_1)$，木箱动量增量为 mv_2-mv_1.

据冲量定理，有

$$F_0(t_2-t_1)-f(t_2-t_1)=mv_2-mv_1$$

$$v_2 = \frac{F_0(t_2-t_1)-f(t_2-t_1)}{m}+v_1$$

$$= \left[\frac{20\times(6-2)-10\times(6-2)}{2}+2.5\right]\mathrm{m\cdot s^{-1}} = 22.5\ \mathrm{m\cdot s^{-1}}$$

（3）对于 $t_2 \sim t_3$ 时间段

仅存在摩擦力，摩擦力冲量为 $-f(t_3-t_2)$，木箱动量增量为 $mv_3 - mv_2 = -mv_2$.

据冲量定理，有

$$-f(t_3-t_2) = -mv_2$$

$$t_3 = \frac{mv_2}{f}+t_2 = \left(\frac{2\times 22.5}{10}+6\right)\mathrm{s} = 10.5\ \mathrm{s}$$

【例 1-11】 如图 1-10 所示，质量为 M 的滑块正沿着光滑水平地面向右滑动，一质量为 m 的小球对地以水平向右速度 v_1 与滑块斜面相碰撞，碰后小球竖直弹起，速率为 v_2（对地），若碰撞时间为 Δt，试计算此过程中，滑块对地的平均作用力和滑块速度增量.

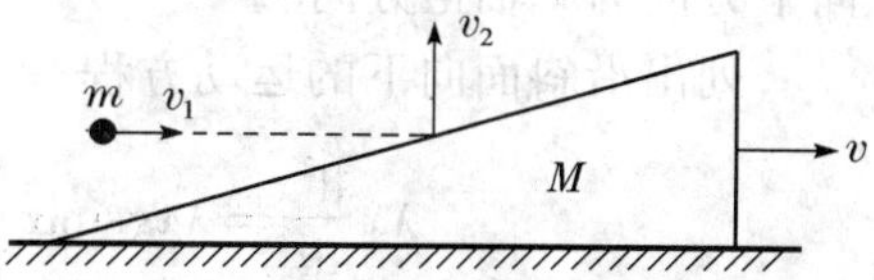

图 1-10

分析： 本问题的特点是仅要求寻找滑块对地的平均作用力和滑块速度的增量，而不涉及滑块与小球之间的相互作用力，所以选择小球与滑块组成的系统为研究对象，该系统在竖直方向受重力及地面支持力，在水平方向不受外力，利用质点的动量定理及动量守恒定律，分别列出方程式，求解即可.

解： 取小球 m 及滑块 M 组成的物体系统为研究对象.

系统受的外力有：小球重力 mg、滑块重力 Mg 与地面对滑块支承力 F_N，这些力都在竖直方向. 据质点系动量定理，质点系在竖直方向受之冲量等于竖直方向动量增量，有

$$(F_N - mg - Mg)\Delta t = (mv_2 + M\cdot 0) - (0+0)$$

所以

$$F_N = \frac{mv_2}{\Delta t} + mg + Mg$$

设滑块碰撞前后速度分别为 v 及 v'，均沿水平方向向右，即 x 轴正向，在 x 方向系统不受外力作用，故系统沿 x 方向动量守恒，有

$$Mv + mv_1 = Mv'$$

所以

$$v' - v = \frac{mv_1}{M}$$

【例 1-12】 均匀柔软不可伸长的链条 AB 长为 l，其线质量密度为 λ，放在梯形台上，水平台面是光滑的，而斜面是粗糙的，与水平面夹角为 α，链在斜面上摩擦因数为 μ，开始时使得链有一初速度 v_0（如图 1-11）. 当 B 端下滑时，链既不会发生堆积现象，也不脱离平面和斜面，试求 A 端至拐点时链的速度.

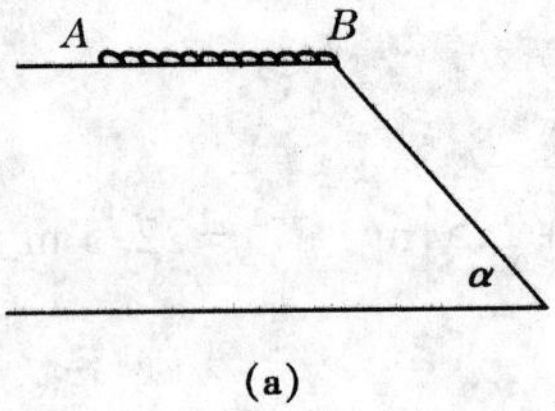

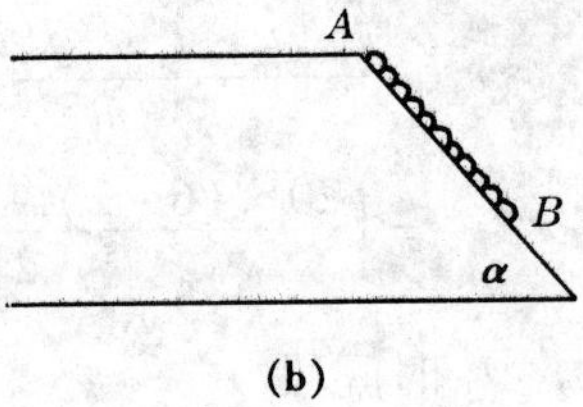

图 1-11

解:法一　由运动方程求解

柔软链条在滑动过程中,在斜面上那段长度是变化的,设它为 x,质量为 λx,它受到重力 λxg 方向垂直向下,斜面支承力 $N=\lambda xg\cos\alpha$,垂直于斜面,摩擦力 $f=\mu\lambda xg\cos\alpha$,沿斜面向上,还受水平面上链条给予的拉力 T,拐点相当于定滑轮,故拉力 T 方向沿斜面向上. 它们的大小都是变化的. 建立如图 1-11(c)所示坐标系:拐点为原点,沿斜面向下方向为 x 轴正方向.

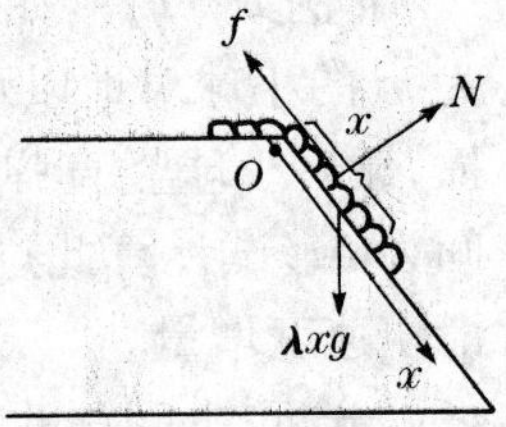

图 1-11(c)

列出沿斜面向下的运动方程

$$\lambda x\frac{\mathrm{d}^2x}{\mathrm{d}t^2}=\lambda xg\sin\alpha-\mu\lambda xg\cos\alpha-T \tag{1}$$

对于在水平面上长为$(l-x)$那段,受重力$(l-x)\lambda g$ 竖直向下,桌面支承力$(l-x)\lambda g$ 竖直向上,斜面上那段给予的拉力 T 沿水平方向,有

$$\lambda(l-x)\frac{\mathrm{d}^2x}{\mathrm{d}t^2}=T \tag{2}$$

将式(1)+式(2)得

$$\lambda l\frac{\mathrm{d}^2x}{\mathrm{d}t^2}=\lambda xg\sin\alpha-\mu\lambda xg\cos\alpha \tag{3}$$

又

$$\lambda l\frac{\mathrm{d}^2x}{\mathrm{d}t^2}=\lambda l\frac{\mathrm{d}v}{\mathrm{d}t}=\lambda l\frac{\mathrm{d}v}{\mathrm{d}x}\frac{\mathrm{d}x}{\mathrm{d}t}=\lambda lv\frac{\mathrm{d}v}{\mathrm{d}x} \tag{4}$$

将式(4)代入式(3)并分离变量,有

$$lv\mathrm{d}v=(g\sin\alpha-\mu g\cos\alpha)x\mathrm{d}x$$

两边积分,有

$$l\frac{1}{2}v^2\bigg|_{v_0}^{v}=(g\sin\alpha-\mu g\cos\alpha)\frac{x^2}{2}\bigg|_0^l$$

最后有

$$v=\sqrt{v_0^2+gl(\sin\alpha-\mu\cos\alpha)}$$

法二　应用质点系动能定理

链条在整个运动过程中只有重力及摩擦力做功:

重力做的功可以用质心下落高度乘重力大小，即 $mgh = mg\dfrac{l}{2}\sin\alpha$；摩擦力是变力，它的大小随在斜面上那段长度变化而变化，即 $f=\mu\lambda xg\cos\alpha$，它做的功

$$W = -\int_0^l f \cdot \mathrm{d}x = -\int_0^l \mu\lambda xg\cos\alpha\mathrm{d}x$$

根据动能定理

$$mg\frac{l}{2}\sin\alpha - \int_0^l \mu\lambda xg\cos\alpha\mathrm{d}x = \frac{1}{2}mv^2 - \frac{1}{2}mv_0^2$$

所以

$$v=\sqrt{v_0^2+gl(\sin\alpha-\mu\cos\alpha)}$$

【例 1-13】 在离水面高度为 h 的岸上，有人用一绳索通过一尺寸很小的滑轮拉一小船靠岸. 若拉力的大小为 F，恒定不变，求小船从离岸为 a 的位置移动到离岸为 b 的位置，力 F 对小船做的功. 如图 1-12(a).

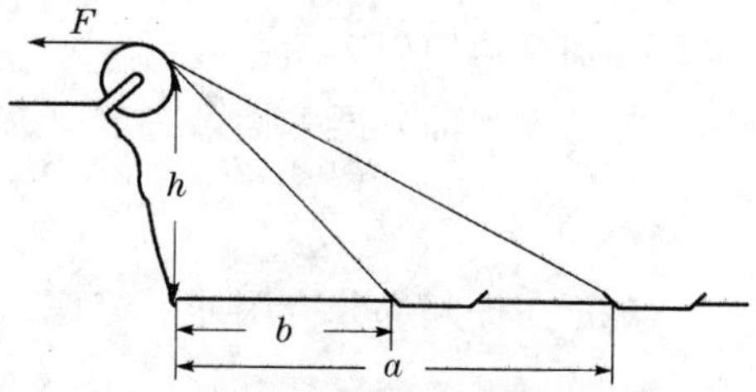

图 1-12(a)

解：作用在小船上的力虽然大小不变，但方向是在不断变化的，所以本题属于变力做功的问题.

根据题意，建立如下坐标系，即岸边为坐标原点，指向船的方向为 x 轴正方向，如图 1-12(b) 小船在任意位置 x，当它从 $x\to x+\mathrm{d}x$ 这段位移 $\mathrm{d}x$ 内，可以认为作用在小船上的力是一恒矢量，可以计算它的元功.

$$\begin{aligned}\mathrm{d}W &= F\cdot\mathrm{d}x\cdot\cos(\pi-\theta)\\ &= -F\mathrm{d}x\cos\theta\\ &= -F\frac{x}{\sqrt{x^2+h^2}}\cdot\mathrm{d}x\end{aligned}$$

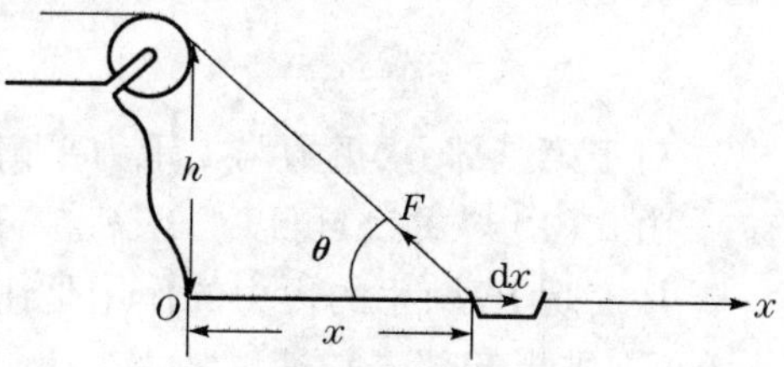

图 1-12(b)

小船从离岸 a 移到离岸 b 过程中力 F 对小船做的功

$$W = \int_a^b -F\frac{x}{\sqrt{x^2+h^2}}\cdot\mathrm{d}x = F(\sqrt{x^2+a^2}-\sqrt{x^2+b^2})$$

***【例 1-14】** 一长为 l、密度均匀的柔软链条，其单位长度的质量为 λ，将其卷成一堆放在地面上(如图 1-13). 若手握链条的一端，以匀加速 a 将其上提，当绳端提离地面高度为 $x(x<l)$时，求手的提力.

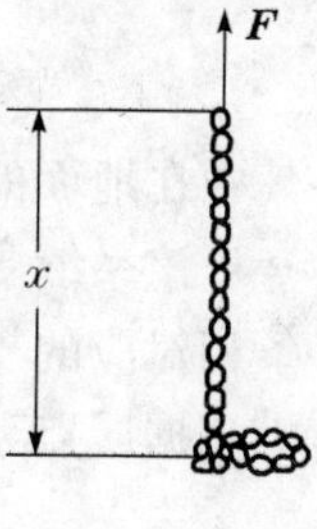

图 1-13

分析：和所有的经典力学题一样，每一个问题都有不止一个的解题思想、方法和技巧，读者可以根据自己的偏好，选择适合自己的思路.

(1) 质点系动量定理

研究整个链条，该整体受拉力 F 沿图示 x 方向，重力 $l\lambda g$ 沿 x 负方向，地面上那段受支承力 $(l-x)\lambda g$ 沿 x 正方向.

整个链条动量仅由离开地面那段提供，即 $p=x\lambda v$.

据质点系动量定理,有

$$F-l\lambda g+(l-x)\lambda g=\frac{\mathrm{d}p}{\mathrm{d}t}=\frac{\mathrm{d}(x\lambda v)}{\mathrm{d}t}$$

其中$\frac{\mathrm{d}x}{\mathrm{d}t}=v$,$\frac{\mathrm{d}v}{\mathrm{d}t}=a$,$v^2=2ax$,代入上式即可求解.

(2) 运动方程

柔软链条在上提过程中,形状是变化的,但某一时刻,它总可以分为:已被提起部分,质量为λx,它受拉力F方向向上,重力λxg方向向下,以及即将提起的那部分给予的拉力T,方向向下;即将被提起的部分,质量为$\mathrm{d}m=\lambda\mathrm{d}x$,它受到已提起部分拉力$T$,方向向上,忽略重力;还未提起的静止在地面上的那部分质量为$(l-x-\mathrm{d}x)\lambda$,它受重力$(l-x-\mathrm{d}x)\lambda g$及支承力$(l-x-\mathrm{d}x)\lambda g$.

分别对它们列运动方程:

对已提起部分据牛顿第二定律,有

$$F-x\lambda g-T=x\lambda a \tag{1}$$

对正在提起部分应用冲量定理,有

$$T\mathrm{d}t=v\mathrm{d}m-0\mathrm{d}m$$

即

$$T=v\frac{\mathrm{d}m}{\mathrm{d}t}=v\frac{\lambda\mathrm{d}x}{\mathrm{d}t}=\lambda v^2 \tag{2}$$

又

$$v^2=2ax$$

对于第三部分,重力与支承力平衡.

由式(1)与式(2)可以求解F.

从宏观上看,手的提力的作用是让已提起部分$x\lambda$产生加速度,同时也让质量为$\lambda\mathrm{d}x$质元(正在被提起部分),速度从零变为v.

(3) 变质量问题(略)

解:以地面为原点,向上为x轴正方向.

法一 质点系动量定理

设t时刻,链条一端距原点高度为x,其速率为v,以整个链条为研究对象,该系统t时刻总动量为

$$p=x\lambda v \tag{1}$$

其中在地面的那部分速度为零,动量也为零.

该系统受力如下:拉力F方向沿x轴正方向;重力$l\lambda g$沿x轴负方向;与在地面上的链条相对应的支承力$N=(l-x)\lambda g$,方向向上.

据质点系动量定理,有

$$F-l\lambda g+(l-x)\lambda g=\frac{\mathrm{d}p}{\mathrm{d}t} \tag{2}$$

即

$$F - x\lambda g = \lambda \frac{\mathrm{d}(xv)}{\mathrm{d}t} = \lambda v^2 + \lambda x a$$

又因匀加速提起，有

$$v^2 = 2ax$$

所以

$$F = x\lambda g + 3x\lambda a$$

法二 变质量问题

研究被拉起的竖直那部分，设 t 时刻链条一端距原点高度为 x，速度为 v，经过 Δt 后距原点的高度为 $x+\Delta x$，速度为 $v+\Delta v$.

该段链条，受拉力 F，重力 $x\lambda g$，据质点系动量定理有

$$(F - x\lambda g)\Delta t = (x+\Delta x)\lambda(v+\Delta v) - x\lambda v$$

两边除以 Δt 并令 $\Delta t \to 0$，又 $\lim\limits_{\Delta t\to 0}\frac{\Delta x}{\Delta t} = v$，$\lim\limits_{\Delta t\to 0}\frac{\Delta v}{\Delta t} = a$，忽略高阶小量，且 $v^2 = 2ax$，有

$$F - x\lambda g = \lambda v^2 + x\lambda a = 3x\lambda a$$

所以

$$F = x\lambda g + 3x\lambda a$$

三、讨论题

1-6 质量为 m，长为 L 的均匀绳索绕支点匀速旋转，绳中各点的张力是否相等？若不等，哪点张力最大？哪点张力最小？为什么？

1-7 假设在一场噩梦中你发现自己被锁在一个带轮子的很轻的笼子里，并处在一个快速侵蚀着的悬崖边缘. 假设没有净外力作用在由你和笼子组成的系统上，你有没有办法移动笼子离开悬崖边缘？介绍拟采用的方法并说明所用的物理学原理.

图 1-14

1-8 有人说“人从大船上容易跳上岸，而从小船上不容易跳上岸”.

(1) 试用计算结果证明：如果人以相同的对地速度 v 跳上岸，根据人要付出的能量大小判断，从大船跳上岸容易，还是从小船跳上岸容易？设大船质量为 m_1，小船质量为 m_2，船上一人的质量为 m.

(2) 在这两种情况下，船所获得的动量和动能是否相同？（忽略水的摩擦阻力，起跳前人与船系统静止不动）

1-9 1958 年，当第一颗人造卫星返回地球时，许多人对它的速率增大感到惊讶！我们知道，卫星返回地球下落时与地球外层大气摩擦，将使它损耗能量. 但是观察结果却是它盘旋越来越接近地球时速率却惊人地增大了. 这个结果意外吗？

1-10 在平静的河面上，小船正以 $v_0 = 2\ \mathrm{m\cdot s^{-1}}$ 的速率航行. 船头上站着一个人正在扔石子，石子的出手速率为 $v' = 4\ \mathrm{m\cdot s^{-1}}$. 此人向前、朝后扔石子做的功各为多少？若取小

船为参考系，计算结果又如何？怎么解释你的计算结果？（假设石子的质量为 $m=1$ kg，人与小船的总质量为 M）

1-11 质量均为 m 的两木块 A、B 分别固定在弹簧的两端，竖直地放在水平的支承面上，如图 1-15 所示. 若突然撤去支承面，在这一瞬间木块 A 和 B 的加速度各为多大？

有人这样回答：取 A、B 和弹簧为系统，因弹性力是内力，撤去支承面后，A、B 仅受重力作用，根据牛顿第二定律，它们作自由落体运动，所以 A、B 木块的加速度均为 g. 分析他的回答错在哪里，并给出正确的回答.

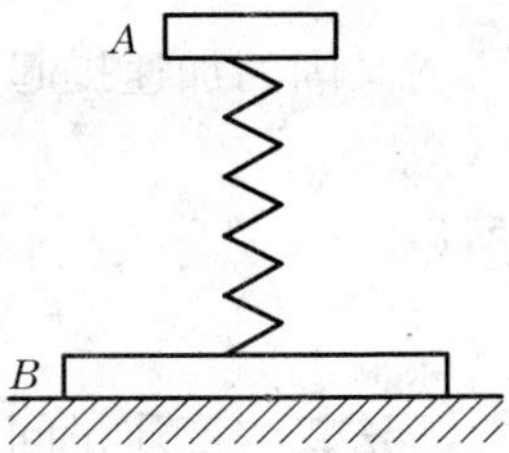

图 1-15

1-12 质量为 m 的轮船靠岸前关闭发动机，这时船的速率为 v_0. 若水的阻力与轮船速率成正比，比例系数为 k，则轮船在发动机关闭以后还能前进的距离是（ ）

(A) $\dfrac{mv_0}{k}$ (B) $\dfrac{m}{k}\ln v_0$ (C) $v_0 e^{-k/m}$ (D) $\dfrac{k}{m}\ln v_0$

1-13 在下图中，哪个图所表示的过程动量和机械能都能守恒？（ ）

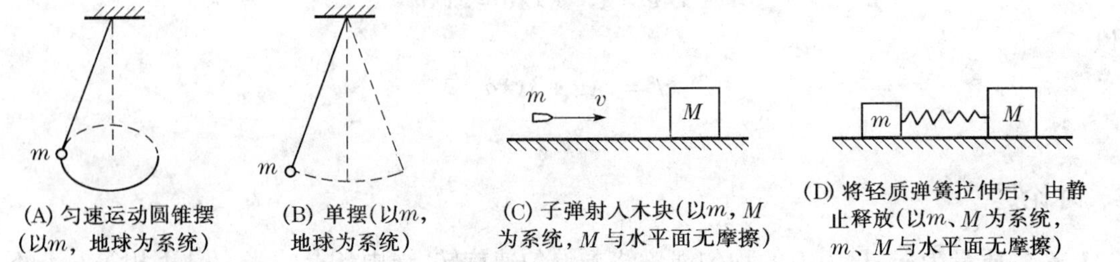
m
m
m
v
M
m
M
(A) 匀速运动圆锥摆（以m，地球为系统）
(B) 单摆（以m，地球为系统）
(C) 子弹射入木块（以m，M为系统，M与水平面无摩擦）
(D) 将轻质弹簧拉伸后，由静止释放（以m、M为系统，m、M与水平面无摩擦）

图 1-16

综 合 习 题

1-7 一质量为 2 kg 的质点 A 在水平面上运动，受到外力 $\boldsymbol{F}=4\boldsymbol{i}-24t^2\boldsymbol{j}$(N) 的作用，$t=0$ 秒时质点 A 位于 P 点，具有初速度的大小为 $v_0=5\ \mathrm{m\cdot s^{-1}}$，方向与 x 轴正方向的夹角为 $53°$($\cos 53°=0.6$)，如图所示. 求：(1) 该质点的运动学方程；(2) $t=1$ s 时，质点 A 受到的切向力 F_t 和法向力 F_n 的大小.

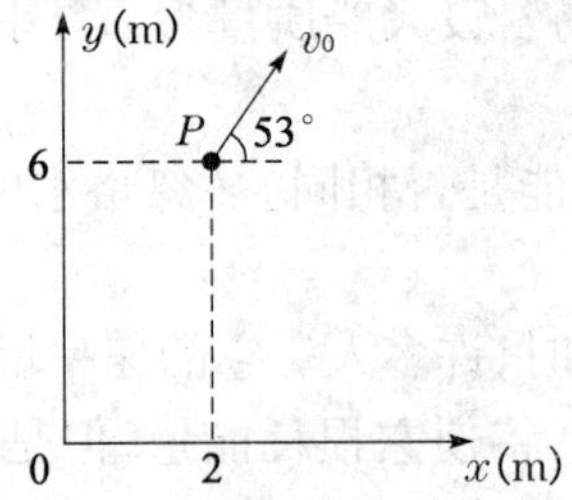

题 1-7 图

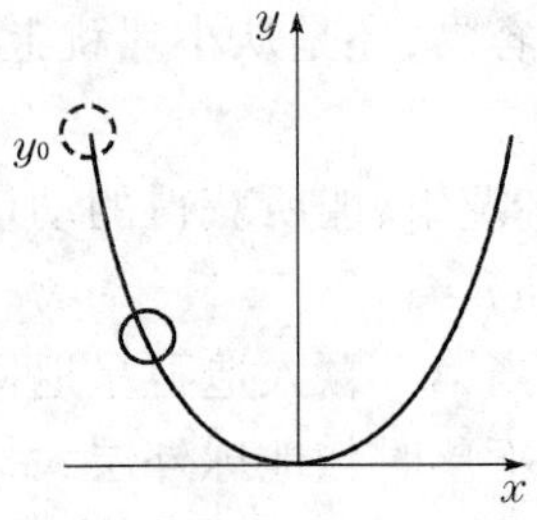

题 1-8 图

1-8 一根光滑的钢丝被弯曲成竖直平面内的一个抛物线，一个质量为 m 的圆环套于其上. 如果这个圆环从钢丝的顶端 y_0 处无初速地落下,请用两种方法计算圆环到达任意位置 y 时的速度.

1-9 如图,在光滑水平桌面上,固定放置一板壁. 板壁与水平面垂直,它的 AB 和 CD 部分是平板,BC 部分是半径为 R 的半圆柱面. 一质量为 m 的物块在光滑的水平桌面上以速率 v_0 沿壁滑动,物块与壁之间的摩擦因数为 μ. 试求物块沿板壁从 D 点滑出时的速度.

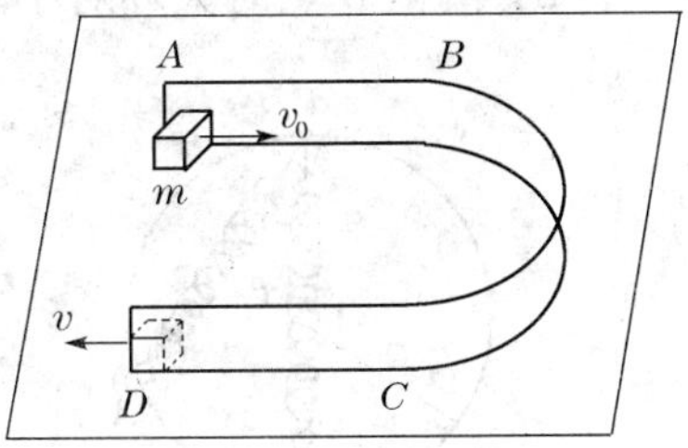

题 1-9 图

1-10 一球形容器质量为 m,竖直落入水中,刚接触水面时,其速度为 v_0,设此容器在水中所受浮力与重力相等,水的阻力为 $f=-bv$,求:

(1) 容器速度与时间的关系;

(2) 位置与时间的关系;

(3) 阻力所做的功与位置的关系.

1-11 质量为 m 的滑块串在光滑水平轨道上,并可沿轨道滑动,滑块与一不可伸长的轻绳相连,绳跨过一定滑轮,另一端有一大小不变的力 F 作用,几何尺寸如题 1-11 图所示,若滑块在 A 点具有向右速度 v_0,求:

(1) 将滑块自 A 点拉至 B 点,力 F 所做的功;

(2) 滑块在 B 点时的速度;

(3) 若滑块初速度 $v_0=0$,忽略滑轮尺寸,轨道长度足够,此滑块可滑到什么位置返回?

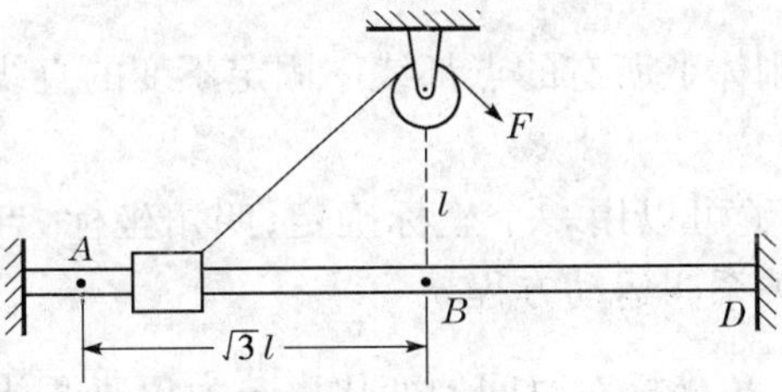

题 1-11 图

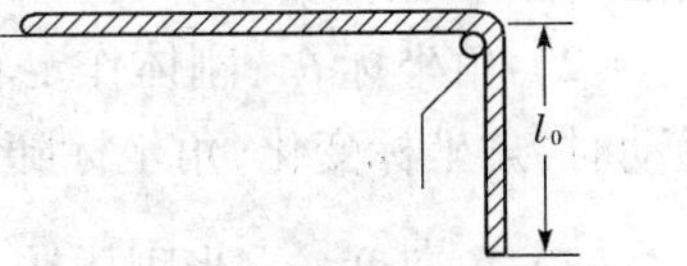

题 1-12 图

1-12 如图,一质量为 m、长为 l 的柔索放在桌面上,柔索跨过滑轮下垂,滑轮很小,滑轮质量忽略不计,可视作质点,柔索与桌面间的摩擦因数为 μ,设开始下滑时柔索速度为零,试求:

(1) 柔索下垂长度 l_0 至少多大时柔索才可以下滑?

(2) 当柔索全部离开桌面时,柔索的速度多大?

***1-13** 如图,一长为 l、密度均匀的柔软链条,其单位长度的质量为 λ,将其卷成一堆放在地面上,若手握链条的一端,以匀速 v 将其上提. 当链端提高到离地面高度为 $x(x<l)$ 时,求手的提力 F 为多少?

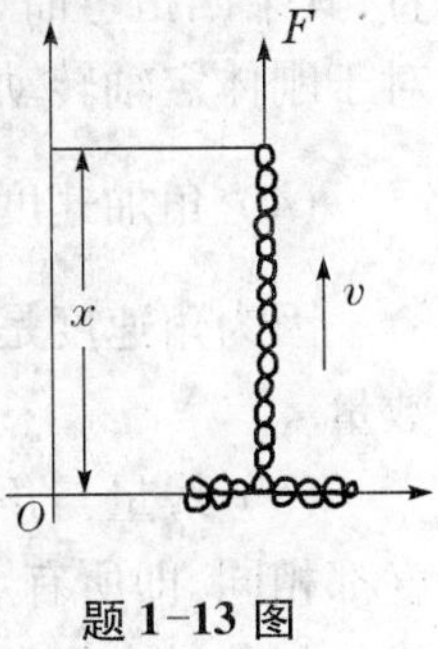

题 1-13 图

1-14 如图,一劲度系数为 k 的轻质弹簧,原长为 l_0,上端系在一半径为 $R(R=l_0)$ 的固定直立大圆环顶点 P 处,弹簧下端与小环 B 相连,小环质量为 m,且套在大环上,若小环从 A 处放手后无摩擦下滑,$\angle APB=\theta$. 求:

(1) 小环滑至大环最低点 B 时的速度；

(2) 滑至 B 点时大环对小环的作用力.

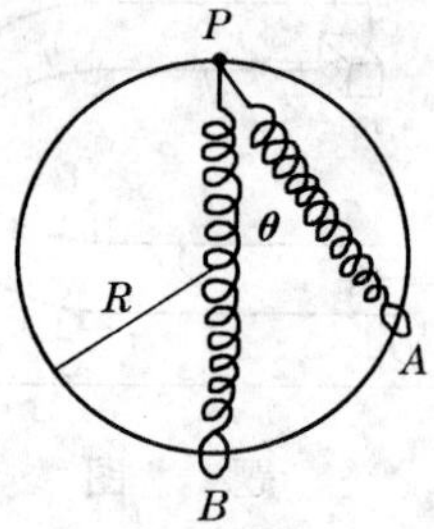

题 1-14 图

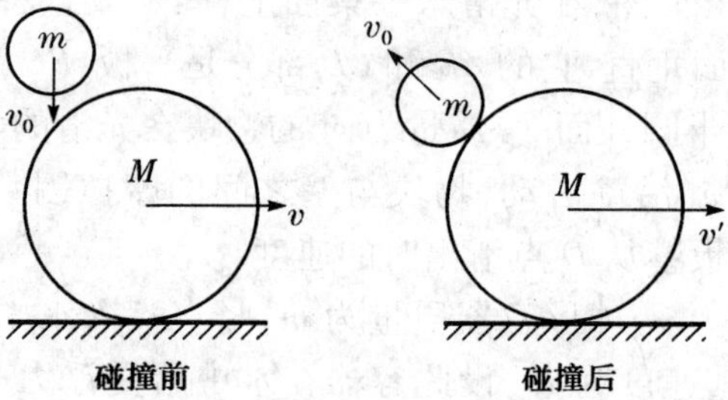

题 1-15 图

1-15 如图,一质量为 m 的小球以速度 v_0 竖直落在质量为 M 的另一球上(非对心). 设 M 球原在水平面内以 v 向右运动,相碰后小球速率仍为 v_0,但方向与竖直方向成45°. 若相碰撞时间为 Δt,求碰后 M 球速率及作用时间内 M 球给予地面的压力.

第三部分 刚体的转动

一、内容提要

1. 刚体的定轴转动

(1) 刚体的定轴转动 刚体作定轴转动时刚体上所有的点都绕一固定不变的直线作圆周运动.

(2) 角坐标 θ 刚体作定轴转动时,它的位置可以用一个坐标确定,叫角坐标. 当刚体运动时,角坐标变化,角坐标随时间变化的函数关系叫运动方程.

(3) 角速度 $\boldsymbol{\omega}$ 当刚体转动时,角坐标变化,角坐标对时间的变化率 $\frac{\mathrm{d}\theta}{\mathrm{d}t}$ 为角速度,即 $\omega = \frac{\mathrm{d}\theta}{\mathrm{d}t}$.

*严格地说角速度是矢量,写成 $\boldsymbol{\omega}$,它的方向由右手法则确定:右手握轴让右手的拇指伸直,其余四指弯曲,弯曲的方向与转动方向一致,这时伸直的大拇指的方向就是角速度方向. 对于刚体定轴转动而言,角速度只有正负之分,可按标量处理.

(4) 角加速度 α(或 $\boldsymbol{\alpha}$) 角速度对时间的变化率为角加速度,即 $\alpha = \frac{\mathrm{d}\omega}{\mathrm{d}t}$(或 $\boldsymbol{\alpha} = \frac{\mathrm{d}\boldsymbol{\omega}}{\mathrm{d}t}$).

因为角速度是矢量,它的变化率角加速度也是矢量,对于刚体的定轴转动,可退化为代数量.

(5) 线量与角量的关系 刚体作定轴转动时,刚体上所有的点角位移、角速度、角加速度都相同,即所有点角量都相同,但刚体上各质点走过的路程、位移、速度、加速度并不相同. 线量与角量之间有以下关系:

在 $\mathrm{d}t$ 时间内,质点运动径迹长 $\mathrm{d}s$ 与角位移 $\mathrm{d}\theta$ 之间有几何关系:

$$\mathrm{d}s = r\mathrm{d}\theta$$

其中 r 是质点到转轴之间的距离.

质点线速度与角速度之间的关系：

$$v = r\omega$$

质点的切向加速度与角加速度之间的关系：

$$a_{\mathrm{t}} = r\alpha$$

质点的法向加速度与角速度之间的关系：

$$a_{\mathrm{n}} = r\omega^2$$

2. 力矩　转动惯量　转动定律

（1）力矩 $\boldsymbol{M}$　严格地说，力矩是矢量，它的计算式是

$$\boldsymbol{M} = \boldsymbol{r} \times \boldsymbol{F}$$

其中 $\boldsymbol{r}$ 是力作用点相对于参考点的径矢. 力矩的大小 $M = rF \cdot \sin\theta$，其中 θ 是力作用点的径矢与力方向的夹角. 力矩的方向由右手法则判断：把右手拇指伸直，其余四指弯曲，弯曲的方向从 $\boldsymbol{r}$ 通过小于 180°的角转向力 $\boldsymbol{F}$ 的方向，伸直的大拇指方向为力矩的方向.

对于作定轴转动的刚体而言，力矩只有正负之分，可按标量处理.

（2）转动惯量 J

① 转动惯量　转动惯量是度量刚体在转动中惯性大小的物理量，它可以这样来计算，$J = \sum_i (\Delta m_i r_i^2)$. 对于质量连续分布的刚体：

$$J = \int r^2 \cdot \mathrm{d}m$$

刚体的转动惯量与刚体的形状、密度、质量的分布、转轴的选取有关.

② 平行轴定理　刚体绕某一轴的转动惯量等于刚体绕过质心且与该轴平行的轴的转动惯量加上刚体的质量与两平行轴之间距离平方的乘积. 写成数学式为

$$J = J_C + md^2$$

（3）转动定律　刚体作定轴转动时所获得的角加速度与所受到的合外力矩成正比，与刚体转动惯量成反比. 写成数学式为

$$\alpha = \frac{M}{J}$$

其中角加速度 α，力矩 M，转动惯量 J 都是对同一轴而言的量.

*3. 质点的角动量　角动量定理　角动量守恒定律

（1）质点的角动量

质点对参考点的角动量 $\boldsymbol{L} = \boldsymbol{r} \times \boldsymbol{p}$. 其中 $\boldsymbol{r}$ 为质点相对参考点的径矢，$\boldsymbol{p}$ 为质点的动量

$m\boldsymbol{v}$. 角动量的大小 $L = rmv\sin\theta$, θ 为 $\boldsymbol{r}$ 与 $m\boldsymbol{v}$ 之间的夹角.

若质点作平面圆周运动,它对圆心(也可以说成质点对过圆心且与圆面垂直的轴)角动量 $L = mr^2\omega$,退化为代数量.

(2) 质点的角动量定理

将 $\boldsymbol{F} = \dfrac{\mathrm{d}\boldsymbol{p}}{\mathrm{d}t}$(牛顿第二定律式)两边左叉乘 $\boldsymbol{r}$,通过计算有 $\boldsymbol{M} = \dfrac{\mathrm{d}\boldsymbol{L}}{\mathrm{d}t}$,质点对参考点角动量的变化率等于质点所受的对该参考点的合外力矩.

(3) 质点的角动量守恒定律

若质点所受到的对参考点的合外力矩为零,则质点对参考点角动量不变化,$\boldsymbol{L}$ 为常矢量,这就是质点的角动量守恒定律.

4. 刚体定轴转动的角动量定理　角动量守恒定律

(1) 刚体定轴转动的角动量定理

① 刚体定轴转动的角动量　刚体作定轴转动时,所有的质点都作圆周运动,故系统的角动量 $L = \sum_i L_i = \sum_i m_i r_i^2 \omega = J\omega$(它可以是对轴而言的,即刚体对转轴的角动量 $L = J\omega$),它可以是代数的量.

② 刚体定轴转动的角动量定理

对刚体上每一个质点应用角动量定理 $M_i = \dfrac{\mathrm{d}}{\mathrm{d}t}(m_i r_i^2 \omega)$ 并叠加,有

$$\sum_i M_i = \frac{\mathrm{d}}{\mathrm{d}t}\sum_i m_i r_i^2 \omega$$

其中内力矩的和为零(无论是代数和还是矢量和都为零). 上式简化为

$$M = \frac{\mathrm{d}}{\mathrm{d}t}\sum_i m_i r_i^2 \omega = \frac{\mathrm{d}}{\mathrm{d}t}(J\omega) = \frac{\mathrm{d}L}{\mathrm{d}t}$$

刚体绕某轴定轴转动时,作用于刚体的合外力矩等于刚体对该轴角动量对时间的变化率.

注:上述定理还可以适用于质点系.

(2) 角动量守恒定律

若刚体所受的合外力矩为零或刚体不受外力矩,则刚体的角动量(质点系的角动量)保持不变,这就是角动量守恒定律,即

$$J\omega = 常量 \quad 或 \quad \sum_i J_i \omega_i = 常量$$

角动量守恒可以是对刚体,也可以是对刚体与质点构成的系统.

角动量守恒定律也是物理学中最普遍、最基本的定律.

5. 力矩做功　刚体绕定轴转动的动能定理

(1) 力矩做功　在刚体定轴转动时,变力做的功 $W = \int \boldsymbol{F} \cdot \mathrm{d}\boldsymbol{r}$ 可以用力矩做的功 $W =$

$\int M\mathrm{d}\theta$ 表示(或代替).

(2) 刚体定轴转动的动能

刚体定轴转动的动能,即刚体上各质点动能之和 $E_k = \sum_i \frac{1}{2}m_i v_i^2$,它等于$\frac{1}{2}J\omega^2$,即 $E_k = \frac{1}{2}J\omega^2$.

(3) 刚体绕定轴转动的动能定理

力矩做的功 $W = \int M\mathrm{d}\theta$,将转动定律代入,有

$$W = \frac{1}{2}J\omega^2 - \frac{1}{2}J\omega_0^2$$

即合外力矩对绕定轴转动刚体所做的功等于刚体转动动能的增量.

实质上刚体绕定轴转动的动能定理就是质点系的动能定理.

*6. 刚体的平面平行运动

(1) 刚体的平面平行运动　如果刚体上所有的点都局限在彼此平行的平面上运动,这样的运动叫做刚体的平面平行运动. 刚体的平面运动可以视作随质心的平动和绕过质心且与平面垂直的轴的转动.

① 随质心的平动　刚体随质心的平动部分满足质心运动定律,质心的加速度与刚体受到的所有外力的矢量和成正比,和刚体质量成反正,写成公式为 $\boldsymbol{a}_C = \frac{\sum_i \boldsymbol{F}_i}{\sum_i m_i}$,好像所有的外力与所有的质量都集中在质心的质点一样.

② 绕过质心且与平面垂直的轴的转动　刚体绕过质心且与平面垂直的轴的转动满足转动定律,刚体的角加速度与刚体受到(对过质心且与平面垂直的轴)的合外力矩成正比,与(对该轴)转动惯量成反比,有 $\alpha_C = \frac{M_C}{J_C}$. 其中角加速度 α_C,合外力矩 M_C 和转动惯量 J_C 都是对过质心且与平面垂直的轴而言的量.

(2) 刚体平面运动的能量

① 动能　刚体平面运动的动能等于刚体上所有质点动能之和. 可以证明刚体平面运动的动能等于随质心平动动能$\frac{1}{2}mv_C^2$ 和绕质心转动动能$\frac{1}{2}J_C\omega^2$ 之和. 写成计算式为

$$E_k = \frac{1}{2}mv_C^2 + \frac{1}{2}J_C\omega^2$$

② 势能　刚体的重力势能 $E_p = mgh_C$,其中 h_C 为刚体质心对零势能点的高度.

(3) 刚体的功能原理　刚体本身就是质点系,因而对质点系的功能原理也适用于刚体的平面运动. 此时刚体的动能可以用$\frac{1}{2}mv_C^2 + \frac{1}{2}J_C\omega^2$ 计算.

7. 本部分要求

理解转动惯量的物理意义，能用积分方法计算匀质、规则简单几何体的转动惯量；正确分析刚体受的力和力矩，能用微积分方法求解变力矩作用下刚体定轴转动的问题；能正确判断角动量守恒条件，并用以处理简单系统的动力学问题；能够应用质心运动定理，转动定律及平动、转动之间的关系处理简单的刚体平面运动的动力学问题.

二、解题指导

【例 1-15】 研究阿特武德机的运动.

阿特武德机通常指一根轻绳跨过一定滑轮，绳两端分别系着质量为 m_1 和 m_2 的物体，假设滑轮可当作匀质圆盘，质量为 M，半径为 R，且 $m_1 > m_2$（如图 1-17），然后由静止自然释放.

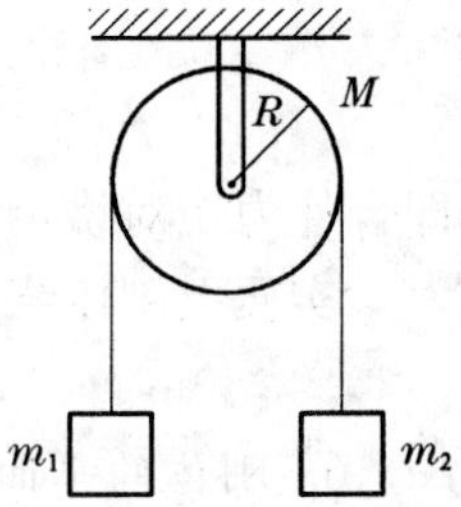

图 1-17

分析：研究阿特武德机的运动，就是研究释放后该装置的各组成部分的加速度、角加速度及绳中各部分的张力等.

虽然滑轮两边的物体一下一上运动，但这不是纯质点力学的问题，因为绳子并不是在滑轮上“滑”过去，而是通过摩擦带动滑轮使之转动. 因此滑轮两边绳中张力不再相等.

问题涉及好几个物体，必须将它们从周围的物体中隔离开来. 对它们进行受力分析，进行运动分析及运动关系的分析.

物体 m_1，受到重力 m_1g，方向向下；绳的张力 F_{T1}，方向向上. 设物体向下平动，加速度为 a_1（如图 1-18(a)），方向向下.

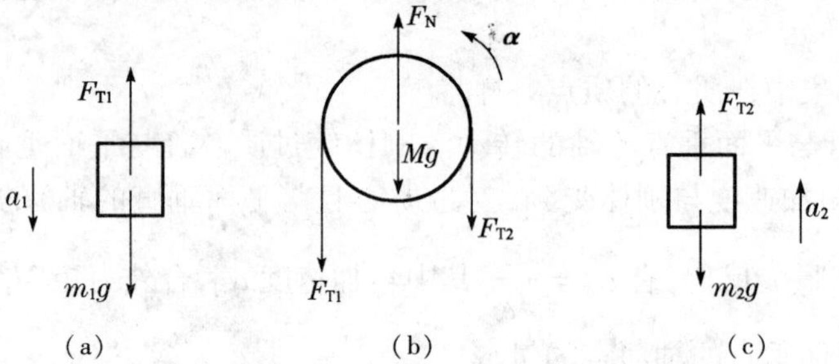

图 1-18

滑轮受到两边绳子给予的拉力. F_{T1} 及 F_{T2} 方向向下；受到重力 Mg，方向向下，施于滑轮轴线上；轴承给予滑轮支承力 F_N，方向向上，也施于滑轮轴线上. 在这些力作用下滑轮作定轮转动，设滑轮角加速度为 α，沿逆时针向（如图 1-18(b)）.

物体 m_2 受到绳中张力 F_{T2}，方向向上；受重力 m_2g，方向向下；假设它竖直向上平动，加速度为 a_2.（如图 1-18(c)）

若绳子不可伸长，物体 m_1 向下的加速度与物体 m_2 向上的加速度相等，即 $a_1 = a_2 = a$.

若绳子与滑轮之间没有相对滑动，轮缘上一点切向加速度与物体 m_1 及 m_2 的平动加速度 a 相等，即 $R\alpha = a$.

解：对物体 m_1 列质点动力学方程

$$m_1g - F_{T1} = m_1a \tag{1}$$

对滑轮列转动方程，因为重力及支承力没有力矩，故有

$$F_{T1} \cdot R - F_{T2} \cdot R = J\alpha = \left(\frac{1}{2}MR^2\right)\alpha \tag{2}$$

对物体 m_2 列质点动力学方程

$$F_{T2} - m_2g = m_2a \tag{3}$$

滑轮角加速度 α 与物体加速度 a 间的关系为

$$a = R\alpha \tag{4}$$

将式(1) + $\frac{\text{式(2)}}{R}$ + 式(3)代入式(4)可解得

$$a = \frac{(m_1 - m_2)g}{m_1 + m_2 + \frac{M}{2}}, \quad \alpha = \frac{1}{R} \cdot \frac{(m_1 - m_2)g}{m_1 + m_2 + \frac{M}{2}},$$

$$F_{T1} = \frac{2m_1m_2 + \frac{1}{2}m_1M}{m_1 + m_2 + \frac{1}{2}M}g, \quad F_{T2} = \frac{2m_1m_2 + \frac{1}{2}m_2M}{m_1 + m_2 + \frac{1}{2}M}g$$

由解答告诉我们，以上这些量与不考虑滑轮的转动时是不相同的.

【例 1-16】 如图 1-19(a)所示，外半径为 R、内半径为$\frac{R}{2}$的匀质圆环，质量为 m，套在固定于桌面的半径为$\frac{R}{2}$的圆柱上在桌面上作定轴转动，忽略轴处的摩擦，若 $t=0$ 时角速度为 ω_0，仅在环与桌面摩擦作用下平稳地静止下来，并且环与桌面间各处摩擦因数均为 μ，求：

(1) 环受到的摩擦力矩；

(2) 环在变速过程中的角加速度；

(3) 从角速度 ω_0 到静止下来所需之时间；

(4) 摩擦力所做的功.

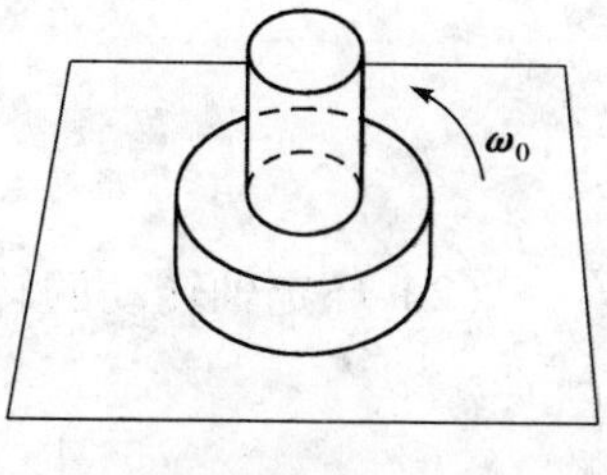

图 1-19(a)

分析：这是转动定律应用的典型例题.

转动定律告诉我们，绕定轴转动刚体的角加速度与所受的合外力矩成正比与转动惯量成反比，因此，必须解决两个关键性问题，一是寻找圆环受到的合外力矩，在此仅为摩擦力矩；二是寻找转动惯量.

转动惯量的计算可直接应用圆环转动惯量公式

$$J = \frac{1}{2}m(R_1^2 + R_2^2)$$

其中 $R_1 = \frac{R}{2}, R_2 = R$.

欲求环在变速过程中的角加速度,直接应用转动定律

$$\alpha = \frac{M}{J}$$

欲求角速度从 ω_0 到静止下来所需之时间,可以应用角动量原理

$$\int M\mathrm{d}t = J\omega - J\omega_0$$

对于摩擦力做的功可以由计算式 $\int M\mathrm{d}\theta$ 求解(当然得先计算刚体角位移);也可以用刚体动能定理求解,即 $W = \frac{1}{2}J\omega^2 - \frac{1}{2}J\omega_0^2$.

解:(1) 注意到环与桌面间摩擦力矩在不同地方不相同,故须用到积分法.

如图 1-19(b)将圆环切割成许多细环,其中位于 $r \to r + \mathrm{d}r$,细环质量为 $\mathrm{d}m = \sigma \cdot 2\pi r\mathrm{d}r$,受到桌面支承力为 $(\mathrm{d}m)g = \sigma g 2\pi r\mathrm{d}r$,对应摩擦力矩 $\mathrm{d}M = -r\mu(\mathrm{d}m)g = -\sigma\mu g 2\pi r^2\mathrm{d}r$,将各细环摩擦力矩叠加,总摩擦力矩为

$$M = \int_{\frac{R}{2}}^{R}\mathrm{d}M = -\frac{\sigma 2\pi g\mu}{3}r^3\Big|_{\frac{R}{2}}^{R}$$

$$= -\frac{m}{\pi R^2 - \pi\frac{R^2}{4}}\frac{2\pi g\mu}{3}\frac{7}{8}R^3$$

$$= -\frac{7}{9}mg\mu R$$

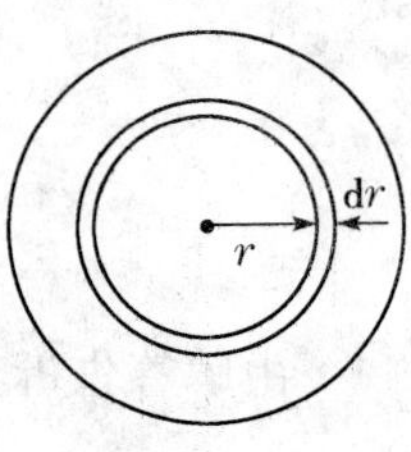

图 1-19(b)

其中

$$\sigma = \frac{m}{\pi R^2 - \pi\frac{R^2}{4}}$$

(2) 环定轴转动的转动惯量

$$J = \frac{1}{2}m\left[R^2 + \left(\frac{R}{2}\right)^2\right] = \frac{5}{8}mR^2$$

根据刚体定轴转动定律,求得环角加速度为

$$\alpha = \frac{M}{J} = -\frac{56}{45}\frac{g\mu}{R}$$

(3) 因为角加速度为常量,有

$$\alpha = \frac{\omega_t - \omega_0}{t}$$

所以

$$t = \frac{-\omega_0}{\alpha} = \frac{45\omega_0 R}{56g\mu}$$

欲求角速度从 ω_0 到静止下来所需之时间，还可以用角动量定理的积分形式求解，即作定轴转动刚体受到的冲量矩等于角动量增量，即

$$\int M\mathrm{d}t = J\omega - J\omega_0$$

力矩 M 为常量，$\omega=0$，$Mt=-J\omega_0$，故

$$t=-\frac{J\omega_0}{M}=-\frac{\frac{5}{8}mR^2\omega_0}{-\frac{7}{9}mg\mu R}=\frac{45R\omega_0}{56g\mu}$$

结果与用角加速度求得的相同.

(4) 据刚体动能定理，摩擦力矩所做的功

$$W=E_{\mathrm{k}}-E_{\mathrm{k0}}=0-\frac{1}{2}J\omega_0^2=0-\frac{1}{2}\left(\frac{5}{8}mR^2\right)\omega_0^2=-\frac{5}{16}mR^2\omega_0^2$$

讨论：摩擦力矩的计算也可以用以下方法：

将圆环按极坐标切割成质元，其中位于 $r\to r+\mathrm{d}r,\theta\to\theta+\mathrm{d}\theta$ 的质元，质量为 $\mathrm{d}m'$，受到支承力（或桌面正压力）为 $(\mathrm{d}m')g=(\sigma r\mathrm{d}r\mathrm{d}\theta)g$，其中 σ 为质量面密度，摩擦力大小为 $\mathrm{d}F'_f=\mu(\mathrm{d}m')g=\mu\sigma gr\mathrm{d}r\mathrm{d}\theta$，方向与质元运动方向相反，摩擦力矩 $\mathrm{d}M'=-r\mathrm{d}F'_f=-\mu\sigma gr^2\mathrm{d}r\mathrm{d}\theta$（负号表示与转动方向相反），总外力矩 $M=\iint\mathrm{d}M'=-\int_{\frac{R}{2}}^{R}\mathrm{d}r\int_0^{2\pi}\mu\sigma r^2\mathrm{d}\theta$，$\theta$ 积分限从 0 到 2π，r 积分限从 $\frac{R}{2}$ 到 R.

【例 1-17】 如图 1-20 所示，在光滑的水平桌面上有一长为 l、质量为 M 的均匀细棒以速度 v 平动，与一固定在桌面上的钉子 O 相碰撞，碰撞后，细棒将绕 O 轴转动. 试求：

(1) 细棒绕 O 轴转动时的转动惯量；

(2) 碰撞前，棒对 O 轴的角动量；

(3) 碰撞后，棒绕 O 轴转动的角速度.

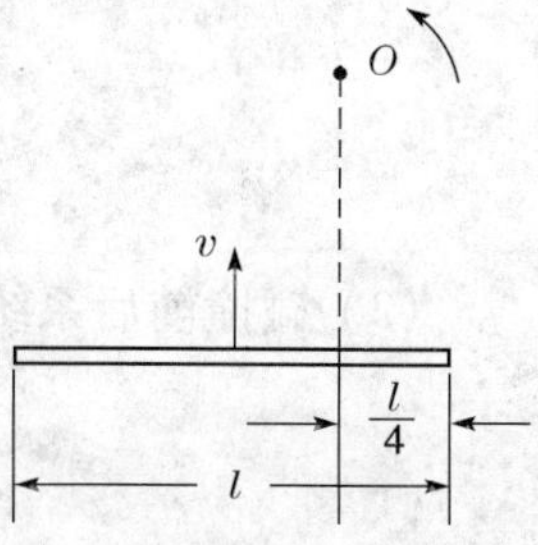

图 1-20

分析：(1) 刚体绕定轴转动时转动惯量可以这样来求：

*① 质元积分　先建立坐标系，以 O 为坐标原点，向右为 x 轴正向将棒切割成质元，位于 $x\to x+\mathrm{d}x$ 质元绕 O 轴转动惯量，$\mathrm{d}J=x^2\mathrm{d}m$，其中 $\mathrm{d}m$ 为质元质量，对于匀质棒 $\mathrm{d}m=\frac{M}{l}\mathrm{d}x$，即 $\mathrm{d}J=\frac{M}{l}x^2\mathrm{d}x$，对各质元求和 $J=\int_{-\frac{3}{4}l}^{\frac{1}{4}l}\frac{M}{l}x^2\mathrm{d}x$，积分限从 $-\frac{3}{4}l$ 到 $\frac{1}{4}l$.

② 应用平行轴定理 $J_O=J_C+Md^2$，绕 O 轴转动惯量等于绕过质心并与 O 轴平行轴转动惯量 J_C 加上两平行轴距离 d 的平方乘质量，此时 $J_C=\frac{1}{12}Ml^2$，$d=\frac{1}{4}l$.

(2) 碰撞前棒对 O 轴角动量取逆时针为正，位于 $x\to x+\mathrm{d}x$ 质元对 O 轴角动量 $\mathrm{d}L=x(\mathrm{d}m)v$，总角动量 $L=\int\mathrm{d}L=\int_{-\frac{3}{4}l}^{\frac{1}{4}l}x(\mathrm{d}m)v$.

因为棒在平动，所以 v 为常量（严格来说角动量为矢量，$\mathrm{d}\boldsymbol{L}=\boldsymbol{r}\times(\mathrm{d}m)\boldsymbol{v}$，叠加应为矢量叠加，对于定轴转动刚体来说角动量矢量沿着轴向，退化为代数量叠加）.

(3) 碰撞后绕 O 轴转动的角动量，设碰撞后绕 O 角速度为 ω，则角动量 $L=J\omega$.

碰撞过程中，钉子对棒肯定有力作用，该力虽然不能忽略不计，但该力对转轴没有力矩，故碰撞前后角动量守恒，即

$$J\omega=\int_{-\frac{3}{4}l}^{\frac{l}{4}}x(\mathrm{d}m)v$$

可以求出 ω.

解：(1) 细棒绕 O 轴转动时的转动惯量

$$J=\int_{-\frac{3}{4}l}^{\frac{l}{4}}x^2\mathrm{d}m=\int_{-\frac{3}{4}l}^{\frac{l}{4}}x^2\lambda\mathrm{d}x=\frac{\lambda}{3}x^3\bigg|_{-\frac{3}{4}l}^{\frac{l}{4}}=\frac{7}{48}Ml^2$$

或应用平行轴定理

$$J=\frac{1}{12}Ml^2+M\left(\frac{l}{4}\right)^2=\frac{7}{48}Ml^2$$

(2) 碰撞前，棒对 O 轴角动量可用两种方法计算

法一　质心法　即用质心对 O 之角动量，此法仅限于平动物体，以逆时针为转动正方向.

$$L=-Mv\frac{l}{4}$$

法二　积分法

$$L=\int_{-\frac{3}{4}l}^{\frac{l}{4}}x(\mathrm{d}m)v=\int_{-\frac{3}{4}l}^{\frac{l}{4}}x\lambda(\mathrm{d}x)v=\frac{\lambda v}{2}x^2\bigg|_{-\frac{3}{4}l}^{\frac{l}{4}}$$

$$=-\frac{\lambda vl^2}{4}=-\frac{Mvl}{4}$$

(3) 碰撞前后系统角动量守恒，故

$$-Mv\frac{l}{4}=\frac{7}{48}Ml^2\omega$$

所以

$$\omega=-\frac{12}{7}\frac{v}{l}$$

负号表示转动为顺时针方向.

【例 1-18】　光滑水平面上有一质量 $M=1$ kg 的劈，劈的斜面与水平面成 θ 角，$\theta=30°$，在劈斜面上放有一质量为 $m=1$ kg、半径 $r=0.10$ m 的匀质圆柱体，如图 1-21(a) 所示. 开始系统静止不动，后圆柱体沿斜面滚而不滑，如图 1-21(b) 所示. 求劈向左平动的加速度 a 及圆柱体的角加速度 α.

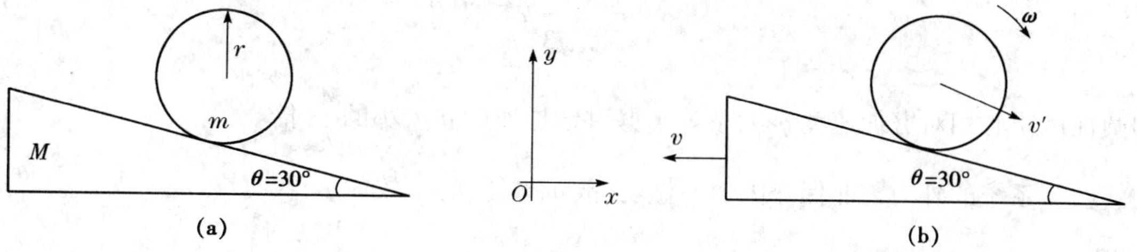

图 1-21

分析:首先把坐标系建立在地面上,水平向右为 x 轴正方向,竖直向上为 y 轴正方向,这是一个惯性系.在该惯性系里牛顿运动定律成立,劈(即斜面)向左平动,圆柱体在斜面上滚动是刚体平面运动,设某瞬时(圆柱体质心沿斜面移动 s 时)劈向左平动速度为 v,圆柱体在斜面上滚下时,质心相对斜面速度为 v',沿斜面向下,绕质心转动的角速度为 ω,角加速度为 α,圆柱体质心对地面坐标的速度 x 分量为 v_{cx},y 分量为 v_{cy}.据相对运动速度关系有

$$v_{cx}=v'\cos\theta-v,\quad v_{cy}=-v'\sin\theta$$

研究劈与圆柱体构成的系统,该系统在 x 方向不受到外力作用,故沿 x 方向动量守恒,原系统静止,故原系统在 x 方向动量为零,当圆柱体质心沿斜面移动 s 时,系统动量

$$m(v'\cos\theta-v)-Mv=0$$

整个系统无外力及非保守内力做功,故机械能守恒.

当圆柱体质心沿斜面移动 s 时,劈的动能为 $\frac{1}{2}Mv^2$,圆柱体沿 x 方向平动动能为 $\frac{1}{2}m(v'\cos\theta-v)^2$,沿 y 方向平动动能为 $\frac{1}{2}m(v'\sin\theta)^2$,绕质心转动动能为 $\frac{1}{2}J\omega^2$,重力势能令其为零.

在开始时,系统仅重力势能为 $mgs\sin\theta$.

据机械能守恒定律

$$mgs\sin\theta=\frac{1}{2}Mv^2+\frac{1}{2}m(v'\cos\theta-v)^2+\frac{1}{2}m(v'\sin\theta)^2+\frac{1}{2}\left(\frac{1}{2}mr^2\right)\omega^2$$

且 $v'=\omega r$.代入数据可得到 v' 与 v 及 a' 与 a 关系使求解简化.

解:设圆柱体质心沿斜面移动 s 时,劈向左滑动速率为 v.圆柱体质心相对劈速度为 v',沿斜面方向.圆柱体绕质心转动角速度为 ω,角加速度为 α.取水平向右为 x 轴正向,竖直向上为 y 轴正向.

(1) 系统沿水平方向不受外力,沿水平方向动量守恒,故

$$m(v'\cos\theta-v)-Mv=0$$

$$v'=\frac{(m+M)v}{m\cos\theta}=\frac{4}{\sqrt{3}}v \tag{1}$$

(2) 将式(1)对时间求导,有

$$a'=\frac{4}{\sqrt{3}}a \tag{2}$$

即圆柱体质心相对劈加速度 a'大小等于劈对地加速度 a 大小的$\frac{4}{\sqrt{3}}$倍.

（3）系统的外力与非保守内力不做功,故机械能守恒,故

$$mgs\sin\theta=\frac{1}{2}Mv^2+\frac{1}{2}m(v'\cos\theta-v)^2+\frac{1}{2}m(v'\sin\theta)^2+\frac{1}{2}(\frac{1}{2}mr^2)\omega^2$$

将 $\omega r=v'$及式(1)代入,再代入数据有

$$g\frac{s}{2}=3v^2 \tag{3}$$

将式(3)对时间求导有$\frac{1}{2}gv'=6va$. 利用式(1)可得

$$a=\frac{\sqrt{3}}{9}g \tag{4}$$

（4）将式(4)代入式(2)有

$$a'=\frac{4}{\sqrt{3}}a=\frac{4}{9}g$$

由运动学关系式得

$$\alpha'=\frac{a'}{r}=\frac{1}{0.10}\times\frac{4}{9}\times 9.8\ \mathrm{s^{-2}}=43.6\ \mathrm{s^{-2}}$$

【例 1-19】 如图 1-22(a)所示,绕有电缆的大木轴放在水平地面上,质量为 1 000 kg,绕几何轴转动惯量 $J_C=300\ \mathrm{kg\cdot m^2}$, $R_1=1.0$ m,内柱半径 $R_2=0.4$ m. 若大木轴与地面无相对滑动,当用 $F=9\ 800$ N 水平拉力拉电缆的一端时:

（1）大木轴将怎样运动?

（2）轴心 O 的加速度是多大? 角加速度多大?

（3）摩擦力多大?

（4）若力 $\boldsymbol{F}$ 与水平方向夹角为 $\theta(\theta<\frac{\pi}{2})$,要大木轴仍向右作纯滚动,$\theta$ 最大为多少?

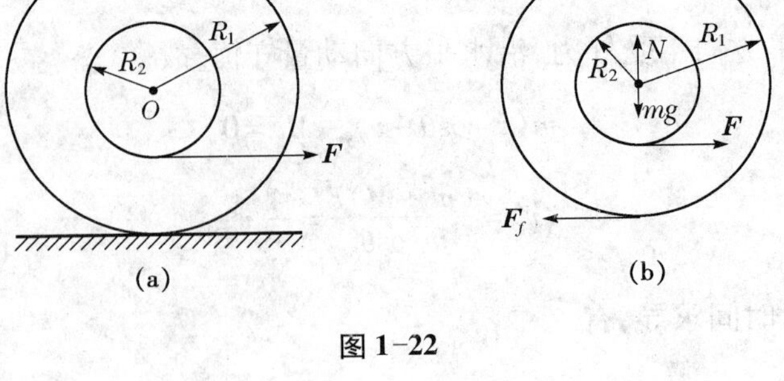

图 1-22

分析：首先对大木轴进行受力分析(如图 1-22(b))，大木轴受水平拉力 $\boldsymbol{F}$ 沿电缆拉伸方向，摩擦力$\boldsymbol{F}_f$，作用点在与地面接触处，假设$\boldsymbol{F}_f$水平向左(若依此解得 F_f 为正，则假设方向正确)，支承力 $\boldsymbol{N}$ 方向向上，作用线过质心，重力 $m\boldsymbol{g}$ 方向向下，作用于质心.

大木轴在水平面上作滚动，属刚体平面运动.

刚体的任意运动，可以看成随质心的平动和绕质心的转动. 刚体的平面运动可以看成随质心的平动和绕过质心且与平面垂直的轴转动.

其平动部分满足质心运动定律 $\boldsymbol{a}_C = \dfrac{\sum \boldsymbol{F}_i}{\sum\limits_i m_i}$，即好像所有的外力都作用在质心，所有的质量都集中在质心.

选水平向右为 x 轴正方向. 对于大木轴水平方向有 $F - F_f = ma_C$，其中 a_C 为质心运动加速度.

绕过质心且与平面垂直的轴的转动符合转动定律，即

$$\alpha_C = \frac{M_C}{J_C} \quad 或 \quad M_C = J_C\alpha_C$$

取顺时针为正绕向，合外力矩 $M = F_fR_1 - FR_2$，有

$$F_fR_1 - FR_2 = J_C\alpha$$

其中 F_fR_1 为摩擦力矩，$-FR_2$ 为拉力矩. 又大木轴只滚不滑，故

$$a_C = \alpha R_1$$

联立上述方程即可求解.

解：(1) 大木轴作平面运动，设大木轴质心向右运动，质心加速度为 a_C，转动为顺时针方向，转动角加速度为 α，且大木轴受到水平拉力 F 向右、摩擦力 F_f 向左及轴处重力 mg 和支承力 N(如图 1-22(b)). 据质心运动方程为

$$F - F_f = ma_C \tag{1}$$

绕质心运动的转动定理为

$$F_fR_1 - FR_2 = J_C\alpha \tag{2}$$

因无相对滑动，故

$$\alpha R_1 = a_C \tag{3}$$

将式(1)·R_1 + 式(2)，再将式(3)代入有

$$\alpha = \frac{F(R_1 - R_2)}{mR_1^2 + J_C} = \frac{9\,800(1-0.4)}{1\,000\times1^2+300}\ \mathrm{s^{-2}} = 4.52\ \mathrm{s^{-2}}$$

$\alpha > 0$，表示大木轴转动为顺时针方向.

(2) 据式(3)

$$a_C = \alpha R_1 = 4.52 \cdot 1\ \mathrm{m\cdot s^{-2}} = 4.52\ \mathrm{m\cdot s^{-2}}$$

$a_C > 0$,表示大木轴质心向右运动.

(3) 由式(1)得

$$F_f = F - ma_C = (9\,800 - 1\,000 \times 4.52)\ \text{N} = 5\,280\ \text{N}$$

(4) 设力 $\boldsymbol{F}$ 与水平方向夹角为 θ(如图 1-22(c)所示),则质心运动方程为

$$F\cos\theta - F_f = ma_C \tag{4}$$

绕质心转动方程为

$$F_fR_1 - FR_2 = J_C\alpha \tag{5}$$

因无相对滑动,故

$$\alpha R_1 = a_C \tag{6}$$

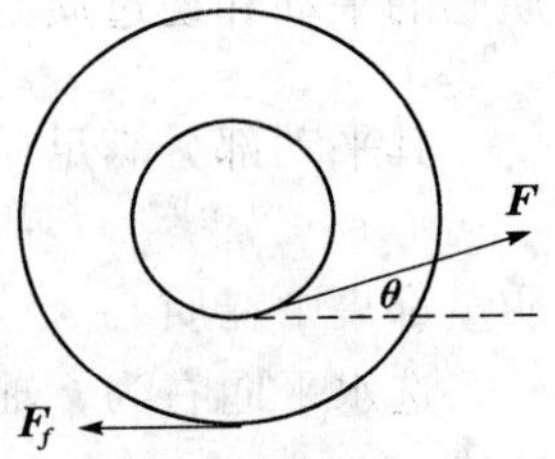

图 1-22(c)

式(4)·R_1 + 式(5)代入式(3)得

$$\alpha = \frac{F\cos\theta R_1 - FR_2}{mR_1^2 + J_C}$$

$$a_C = \alpha R_1 = \frac{FR_1(R_1\cos\theta - R_2)}{mR_1^2 + J_C}$$

若 $a_C > 0$,必有 $R_1\cos\theta > R_2$,故

$$\cos\theta > \frac{R_2}{R_1} = \frac{0.4}{1} = 0.4$$

$$\theta < 66°25'$$

**【例 1-20】 回转仪转子的质量为 0.5 kg,半径为 0.03 m,可视作离 z 轴为 0.10 m 的匀质圆盘,转子绕 y 轴以角速度 100 rad · s^{-1}转动,方向如图 1-23(a) 所示,求:

(1) 该转子自转的角动量;

(2) 系统进动的角速度;

(3) 作用在支承轴上的力.

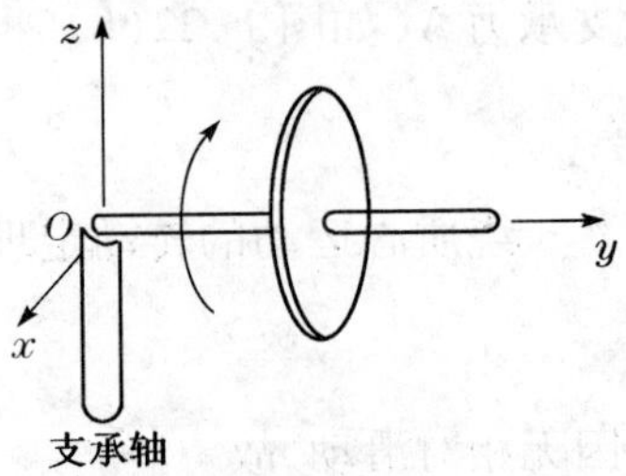

图 1-23(a)

分析:(1) 严格来说角动量是矢量,$\boldsymbol{L} = J\boldsymbol{\omega}$,它的方向与角速度方向相同,只有在定轴转动时,可用代数量来处理问题.

(2) 角动量定理告诉我们,质点系受到的合外力矩,等于质点系角动量对时间的变化率,即

$$\boldsymbol{M} = \frac{\mathrm{d}\boldsymbol{L}}{\mathrm{d}t}$$

写成微分形式为

$$\mathrm{d}\boldsymbol{L} = \boldsymbol{M}\mathrm{d}t$$

角动量增量与外力矩方向一致.

在研究刚体定轴转动时,外力矩方向与角动量方向在一直线上,角动量仅大小(或正负)发生变化,而轴线的方向却不发生变化.

若外力矩方向与角动量方向不一致,那角动量方向就会发生变化. 即转轴方向发生变化称为进动.

设转子质量为 m,半径为 r,离 z 轴距离为 l,绕 y 轴转动惯量为 J,角速度为 ω,系统转轴角速度为 ω_p.

针对本题 $\boldsymbol{L}$ 沿 y 轴负向,$L = J\omega$,外力矩 $\boldsymbol{M}$ 大小为 mgl,沿 x 轴负方向,故 y 轴负方向有转向 x 轴负方向运动,顶着 z 轴有顺时针运动(如图 1-23(b)),且

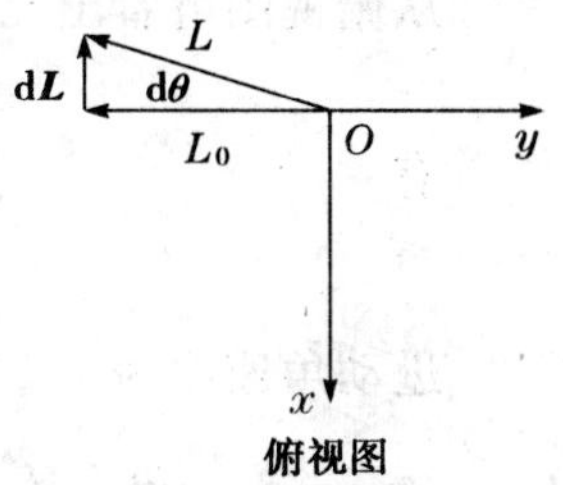

图 1-23(b)

$$|\mathrm{d}\boldsymbol{L}| = M\mathrm{d}t$$

$$L_0\mathrm{d}\theta = M\mathrm{d}t$$

$$\frac{\mathrm{d}\theta}{\mathrm{d}t} = \frac{M}{L_0} = \omega_p$$

(3) 回转仪转子在进动时,质心绕 z 轴作半径为 $l = 0.1$ m、角速度为 ω_p(进动角速度)的圆周运动,其中 y 负方向为法向,x 方向为切向.

转子受重力 mg 沿 z 轴负向,轴处受力的三分量分别为 F_x, F_y, F_z.

据质心运动定律:

在 z 方向平衡,有

$$F_z - mg = 0$$

在 y 方向提供质心作圆周运动向心力,故

$$F_y = -m\omega_p^2 l$$

在 x 方向,因质心无切向加速度,故

$$F_x = 0$$

解:设转子质量为 m,半径为 r,离 z 轴距离为 l,绕 y 轴转动惯量为 J、角速度为 ω,系统进动角速度为 ω_p.

(1) 转子自转角动量 $\boldsymbol{L} = J\boldsymbol{\omega}$

角动量大小为

$$L = J\omega = \frac{1}{2}mr^2\omega = \frac{1}{2}\times 0.5\times 0.03^2\times 100$$
$$= 2.25\times 10^{-2}\ \mathrm{kg\cdot m^2\cdot s^{-1}}$$

方向沿 y 轴负方向.

(2) 转子受到对 O 之矩 $\boldsymbol{M} = \boldsymbol{l}\times m\boldsymbol{g}$,即该矩之大小

$$M = l\cdot mg = 0.10\times 0.5\times 9.8 = 0.49\ \mathrm{kg\cdot m^2\cdot s^{-2}}$$

方向沿 x 轴负方向.

设 t 时刻系统角动量为 $\boldsymbol{L}_0$,沿 y 轴负方向,经过 $\mathrm{d}t$ 时间后系统角动量为 $\boldsymbol{L}$,此段时间角

动量的增量 $\mathrm{d}\boldsymbol{L}$, $\mathrm{d}\boldsymbol{L}=\boldsymbol{L}-\boldsymbol{L}_0$.

据角动量定理

$$\boldsymbol{M}\mathrm{d}t=\mathrm{d}\boldsymbol{L}$$

其大小为

$$M\mathrm{d}t=|\mathrm{d}\boldsymbol{L}|$$

从俯视图可看出几何关系

$$|\mathrm{d}\boldsymbol{L}|=L_0\mathrm{d}\theta$$

有

$$M\mathrm{d}t=L_0\mathrm{d}\theta$$

进动角速度为

$$\omega_p=\frac{\mathrm{d}\theta}{\mathrm{d}t}=\frac{M}{L_0}=\frac{mgl}{\frac{1}{2}mr^2\omega}=\frac{2\times gl}{r^2\omega}=\frac{2\times 9.8\times 0.10}{0.03^2\times 100}\ \mathrm{rad\cdot s^{-1}}=21.8\ \mathrm{rad\cdot s^{-1}}$$

逆着 z 轴观察沿顺时针方向,即沿 z 轴负方向.

(3) 设支承轴给系统的力为 F_x、F_y、F_z,转子质心在 z 方向没有运动,在 xOy 平面内作匀速圆周运动. 据运动定律有

$$F_z=mg=0.5\times 9.8=4.9\ \mathrm{N}$$

$$F_y=ma_y=-m\omega_p^2\cdot l=-0.5\times(21.8)^2\times 0.10=-23.8\ \mathrm{N}$$

$$F_x=m\frac{\mathrm{d}v_c}{\mathrm{d}t}=0$$

支承轴受到的力沿 z 轴向下 4.9 N 及沿 y 轴向右 23.8 N.

三、讨论题

1-14 作用力与反作用力大小相等、方向相反,并且在一条作用线上,那么这一对力做功的代数和一定为零吗? 举例说明.

1-15 在计算刚体的转动惯量时,能否将物体的质量看成全部集中在刚体的质心处? 试用实例说明.

两个质量相等、外半径相同的飞轮 A 和 B,在外力矩作用下以相同的角速度绕中心轴转动,其中 A 为实心的,B 为中空的,设它们所受的阻力矩相同,当外力矩同时取消后,先停止转动的是

(A) 飞轮 A (B) 飞轮 B (C) A,B 同时 (D) 难以判断

1-16 线度和质量相同的滑块和匀质圆柱体从同一固定斜面顶端由静止出发分别沿斜面滑动和滚动,到达底部时动能哪个大? 质心速度哪个大? 设滑动为无摩擦.

1-17 为什么在研究质点碰撞时,我们往往应用动量守恒定律,而研究质点与定轴转动的刚体碰撞时,不能应用动量守恒定律,往往应用角动量守恒定律?

1-18 两个质量分别为 m 与 M 的小球,位于一固定的、光滑的水平长直沟槽内,一轻

质弹簧被压缩在两球之间而并没有和它们连接，现用线将两球缚紧，使之静止（如图 1-24(a)所示）.

(1) 今把线烧断，两球沿相反方向在沟槽内运动，此过程中该两球组成的系统什么量守恒？为什么？

(2) 若沟槽是一光滑、水平圆形的（如图 1-24(b)所示），则守恒量是什么？为什么？

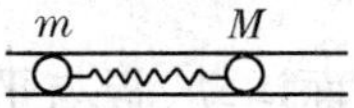

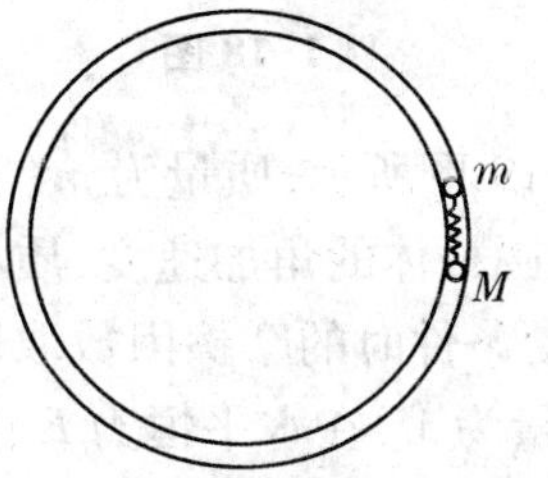

图 1-24

综 合 习 题

1-16 有一匀质细棒长为 l，质量为 m_1，可绕过端点与棒垂直的轴在水平桌面上转动. 棒与桌面间摩擦因数为 μ，轴处摩擦可忽略. 今有一子弹质量为 m_2，以速度 v 沿水平路径垂直打穿棒端，子弹穿出时速率为 $\frac{v}{2}$. 试求：仅在棒与桌面间摩擦力作用下，棒经过多长时间停止转动？在这段时间内棒的角位移是多少？

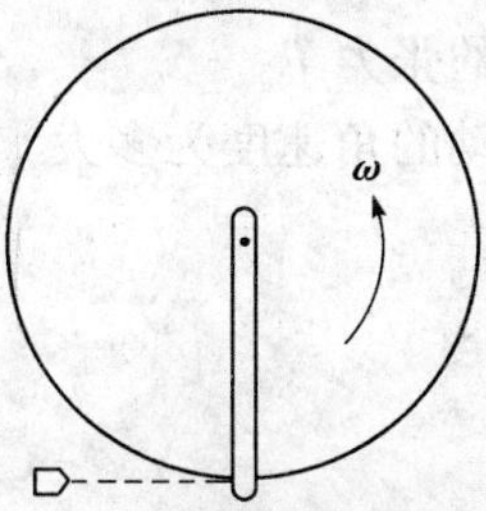

题 1-16 图

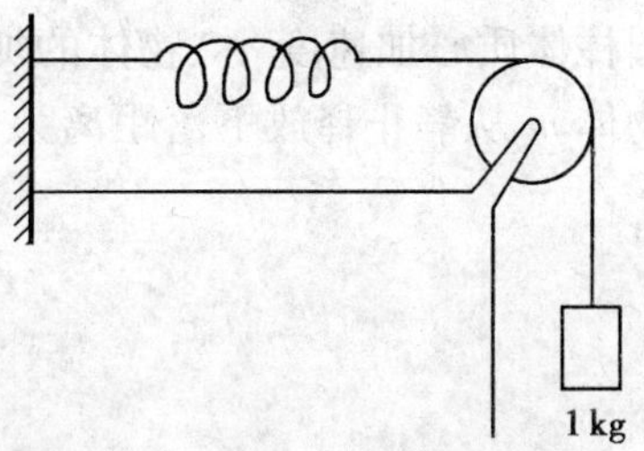

题 1-17 图

1-17 劲度系数 $k = 2\ \mathrm{N \cdot m^{-1}}$、质量不计的弹簧，一端固定、另一端与一轻绳相连，跨过一定滑轮，绳端系一质量为 1 kg 的物体，若滑轮转动惯量 $J = 0.01\ \mathrm{kg \cdot m^2}$，在弹簧未伸长时释放物体，当物体落下 1 m 时速度大小等于多少？（g 取 $9.8\ \mathrm{m \cdot s^{-2}}$ 且假设绳、滑轮间无相对滑动，滑轮半径为 0.10 m，要求从动力学、功能角度分别计算）

1-18 一根质量为 M、长为 $2l$ 的匀质细棒，可在竖直平面内绕过中心的水平轴转动，开始时细棒在水平位置静止，今有一质量为 m 的质点以速度 v 垂直落到棒的端点并作完全弹性碰撞，求碰撞后质点回跳速率 v' 及棒转动的角速度 ω.

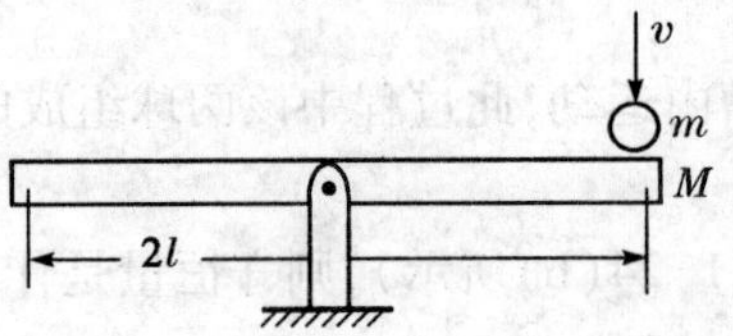

题 1-18 图

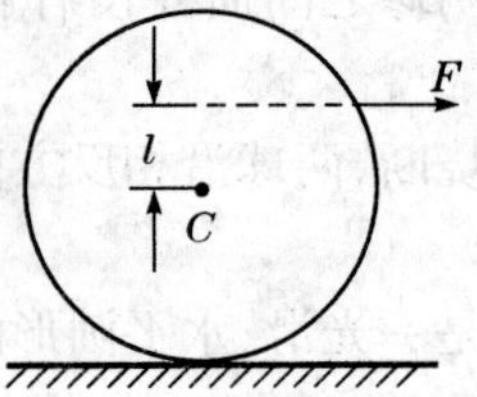

题 1-19 图

*1-19　如题 1-19 图所示，质量为 m、半径为 R 的均质圆柱体在水平外力 F 的作用下沿水平面作纯滚动，求圆柱体的角加速度、质心的加速度和所受的静摩擦力. 讨论静摩擦力的方向及满足上述运动条件时的摩擦因数取值范围.

*1-20　板的质量为 M，在水平恒力 F 作用下，沿水平面运动，板与平面间摩擦因数为 μ，在板上放一半径为 R、质量为 m 的实心圆柱体，此圆柱体在板上只滚动不滑动，求板的加速度.

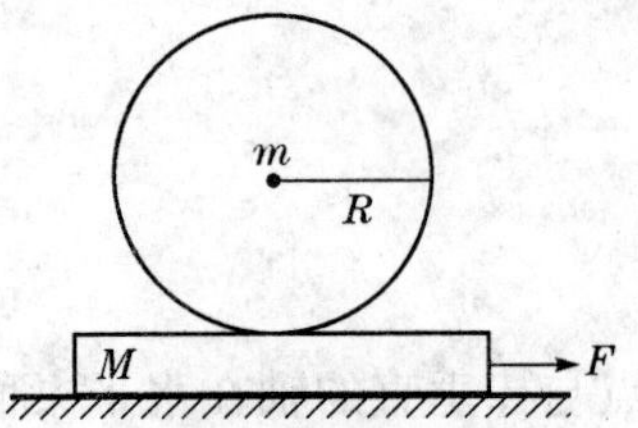

题 1-20 图

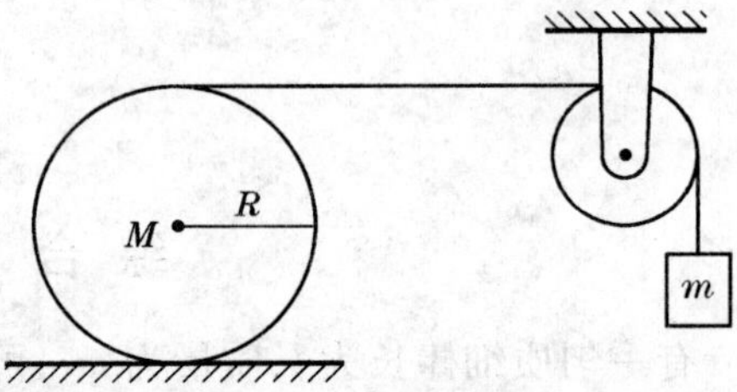

题 1-21 图

*1-21　质量为 M、半径为 R 的匀质圆柱体放在粗糙的水平面上，圆柱体的外围绕有细绳，绳子跨过一个很轻的滑轮，并挂上一质量为 m 的物体，设圆柱体在地面只滚不滑，并且圆柱与滑轮之间的绳子是水平的.

(1) 求圆柱体质心加速度 a_C、物体的加速度 a 和绳中的张力 T.

(2) 当物体 m 从静止释放下落距离为 h 时，圆柱体转动的角速度为多大？

第一单元自测卷

一、选择题(共30分)

1. (本题3分)一运动质点的运动方程 $\boldsymbol{r}(t)=x(t)\boldsymbol{i}+y(t)\boldsymbol{j}$,则 t 时刻速度的大小为(　　)

(A) $\frac{\mathrm{d}r}{\mathrm{d}t}$　　(B) $\frac{\mathrm{d}\boldsymbol{r}}{\mathrm{d}t}$

(C) $\frac{\mathrm{d}|\boldsymbol{r}|}{\mathrm{d}t}$　　(D) $\sqrt{(\frac{\mathrm{d}x}{\mathrm{d}t})^2+(\frac{\mathrm{d}y}{\mathrm{d}t})^2}$

2. (本题3分)一质点沿 x 轴作直线运动,其 $v-t$ 曲线如图所示,当 $t=0$,质点位于坐标原点,则 $t=4.5$ s 时,质点在 x 轴上的位置为(　　)

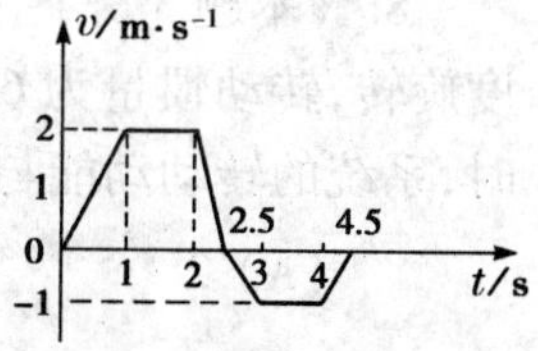

(A) 5 m　　(B) 2 m

(C) 0　　(D) -2 m

(E) -5 m

3. (本题3分)某物体的运动规律为 $\mathrm{d}v/\mathrm{d}t=-kv^2t$,式中的 k 为大于零的常数,当 $t=0$ 时,初速为 v_0,则速度 v 与时间 t 的函数关系是(　　)

(A) $v=\frac{1}{2}kt^2+v_0$　　(B) $v=-\frac{1}{2}kt^2+v_0$

(C) $\frac{1}{v}=\frac{kt^2}{2}+\frac{1}{v_0}$　　(D) $\frac{1}{v}=-\frac{kt^2}{2}+\frac{1}{v_0}$

4. (本题3分)有一劲度系数为 k 的轻弹簧,原长为 l_0,将它吊在天花板上,当它下端挂一托盘平衡时,其长度变为 l_1,然后在托盘中放一重物,弹簧长度变为 l_2,则由 l_1 伸长至 l_2 的过程中,弹性力所做的功为(　　)

(A) $-\int_{l_1}^{l_2}kx\mathrm{d}x$　　(B) $\int_{l_1}^{l_2}kx\mathrm{d}x$

(C) $-\int_{l_1-l_0}^{l_2-l_0}kx\mathrm{d}x$　　(D) $\int_{l_1-l_0}^{l_2-l_0}kx\mathrm{d}x$

5. (本题3分)如图所示,均匀细棒 OA 可绕通过其一端 O 而与棒垂直的水平固定光滑轴转动,今使棒从水平位置由静止开始自由下落,在棒摆动到竖直位置的过程中,下述说法中正确的是(　　)

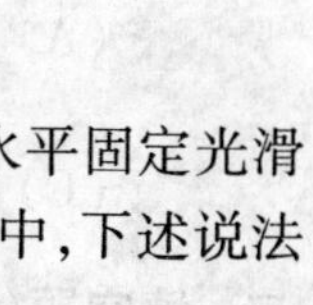

(A) 角速度从小到大,角加速度从大到小

(B) 角速度从小到大,角加速度从小到大

(C) 角速度从大到小,角加速度从大到小

(D) 角速度从大到小,角加速度从小到大

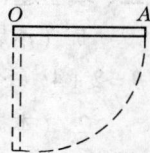

6. (本题3分)如图所示,A、B 为两个相同的绕着轻绳的定滑轮,A 滑轮挂一质量为 M 的物体,B 滑轮受拉力 F,而且 $F=Mg$,设两滑轮的角加速度分别为 α_A 和 α_B,不计滑轮轴的

摩擦,则有(　　)

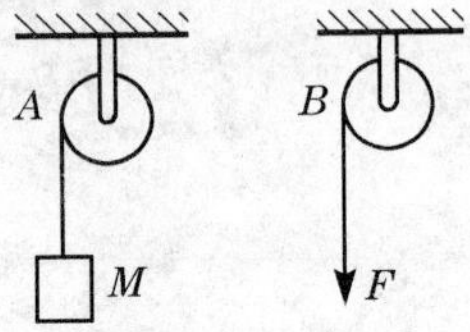

(A) $\alpha_A = \alpha_B$

(B) $\alpha_A > \alpha_B$

(C) $\alpha_A < \alpha_B$

(D) 开始时,$\alpha_A = \alpha_B$,以后 $\alpha_A < \alpha_B$

7. (本题 3 分)质量不同的一个球和一个圆柱体,前者的半径和后者的横截面半径相同,二者放在同一斜面上,从同一高度静止开始无滑动地滚下(圆柱体的轴始终维持水平),则(　　)

(A) 两者同时到达底部

(B) 圆柱体先到达底部

(C) 圆球先到达底部

(D) 质量大的先到达底部

8. (本题 3 分)一人站在旋转平台的中央,两臂侧平举,整个系统以 2π rad · s^{-1} 的角速度旋转,转动惯量为 6.0 kg · m^2,如果将双臂收回,则系统的转动惯量变为 2.0 kg · m^2,此时,系统的转动动能与原来的转动动能之比 E_k/E_{k0} 为(　　)

(A) 2　　(B) $\sqrt{2}$

(C) $\sqrt{3}$　　(D) 3

9. (本题 3 分)如图所示,一块方板,可以绕通过其一个水平边的光滑固定轴自由转动,最初方板自由下垂,今有一小团黏土垂直板面撞击方板,并粘在板上,对黏土和方板系统,如果忽略空气阻力,在碰撞中守恒的量是(　　)

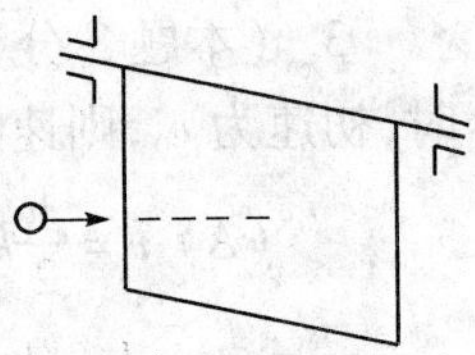

(A) 动能

(B) 绕木板转轴的角动量

(C) 机械能

(D) 动量

10. (本题 3 分)质量为 0.10 kg 的质点,由静止开始沿曲线 $\boldsymbol{r} = (\frac{5}{3})t^3\boldsymbol{i} + 2\boldsymbol{j}$(SI) 运动,则在 $t=0$ 到 $t=2$ s 时间内,作用在该质点上的合外力做的功为(　　)

(A) $\frac{5}{4}$ J　　(B) 20 J

(C) 40 J　　(D) $\frac{75}{4}$ J

二、填空题(共 30 分)

1. (本题 4 分)一质点沿半径为 0.1 m 的圆周运动,其角位移 θ 随时间 t 的变化规律是 $\theta = 2 + 4t^2$(SI),在 $t=2$ s 时,它的切向加速度 a_t = ________,法向加速度 a_n = ________.

2. (本题 3 分)已知质点运动学方程为 $\boldsymbol{r} = (2t+3)\boldsymbol{i} + 4t^2\boldsymbol{j}$(SI),则该质点的轨道方程为________.

3. (本题 3 分)两条直路交叉成 θ 角,两辆汽车分别以速率 v_1 和 v_2 沿两条路行驶,则一车相对另一车的速度大小为________.

4. （本题 3 分）如图所示，轻弹簧的一端固定在倾角为 α 的光滑斜面的底端 E，另一端与质量为 m 的物体 C 相连，O 点为弹簧原长处，A 点为物体 C 的平衡位置，如果在一外力作用下，物体由 A 点沿斜面向上缓慢移动了 $2x_0$ 距离而到达 B 点，则该外力所做功为________.

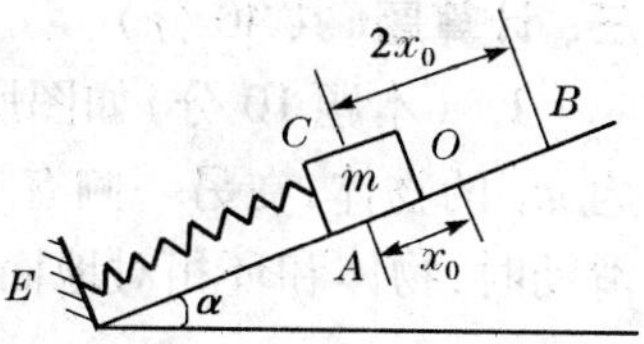

5. （本题 3 分）如图，质量为 m 的质点，以不变的速率 v 沿正三角形 ABC 的水平光滑轨道运动，质点越过 A 角时，轨道作用于质点的冲量的大小为________.

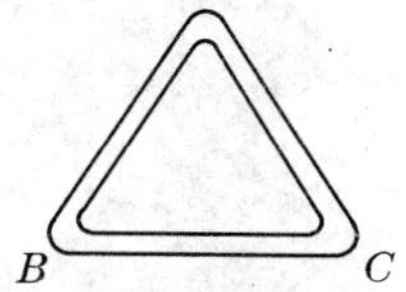

（第 5 题）

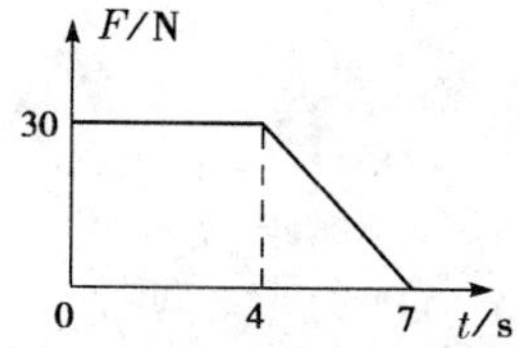

（第 6 题）

6. （本题 4 分）如图，质量 m 为 10 kg 的木箱放在地面上，在水平拉力 F 的作用下由静止开始沿直线运动，其拉力随时间变化关系如图所示，若已知木箱与地面间的摩擦因数 μ 为 0.2，那么在 $t=4$ s 时，木箱的速度大小为________，在 $t=7$ s 时，木箱的速度大小为________.（g 取 10 $\mathrm{m \cdot s^{-2}}$）

7. （本题 4 分）一质量 $m=6.0$ kg、长 $l=1.00$ m 的匀质棒放在桌面上，可绕通过其中心的竖直固定轴转动，对轴的转动惯量 $J=\dfrac{ml^2}{12}$. $t=0$ 时棒的角速度 $\omega_0=10.0\ \mathrm{rad \cdot s^{-1}}$，由于受到恒定的阻力矩的作用，$t=20$ s 时，棒停止运动，则棒的角加速度的大小为________，棒所受到的阻力矩为________.

8. （本题 3 分）如图，质量分别为 m 和 $2m$ 的两物体（都可视为质点），用一长为 l 的轻质刚性细杆相连，系统绕通过杆且与杆垂直的固定轴 O 转动，已知 O 轴离质量为 $2m$ 的质点的距离为 $\dfrac{1}{3}l$，质量为 m 的质点的线速度为 v 且与杆垂直，则该系统对转轴的角动量（动量矩）大小为________.

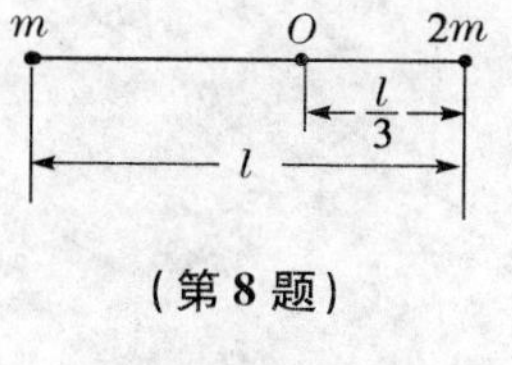

（第 8 题）

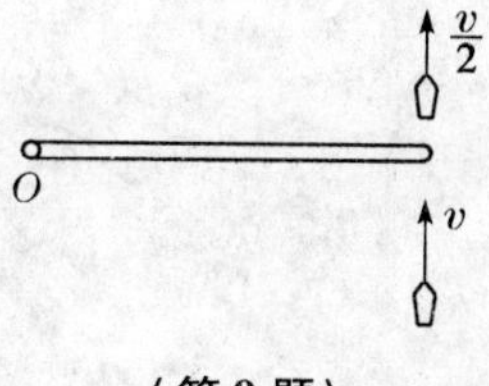

（第 9 题）

9. （本题 3 分）如图，一静止的均匀细棒，长为 L，质量为 M，可绕通过棒的端点且与棒垂直的光滑固定轴 O 在水平面内转动，转动惯量为 $\dfrac{1}{3}ML^2$. 一质量为 m、速率为 v 的子弹在水平面内沿与棒垂直的方向射入并穿出棒的自由端，其速率为 $\dfrac{v}{2}$，则此时棒的角速度为________.

三、计算题(共 40 分)

1. (本题 10 分)如图所示,一条轻绳跨过摩擦可被忽略的轻滑轮,在绳的一端挂一质量为 m_1 的物体,在另一侧有一质量为 m_2 的环,求当环相对于绳以恒定的加速度 a_2 沿绳向下滑动时,物体和环相对地面的加速度各是多少? 环与绳间的摩擦力多大?

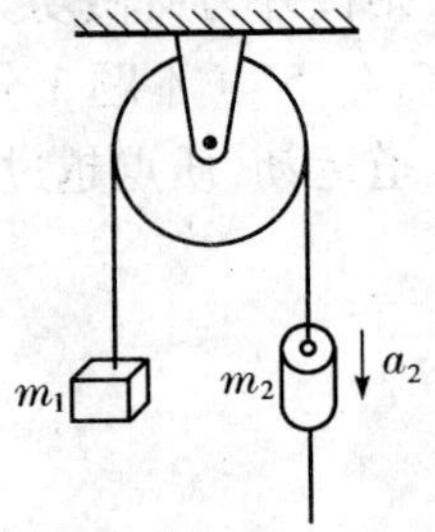

2. (本题 10 分)如图所示,质量分别为 m_1 和 m_2 的两个滑块 A 和 B 分别穿于两条平行且水平的光滑导杆上,两导杆间的距离为 L,再以一劲度系数为 k、原长为 L 的轻质弹簧连接两滑块. 设开始时滑块 A 位于 $x_1=0$ 处,滑块 B 位于 $x_2=l$ 处,且其速度均为零,求释放后两滑块的最大速度分别是多少?

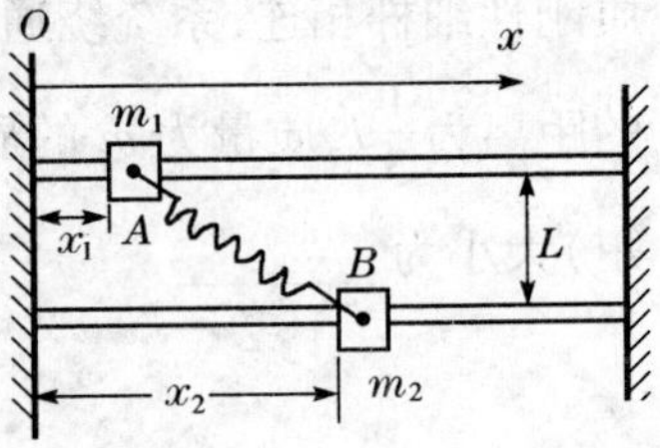

3. （本题 10 分）如图所示，一质量均匀分布的圆盘，质量为 M，半径为 R，放在粗糙的水平面上，圆盘与水平面之间的摩擦因数为 μ，圆盘可绕通过其中心 O 的竖直固定光滑轴转动. 开始时，圆盘静止，一质量为 m 的子弹以水平速度 v_0 垂直于圆盘半径打入圆盘边缘并嵌在盘边上，求：

（1）子弹击中圆盘后盘所获得的角速度；

（2）经过多少时间后，圆盘停止运动.

（圆盘绕通过 O 的竖直轴的转动惯量为 $\frac{1}{2}MR^2$，忽略子弹重力造成的摩擦阻力矩）

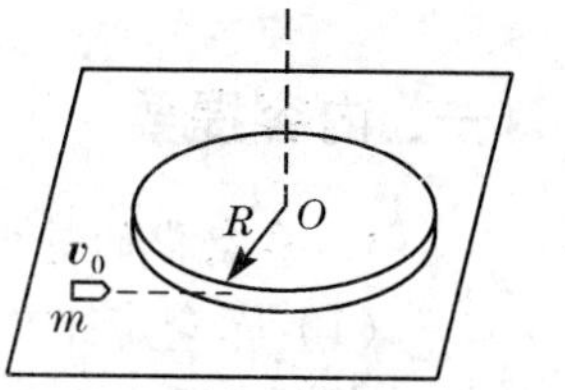

4. （本题 10 分）质量为 m 的雨滴下降时，因受空气阻力，落地前已是匀速运动，其速率为 $v=5\ \mathrm{m \cdot s^{-1}}$，设空气阻力与雨滴速率的平方成正比，问：当雨滴下降速率为 $v=4\ \mathrm{m \cdot s^{-1}}$ 时，其加速度 a 多大.

第二单元 静电学

一、内容提要

1. 真空中的静电场

(1) 库仑定律

真空中距点电荷 q_1 为 r 的点电荷 q_2 受到点电荷 q_1 的作用力

$$\boldsymbol{F}=\frac{1}{4\pi\varepsilon_0}\frac{q_1q_2}{r^2}\boldsymbol{e}_r$$

这是库仑定律的数学表达式.

式中,$\boldsymbol{e}_r$ 为由 q_1 指向 q_2 方向上的单位矢量,ε_0 为真空中的相对电容率,$\varepsilon_0=8.85\times10^{-12}\text{C}^2\cdot\text{N}^{-1}\cdot\text{m}^{-2}$.

q_1,q_2 为点电荷. 非点电荷带电体之间的作用力不能用库仑定律表示. 由点电荷的定义,电荷元可视为点电荷. 电荷分布高度对称的带电体(如球体、球壳等)外的电场与点电荷类似,所以在计算其外的电场时,也可以将它们视为点电荷.

由作用力、反作用力的关系,可知 F 是 q_1、q_2 之间的相互作用力的大小.

(2) 电场强度 $\boldsymbol{E}$

电场强度是反映电场力学性质的物理量.

若试验电荷 q_0 在电场中某点所受到的作用力(也称电场力)为 $\boldsymbol{F}$,定义 $\boldsymbol{E}=\frac{\boldsymbol{F}}{q_0}$,$\boldsymbol{E}$ 为 q_0 所在处的电场强度,它是电场的客观物理量,与试验电荷 q_0 的大小无关.

(3) 点电荷电场强度

点电荷 q 的电场中,离 q 所在点距离为 r 处的电场强度

$$\boldsymbol{E}=\frac{q}{4\pi\varepsilon_0r^2}\boldsymbol{e}_r$$

(4) 电场叠加原理

在若干个点电荷形成的电场中,q_0 所在处某点的电场强度

$$\boldsymbol{E}=\frac{\boldsymbol{F}}{q_0}=\frac{1}{q_0}\sum_i\boldsymbol{F}_i=\sum_i\boldsymbol{E}_i$$

式中,$\boldsymbol{E}_i$ 为第 i 个电荷 q_i 在 q_0 所在处的电场强度,即 $\boldsymbol{E}_i=\frac{1}{4\pi\varepsilon_0}\cdot\frac{q_i}{r_i^2}\boldsymbol{e}_{ri}$,故

$$\boldsymbol{E}=\sum_i\frac{q_i}{4\pi\varepsilon_0r_i^2}\boldsymbol{e}_{ri}$$

式中,r_i 为 q_i 到电场中某点的距离;$\boldsymbol{e}_{ri}$为 q_i 到电场中某点的单位矢量.

对于一个连续分布的带电体,我们可以将它们分成若干个电荷元,每一电荷元的带电量为 dq,那么

$$\boldsymbol{E}=\frac{1}{4\pi\varepsilon_0}\int\frac{\mathrm{d}q}{r^2}\boldsymbol{e}_r$$

式中,r 为电荷元 dq 到电场中某点的距离;$\boldsymbol{e}_r$ 为 dq 到电场中该点的单位矢量.

注意:电场强度的可叠加性源自力的可叠加性;对电场强度的积分是矢量的积分. 物理问题中矢量积分的方法为:

① 将带电体置于一确定的坐标系中,视具体情况取电荷元为线元、面元或体积元,并表示出电荷元 dq 与它们的关系. 其中电荷元将根据问题的具体情况既可取点电荷,也可取均匀带电细圆环,“无限长”均匀带电细线等.

② 写出电荷元 dq 在电场中某点的电场强度 d$\boldsymbol{E}$ 的表达式.

③ 再将 d$\boldsymbol{E}$ 分解,分别写出其分量表达式如 dE_x,dE_y,dE_z 或 d$E_{/\!/}$,d$E_{\perp}$ 等,则

$$\mathrm{d}\boldsymbol{E}=\mathrm{d}E_x\boldsymbol{i}+\mathrm{d}E_y\boldsymbol{j}+\mathrm{d}E_z\boldsymbol{k}\quad 或\quad \mathrm{d}\boldsymbol{E}=\mathrm{d}\boldsymbol{E}_{/\!/}+\mathrm{d}\boldsymbol{E}_{\perp}$$

④ 对各个方向上的电场强度进行计算. 这时因方向确定,故矢量积分转化为标量积分比较容易计算. 计算后得 E_x,E_y,E_z 或 $E_{/\!/}$,$E_{\perp}$ 的值.

⑤ 将计算所得的各个方向上的电场强度分量叠加,写出电场强度的解析式表示如

$$\boldsymbol{E}=E_x\boldsymbol{i}+E_y\boldsymbol{j}+E_z\boldsymbol{k}\quad 或\quad \boldsymbol{E}=\boldsymbol{E}_{/\!/}+\boldsymbol{E}_{\perp}$$

注意:电场叠加原理是我们计算各种复杂带电体的电场的理论基础. 无论是由什么原因形成的各种各样的电荷分布,原则上都可以利用叠加原理计算其在电场中的电场强度. 此外须注意坐标系的确定应充分考虑场源电荷空间分布的对称性.

(5) 电场线与电场强度通量 Φ_{e}

电场线是电场强度的一种形象的表示方法.

电场线在空间的密度定义为该处的电场强度的大小.

电场线从正电荷出发到负电荷汇集. 电场线上任一点的电场强度的方向为过该点的电场线的切线方向. 因电场中任意一点的电场强度是唯一的,因此,不可能有两条电场线相交.

通过位于电场中某面上的电场线的数量称为通过该面的电场强度通量 Φ_{e},有

$$\Phi_{\mathrm{e}}=\int_S\boldsymbol{E}\cdot\mathrm{d}\boldsymbol{S}$$

面元 d$\boldsymbol{S}$ 的方向为其正法矢方向. 规定曲面和闭合面的方向向外为正、向内为负.

(6) 高斯定理

在真空中的电场内,通过任一闭合曲面的电场强度通量等于该闭合面所包围的电量代数和的 $\frac{1}{\varepsilon_0}$ 倍,即

$$\Phi_{\mathrm{e}}=\oint\boldsymbol{E}\cdot\mathrm{d}\boldsymbol{S}=\frac{1}{\varepsilon_0}\sum_i q_i$$

式中,$\sum\limits_i q_i$ 为闭合面内所有电荷的代数和. 利用高斯定理可以求具有较高对称性的带电体的电场强度.

在利用高斯定理计算时常常根据问题的具体情况,设计一些便于计算电场强度通量 Φ_e 的闭合面. 这些闭合面俗称高斯面. 对不同形状的带电体设计的高斯面也不同. 对点电荷、对称分布的球形带电体(包括均匀带电球壳)等球对称的带电体的高斯面常为球面;对均匀带电的无限长直线、无限大平面等带电体的高斯面常为柱面.

(7) 静电场环路定理

静电场中,试验电荷 q_0 在电场力的作用下由点 A 运动到点 B,电场力做功为

$$W_{AB} = \int_{AB} \boldsymbol{F} \cdot \mathrm{d}\boldsymbol{l} = q_0 \int_{AB} \boldsymbol{E} \cdot \mathrm{d}\boldsymbol{l}$$

计算表明 W_{AB} 与试验电荷 q_0 运动的路径无关,只与 A、B 两点在电场中的位置有关. 可知,试验电荷 q_0 在静电场中绕闭合路径一周,电场力做功为零,即

$$\oint q_0 \boldsymbol{E} \cdot \mathrm{d}\boldsymbol{l} = 0$$

说明静电力为保守力,静电场为保守场.

静电场的环路定理:在静电场中,电场强度沿任意闭合路径的环流为零.

$$\oint \boldsymbol{E} \cdot \mathrm{d}\boldsymbol{l} = 0$$

(8) 电势能

与静电力对应的势能称为电势能. 根据电场力做功的计算,有

$$W_{AB} = q_0 \int_{AB} \boldsymbol{E} \cdot \mathrm{d}\boldsymbol{l} = E_{pA} - E_{pB}$$

式中,E_{pA}、E_{pB} 分别表示试验电荷 q_0 在电场中 A、B 两点的电势能. 将上式改写为

$$E_{pA} = q_0 \int_{AB} \boldsymbol{E} \cdot \mathrm{d}\boldsymbol{l} + E_{pB}$$

说明电场中 A 点的电势能 E_{pA} 与 B 点的电势能 E_{pB} 有关. 如果选择 B 点的电势能为零(这时 B 点称为电势能零点),那么 A 点的电势能的计算可表示为

$$E_{pA} = q_0 \int_{AB} \boldsymbol{E} \cdot \mathrm{d}\boldsymbol{l}$$

其一般的形式为

$$E_{pA} = q_0 \int_{A}^{C} \boldsymbol{E} \cdot \mathrm{d}\boldsymbol{l} \quad (C\text{ 为电势能零点})$$

若以无限远处为电势能零点,则 q_0 在点电荷 q 的电场中 A 点的电势能

$$E_{pA} = \frac{q_0 q}{4\pi\varepsilon_0 r_A}$$

电势能的大小与电势能零点的位置选择有关. 和势能一样,电势能只有相对意义,而无绝对意义.

电势能零点的选择带有任意性. 很多情况下,选择无限远处或大地为电势能零点.

以无限远处为电势能零点,或以大地为电势能零点并无本质上的差异.

(9) 电势 V

电势是反映电场能量性质的物理量,定义电场中 A 点的电势为

$$V_A = \frac{E_{pA}}{q_0} = \int_A^C \boldsymbol{E} \cdot \mathrm{d}\boldsymbol{l} \quad (C\text{ 为电势零点})$$

电场中任一点的电势与试验电荷 q_0 无关.

在同一个问题中,电势能零点也是电势零点.

因电势能为标量,所以电势也是标量.

(10) 电势叠加原理

在一个由若干个点电荷构成的电荷系的电场中,其任一点 A 的电势为

$$V_A = \int_{r_A}^C \boldsymbol{E} \cdot \mathrm{d}\boldsymbol{l} = \int_{r_A}^C \sum_i \boldsymbol{E}_i \cdot \mathrm{d}\boldsymbol{l} = \sum_i \int_{r_A}^C \boldsymbol{E}_i \cdot \mathrm{d}\boldsymbol{l} = \sum_i V_{iA}$$

式中,V_{iA} 指电荷系电场中,以 C 为电势零点时第 i 个电荷在 A 点的电势.

(11) 电势的计算

① 由电势的定义式

$$V_A = \int_{r_A}^C \boldsymbol{E} \cdot \mathrm{d}\boldsymbol{l} \quad (C\text{ 为电势零点})$$

原则上可以计算以任意点 C 为电势零点的静电场中任一点 A 的电势. 当 $\boldsymbol{E}$ 分段连续时,积分必须分段进行.

② 若以无限远处为电势零点,点电荷电场中任一点的电势

$$V = \int_r^\infty \boldsymbol{E} \cdot \mathrm{d}\boldsymbol{l} = \frac{q}{4\pi\varepsilon_0}\int_r^\infty \frac{\mathrm{d}r}{r^2} = \frac{q}{4\pi\varepsilon_0 r}$$

由电势叠加原理得电势的计算公式

$$V = \int \mathrm{d}V = \int \frac{\mathrm{d}q}{4\pi\varepsilon_0 r}$$

积分范围遍及带电体.

该计算方法仅对以无限远处为电势零点成立.

(12) 电势差

设 A、B 两点的电势分别为 V_A、V_B,则 A、B 两点的电势差

$$U_{AB} = V_A - V_B = \int_A^C \boldsymbol{E} \cdot \mathrm{d}\boldsymbol{l} - \int_B^C \boldsymbol{E} \cdot \mathrm{d}\boldsymbol{l} = \int_A^B \boldsymbol{E} \cdot \mathrm{d}\boldsymbol{l}$$

电势差与电势零点的位置无关.

点电荷 q_0 从 A 点运动到 B 点,电场力做功

$$W_{AB} = \int_A^B q_0 \boldsymbol{E} \cdot \mathrm{d}\boldsymbol{l} = q_0 U_{AB}$$

(13) 电场强度与电势的关系

由

$$V_A - V_l = \int_A^l \boldsymbol{E} \cdot \mathrm{d}\boldsymbol{l} = \int_A^l E \cdot \cos\theta \cdot \mathrm{d}l \quad (\theta \text{ 为 } \boldsymbol{E} \text{ 与 } \mathrm{d}\boldsymbol{l} \text{ 之间的夹角})$$

当 A 点固定时，V_A 不变，将 l 视为变量，并对上式求导，得

$$-\frac{\partial V_l}{\partial l} = E \cdot \cos\theta = E_l \quad (E_l \text{ 表示电场强度 } \boldsymbol{E} \text{ 在 } l \text{ 方向上的分量})$$

故

$$E_x = -\frac{\partial V}{\partial x}, \quad E_y = -\frac{\partial V}{\partial y}, \quad E_z = -\frac{\partial V}{\partial z} \quad [\text{其中 } V = V(x,y,z)]$$

一般情况下，有

$$\begin{aligned} \boldsymbol{E} &= E_x \boldsymbol{i} + E_y \boldsymbol{j} + E_z \boldsymbol{k} = -\left(\boldsymbol{i}\frac{\partial}{\partial x} + \boldsymbol{j}\frac{\partial}{\partial y} + \boldsymbol{k}\frac{\partial}{\partial z}\right)V(x,y,z) \\ &= -\nabla V \end{aligned}$$

式中，“∇V”表示电势梯度.“∇”称为哈密顿算子.

综合前后的讨论，计算电场强度的三种方法为

① 叠加法求电场强度. 此方法普遍适用.

② 电荷分布具有较高对称性的带电体周围的电场强度，可用高斯定理求解.

③ 利用电势 V 的梯度求电场强度.

(14) 电偶极子

电偶极子由两个靠得很近的带有等量异号电荷的点电荷组成.

电偶极子的电偶极矩 $\boldsymbol{p} = q_0 \boldsymbol{r}_0$，$r_0$ 为两点电荷之间的距离，$\boldsymbol{r}_0$ 的方向由负电荷指向正电荷.

电偶极子在均匀外电场中受到的合力

$$\boldsymbol{F} = \boldsymbol{F}_+ + \boldsymbol{F}_- = 0$$

电偶极子在均匀外电场中受到的力矩

$$\boldsymbol{M} = \boldsymbol{p} \times \boldsymbol{E}$$

电偶极子在均匀外电场中具有的电势能

$$E_\mathrm{p} = -\boldsymbol{p} \cdot \boldsymbol{E}$$

电偶极子模型是研究介质中电场的物理基础.

2. 静电场中的导体与电介质

(1) 导体的静电平衡状态

将导体放置于一电场中，导体上就有电荷的宏观运动，形成感应电荷，这一现象也称静电感应. 此时导体内的电场强度就由外电场 $\boldsymbol{E}_0$ 与感应电荷产生的电场 $\boldsymbol{E}'$ 的叠加而形成，即 $\boldsymbol{E} = \boldsymbol{E}_0 + \boldsymbol{E}'$. 当 $\boldsymbol{E} = 0$ 时，导体内没有电荷的宏观运动，这时称导体在静电场中处于静电平衡

状态.

导体处于静电平衡状态时有以下特征：

① 导体内电场强度处处为零,导体是等势体.

② 导体内没有净电荷,电荷分布于导体表面,孤立导体表面电荷密度分布与表面的曲率半径有关,曲率半径越小,电荷密度越大.

③ 导体表面的电场强度的大小与表面的电荷密度 σ 成正比,其方向都与导体表面垂直.

(2) 电容器

导体表面的电量为 Q,而导体间的电势差为 U. 定义电容器的电容值

$$C=\frac{Q}{U}\quad（简称电容\ C）$$

电容器的电容值与极板的形状、大小和相对位置有关.

孤立导体的电容为 $C=\frac{Q}{V}$(V 为带电量为 Q 时孤立导体的电势,也可视为孤立导体与电势零点之间的电势差).

孤立导体的电容与其形状和大小有关.

① 平行板电容器的电容

真空中,两金属板平行放置,设金属板的面积为 S,板间距为 d,忽略边缘效应时,其电容

$$C=\frac{\varepsilon_0 S}{d}$$

式中,ε_0 为真空中的电容率.

② 电容并联时的等效电容

$$C=\sum_i C_i\quad（C_i\ 为第\ i\ 个电容的电容值）$$

③ 电容串联时的等效电容

$$\frac{1}{C}=\sum_i \frac{1}{C_i}$$

(3) 无极分子与有极分子

无极分子——在无外电场时,分子的正电荷中心与负电荷中心重合.

有极分子——在无外电场时,分子的正电中心与负电中心不重合,有着固有的电偶极矩.

(4) 介质的极化

在外电场的作用下,由无极分子构成的介质,其分子的正负电荷在电场力的作用下会被拉开,形成与外场一致的电偶极矩;由有极分子构成的介质,其分子的固有偶极矩在电场作用下会转至与电场相同的方向,形成与外场方向一致的电偶极矩. 总之,介质在外电场作用下,其分子电偶极矩形成与外场一致的有序排列的现象称为介质的极化.

(5) 极化强度 $\boldsymbol{P}$

极化强度是衡量介质极化程度的物理量,它用单位体积内分子电偶极矩矢量和表示为

$$P = \frac{\sum p}{\Delta V}$$

(6) 极化电荷及极化电荷面密度

介质极化后,分子偶极矩有序排列,在均匀极化的介质内,因正负电荷相互靠得很近,宏观上没有带电现象. 在介质的表面,分子偶极子中的一个电荷裸露在外,大量的分子在表面形成一个电荷层. 这种电荷是由于介质极化形成的,故称极化电荷. 因它属于每一个电偶极子,不能自由移动,所以也称束缚电荷.

*极化电荷面密度

$$\sigma' = \boldsymbol{P} \cdot \cos\theta = \boldsymbol{P} \cdot \boldsymbol{e}_{\mathrm{n}}$$

式中,$\boldsymbol{P}$ 为介质的极化强度;$\boldsymbol{e}_{\mathrm{n}}$ 为介质表面的单位正法矢;θ 为极化强度与介质表面方向之间的夹角.

相对于极化电荷,我们将并非由极化产生的电荷称为自由电荷.

(7) 有介质时平行板电容器的电容

如果平行板电容器无介质时,极板间电压为 U_0,极板间电场强度为 E_0,电容值为 C_0. 当保持极板上电量 q_0 不变时,实验发现,极板之间电压因介质的存在而变为 $U = \frac{U_0}{\varepsilon_{\mathrm{r}}}$,有介质时,平行板间的电场强度 $\boldsymbol{E} = \frac{1}{\varepsilon_{\mathrm{r}}}\boldsymbol{E}_0$,故有介质时平行板电容器电容值

$$C = \frac{q_0}{U} = \varepsilon_{\mathrm{r}} \cdot \frac{q_0}{U_0} = \varepsilon_{\mathrm{r}} C_0 = \frac{\varepsilon_0 \varepsilon_{\mathrm{r}} S}{d}$$

式中,ε_{r} 称为介质的相对电容率.

(8) 电位移矢量

为摒除介质中的极化电荷在电场计算中的作用而引入的物理量 $\boldsymbol{D}$,$\boldsymbol{D}$ 被称为电位移矢量.

当各向同性的介质在弱静电场的作用下,电位移矢量 $\boldsymbol{D}$、电场强度 $\boldsymbol{E}$ 和极化强度 $\boldsymbol{P}$ 的关系为

$$\boldsymbol{D} = \varepsilon_0 \boldsymbol{E} + \boldsymbol{P} = \varepsilon_0 \varepsilon_{\mathrm{r}} \boldsymbol{E} = \varepsilon \boldsymbol{E}$$

式中,$\varepsilon = \varepsilon_0 \varepsilon_{\mathrm{r}}$,称为介质的电容率.

(9) 高斯定理的电位移矢量表述(俗称介质中的高斯定理)

介质中,在某一闭合面上的电位移矢量通量等于该闭合面内自由电荷的代数和,即

$$\oint \boldsymbol{D} \cdot \mathrm{d}\boldsymbol{S} = \sum_i q_i \quad (q_i \text{ 为高斯面内第 } i \text{ 个自由电荷})$$

当自由电荷的分布与介质具有相同的对称性时,可利用高斯定理,通过自由电荷计算出电位移矢量 $\boldsymbol{D}$,再分别由 $\boldsymbol{D}$、$\boldsymbol{E}$ 关系式求出 $\boldsymbol{E}$,由 $\boldsymbol{D}$、$\boldsymbol{E}$、$\boldsymbol{P}$ 关系求出 $\boldsymbol{P}$,进而求出介质表面的极化电荷密度 σ' 和极化电荷 q'.

(10) 电容器的能量

$$W = \frac{1}{2}CU^2 = \frac{q^2}{2C}$$

式中，U 为电容极板间电势差；q 为极板上的电荷总量.

(11) 电场的能量密度

$$w = \frac{1}{2}\boldsymbol{D} \cdot \boldsymbol{E} = \frac{1}{2}\varepsilon E^2$$

*(12) 介质边界的物理量等量关系

由高斯定理可得电位移矢量沿界面的法向分量连续，即 $D_{1n} = D_{2n}$；

由静电场的环流定律，电场强度沿界面的切向分量连续，即 $E_{1t} = E_{2t}$.

3. 本单元要求

确切理解电场强度与电势两基本概念；熟练掌握利用叠加原理计算电场强度和电势的方法；掌握电荷元的选取方法和矢量积分的基本步骤；熟练掌握高斯定理和静电场环路定理的应用. 掌握导体静电平衡条件，熟练计算高度对称带电体周围均匀介质中的电场强度（和介质表面的极化电荷密度）；理解电介质极化机理及极化电荷对电场的影响；掌握电容器串、并联的等效电容的计算方法；熟练应用电容器储能公式，掌握用电场能量密度公式计算电场能量的方法.

二、解题指导

【例 2-1】 有一段半径为 R、圆心角为 $2\theta_0$ 的均匀带电圆弧，带电量为 q，求其圆心处的电场强度.

解：这是一段均匀带电圆弧. 为了方便计算，我们选择圆弧的对称轴为起始线，取 $\theta \to \theta + \mathrm{d}\theta$ 的弧元，对应的电流元为

$$\mathrm{d}q = \lambda \cdot \mathrm{d}l = \lambda R \cdot \mathrm{d}\theta$$

式中 λ 为圆弧的电荷密度，$\lambda = \frac{q}{2R\theta_0}$.

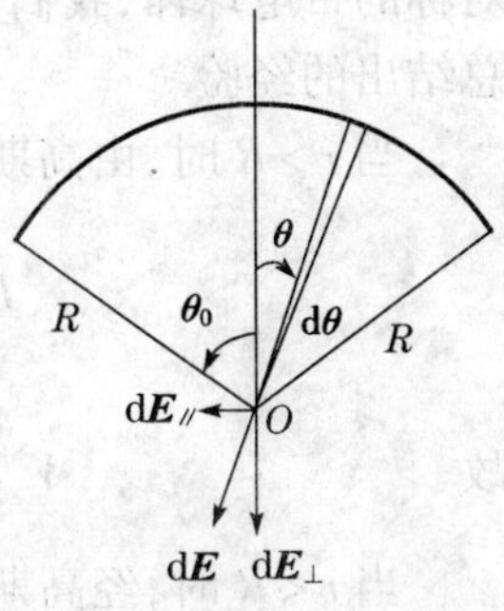

图 2-1

$\mathrm{d}q$ 在 O 点的电场强度由点电荷的电场公式写为

$$\mathrm{d}\boldsymbol{E} = \frac{\mathrm{d}q}{4\pi\varepsilon_0 R^2}\boldsymbol{e}_\theta \quad (\boldsymbol{e}_\theta \text{ 为 } \theta \text{ 方向的单位矢})$$

$\mathrm{d}\boldsymbol{E}$ 是一个随 θ 改变而变化的量. 从这里可以发现，对矢量元 $\mathrm{d}\boldsymbol{E}$ 不能直接积分（叠加），必须将 $\mathrm{d}\boldsymbol{E}$ 在水平方向和垂直方向分解

$$\mathrm{d}E_{/\!/} = \mathrm{d}E\sin\theta, \quad \mathrm{d}E_{\perp} = \mathrm{d}E\cos\theta$$

$\mathrm{d}E_{\perp}$（或 $\mathrm{d}E_{/\!/}$）仅仅在一个方向上，所以我们可以将其用标量积分的方法求和，得

$$E_{\perp} = \int \mathrm{d}E\cos\theta = \frac{\lambda R}{4\pi\varepsilon_0 R^2}\int_{-\theta_0}^{\theta_0}\cos\theta \cdot \mathrm{d}\theta$$

$$= \frac{\lambda}{4\pi\varepsilon_0 R} \cdot 2\sin\theta_0 = \frac{q}{4\pi\varepsilon_0 R^2}\left(\frac{\sin\theta_0}{\theta_0}\right)$$

对 $E_{/\!/}$ 积分计算，发现 $E_{/\!/}=0$，

所以 $\boldsymbol{E}=\boldsymbol{E}_{\perp}=-\dfrac{q}{4\pi\varepsilon_0 R^2}\left(\dfrac{\sin\theta_0}{\theta_0}\right)\boldsymbol{j}$.

$\boldsymbol{j}$ 为 y 方向的单位矢.

另外在与 θ 对称的位置 $-\theta$ 对应的圆弧取电荷元. 可以用上述类似的方法得到 $\mathrm{d}\boldsymbol{E}$、$\mathrm{d}\boldsymbol{E}_{/\!/}$，发现 $\mathrm{d}\boldsymbol{E}_{/\!/}$ 是等量反向的矢量，它们的和为零(或称抵消).

讨论：

(1) 当 $\theta_0\to 0$ 时，$\lim\limits_{\theta_0\to 0}\left(\dfrac{\sin\theta_0}{\theta_0}\right)=1$，而电场强度 $\boldsymbol{E}=\dfrac{q}{4\pi\varepsilon_0 R^2}(-\boldsymbol{j})$.

其结果表示，当 θ_0 很小时，带电圆弧可以视为点电荷.

(2) 当 $\theta_0=\dfrac{\pi}{2}$ 时，$\boldsymbol{E}=-\dfrac{q}{2\pi^2\varepsilon_0 R^2}\boldsymbol{j}$.

(3) 当 $\theta_0=\pi$ 时，圆环取代了圆弧. 此时 $\boldsymbol{E}=0$，这是因为中心处的场强全部抵消，即均匀分布的电荷环中心处的电场强度为零.

【例 2-2】 有一个电荷密度为 ρ，半径为 R 的均匀带电球体. 若以无限远处为电势零点. 求其球内外的电势分布.

解： 以无限远为电势零点求电势既可以用定义法 $V=\int_{\rho}^{\infty}\boldsymbol{E}\cdot\mathrm{d}\boldsymbol{l}$，也可用叠加法 $V=\int\dfrac{\mathrm{d}q}{4\pi\varepsilon_0 r}$.

对一个球体式球面、球壳，我们若选用叠加法求电势都不是一件容易的事. 因此对高度对称的带电球体，我们常用高斯定理求电场强度，常用定义法求电势. 这是理论计算过程中总结出的经验.

当 $r>R$ 时，由高斯定理可计算出 r 处的电场强度

$$E_2=\frac{q}{4\pi\varepsilon_0 r^2}=\frac{\rho R^3}{3\varepsilon_0 r^2}$$

故
$$V=\int_r^{\infty}\boldsymbol{E}_2\cdot\mathrm{d}\boldsymbol{l}=\frac{\rho R^3}{3\varepsilon_0 r}$$

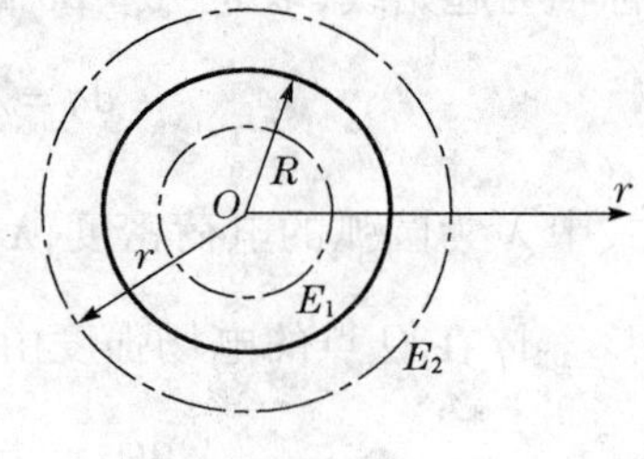

图 2-2

当 $r<R$ 时，经高斯定理计算出

$$E_1=\frac{q'}{4\pi\varepsilon_0 r^2}=\frac{\rho r}{3\varepsilon_0}$$

由电势的定义式

$$V=\int_r^{\infty}\boldsymbol{E}\cdot\mathrm{d}\boldsymbol{l}=\int_r^{R}E_1\cdot\mathrm{d}r+\int_R^{\infty}E_2\cdot\mathrm{d}r$$
$$=\frac{\rho}{6\varepsilon_0}(R^2-r^2)+\frac{\rho R^2}{3\varepsilon_0}=\frac{\rho R^2}{6\varepsilon_0}\left(3-\frac{r^2}{R^2}\right)$$

如果题目的已知条件不是电荷密度，而是带电总量 q，可以用换算的方法得

当 $r>R$ 时，$V=\dfrac{q}{4\pi\varepsilon_0 r}$；

当 $r<R$ 时，$V=\frac{q}{8\pi\varepsilon_0 R}\left(3-\frac{r^2}{R^2}\right)$.

【例 2-3】 如图 2-3 所示，一线电荷密度为 λ 的均匀带电直线位于半径为 R、线电荷密度为 λ_0 的均匀带电圆环的轴线上，直线的一端正好位于圆心，另一端延伸至无穷远，求圆环所受的作用力.

分析：题中要求圆环受到的作用力，按理应先求出圆环所在处的电场强度. 求一个半无限长带电直线在空间某点的电场强度并不困难，按一般的方法我们可以求出电场强度的两个分量，再将它们叠加. 因其与直线垂直方向的场强对带电圆环的作用力最后抵消，故可以直接计算出半无限长直带电导线在带电圆环所在处电场强度与直线的平行分量，然后求带电圆环在此电场中所受的电场力.

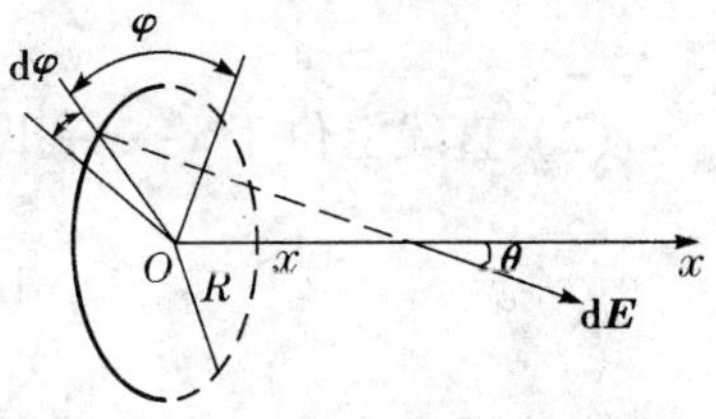

图 2-3

另一方面，由牛顿第三定律可知，带电圆环受到带电直线的作用力与带电直线所受到带电圆环的作用力大小相等，方向相反. 所以，我们可计算带电直线的受力. 因半无限长带电直线刚好处于带电圆环的轴线上，求圆环轴线上的电场强度并不难. 故我们就采用这种方法，但必须注意到带电圆环轴线上的电场强度是 x 的函数，所以我们必须将带电直线分割成许许多多的电荷元，先求出电荷元所受到的电场力，然后叠加求和.

本题求解圆环轴线上的电场是对矢量积分的复习，解题过程中电荷元所受的电场力为矢量. 根据电场方向的分析，电场力在同一方向上，所以可简化计算.

最后必须注意作用力的方向，应用矢量表示.

解：(1) 建立如图 2-3 所示坐标，首先求圆环上位于 $\varphi\to\varphi+\mathrm{d}\varphi$ 位置的电荷元在直线上 x 处产生的电场.

电荷元

$$\mathrm{d}q=\lambda_0\cdot\mathrm{d}l=\lambda_0\cdot R\mathrm{d}\varphi$$

在任何情况下电荷元都可以视为点电荷，利用点电荷的电场强度的计算公式可以求得此电荷元在 x 处的场强大小

$$\mathrm{d}\boldsymbol{E}=\frac{1}{4\pi\varepsilon_0}\frac{\lambda_0 R\mathrm{d}\varphi}{x^2+R^2}$$

其方向如图所示. 对于不同的电荷元，$\mathrm{d}\boldsymbol{E}$ 的方向都不相同，所以将 $\mathrm{d}\boldsymbol{E}$ 分解在 x 方向及与其垂直的方向上.

它在 x 方向上的分量

$$\mathrm{d}E_x=\mathrm{d}E\cdot\cos\theta=\frac{\lambda_0}{4\pi\varepsilon_0}\frac{xR\mathrm{d}\varphi}{(x^2+R^2)^{3/2}}$$

$\mathrm{d}\boldsymbol{E}$ 在与 x 轴垂直方向上的分量用 $\mathrm{d}E_\perp$ 表示为

$$\mathrm{d}E_\perp=\mathrm{d}E\sin\theta$$

当我们对 $\mathrm{d}E_\perp$ 进行计算时，由于对称性其结果为零，带电圆环在 x 处的场强就由 $\mathrm{d}E_x$ 分

量积分得到

$$E=E_x=\int_0^{2\pi}\mathrm{d}E_x=\frac{\lambda_0}{4\pi\varepsilon_0}\int_0^{2\pi}\frac{xR\mathrm{d}\varphi}{(x^2+R^2)^{3/2}}$$

$$=\frac{\lambda_0 Rx}{2\varepsilon_0(x^2+R^2)^{3/2}}$$

（2）直线上位于 $x\to x+\mathrm{d}x$ 的电荷元所受的电场力

$$\mathrm{d}F_x=\mathrm{d}qE_x=\lambda\mathrm{d}x\cdot\frac{\lambda_0 Rx}{2\varepsilon_0(x^2+R^2)^{3/2}}$$

整个直线受力为

$$F=F_x=\int\mathrm{d}F_x=\frac{\lambda\lambda_0 R}{2\varepsilon_0}\int_0^{\infty}\frac{x\mathrm{d}x}{(x^2+R^2)^{3/2}}$$

$$=\frac{\lambda\lambda_0 R}{2\varepsilon_0}(\frac{1}{2})\times(-2)\left[\frac{1}{(x^2+R^2)^{1/2}}\right]_0^{\infty}$$

$$=-\frac{\lambda\lambda_0 R}{2\varepsilon_0}(-\frac{1}{R})=\frac{\lambda\lambda_0}{2\varepsilon_0}$$

即圆环所受到的力为$\frac{\lambda\lambda_0}{2\varepsilon_0}\boldsymbol{i}$.

【例 2-4】 如图 2-4 所示，有一半径为 R 的带电圆柱面，其电荷密度分布规律为 $\sigma=\sigma_0\cos\theta$，设柱面很长，求其轴线上任一点 O 处的电场强度 $\boldsymbol{E}$.

分析：如果在柱面上取一面元，写出电荷元 $\mathrm{d}q$ 的表达式，然后利用叠加法求解，当然是可行的. 但可以预见其计算量较大. 为此，我们能否换一个角度，在柱面上过 P 点取一窄条电荷带，因 $\sigma=\sigma_0\cos\theta$，故在$\theta\to\theta+\mathrm{d}\theta$ 的一窄条上，电荷可视为均匀分布. 对这样一窄条可以近似为一长带电直线，只要知道带电直线的电荷密度 λ，就可求出它在 O 点的电场强度，然后再用叠加法求合场强. 因为 l 长度窄条的面积 $S=R\mathrm{d}\theta l$，所以单位长度上的带电量 $\lambda=\frac{1}{l}\sigma S=\frac{1}{l}\sigma R\mathrm{d}\theta l=\sigma R\mathrm{d}\theta=\sigma_0 R\cos\theta\mathrm{d}\theta$. 根据高斯定理计算窄条在 O 点的电场强度 $\mathrm{d}\boldsymbol{E}=\frac{\lambda}{2\pi\varepsilon_0 R}=\frac{\sigma_0}{2\pi\varepsilon_0}\cos\theta\mathrm{d}\theta$，方向沿 PO 方向，然后利用矢量叠加的步骤计算合场强.

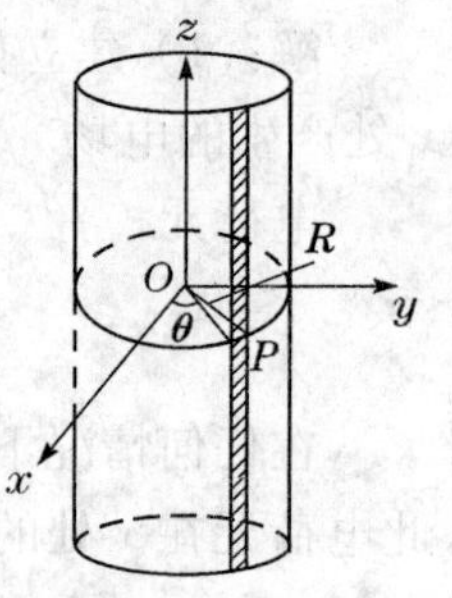

图 2-4

为了直观，我们过 O 点，画带电圆柱面的截面图是必要的（详见图 2-5 所示）.

解：取图示 $\theta\to\theta+\mathrm{d}\theta$ 的柱面窄条，由于 $\mathrm{d}\theta$ 很小，可将该带电窄条视为无限长带电直线，其电荷线密度 $\lambda=R\sigma_0\cos\theta\mathrm{d}\theta$.

在 O 点的电场 $\mathrm{d}\boldsymbol{E}=\frac{\lambda}{2\pi\varepsilon_0 R}=\frac{\sigma_0}{2\pi\varepsilon_0}\cos\theta\mathrm{d}\theta$，方向如图 2-5.

将 $\mathrm{d}\boldsymbol{E}$ 沿 x，y 方向分解，其分量分别为

$$\mathrm{d}E_x=\mathrm{d}E\cdot\cos\theta,\quad dE_y=\mathrm{d}E\cdot\sin\theta$$

故

$$\mathrm{d}E_x=\frac{\sigma_0}{2\pi\varepsilon_0}\cos^2\theta\cdot\mathrm{d}\theta,\quad \mathrm{d}E_y=\frac{\sigma_0}{2\pi\varepsilon_0}\sin\theta\cdot\cos\theta\cdot\mathrm{d}\theta$$

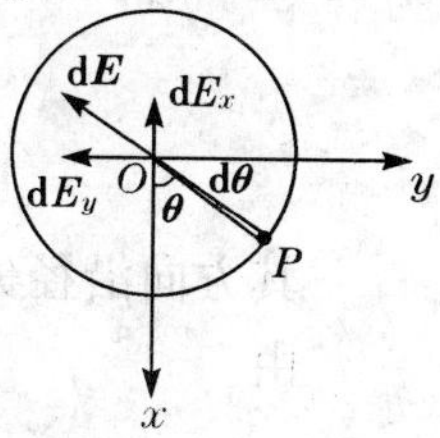

图 2-5

积分得

$$E_x=\frac{\sigma_0}{2\pi\varepsilon_0}\int_0^{2\pi}\frac{1+\cos2\theta}{2}\cdot\mathrm{d}\theta=\frac{\sigma_0}{2\varepsilon_0}$$

$$E_y=\frac{\sigma_0}{2\pi\varepsilon_0}\int_0^{2\pi}\sin\theta\cdot\cos\theta\cdot\mathrm{d}\theta=0$$

所以

$$\boldsymbol{E}=-E_x\boldsymbol{i}=-\frac{\sigma_0}{2\varepsilon_0}\boldsymbol{i}$$

也可利用电荷密度分布的对称性可直接分析得 $E_y=0$,可避免对 E_y 的积分计算.

【例 2-5】 如图 2-6 所示,有一均匀的各向同性的相对电容率为 ε_r 的介质球壳,其内、外半径分别为 R_1、R_2,将一同心的半径为 R、带电量为 q 的导体球包围在内,求:(1) 介质内、外的场强;(2) 介质球壳内、外表面的束缚电荷;(3) 导体球相对于无限远处的电势.

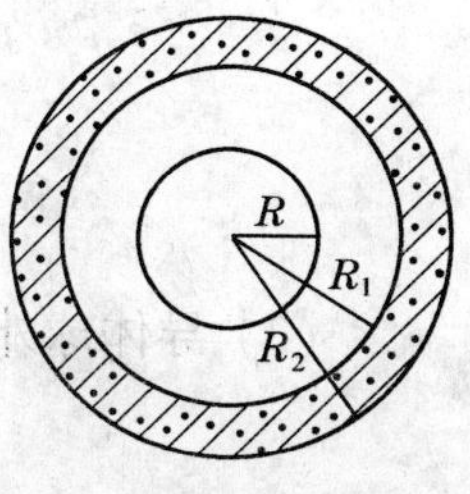

图 2-6

分析: 本题中的带电体为球体,介质是一个具有一定厚度的同心球壳,所以介质和极化电荷具有相同的对称性,故可由高斯定理求出电位移矢量 $\boldsymbol{D}$,再由 $\boldsymbol{D}$ 与 $\boldsymbol{E}$ 的关系求出电场强度 $\boldsymbol{E}$;束缚电荷与介质的极化强度 $\boldsymbol{P}$ 有关,由 $\boldsymbol{D}$,$\boldsymbol{E}$,$\boldsymbol{P}$ 三者的关系式再求出极化强度 $\boldsymbol{P}$;因束缚电荷面密度 $\sigma'=\boldsymbol{P}\cdot\boldsymbol{e}_n$,所以通过 $\boldsymbol{P}$ 可求出 σ',再通过 σ'可求出介质表面的束缚电荷 q'.

计算电势的方法有两种,一是按定义计算,另一个是当选择无限远处为电势零点时可用叠加法求解. 本题虽以无穷远处为电势零点,但对带电球体,因其周围电场直观明确,故对于对称的带电球体,我们采用定义式 $V=\int_P^C\boldsymbol{E}\cdot\mathrm{d}\boldsymbol{l}$ 计算较方便. 计算中因 $\boldsymbol{E}$ 分段连续,所以积分必须分区域进行.

解:(1) 此问题为介质问题,我们应用介质中的高斯定理,作半径为 r 的高斯球面.

当 $r<R$ 时,$\oint\boldsymbol{D}\cdot\mathrm{d}\boldsymbol{S}=0$,有 $\boldsymbol{D}=0$,$\boldsymbol{E}=0$;

当 $r>R$ 时,$\oint\boldsymbol{D}\cdot\mathrm{d}\boldsymbol{S}=q$,有 $\boldsymbol{D}=\dfrac{q}{4\pi r^2}$.

从而,在介质外,有

$$\boldsymbol{E}=\frac{q}{4\pi\varepsilon_0 r^2}\qquad(r>R_2,R<r<R_1)$$

在介质内,有

$$\boldsymbol{E}=\frac{q}{4\pi\varepsilon_0\varepsilon_r r^2}\qquad(R_1<r<R_2)$$

(2) 由 $\boldsymbol{D}=\varepsilon_0\boldsymbol{E}+\boldsymbol{P}$,可得 $\boldsymbol{P}=\boldsymbol{D}-\varepsilon_0\boldsymbol{E}$,故有

$$P=\frac{q}{4\pi r^2}-\frac{q}{4\pi\varepsilon_r r^2}=\frac{q}{4\pi r^2}(1-\frac{1}{\varepsilon_r})$$

其方向沿径矢方向.

由

$$\sigma'=\boldsymbol{P}\cdot\boldsymbol{e}_n$$

可得在介质内表面,有

$$\sigma'_1=-P=-\frac{q}{4\pi r^2}(1-\frac{1}{\varepsilon_r})\Big|_{r=R_1}=-\frac{q}{4\pi R_1^2}(1-\frac{1}{\varepsilon_r})$$

$$q'_1=\sigma'_1 4\pi R_1^2=-q(1-\frac{1}{\varepsilon_r})$$

在介质外表面,有

$$\sigma'_2=P=\frac{q}{4\pi r^2}(1-\frac{1}{\varepsilon_r})\Big|_{r=R_2}=\frac{q}{4\pi R_2^2}(1-\frac{1}{\varepsilon_r})$$

$$q'_2=\sigma'_2 4\pi R_2^2=q(1-\frac{1}{\varepsilon_r})$$

(3) 导体球外的电场强度计算出以后,就可以按电势的定义计算其电势,即

$$V=\int_R^\infty \boldsymbol{E}\cdot d\boldsymbol{l}$$

在 R 至 ∞ 的区间内,由于电场 $\boldsymbol{E}$ 是 r 的分段函数,因此积分必须分段进行,即

$$\begin{aligned}V&=\int_R^{R_1}\boldsymbol{E}\cdot d\boldsymbol{l}+\int_{R_1}^{R_2}\boldsymbol{E}\cdot d\boldsymbol{l}+\int_{R_2}^{\infty}\boldsymbol{E}\cdot d\boldsymbol{l}\\&=\int_R^{R_1}\frac{q}{4\pi\varepsilon_0 r^2}dr+\int_{R_1}^{R_2}\frac{q}{4\pi\varepsilon_0\varepsilon_r r^2}dr+\int_{R_2}^{\infty}\frac{q}{4\pi\varepsilon_0 r^2}dr\\&=\frac{q}{4\pi\varepsilon_0}(\frac{1}{R}-\frac{1}{R_1})+\frac{q}{4\pi\varepsilon_0\varepsilon_r}(\frac{1}{R_1}-\frac{1}{R_2})+\frac{q}{4\pi\varepsilon_0 R_2}\\&=\frac{q}{4\pi\varepsilon_0}\Big[(\frac{1}{R}-\frac{1}{R_1}+\frac{1}{R_2})+\frac{1}{\varepsilon_r}(\frac{1}{R_1}-\frac{1}{R_2})\Big]\end{aligned}$$

【例 2-6】 如图 2-7 所示,一锥顶角为 θ 的圆台,上、下底面半径分别为 R_1、R_2,在它的侧面上均匀带电,电荷面密度为 σ,以无穷远处为电势零点,求顶点 O 的电势.

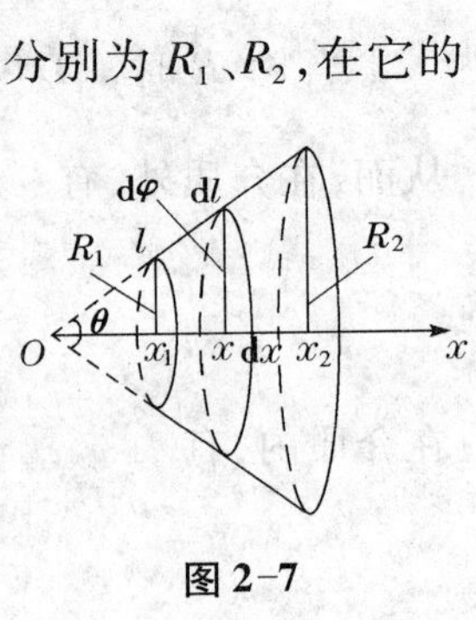

图 2-7

分析:这是以无限远处为电势零点,求复杂带电体外一点的电势. 所以,可以采用电荷元电势叠加的方法求解.

因电势是标量,本题可直接用积分法求得 O 点的电势. 本题的关键是如何选取电荷元,因电荷元的选取与带电体所放置的坐标系密切相关,所以首先设定过圆台轴线的 Ox 轴(如图 2-7 所示),并以

O 为原点，取 $x \to x + dx$ 线元. 过此线元的两垂直平面截得薄圆台侧面的线度为 dl，薄圆台底面圆心在 x 处，半径 $r = x \cdot \tan\left(\frac{\theta}{2}\right)$. 在薄圆台底面上取 $\varphi \to \varphi + d\varphi$ 圆心角，它在薄圆台侧面上的线元为 $r \cdot d\varphi$，这样可以得到圆台侧面上的一个面元 $dS = (r \cdot d\varphi) \cdot dl$，该带电的面元就是所选的电荷元.

解：以 O 为原点作 Ox 轴，取 $x \to x + dx$ 线元，并过 x 与 $x + dx$ 两点作与 Ox 轴垂直的平面，截得薄圆台侧面的线度为 dl，在圆形截面内取 $\varphi \to \varphi + d\varphi$ 角元，得面元 dS，有

$$dS = r d\varphi dl$$

dS 上的电荷

$$\begin{aligned} dq &= \sigma r d\varphi dl \\ &= \sigma x \tan\frac{\theta}{2} d\varphi \frac{dx}{\cos\frac{\theta}{2}} \\ &= \sigma\left(\tan\frac{\theta}{2}\right)\left(\frac{1}{\cos\frac{\theta}{2}}\right) x dx d\varphi \end{aligned}$$

电荷元 dq 在 O 点的电势

$$dV = \frac{dq}{4\pi\varepsilon_0 l}$$

由 $\frac{x}{l} = \cos\frac{\theta}{2}$ 得 $l = \frac{x}{\cos\frac{\theta}{2}}$. 将 dq、l 代入上式，故

$$\begin{aligned} dV &= \frac{\cos\frac{\theta}{2}}{4\pi\varepsilon_0 x} \cdot \sigma\left(\tan\frac{\theta}{2}\right)\left(\frac{1}{\cos\frac{\theta}{2}}\right) x dx d\varphi \\ &= \frac{\sigma}{4\pi\varepsilon_0}\left(\tan\frac{\theta}{2}\right) dx d\varphi \end{aligned}$$

积分得

$$\begin{aligned} V &= \frac{\sigma}{4\pi\varepsilon_0}\tan\frac{\theta}{2}\int_{x_1}^{x_2} dx \int_0^{2\pi} d\varphi \\ &= \frac{\sigma}{4\pi\varepsilon_0}\left(\tan\frac{\theta}{2}\right) 2\pi(x_2 - x_1) \end{aligned}$$

由图

$$x_1 = R_1 \cot\frac{\theta}{2}, \quad x_2 = R_2 \cot\frac{\theta}{2}$$

所以

$$V = \frac{\sigma}{2\varepsilon_0}(R_2 - R_1)$$

该问题中的电荷元还可以有多种取法，请读者试一试，以训练自己对电荷元的概念的把握.

【例2-7】 如图2-8所示，在离半径为R的接地导体球球心$r(r>R)$远处有一点电荷q_0，求导体球表面的带电量.

分析与解：导体球处于静电平衡时为等势体. 若我们以无限远处为电势零点，导体球的电势可以视为点电荷q_0在球心处的电势与球表面的感应电荷在球心处的电势之和.

设导体球表面的感应电荷总量为q，则导体球心处的电势

$$V=\frac{q_0}{4\pi\varepsilon_0 r}+\frac{q}{4\pi\varepsilon_0 R}$$

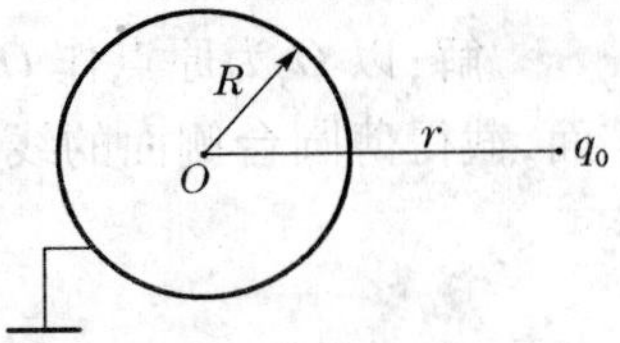

图2-8

接地时$V=0$，易知$q=-\frac{R}{r}q_0$.

说明导体球表面的感应电荷总量始终与q_0异号.

接地时导体上有没有电荷的问题，不是凭直觉认为接地以后电荷立刻传入地球而分布于地球表面(若将地球视为导体)，接地导体带电量为零. 而是由接地导体的电势为零唯一确定，至于感应电荷为什么总是与q_0异号，这倒可以将接地导体与地球视为同一导体，它在q_0的电场中实现静电感应时，靠近q_0的部分(导体球)带电性质与q_0必为异号. 至于导体球接地后的感应电荷q如何分布，这倒是可以讨论的. 可以肯定的是，q在导体表面是非均匀分布，靠近q_0的地方分布多一些. 在远离q_0的导体球的另一端，感应电荷为零.

【例2-8】 如图2-9所示，离带电量为Q、半径为a的导体球球心r远处($r<a$)有一点电荷q_0. (1) 导体球内外表面的感应电荷如何分布？(2) 导体球先接地，后断开，则球心相对于无穷远处的电势为多少？

分析与解：(1) 我们先不考虑接地问题. 静电平衡时导体内的电场强度为零. 在导体内作一闭合面，此闭合面上的电场强度通量为零. 由高斯定理易知此高斯面内没有净电荷，故导体球内表面的感应电荷$q'=-q_0$，因导体球原来带电Q，所以静电平衡后导体球外表面的感应电荷$q=q_0+Q$.

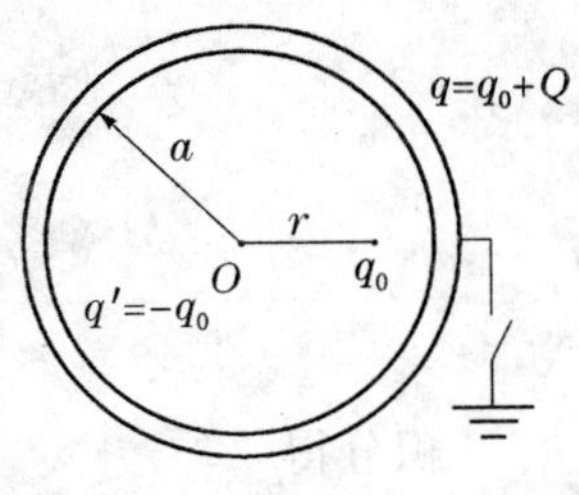

图2-9

同时导体内的场强，也可以视为点电荷q_0与内表面感应电荷q'产生的场强的叠加. 因导体球壳内的场强处处为零，所以内表面的感应电荷q'为非均匀分布，而且感应电荷q'的电荷中心一定在q_0所在的位置.

因导体球壳内的电场强度为零，所以导体球壳对其内的电荷q_0、q'产生的电场起到屏蔽作用. 故导体球外表面的电荷q_0+Q的分布由导体的曲率半径决定. 球壳的曲率半径为常数，所以导体球外表面电荷均匀分布.

(2) 接地后，导体球与无限远处等电位、电势都为零. 如果导体外此时还有电场，那么$\int_{p}^{\infty}\boldsymbol{E}\cdot\mathrm{d}\boldsymbol{l}\neq 0$. 所以导体球外此时的电场强度$\boldsymbol{E}=0$.

由高斯定理易知，外表面的电荷$q=0$.

接地断开后，外表面的电荷依然为零，所以系统的带电就只有点电荷q_0与导体内表面

的非均匀感应电荷 $q' = -q_0$.

以无限远处电势为零时,q_0 在球心 O 点的电势 $V_1 = \dfrac{q_0}{4\pi\varepsilon_0 r}$;感应电荷 q'虽然是非均匀分布的球面电荷,但是因 q'离 O 点的距离都是 a,所以它们在球心 O 点的电势可由叠加法计算

$$V_2 = \int_S \frac{dq}{4\pi\varepsilon_0 a} = \frac{q'}{4\pi\varepsilon_0 a} = -\frac{q_0}{4\pi\varepsilon_0 a}$$

此时球心 O 点的电势应为

$$V_0 = V_1 + V_2 = \frac{q_0}{4\pi\varepsilon_0}\left(\frac{1}{r} - \frac{1}{a}\right)$$

【例 2-9】 如图 2-10 所示,两块平行的导体板,面积为 S,其线度比两板间距离大得多,若两板分别带正 Q_a、Q_b 的电量,(1) 求每块板表面的电荷面密度;(2) 若 $Q_a = -Q_b = Q$,每块板表面的电荷面密度是多少? 若 $Q_a = Q, Q_b = 0$ 呢?

分析:题中两个带电导体平行板,由于其线度比它们的间距大很多,所以可以将平行导体板看成为无限大平面. 由静电平衡时导体的性质可知,导体内的场强为零,电荷分布于导体表面,每一个导体表面的电荷密度均匀,不妨设两平板表面的电荷密度分别为 σ_1、σ_2、σ_3、σ_4(如图 2-10 所示). 这样的带电平面是电荷之间相互作用的结果. 或者反过来讲,它们相互作用的结果使每一块导体板内的场强为零.

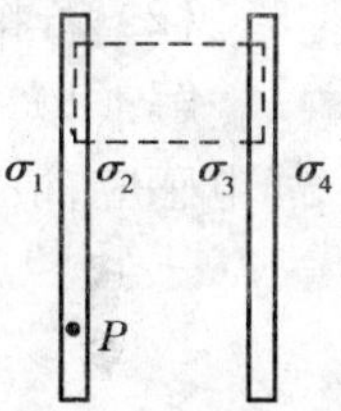

图 2-10

作一个底面积为 ΔS 的圆柱面,圆柱的底面分别置于两导体板内,计算该圆柱面上的电场强度通量.

由于导体内场强为零,两底面上的电场强度通量为零;无限大带电平面外的场强方向与导体表面方向垂直,故圆柱面侧面的电场强度通量也为零,所以圆柱面上的电场强度总通量为零. 由高斯定理

$$\oint \boldsymbol{E} \cdot d\boldsymbol{S} = \frac{1}{\varepsilon_0}\sum_i q_i = \frac{1}{\varepsilon_0}[\sigma_2 \Delta S + \sigma_3 \Delta S] = 0$$

可知,高斯面内的净电荷为零,所以

$$\sigma_2 = -\sigma_3$$

再在导体板内任取一点 P(见图 2-10),P 点的场强应是 4 个带电平面在 P 点的场强的叠加,因为导体板内表面上电荷密度 $\sigma_2 = -\sigma_3$,均处 P 点的同一侧,故这两个带电平面在 P 点的场强叠加为零,所以 P 点的场强应由 σ_1、σ_4 最后决定. 因 P 点在电荷密度为 σ_1、σ_4 的两带电平板的中间,且它们产生的场强在 P 点的叠加也应为零,只有

$$\sigma_1 = \sigma_4$$

解:(1) 据电荷守恒定律,有

$$\sigma_1 \cdot S + \sigma_2 \cdot S = Q_a$$
$$\sigma_3 \cdot S + \sigma_4 \cdot S = Q_b$$

因为 $\sigma_1 = \sigma_4$、$\sigma_2 = -\sigma_3$,可解得

$$\sigma_1=\sigma_4=\frac{Q_a+Q_b}{2S};\quad \sigma_2=\frac{Q_a-Q_b}{2S};\quad \sigma_3=\frac{Q_b-Q_a}{2S}$$

(2) ① 将 $Q_a=Q$、$Q_b=-Q$ 代入上面一组解,有

$$\sigma_1=\sigma_4=0;\quad \sigma_2=\frac{Q}{S};\quad \sigma_3=-\frac{Q}{S}$$

(请思考平行板电容器两极板上的电荷为什么总分布于其内表面.)

② 将 $Q_a=Q$、$Q_b=0$ 代入题(1)的解,可得

$$\sigma_1=\sigma_4=\frac{Q}{2S};\quad \sigma_2=\frac{Q}{2S};\quad \sigma_3=-\frac{Q}{2S}$$

【例 2-10】 如图 2-11 所示,将带电量为 q 的导体板 A 从远处移至不带电的导体板 B 附近,两导体板几何形状相同,面积为 S,且平行放置,靠近后的距离为 $d(d\ll\sqrt{S})$.

(1) 忽略边缘效应求两导体板间电场强度和电势差;

(2) 若将 B 接地,求导体板 A 的电势.

解:(1) 当 A 与 B 间距为 d,且平行放置时,A、B 板之间由于静电感应,最后的面电荷密度的关系为

$$\sigma_1=\sigma_4$$

$$\sigma_2=-\sigma_3$$

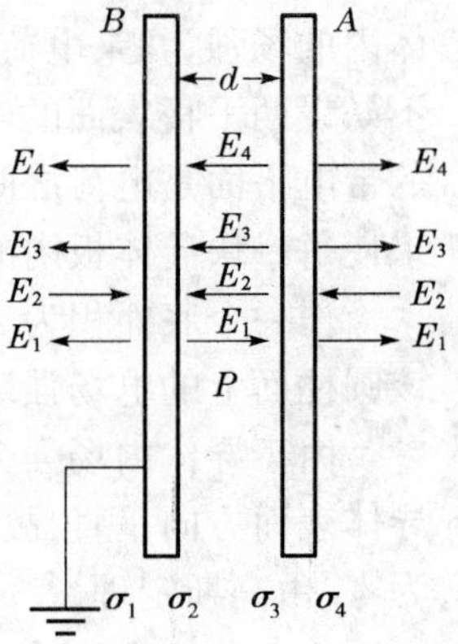

图 2-11

由于 A 板带电 $q_A=q$,B 板不带电 $q_B=0$.

所以

$$\begin{cases}(\sigma_3+\sigma_4)S=q\\(\sigma_1+\sigma_2)S=0\end{cases}$$

解得

$$\begin{cases}\sigma_1=\sigma_4=\dfrac{q}{2S}\\\sigma_3=-\sigma_2=\dfrac{q}{2S}\end{cases}$$

P 点的电场强度应由 σ_1、σ_2、σ_3、σ_4 分别在 P 点的电场强度 $\boldsymbol{E}_1$、$\boldsymbol{E}_2$、$\boldsymbol{E}_3$、$\boldsymbol{E}_4$ 的叠加. 由高斯定理得无限大平面两边的电场强度,易知 $E_1=E_2=E_3=E_4=\dfrac{q}{4\varepsilon_0 S}$. 方向如图 2-11 中箭头所示. 叠加后 A、B 两板之间的电场强度

$$E=E_2+E_3=\frac{q}{2\varepsilon_0 S}$$

A、B 两板之间的电势差 $U_{AB}=\int_A^B \boldsymbol{E}\cdot \mathrm{d}\boldsymbol{l}=\dfrac{qd}{2\varepsilon_0 S}$.

(2) 当 B 板接地以后,它与无限远处的电势相等.

B 板外的电场强度 $E_{B外}=0$,故 $\sigma_1=0$.

由于 $\sigma_1=\sigma_4$，所以 $\sigma_4=0$.

A 板的电荷将全部集中在 A 板内侧，由

$$\sigma_3=-\sigma_2=\frac{q}{S},\quad E_2=E_3=\frac{q}{2\varepsilon_0 S}$$

A、B 板在 P 点的电场强度

$$E=E_2+E_3=\frac{q}{\varepsilon_0 S}$$

A、B 板之间的电势差 $U_{AB}=\dfrac{qd}{\varepsilon_0 S}$，

因 $U_{AB}=V_A-V_B$，接地后 $V_B=0$，

所以 $V_A=\dfrac{qd}{\varepsilon_0 S}$.

【例 2-11】 如图 2-12 所示，在半径为 R_1、电荷密度为 ρ 的均匀带电球体中挖出一个半径为 R_2 的球形空腔，球心 O 和空腔中心 O' 的距离 $\overline{OO'}=a$，且 $a+R_2<R_1$，求空腔内任意一点 P 处的电场强度.

分析：此题按场强叠加原理用积分法计算很困难，因为挖去了一球形部分，电场的对称性被破坏，也不能直接应用高斯定理求场强，所以必须换一种思想方法.

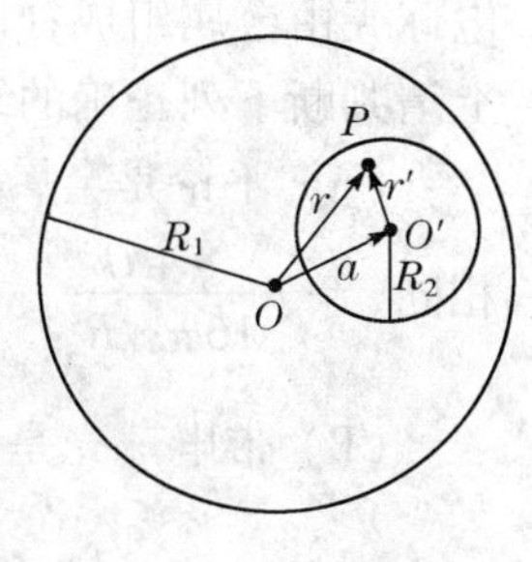

图 2-12

设想将空洞填上电荷，它的电荷密度也是 ρ，这样，球形带电体呈现出来了，对这样一个高度对称的球形带电体可以用高斯定理求解，但这样做破坏了原来的已知条件. 为此再设想在空洞的位置上还有一个电荷密度为 $-\rho$ 的球体，由于正、负电荷相抵，还原了原题的空洞的电中性条件，这样的方法称补偿法.

采用补偿法以后，P 点的场强由两部分构成：半径为 R_1、电荷密度为 $+\rho$ 的实心球体产生的场强 $\boldsymbol{E}_1$ 和半径为 R_2、电荷密度为 $-\rho$ 的小球体产生的场强 $\boldsymbol{E}_2$. 所以 P 点的场强为

$$\boldsymbol{E}=\boldsymbol{E}_1+\boldsymbol{E}_2$$

解：本题采用补偿法求解.

由高斯定理可以求得大球体在 P 点的场强 E_1，即

$$\oint \boldsymbol{E}_1\cdot \mathrm{d}\boldsymbol{S}=4\pi r^2 E_1=\frac{\frac{4}{3}\pi r^3\rho}{\varepsilon_0}$$

$$E_1=\frac{\rho r}{3\varepsilon_0}$$

其方向沿 $\boldsymbol{r}$ 写成矢量式为

$$\boldsymbol{E}_1=\frac{\rho}{3\varepsilon_0}\boldsymbol{r}$$

再由高斯定理可求得小球体在 P 点的场强 E_2. 即

$$\oint \boldsymbol{E}_2 \cdot \mathrm{d}\boldsymbol{S} = 4\pi r'^2 E_2 = \frac{-\frac{4}{3}\pi r'^3 \rho}{\varepsilon_0}$$

$$E_2 = -\frac{\rho r'}{3\varepsilon_0}$$

其方向沿 $-\boldsymbol{r}'$. 写成矢量式为

$$\boldsymbol{E}_2 = -\frac{\rho}{3\varepsilon_0}\boldsymbol{r}'$$

所以

$$\boldsymbol{E} = \boldsymbol{E}_1 + \boldsymbol{E}_2 = \frac{\rho}{3\varepsilon_0}(\boldsymbol{r} - \boldsymbol{r}') = \frac{\rho}{3\varepsilon_0}\boldsymbol{a}$$

可见在空腔内电场为匀强电场.

*【例 2-12】 如图 2-13 所示,一带电薄球壳半径为 R,带电量为 Q,在距球心 $\frac{R}{2}$ 处有一点电荷 q,球外有一点 P,它至球心的距离为 $2R$. 在下列两种情况下,计算 P 点的场强:(1) 带电球壳由金属组成;(2) 带电球壳由各向同性的均匀电介质组成,且 Q 均匀分布于介质球上请判断下列正确的结论为( ).

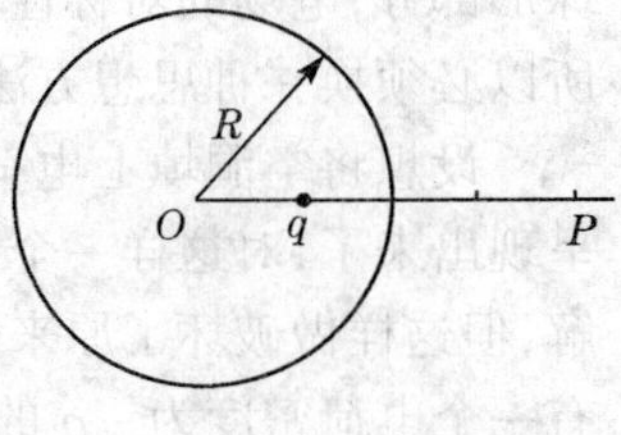

图 2-13

(A) 不论是金属带电球壳或介质带电球壳,P 点的场强都相同,等于 $\frac{q+Q}{16\pi\varepsilon_0 R^2}$

(B) 带电球壳是金属时,P 点的场强为 $\frac{q+Q}{16\pi\varepsilon_0 R^2}$;带电球壳是电介质时,$P$ 点的场强为 $\frac{q}{9\pi\varepsilon_0 R^2} + \frac{Q}{16\pi\varepsilon_0 R^2}$

(C) 带电球壳是金属时,P 点的场强为 $\frac{Q}{16\pi\varepsilon_0 R^2}$;带电球壳是电介质时,$P$ 点的场强为 $\frac{q}{9\pi\varepsilon_0 R^2} + \frac{Q}{16\pi\varepsilon_0 R^2}$

(D) 带电球壳不论是金属还是电介质,P 点的场强都相等,为 $\frac{q}{9\pi\varepsilon_0 R^2} + \frac{Q}{16\pi\varepsilon_0 R^2}$

分析与解: 金属导体球壳内有一点电荷 q 时,由于静电感应其内表面带电为 $-q$,因点电荷 q 不在球心,所以内表面的感应电荷为不均匀分布,这一不均匀分布的感应负电荷的电荷中心应在 q 所在的位置,这样才能保证金属球壳壳层内的场强处处为零;金属球壳外表面的感应电荷为 q,加上其本身的带电量 Q,金属球壳外表面的总电量为 $q+Q$,它们在球壳外表形成均匀分布(与腔内无电荷的带电金属球壳的电荷分布类似),这时 P 点的场强由带电量为 $(q+Q)$ 的均匀带电球壳决定. 由高斯定理容易计算 P 点的场强为

$$E = \frac{q+Q}{16\pi\varepsilon_0 R^2}$$

当薄球壳为介质时,介质在点电荷 q 的作用下将发生极化,产生束缚电荷. 因薄球壳上

正负束缚电荷总是一一对应，它们的电荷中心重合，与点电荷 q 的位置无关，所以 P 点的场强不会受到介质球上的束缚电荷的影响，仅由点电荷 q 与均匀带电球壳决定. 分别用点电荷场强公式与高斯定理求出 P 点的场强然后叠加：

$$E=\frac{q}{4\pi\varepsilon_0\left(\frac{3}{2}R\right)^2}+\frac{Q}{16\pi\varepsilon_0 R^2}=\frac{q}{9\pi\varepsilon_0 R^2}+\frac{Q}{16\pi\varepsilon_0 R^2}$$

故本题选(B).

*【例 2-13】 如图 2-14 所示，平行板电容器中的一半充有相对电容率 $\varepsilon_r=4$ 的介质，另一半为空气. 已知极板面积为 S，两极板间距为 d，将它接到电路中，测得两极板间的电势差为 u. 求：

(1) 介质和空气中的电场强度；

(2) 极板上的电荷密度的分布.

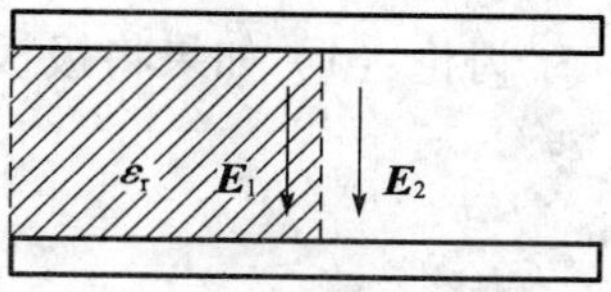

图 2-14

解：法一 (1) 介质与空气中的电场强度的关系如何？

这个问题可从两个不同的角度来分析：

① 极板为导体，静电平衡时导体为等势体.

所以不论是有介质的区域或空气区域，两极板间的电势差恒相等. 由 $u=E\cdot d$ 可知，介质中的电场强度 $\boldsymbol{E}_1$ 与空气中的电场强度 $\boldsymbol{E}_2$ 相等，即 $\boldsymbol{E}_1=\boldsymbol{E}_2$.

② 空气也为一种介质，是 $\varepsilon_r=1$ 的特殊介质，由介质的边界条件，电场强度在界面的切向分量相等，也可判断 $\boldsymbol{E}_1=\boldsymbol{E}_2$，且 $\boldsymbol{E}_1=\boldsymbol{E}_2=\frac{u}{d}$.

(2) 由介质中的电位移矢量 $\boldsymbol{D}=\varepsilon_0\varepsilon_r\boldsymbol{E}$ 可知

$$\boldsymbol{D}_1=4\varepsilon_0\boldsymbol{E}_1,\quad \boldsymbol{D}_2=\varepsilon_0\boldsymbol{E}_2$$

$$D_1=4D_2$$

由介质中的高斯定理 $D=\sigma$

所以 $\sigma_1=4\sigma_2$

由于 $(\sigma_1+\sigma_2)\frac{S}{2}=q=Cu$

而 $C=C_1+C_2=\frac{\varepsilon_0\varepsilon_r S}{2d}+\frac{\varepsilon_0 S}{2d}=\frac{5\varepsilon_0 S}{2d}$

计算后可知

$$\begin{cases}\sigma_1=\dfrac{4\varepsilon_0 u}{d}\\ \sigma_2=\dfrac{\varepsilon_0 u}{d}\end{cases}$$

法二 从电容的角度，将有介质部分的电容视为 C_1，将空气部分的电容视为 C_2.

由于 $C=\varepsilon_r\cdot C_0$

所以 $C_2=C_0=\frac{\varepsilon_0 S}{2d},\quad C_1=4C_0=\frac{2\varepsilon_0 S}{d}$

由　$q = Cu$

得　$$\begin{cases} q_1 = C_1 u = \dfrac{2\varepsilon_0 S}{d} u \\ q_2 = C_2 u = \dfrac{\varepsilon_0 S u}{2d} \end{cases}$$

电荷密度　$$\begin{cases} \sigma_1 = \dfrac{q_1}{\dfrac{S}{2}} = \dfrac{4\varepsilon_0 u}{d} \\ \sigma_2 = \dfrac{q_2}{\dfrac{S}{2}} = \dfrac{\varepsilon_0 u}{d} \end{cases}$$

讨论:(1) 如果将极板变形,下极板变为球体,上极板变为球壳.

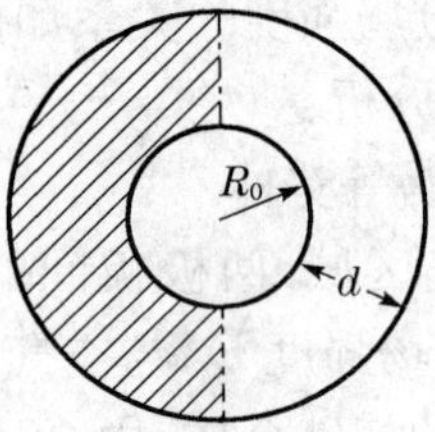

图 2-15

在两极板之间径向电场强度相等. 也可仿照上题用两种方法求解.

(2) 将图 2-15 旋转 90°(如图 2-16 所示),并令 $d \to \infty$.

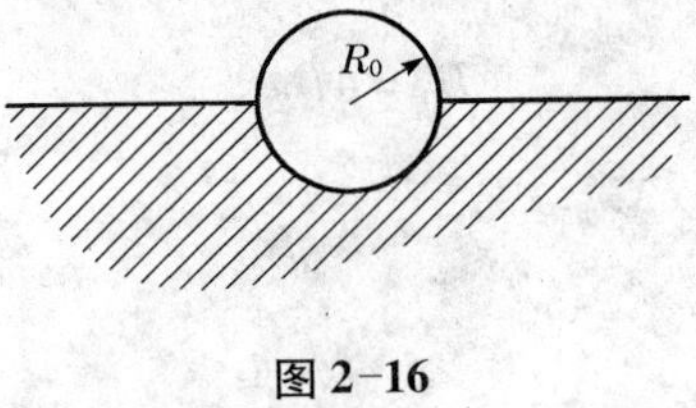

图 2-16

球上的电荷分配也同样可仿照上题的方法求解.

【例 2-14】 如图 2-17 所示,将一个极板间距为 d、面积为 S 的平行板电容器用金属板包上以后,求其电容值.

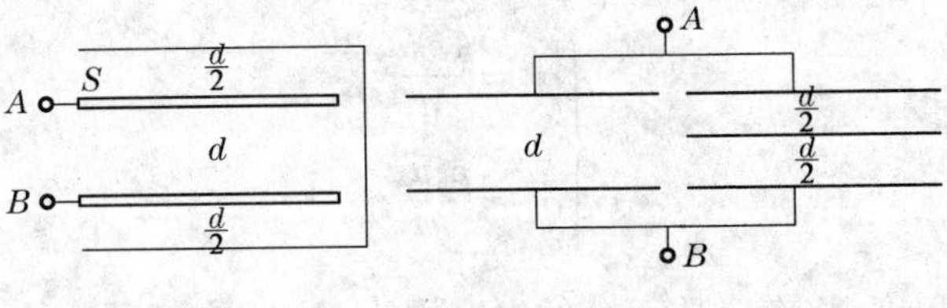

图 2-17

分析与解:电容这种电子器件从字面上讲应为电的容器,但电又有电荷和电场的区别. 电容究竟是电荷的容器还是电场的容器呢? 从静电场的角度看电场与电荷是孪生的. 有电荷就有电场,有电场就有电荷.从感应电场的角度看,没有电荷,感应电场也能独立存在.所以广泛的意义上讲,电场是比电荷更普遍的物质形态.那么,我们就定义电容是电场的容器.如此分析问题可以更直观、更简单.

凡是极板,再薄也可以区分出两表面.两表面之间应是导体,静电平衡时,导体内的场强 $\boldsymbol{E}=0$,因此,如果表面外存在电场,就呈现出电容.如果电场为零,该表面就不构成电容,所以极板本身两表面之间不构成电容.

当极板没有金属壳包装时,极板外表面没有电场,所以此时的电容仅由极板的内表面构成.平行板电容器的电容 $C_0=\dfrac{\varepsilon_0 S}{d}$ 也就是指其内表面构成的电容器的电容值.

当极板用金属壳包上以后,金属壳为一等势体.平行板电容器与金属壳之间都有电势差,它们之间都存在电场,也就是说,此时的极板外表面也构成了电容.显然外表面构成的电容与内表面构成的电容形成了并联关系,设想将电极板从中间剖开,又把外表面翻转 180°,外表面的电容又通过金属壳表现为间距为 $\dfrac{d}{2}$ 的两电容的串联,这样就构成了图 2-17 右图的等效电路.

用电容的串、并联等量关系可得加上金属壳后的电容

$$C=2C_0=\frac{2\varepsilon_0 S}{d}$$

【例 2-15】 如图 2-18 所示,在极板间距为 d、极板面积为 S 的平行板电容器中,(1)平行插入一厚度为 a 的金属板,插入后的电容为多少?当 a 很小时电容的变化情况如何?(2)设原来两极板之间的电势差为 u,后在平行板中间平行地插入一块带电量为 q 的导体薄板,问插入后金属板与下极板之间的电势差为多少?

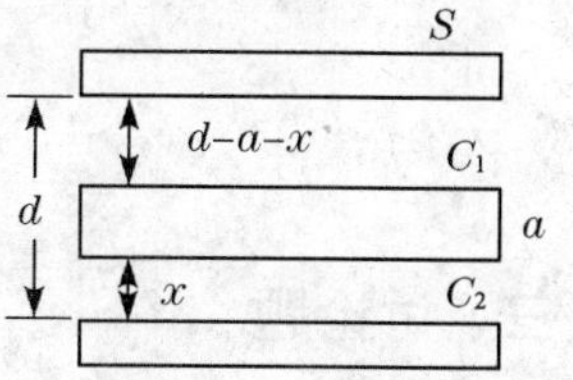

图 2-18

解:(1)插入一厚度为 a 的金属板后,原来的电容 C_0 变为现在两个电容 C_1、C_2 的串联,因 $C_1=\dfrac{\varepsilon_0 S}{d-a-x}$、$C_2=\dfrac{\varepsilon_0 S}{x}$

$$\therefore \quad C=\left(\frac{1}{C_1}+\frac{1}{C_2}\right)^{-1}=\frac{C_1\cdot C_2}{C_1+C_2}=\frac{\varepsilon_0 S}{d-a}$$

插入以后的电容与金属板的厚度 a 有关,但与金属板在电容中的位置无关.

当 $a\to 0$ 时,电容 $C=C_0=\dfrac{\varepsilon_0 S}{d}$.

说明在平行板电容器中平行地插入一个薄金属板将不改变电容器的电容值.这为我们计算在平行板电容器中填上厚度不等、相对电容率 ε_r 不同的介质后的电容的计算带来了方便.只要设想不同的介质界面有一薄金属板,这样若干层不同的介质就构成了若干个电容.这些电容都呈串联联结,总电容就容易计算了.

(2)设原电容的上、下两极板的带电量分别为 q_1、$-q_2$.则中央薄金属板的上、下表面分别带电为 $-q_1$、q_2.

$$u_1=\frac{q_1}{C_1},\quad u_2=\frac{q_2}{C_2}$$

因 $$u = u_1 + u_2, \quad C_1 = C_2 = \frac{2\varepsilon_0 S}{d}$$

得 $$u = \frac{d}{2\varepsilon_0 S}(q_1 + q_2) \qquad (1)$$

由于 $$q_2 - q_1 = q \qquad (2)$$

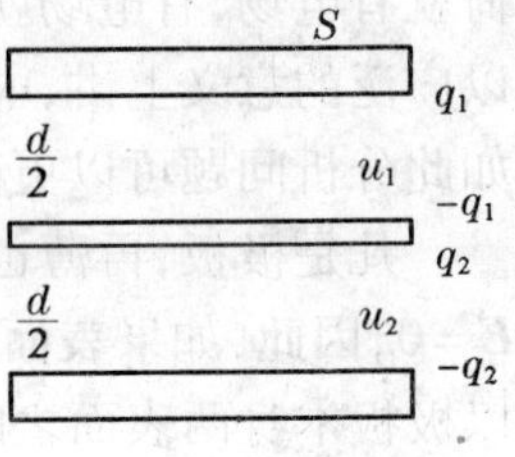

图 2-19

解关于 q_1, q_2 的方程(1),(2)得

$$\begin{cases} q_1 = \dfrac{1}{2}\left(\dfrac{2\varepsilon_0 Su}{d} - q\right) \\ q_2 = \dfrac{1}{2}\left(q + \dfrac{2\varepsilon_0 Su}{d}\right) \end{cases}$$

将 q_2 代入 $$u_2 = \frac{1}{2}\left(q + \frac{2\varepsilon_0 Su}{d}\right) \cdot \frac{d}{2\varepsilon_0 S} = \frac{1}{2}u + \frac{qd}{4\varepsilon_0 S}$$

除此之外,还可以利用电场叠加求金属板与下极板之间的电势差.

电容器原有电场 $$E_0 = \frac{u}{d}$$

金属板两边电场 $$E' = \frac{q}{2\varepsilon_0 S}$$

在金属板与下极板之间 E_0 与 E'方向一致,故

$$u_2 = E \cdot \frac{d}{2} = (E_0 + E') \cdot \frac{d}{2} = \frac{u}{2} + \frac{qd}{4\varepsilon_0 S}$$

三、讨论题

2-1 在静电场中,空间某点电势已确定,该点场强能否确定?空间某点场强确定,该点电势能否确定?

2-2 有人认为:(a) 如果高斯面上 $\boldsymbol{E}$ 处处为零,则该面内必无电荷;(b) 如果高斯面内无电荷,则高斯面上 $\boldsymbol{E}$ 处处为零;(c) 若高斯面上 $\boldsymbol{E}$ 处处不为零,则高斯面内必有电荷;(d) 如果高斯面内有电荷,则高斯面上 $\boldsymbol{E}$ 处处不为零.你认为这些说法是否正确?为什么?

2-3 应用高斯定理求空间某点的电场强度时,所作高斯面应满足什么原则?有一段长为 l 的均匀带电直导线,能应用高斯定理求解导线外一点的场强吗?为什么?

2-4 当导体表面上某处电荷面密度为 σ 时,用高斯定理可求得导体外近于该处的电场强度 $\boldsymbol{E} = \dfrac{\sigma}{\varepsilon_0}\boldsymbol{n}$,$\boldsymbol{n}$ 是该处导体表面外法线方向的单位矢量.考察导体表面一面元 ΔS,面元上电荷为$\sigma\Delta S$,据 $\boldsymbol{F} = q\boldsymbol{E}$,则该面元受到的力 $\boldsymbol{F} = q\boldsymbol{E} = \dfrac{\sigma^2 \Delta S}{\varepsilon_0}\boldsymbol{n}$.这个结果对不对?为什么?

2-5 金属导体球的半径为 R,在它近旁放一点电荷 q,q 与球心的距离为 r,$r > R$,导体球的电势为多少?

2-6 如图 2-20 所示,在一接地的导体球附近,有一个电量为 q 的点电荷,已知球的半

径为 R，点电荷离球心的距离为 $2R$. 试问：(1) 如何确定导体球表面的感应电荷？(2) 如何确定感应电荷在球心处产生的电场强度？

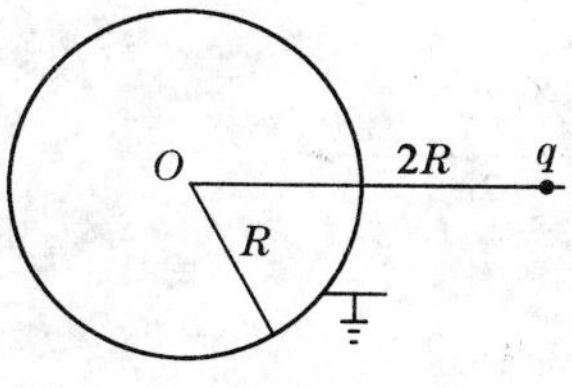

图 2-20

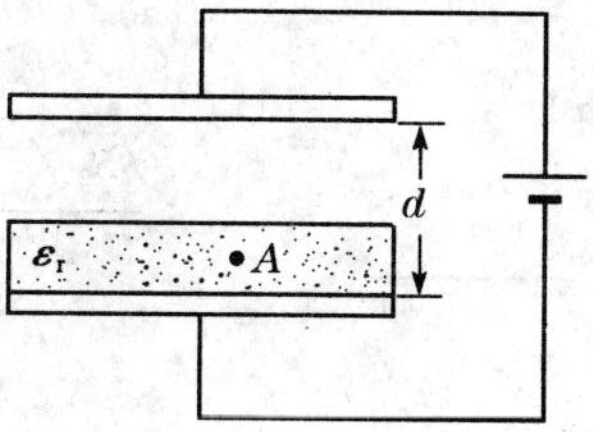

图 2-21

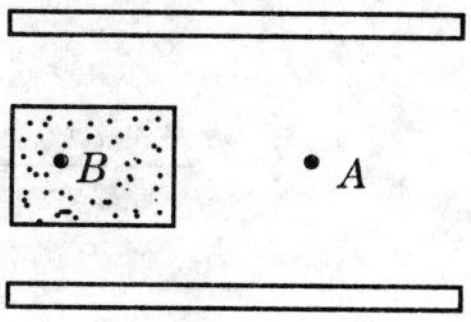

图 2-22

2-7 如图 2-21 所示，一平行板电容器接在电源上，当两板间未插入介质时，两板间的场强为 E_0，如不断开电源，在两板间平行地插入相对电容率 $\varepsilon_r=2$、厚度为 $\frac{1}{3}d$ 的介质板，试问介质中 A 点的场强 E_A 是否能用 $E_A=\frac{E_0}{\varepsilon_r}=\frac{E_0}{2}$ 来求得？

***2-8** 如图 2-22 所示，将平行板电容器充电后再断开电源，然后插入一块介质，试比较：(1) 插入介质前后，电容器两极板间的电压 U_0 和 U 的大小；(2) 插入介质前后电容器内 A 点的场强 E_{AO} 和 E_A 的大小；(3) 插入介质后真空中 A 点和介质中 B 点的电位移矢量 D_A 和 D_B 的大小.

2-9 如图 2-23 所示，试分析充电后电源不断开与断开两种情况下平行板电容器中分别插入同样厚度的金属板或介质板时电场能量的变化情况.

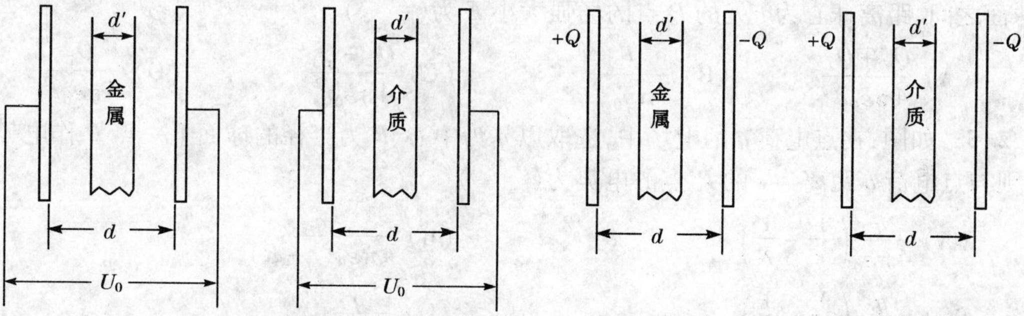

图 2-23

综 合 习 题

2-1 图中所示为一沿 x 轴放置的无限长分段均匀带电直导线，电荷线密度分别为 $+\lambda$ $(x<0)$ 和 $-\lambda(x>0)$，则 Oxy 坐标平面上点 $(0,a)$ 处的场强 $\boldsymbol{E}$ 为(　　)

(A) $\dfrac{\lambda}{2\pi\varepsilon_0 a}\boldsymbol{i}$　　(B) $\dfrac{\lambda}{4\pi\varepsilon_0 a}\boldsymbol{i}$　　(C) $\dfrac{\lambda}{4\pi\varepsilon_0 a}(\boldsymbol{i}+\boldsymbol{j})$　　(D) 0

2-2 有两个电荷都是 $+q$ 的点电荷，相距为 $2a$. 今以左边的点电荷所在处为球心，以 a 为半径作一球形高斯面. 在球面上取两块相等的小面积 S_1 和 S_2，其位置如图所示. 设通过 S_1 和 S_2 的电场强度通量分别为 Φ_1 和 Φ_2，通过整个球面的电场强度通量为 Φ_S，则(　　)

(A) $\Phi_1 < \Phi_2, \Phi_S = 2q/\varepsilon_0$　　(B) $\Phi_1 = \Phi_2, \Phi_S = q/\varepsilon_0$

(C) $\Phi_1 < \Phi_2, \Phi_S = q/\varepsilon_0$　　(D) $\Phi_1 > \Phi_2, \Phi_S = q/\varepsilon_0$

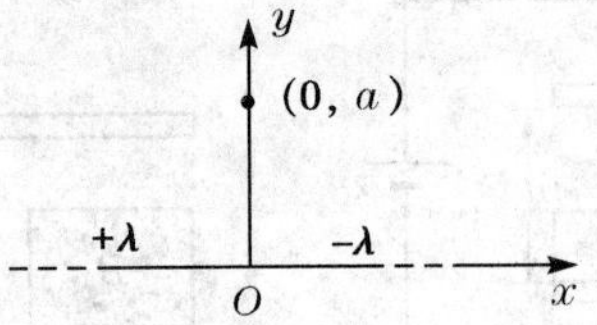

题 2-1 图

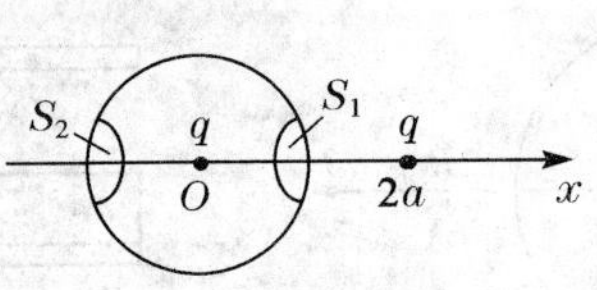

题 2-2 图

2-3　如图所示，一个带电荷量为 q 的点电荷位于立方体的 A 角上，则通过侧面 $abcd$ 的电场强度通量等于(　)

(A) $\dfrac{q}{12\varepsilon_0}$　(B) $\dfrac{q}{24\varepsilon_0}$　(C) $\dfrac{q}{48\varepsilon_0}$　(D) $\dfrac{q}{6\varepsilon_0}$

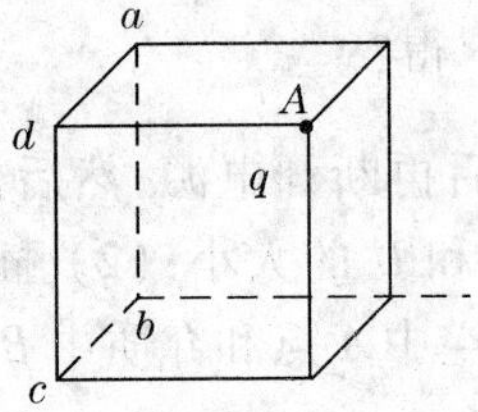

题 2-3 图

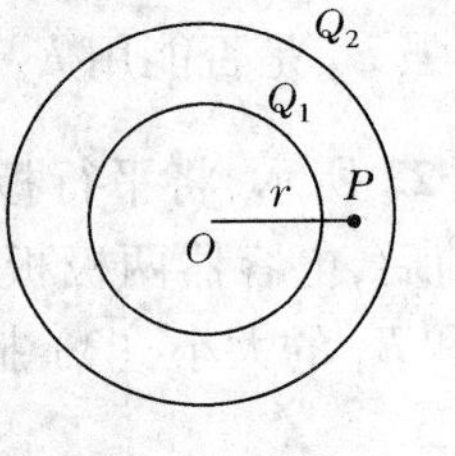

题 2-4 图

2-4　如图所示，两个同心的均匀带电球面，内球面带电荷 Q_1，外球面带电荷 Q_2，则在两球面之间、距离球心为 r 处的 P 点的场强大小 E 为(　　)

(A) $\dfrac{Q_1+Q_2}{4\pi\varepsilon_0 r^2}$　(B) $\dfrac{Q_2}{4\pi\varepsilon_0 r^2}$　(C) $\dfrac{Q_2-Q_1}{4\pi\varepsilon_0 r^2}$　(D) $\dfrac{Q_1}{4\pi\varepsilon_0 r^2}$

2-5　如图，在点电荷 q 的电场中，选取以 q 为中心、R 为半径的球面上一点 P 作电势零点，则与点电荷 q 距离为 r 的 P' 点的电势为(　　)

(A) $\dfrac{q}{4\pi\varepsilon_0}\left(\dfrac{1}{r}-\dfrac{1}{R}\right)$　(B) $\dfrac{q}{4\pi\varepsilon_0(r-R)}$

(C) $\dfrac{q}{4\pi\varepsilon_0}\left(\dfrac{1}{R}-\dfrac{1}{r}\right)$　(D) $\dfrac{q}{4\pi\varepsilon_0 r}$

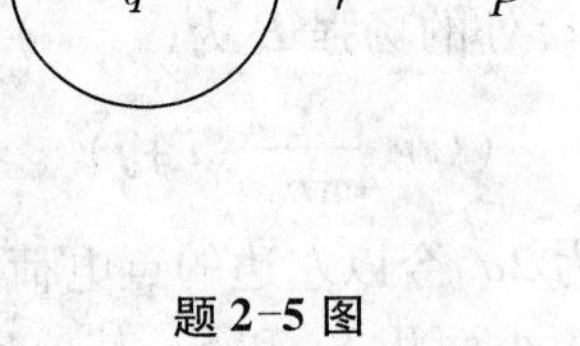

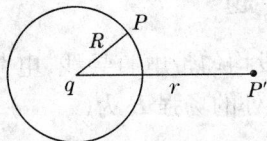

题 2-5 图

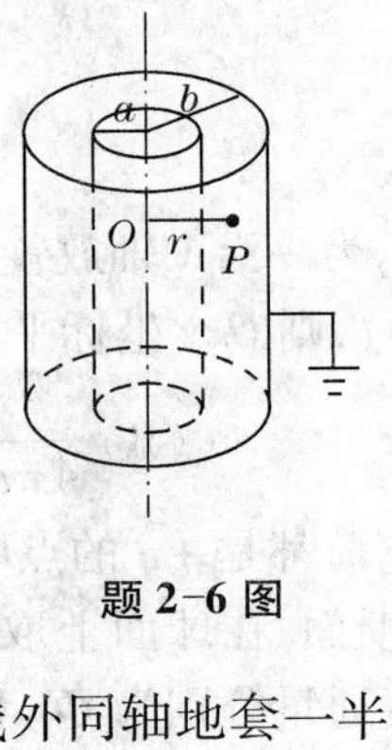

题 2-6 图

2-6　如图所示，一长直导线横截面半径为 a，导线外同轴地套一半径为 b 的薄金属圆筒，两者互相绝缘，并且外筒接地. 设导线单位长度的电荷为 $+\lambda$，并设地的电势为零，则两导体之间的 P 点（$OP=r$）的场强大小和电势分别为（　　）

（A）$E=\dfrac{\lambda}{4\pi\varepsilon_0 r^2}, V=\dfrac{\lambda}{2\pi\varepsilon_0}\ln\dfrac{b}{r}$　　（B）$E=\dfrac{\lambda}{2\pi\varepsilon_0 r}, V=\dfrac{\lambda}{2\pi\varepsilon_0}\ln\dfrac{a}{r}$

（C）$E=\dfrac{\lambda}{2\pi\varepsilon_0 r}, V=\dfrac{\lambda}{2\pi\varepsilon_0}\ln\dfrac{b}{r}$　　（D）$E=\dfrac{\lambda}{4\pi\varepsilon_0 r}, V=\dfrac{\lambda}{2\pi\varepsilon_0}\ln\dfrac{b}{a}$

2-7　两个薄金属同心球壳，半径各为 R_1 和 R_2（$R_2>R_1$），分别带有电荷 q_1 和 q_2，二者电势分别为 V_1 和 V_2（设无穷远处为电势零点），现用导线将二球壳连起来，则它们的电势为（　　）

（A）V_2　　（B）V_1+V_2　　（C）$(V_1+V_2)/2$　　（D）V_1

2-8　一个平行板电容器，充电后与电源断开，当用绝缘手柄将电容器两极板间距离拉大，则两极板间的电势差 U_{12}、电场强度的大小 E、电场能量 W 将发生如下变化（　　）

（A）U_{12}增大，E 增大，W 增大　　（B）U_{12}增大，E 不变，W 增大

（C）U_{12}减小，E 不变，W 不变　　（D）U_{12}减小，E 减小，W 减小

2-9　如图所示，在真空中半径分别为 R 和 $2R$ 的两个同心球面，其上分别均匀地带有电荷 $+q$ 和 $-3q$. 今将一电荷为 $+Q$ 的带电粒子从内球面处由静止释放，则该粒子到达外球面时的动能为（　　）

（A）$\dfrac{Qq}{2\pi\varepsilon_0 R}$　　（B）$\dfrac{Qq}{8\pi\varepsilon_0 R}$　　（C）$\dfrac{3Qq}{8\pi\varepsilon_0 R}$　　（D）$\dfrac{Qq}{4\pi\varepsilon_0 R}$

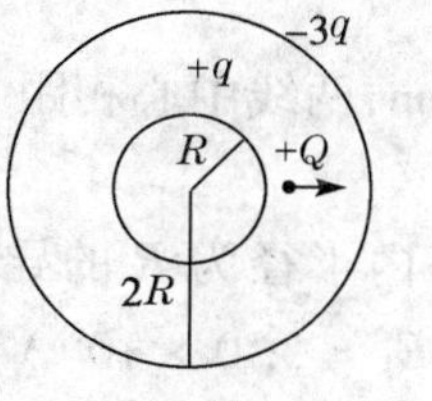

题 2-9 图

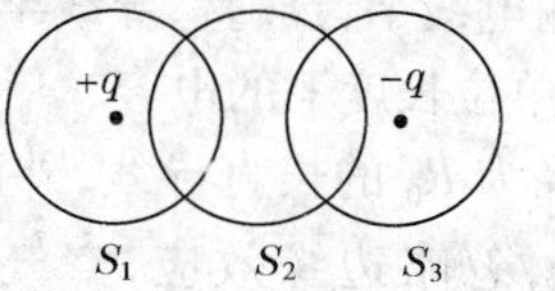

题 2-10 图

2-10　在点电荷 $+q$ 和 $-q$ 的静电场中，作出如图所示的三个闭合面 S_1、S_2、S_3，则通过这些闭合面的电场强度通量分别是：$\Phi_1=$ ________，$\Phi_2=$ ________，$\Phi_3=$ ________.

2-11　如图所示，AC 为一根长为 $2l$ 的带电细棒，左半部均匀带有负电荷，右半部均匀带有正电荷，电荷线密度分别为 $-\lambda$ 和 $+\lambda$，O 点在棒的延长线上，距 A 端的距离为 l，P 点在棒的垂直平分线上，到棒的垂直距离为 l. 以棒的中点 B 为电势的零点，P 点电势$V_0=$ ________.

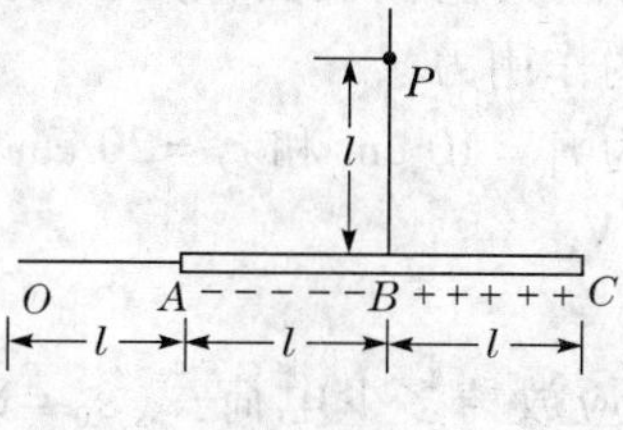

题 2-11 图

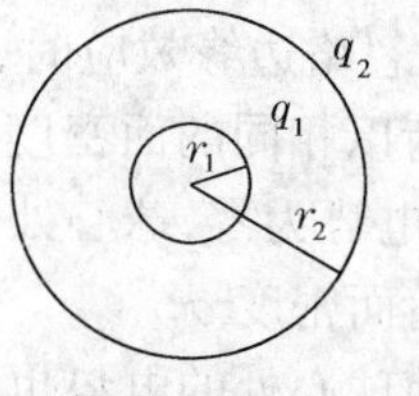

题 2-12 图

2-12　如图所示，两同心带电球面，内球面半径为 $r_1=5$ cm，带电荷 $q_1=3\times10^{-8}$ C，外

球面半径为 $r_2=20\text{ cm}$,带电荷 $q_2=-6\times10^{-8}\text{ C}$,设无穷远处电势为零,则空间另一电势为零的球面半径 $r=$________________.

2-13 在"无限大"的均匀带电平板附近,有一点电荷 q,沿电场线方向移动距离 d 时,电场力做的功为 A,由此知平板上的电荷面密度 $\sigma=$________________.

2-14 点电荷 q_1,q_2,q_3 和 q_4 在真空中的分布如图所示. 图中 S 为闭合曲面,则通过该闭合曲面的电场强度通量 $\oint_S \boldsymbol{E}\cdot d\boldsymbol{S}=$______________,式中的 $\boldsymbol{E}$ 是点电荷________在闭合曲面上任一点产生的场强的矢量和.

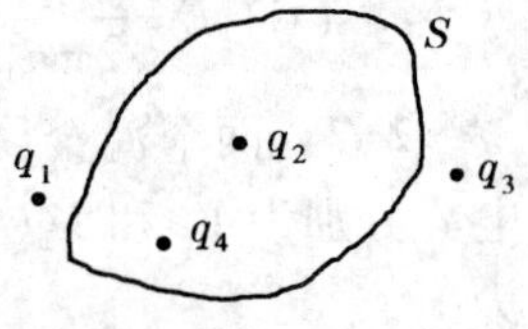

题 2-14 图

2-15 一个不带电的金属球壳的内、外半径分别为 R_1 和 R_2,今在中心处放置一电荷为 q 的点电荷,则球壳相对于无限远处的电势 $V=$________________.

2-16 地球表面附近的电场强度为 $100\text{ N}\cdot\text{C}^{-1}$,如果把地球看作半径为 $6.4\times10^5\text{ m}$ 的导体球,则地球表面的电荷 $Q=$________________.($\dfrac{1}{4\pi\varepsilon_0}=9\times10^9\text{ N}\cdot\text{m}^2\cdot\text{C}^{-2}$)

2-17 如图所示,A,B 为靠得很近的两块平行的大金属平板,两板的面积均为 S,板间的距离为 d. 今使 A 板带电荷 q_A,B 板带电荷 q_B,且 $q_A>q_B$,则 A 板上靠近 B 的一侧所带电荷为____________;两板间电势差 $U=$________________.

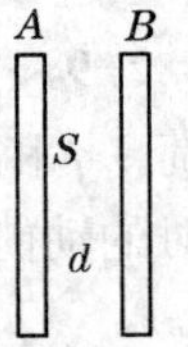

题 2-17 图

2-18 两根输电线平行放置,导线半径 $R=3.26\text{ mm}$,两线中心相距 $d=0.50\text{ m}$,忽略大地影响,求输电线单位长度上的电容.

2-19 一半径为 R_0 的长直导线,外面同轴放置一内半径为 R 的导体圆筒,中间为空气,忽略边缘效应,空气的击穿场强 $E_b=3.0\times10^6\text{ V}\cdot\text{m}^{-1}$,求:

(1) 长直导线表面的最大电荷密度;

(2) 当 $R_0=0.1\text{ cm}$,$R=1.0\text{ cm}$ 时,沿轴线单位长度上最大电场能量.

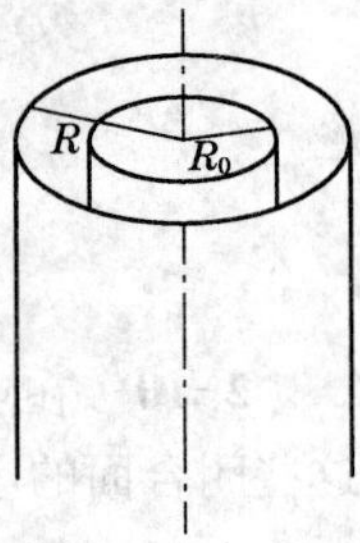

题 2-19 图

***2-20** 一空气平行板电容器,空气层厚 $d=1.5\text{ cm}$,两极间的电压 $U_0=40\text{ kV}$,该电容会被击穿吗?现将一厚度 $a=0.30\text{ cm}$ 的玻璃板插入此电容器,并与极板平行放置,若玻璃的 $\varepsilon_r=7.0$ 击穿场强 $E_b=10^7(\text{V}\cdot\text{m}^{-1})$,则此时电容器会被击穿吗?

2-21 一平行板电容器电容为 C_0(极板间为空气),极板面积为 S,接上电源后两极板的电势差为 U_0,忽略边缘效应时,求两极板之间的作用力.

2-22 电荷以相同的面密度 σ 分布在半径为 $r_1=10\text{ cm}$ 和 $r_2=20\text{ cm}$ 的两个同心球面上. 设无限远处电势为零,球心处的电势 $V_0=300\text{ V}$.

(1) 求电荷面密度 σ.

(2) 若要使球心处的电势也为零,外球面上应放掉多少电荷?($\varepsilon_0=8.85\times10^{-12}\text{C}^2\cdot\text{N}^{-1}\cdot\text{m}^{-2}$)

第二单元自测卷

一、选择题(共 30 分)

1. (本题 3 分)如图所示,一边长为 a 的正方形平面,在其中垂线上距中心 O 点 $\frac{a}{2}$ 处,有一电量为 q 的正点电荷,则通过该平面的电场强度通量为(　　)

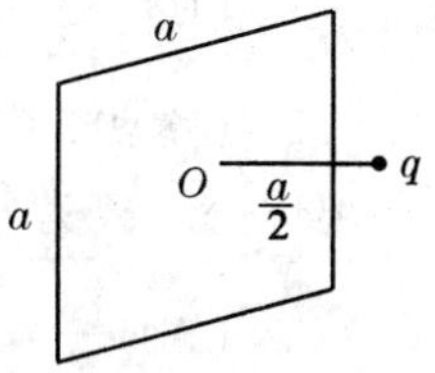

(A) $\frac{q}{4\pi\varepsilon_0}$　　(B) $\frac{q}{3\pi\varepsilon_0}$

(C) $\frac{q}{6\varepsilon_0}$　　(D) $\frac{q}{3\varepsilon_0}$

2. (本题 3 分)半径为 R 的均匀带电球面,若其电荷面密度为 σ,则在距离球面 R 处的电场强度大小为(　　)

(A) $\frac{\sigma}{2\varepsilon_0}$　　(B) $\frac{\sigma}{4\varepsilon_0}$　　(C) $\frac{\sigma}{8\varepsilon_0}$　　(D) $\frac{\sigma}{\varepsilon_0}$

3. (本题 3 分)在点电荷 $+q$ 的电场中,若取图中 P 点处为电势零点,则 M 点的电势为(　　)

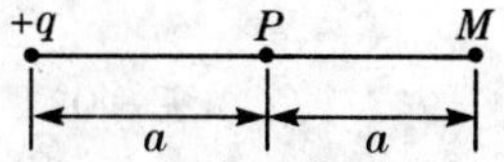

(A) $\frac{q}{8\pi\varepsilon_0 a}$　　(B) $\frac{-q}{4\pi\varepsilon_0 a}$

(C) $\frac{-q}{8\pi\varepsilon_0 a}$　　(D) $\frac{q}{4\pi\varepsilon_0 a}$

4. (本题 3 分)如图所示,两个同心球壳,内球壳半径为 R_1,均匀带有电荷 Q;外球壳半径为 R_2,原先不带电,但与地相连接. 壳的厚度忽略,设地为电势零点,则在内球壳里面,距离球心为 r 处的 P 点的场强大小及电势分别为(　　)

(A) $E=0,\ V=\frac{Q}{4\pi\varepsilon_0}\left(\frac{1}{R_1}-\frac{1}{R_2}\right)$

(B) $E=\frac{Q}{4\pi\varepsilon_0 r^2},\ V=\frac{Q}{4\pi\varepsilon_0 r}$

(C) $E=\frac{Q}{4\pi\varepsilon_0 r^2},\ V=\frac{Q}{4\pi\varepsilon_0 R_1}$

(D) $E=0,\ V=\frac{Q}{4\pi\varepsilon_0 R_1}$

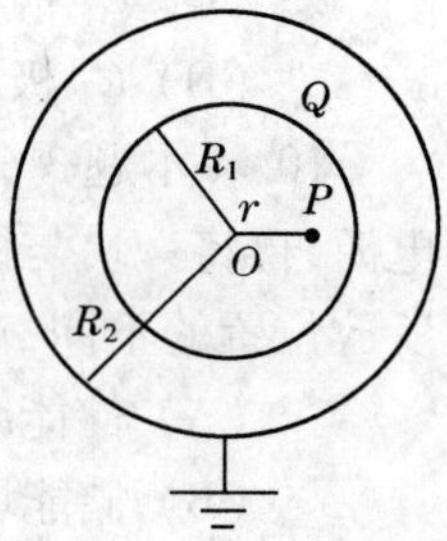

5. (本题 3 分)如图所示,真空中有一点电荷 Q,在与它相距为 r 的 a 点处有一试验电荷 q. 现使试验电荷 q 从 a 点沿半圆弧轨道运动到 b 点,则电场力对 q 做功为(　　)

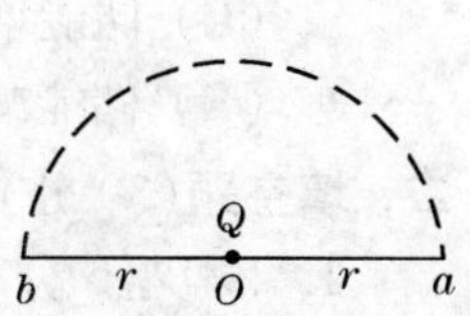

(A) $\frac{Qq}{4\pi\varepsilon_0 r^2}2r$　　(B) $\frac{Qq}{4\pi\varepsilon_0 r^2}\pi r$

(C) 0 (D) $\dfrac{Qa}{4\pi\varepsilon_0 r^2}\cdot\dfrac{\pi r^2}{2}$

6. (本题3分)如图,A、B 为两导体大平板,面积均为 S,平行放置,A 板带电荷 $+Q_1$,B 板带电荷 $+Q_2$. 如果使 B 板接地,则 A、B 间电场强度的大小 E 为(　　)

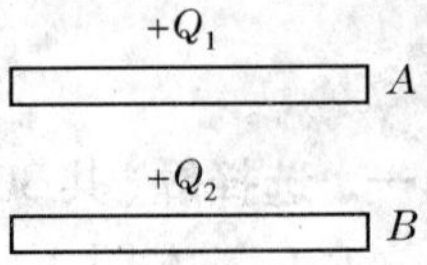

(A) $\dfrac{Q_1-Q_2}{2\varepsilon_0 S}$ (B) $\dfrac{Q_1}{\varepsilon_0 S}$

(C) $\dfrac{Q_1+Q_2}{2\varepsilon_0 S}$ (D) $\dfrac{Q_1}{2\varepsilon_0 S}$

7. (本题3分)选无穷远处为电势零点,半径为 R 的导体球带电后,其电势为 V_0,则球外离球心距离为 r 处的电场强度的大小为(　　)

(A) $\dfrac{V_0}{R}$ (B) $\dfrac{RV_0}{r^2}$ (C) $\dfrac{V_0}{r}$ (D) $\dfrac{R^2V_0}{r^3}$

8. (本题3分)图示为一均匀带电球体,总电荷为 $+Q$,其外部同心地罩一内、外半径分别为 r_1、r_2 的金属球壳. 设无穷远处为电势零点,则在球壳内半径为 r 的 P 点处的场强和电势为(　　)

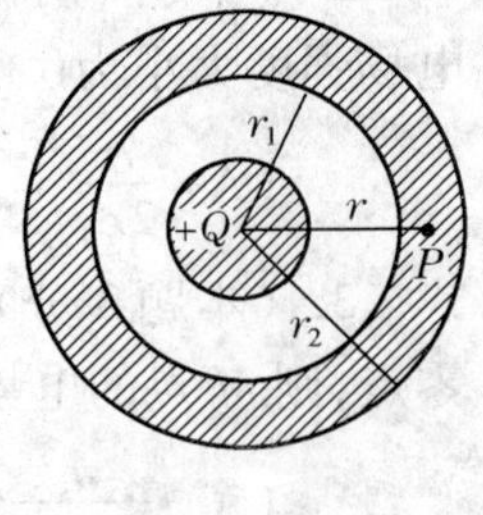

(A) $E=0, V=\dfrac{Q}{4\pi\varepsilon_0 r_1}$

(B) $E=0, V=\dfrac{Q}{4\pi\varepsilon_0 r}$

(C) $E=0, V=\dfrac{Q}{4\pi\varepsilon_0 r_2}$

(D) $E=\dfrac{Q}{4\pi\varepsilon_0 r^2}, V=\dfrac{Q}{4\pi\varepsilon_0 r}$

9. (本题3分)如图所示,C_1 和 C_2 两空气电容器并联以后接电源充电. 在电源保持连接的情况下,在 C_1 中插入一电介质板,则(　　)

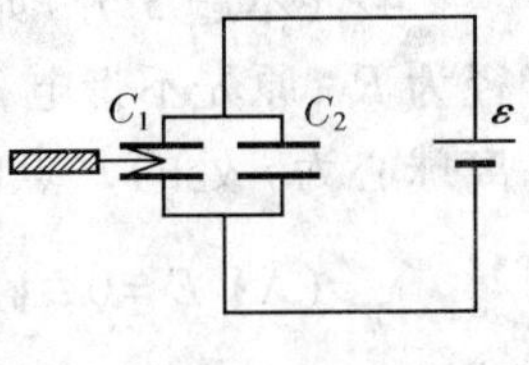

(A) C_1 极板上电荷减少,C_2 极板上电荷增加

(B) C_1 极板上电荷增加,C_2 极板上电荷不变

(C) C_1 极板上电荷减少,C_2 极板上电荷不变

(D) C_1 极板上电荷增加,C_2 极板上电荷减少

10. (本题3分)如图所示,将一空气平行板电容器接到电源上充电到一定电压后,断开电源,再将一块与极板面积相同的金属板平行地插入两极板之间,则由于金属板的插入及其所放位置的不同,对电容器储能的影响为(　　)

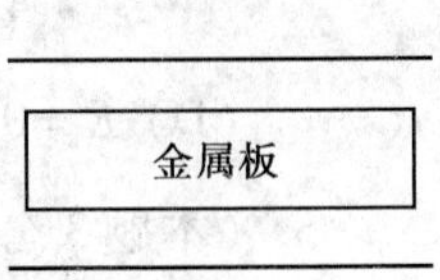

(A) 储能减少,且与金属板相对极板的位置有关

(B) 储能增加,但与金属板相对极板的位置无关

(C) 储能增加,且与金属板相对极板的位置有关

(D) 储能减少,但与金属板相对极板的位置无关

二、填空题(30分)

1. (本题5分)一平行板电容器,充电后与电源保持连接,然后使两极板间充满相对电容率为 ε_r 的各向同性均匀电介质,这时两极板上的电荷是原来的______倍,电场强度是原来的______倍,电场能量是原来的______倍.

2. （本题4分）真空中，有一均匀带电细圆环，电荷线密度为 λ，其圆心处的电场强度 $E_0=$ ________，电势 $V_0=$ ________.（选无穷远处电势为零）

3. （本题4分）如图所示，一点电荷 $q=10^{-9}$ C，A、B、C 三点分别距离该点电荷 10 cm、20 cm、30 cm. 若选 B 点的电势为零，则 A 点的电势为________，C 点的电势为________.（真空电容率 $\varepsilon_0=8.85\times10^{-12}\mathrm{C^2\cdot N^{-1}\cdot m^{-2}}$）

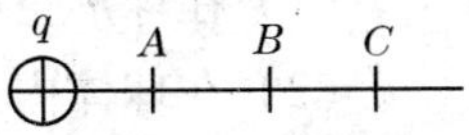

4. （本题3分）一半径为 R 的均匀带电球面，带有电荷 Q. 若规定该球面上电势为零，则球面外距球心 r 处的 P 点的电势 $V_P=$ ________.

5. （本题3分）一空气平行板电容器，两极板间距为 d，充电后板间电压为 U，然后将电源断开，在两板间平行地插入一厚度为 $\dfrac{d}{3}$ 的金属板，则板间电压变成 $U'=$ ________.

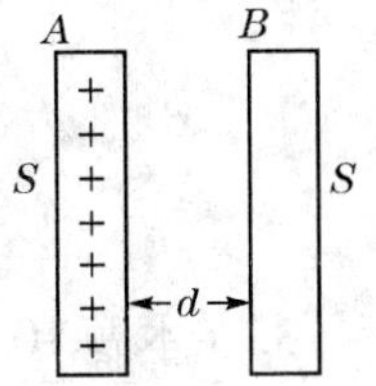

6. （本题4分）如图所示，把一块原来不带电的金属板 B，移近一块已带有正电荷 Q 的金属板 A，平行放置. 设两板面积都是 S，板间距离是 d，忽略边缘效应. 当 B 板不接地时，两板间电势差 $U_{AB}=$ ________；B 板接地时，两板间电势差 $U'_{AB}=$ ________.

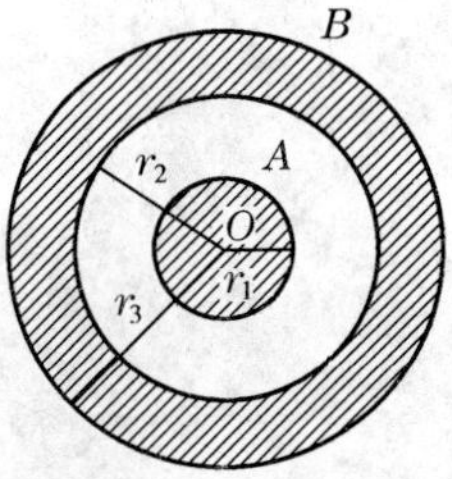

7. （本题4分）一半径 $r_1=5$ cm 的金属球 A，带电荷 $q_1=+2.0\times10^{-8}$ C，另一内半径为 $r_2=10$ cm、外半径为 $r_3=15$ cm 的金属球壳 B，带电荷 $q_2=+4.0\times10^{-8}$ C，两球同心放置（如图所示）. 若以无穷远处为电势零点，则 A 球电势 $V_A=$ ________，B 球电势 $V_B=$ ________.（$\dfrac{1}{4\pi\varepsilon_0}=9\times10^9\ \mathrm{N\cdot m^2\cdot C^{-2}}$）

8. （本题3分）一金属球壳的内外半径分别为 R_1 和 R_2，带有电荷 Q. 在球壳内距球心 O 为 r 处有一电荷为 q 的点电荷，则球心处的电势为________.

三、计算题（共40分）

1. （本题8分）一半径为 R 的均匀带电球体，其电荷总量为 q_0. 试求球体内外的场强分布.

2. （本题 10 分）如图所示，一球体内均匀分布着电荷体密度为 ρ 的正电荷，若保持电荷分布不变，在该球体内挖去半径为 r 的一个小球体，球心为 O'，两球心间距离 $\overline{OO'} = d$，求：

（1）在球形空腔内，球心 O'处的电场强度 $\boldsymbol{E}_0$；

（2）在球体内 P 点处的电场强度 $\boldsymbol{E}$（设 O'、O、P 三点在同一直径上，且 $\overline{OP} = d$）.

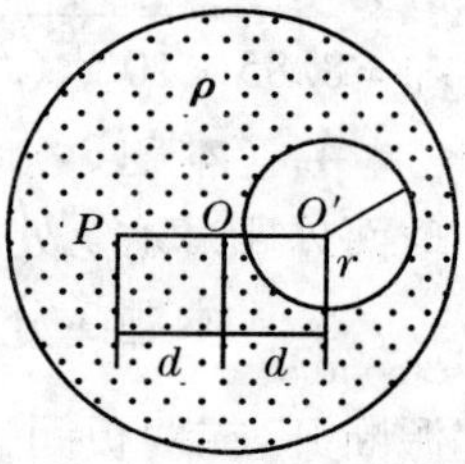

3. （本题 10 分）如图所示，半径为 R 的半圆环，其中一半电荷密度为 $+\lambda$，另一半电荷密度为 $-\lambda$，求 O 点的电场强度.

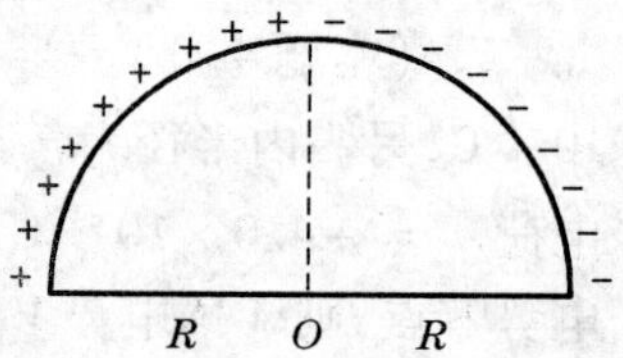

4. （本题 12 分）已知半径为 R_1 的金属球与半径为 R_2（$R_2 > R_1$）的金属球壳同心放置. 球壳带电为 q，内球相对于无限远处的电势为 V_0，求球壳外任一点的电场强度.

第三单元 （电）磁 学

一、内容提要

1. 恒定电流　电流密度

（1）电流的形成

① 传导电流　大量带电粒子(电子,正、负离子)作有规则的定向运动而形成的电流.

② 运流电流　带电物体作机械运动而形成的电流.

③ 位移电流　变化的电场形成的电流.

（2）传导电流的电流强度与电流密度

① 电流强度 I　在单位时间内通过导体横截面 S 上的电荷

$$I = \frac{\mathrm{d}q}{\mathrm{d}t}$$

如果 I 不随时间变化,这样的电流称为恒定电流.

② 电流密度 $\boldsymbol{j}$　电流密度是矢量,导体中任意一点电流密度的方向即该点正电荷运动的方向,电流密度的大小等于在单位时间内通过单位横截面积的电量

$$j = \frac{\Delta q}{\Delta S_{\perp}\ \Delta t} = \frac{\Delta I}{\Delta S\cos\alpha}$$

电流强度与电流密度的关系

$$I = \int \mathrm{d}I = \int \boldsymbol{j}\cdot \mathrm{d}\boldsymbol{S}$$

③ 漂移速度 v_d 与电流强度的关系

$$\Delta I = qv_d n\cdot \Delta S$$

式中 q 为载流子所带电量,n 为单位体积内载流子数,即通过某横截面 ΔS 的电流强度 ΔI 与载流子漂移速度 v_d 成正比.

2. 电源　电动势

（1）电源　提供非静电力 $\boldsymbol{F}'$ 的装置称为电源,它能够把正电荷从电源负极通过电源内部送往正极,在运送过程中非静电力做正功,把电源的能量转变为电场能量,在外电路里再将电场能量转变为其他形式的能量.

（2）非静电场强 $\boldsymbol{E}_{\mathrm{k}}$　单位正电荷受到的非静电力.

$$\boldsymbol{E}_{\mathrm{k}} = \frac{\boldsymbol{F}'}{q}$$

(3) 电动势 $\mathscr{E}$ 把单位正电荷从电源负极通过电源内部送往正极非静电力做的功.

$$\mathscr{E} = \frac{W}{q} = \frac{\int_{-}^{+} \boldsymbol{F}' \cdot \mathrm{d}\boldsymbol{l}}{q} = \int_{-}^{+} \boldsymbol{E}_{\mathrm{k}} \cdot \mathrm{d}\boldsymbol{l}$$

因为外电路内没有非静电场强,故

$$\mathscr{E} = \oint \boldsymbol{E}_{\mathrm{k}} \cdot \mathrm{d}\boldsymbol{l}$$

电动势是标量,一般所说的电动势的方向是表示正电荷沿此方向运动非静力做正功.

3. *磁现象的本质*

运动的电荷(电流)在周围空间激发磁场,磁场对运动电荷(电流)有力的作用,这就是磁现象的本质.

4. *磁感强度* $\boldsymbol{B}$

描述磁场力学性质的基本物理量.

在磁场中某点,磁感强度大小的定义为 $B = \frac{F_{\max}}{qv}$,其中 q 为运动电荷的电量,v 是电荷在磁场中某点的速率,$F_{\max}$ 为运动电荷受到的最大的磁场力(当运动电荷的电量、速率确定时,电荷运动的方向与磁场垂直时受到的磁场力最大).

磁场中某点磁感强度的方向是将可以自由转动的小磁针置于该点,小磁针静止时 N 极的指向.

5. *毕奥-萨伐尔定律*

电流元 $I\mathrm{d}\boldsymbol{l}$ 在真空中某点的磁感强度 $\mathrm{d}\boldsymbol{B}$ 的大小与电流元的大小 $I\mathrm{d}\boldsymbol{l}$ 成正比,与电流元到该点距离平方成反比,与电流元 $I\mathrm{d}\boldsymbol{l}$ 和到该点矢量 $\boldsymbol{r}$ 间的夹角的正弦成正比,比例系数为 $\frac{\mu_0}{4\pi}$,写成数学式为

$$\mathrm{d}\boldsymbol{B} = \frac{\mu_0}{4\pi}\frac{I\mathrm{d}\boldsymbol{l}}{r^2}\sin\theta$$

其中 $\mu_0 = 4\pi \times 10^{-7}\ \mathrm{N \cdot A^{-2}}$,为真空中的磁导率.

$\mathrm{d}\boldsymbol{B}$ 的方向沿 $I\mathrm{d}\boldsymbol{l} \times \boldsymbol{r}$ 的方向.

写成矢量式为

$$\mathrm{d}\boldsymbol{B} = \frac{\mu_0}{4\pi}\frac{I\mathrm{d}\boldsymbol{l} \times \boldsymbol{r}}{r^3}$$

6. *磁场叠加原理*

任意稳定电流产生的磁场于空间某点磁感强度等于各电流元在该点产生磁感强度的矢量和,可写成

$$\boldsymbol{B} = \frac{\mu_0}{4\pi}\int \frac{I\mathrm{d}\boldsymbol{l} \times \boldsymbol{r}}{r^3}$$

这是矢量积分,一般采用分量式计算(即先投影,再积分).

由几个电流产生的磁感强度,等于各电流单独存在时产生磁感强度的矢量和.

7. *磁感线*

用来描绘磁场的几何图形.

在磁感线上任意一点切线方向应和该点磁感强度方向相同,任意一点处磁感线密度和该点磁感强度大小相等,有

$$B = \frac{\mathrm{d}N}{\mathrm{d}S_{\perp}}$$

由经验可知磁感线为闭合曲线.

8. *磁通量* $\boldsymbol{\Phi}$

几何意义:穿过磁场中某曲面的磁感线数.

解析算式:
$$\Phi = \int \boldsymbol{B} \cdot \mathrm{d}\boldsymbol{S}$$

在均匀磁场中,穿过一平面的磁通量 $\Phi = BS\cos\theta$,式中 S 为平面面积,θ 为面法向与磁感强度 $\boldsymbol{B}$ 方向的夹角.

9. *磁场中的高斯定理(磁场重要性质之一)*

在稳恒磁场中,穿过任意封闭曲面的磁感线数为零,即

$$\oint \boldsymbol{B} \cdot \mathrm{d}\boldsymbol{S} = 0$$

磁场是无源场.

10. *安培环路定理(磁场重要性质之二)*

磁感强度 $\boldsymbol{B}$ 沿封闭路径的积分,等于真空磁导率 μ_0 乘以此封闭曲线所包围的面上穿过的电流的代数和,即

$$\oint \boldsymbol{B} \cdot \mathrm{d}\boldsymbol{l} = \mu_0 \sum_i I_i$$

通常用右手,以四指沿封闭路径绕向,与伸直的大拇指方向一致的电流取正,反之为负.

磁场为涡旋场. 利用安培环路定理,在电流分布具有一定对称性的情况下,可求出磁感强度分布.

11. *磁场对运动电荷、电流的作用*

(1) 洛伦兹力　在磁场中,运动电荷受到的作用力为洛伦兹力,它与电荷电量成正比,电荷运动速率成正比,与磁场和电荷运动方向的夹角正弦成正比,还和运动电荷所在处的磁

感强度成正比. 可写成 $F = qvB\sin\theta$. 洛伦兹力的方向既垂直于磁场方向,又垂直于电荷运动方向,可用矢量式 $\boldsymbol{F} = q\boldsymbol{v} \times \boldsymbol{B}$ 表示.

(2) 安培力　在磁场中电流元受到磁场力为安培力,它与电流元所在处磁感强度成正比,与电流元的大小成正比,与电流元与磁场夹角的正弦成正比,即 $\mathrm{d}F = I\mathrm{d}lB\sin\theta$. 安培力的方向既垂直于电流元方向,又垂直于磁场方向,写成矢量式为

$$\mathrm{d}\boldsymbol{F} = I\mathrm{d}\boldsymbol{l} \times \boldsymbol{B}$$

式中的电流元 $I\mathrm{d}\boldsymbol{l}$ 必须是稳定电流回路中的电流元.

沿曲线流动的稳定电流受到的作用力为各电流元受力之矢量和,即

$$\boldsymbol{F} = \int I\mathrm{d}\boldsymbol{l} \times \boldsymbol{B}$$

这也是矢量积分,往往用分量式计算.

(3) 载流线圈的磁矩

若平面线圈的面积为 S,通有电流为 I,线圈匝数为 N,定义载流线圈磁矩 $\boldsymbol{m}$ 为矢量. 它的大小 $m = NIS$,它的方向用右手螺旋定则判断,伸出右手,四手指沿电流绕向,此时沿伸直的大拇指的面法向为磁矩方向,有

$$\boldsymbol{m} = NI\boldsymbol{S} = NIS\boldsymbol{e}_{\mathrm{n}}$$

(4) 载流线圈在磁场中所受磁力矩

① 在均匀磁场中,载流线圈受到磁力矩与磁感强度成正比,与线圈磁矩成正比,与磁感强度和线圈磁矩夹角的正弦成正比,即

$$M = mB\sin\theta$$

力矩是矢量,用矢量式 $\boldsymbol{M} = \boldsymbol{m} \times \boldsymbol{B}$ 可以完整地反映力矩的大小和方向,其磁力矩的作用总是力图使线圈的磁矩转到磁感强度 $\boldsymbol{B}$ 的方向.

*② 在不均匀磁场中载流线圈受的磁力矩应为线圈上各电流元受之力矩的矢量和.

12. *磁介质*

(1) 磁介质和磁场的相互影响

在磁场的作用下,分子磁矩趋向于整齐排列(或使分子产生感生磁矩),或使磁畴趋向整齐排列,结果介质被磁化,并在表面(或内部)出现磁化电流. 磁化电流产生附加磁场,其磁感强度为 $\boldsymbol{B}'$,最终的磁化状态决定于总磁场.

(2) 磁介质分类

根据附加磁场 $\boldsymbol{B}'$ 的大小与方向可将磁介质分为顺磁质、抗磁质、铁磁质.

磁介质	附加磁场 $\boldsymbol{B}'$ 的大小	附加磁场 $\boldsymbol{B}'$ 的方向	相对磁导 μ_r	磁化率 κ
顺磁质	$\boldsymbol{B}' < \boldsymbol{B}_0$	与 $\boldsymbol{B}_0$ 方向相同	$\mu_r > 1$	$\kappa > 0$
抗磁质	$\boldsymbol{B}' < \boldsymbol{B}_0$	与 $\boldsymbol{B}_0$ 方向相反	$\mu_r < 1$	$\kappa < 0$
铁磁质	$\boldsymbol{B}' \gg \boldsymbol{B}_0$	与 $\boldsymbol{B}_0$ 方向相同	$\mu_r \gg 1$	$\kappa \gg 0$

(3) 磁场强度　磁介质中的安培环路定理

① 磁场强度 $\boldsymbol{H}$　$\boldsymbol{H}$ 是辅助物理量,是矢量,没有明显的物理意义,一般地说 $\boldsymbol{H}=\frac{\boldsymbol{B}}{\mu_0}-\boldsymbol{M}$. 在各向同性的均匀的非铁磁质内,$\boldsymbol{H}$ 和 $\boldsymbol{B}$ 之间有简单关系:$\boldsymbol{B}=\mu\boldsymbol{H}$,其中 $\mu=\mu_r\mu_0$,为常量.

② 磁介质中的安培环路定理

磁场强度 $\boldsymbol{H}$ 沿闭合路径积分等于此闭合路径所包围的面上穿过的传导电流的代数和,即

$$\oint \boldsymbol{H}\cdot \mathrm{d}\boldsymbol{l}=\sum_i I_i$$

式中,I_i 为传导电流.

(4) 铁磁质

① 铁磁质的宏观性质

铁磁质材料,在外磁场的作用下,有较强的附加磁场,即 $\boldsymbol{B}'\gg\boldsymbol{B}_0$,且与外磁场方向一致,$\mu_r\gg1,\kappa\gg0$;铁磁质材料都存在居里温度,当温度超过居里温度时,它退变为顺磁质.

② 铁磁质的微观结构

在通常情况下,铁磁质的分子之间存在着较强的相互作用,自发磁化而形成磁畴.

③ 磁化曲线、磁滞回线

铁磁质的磁化曲线不是一条直线,说明铁磁质的相对磁导率 μ_r 不是常量,它与 $\boldsymbol{B}$(或 $\boldsymbol{H}$)有关.

铁磁质在磁化时磁感强度常落后于磁场强度,这种现象叫磁滞现象. 不同的铁磁质有不同的磁滞回线、剩磁和矫顽力.

13. 电磁感应

(1) 电磁感应现象

当穿过闭合导体回路所包围的面上磁通量发生变化时,回路就产生感应电流,这种现象称为电磁感应现象.

(2) 电磁感应定律

① 法拉第电磁感应定律

当穿过闭合回路所包围面的磁通量发生变化时,不论这种变化是什么原因引起的,回路中都会有感应电动势,且感应电动势正比于磁通量对时间变化率,写成等式,即

$$\mathscr{E}_i=-\frac{\mathrm{d}\Phi}{\mathrm{d}t}$$

在解题时可首先确定回路的绕行方向,回路包围面的法线方向,然后确定闭合回路所包围面的磁通量 Φ 及 Φ 对时间的函数关系,再根据电磁感应定律求感应电动势 $\mathscr{E}_i$. 若 $\mathscr{E}_i>0$,表示感应电动势方向与绕行方向相同,若 $\mathscr{E}_i<0$,表示感应电动势方向与绕行方向相反.

② 楞次定律

当闭合导体回路所包围面的磁通量发生变化时,回路中就有感应电流,感应电流的方向

总是要使它所产生的磁场在闭合回路磁通量抵偿引起电磁感应的磁通量的变化,或回路中感应电流总是要使它建立的磁场反抗任何引起电磁感应的原因.

由楞次定律可以定性确定感应电流的方向.

(3) 动生电动势与感生电动势

引起电磁感应的原因有很多,大致可分为:闭合导体回路的一部分切割磁感线运动,造成回路磁通量变化而引起的电动势叫动生电动势;闭合回路包围的面上磁感强度 $\boldsymbol{B}$ 发生变化造成磁通量变化而引起的电动势叫感生电动势.

① 动生电动势

当导体在磁场中运动时,导体内电子受到洛伦兹力作用,它是非静电力,对应非静电场强 $\boldsymbol{E}_{k'}=\boldsymbol{v}\times\boldsymbol{B}$,其动生电动势为

$$\mathscr{E}_i=\int_-^+\boldsymbol{E}_{k'}\cdot \mathrm{d}\boldsymbol{l}=\int_-^+(\boldsymbol{v}\times\boldsymbol{B})\cdot \mathrm{d}\boldsymbol{l}$$

② 感生电动势

变化磁场在周围空间激发感应电场 $\boldsymbol{E}_k$,静止导体在变化磁场中的感应电动势为感生电动势,根据电动势的定义及法拉第电磁感应定律有

$$\mathscr{E}_i=\oint\boldsymbol{E}_k\cdot \mathrm{d}\boldsymbol{l}=-\frac{\mathrm{d}\Phi}{\mathrm{d}t}$$

只要$\frac{\mathrm{d}\Phi}{\mathrm{d}t}\neq0$,$\oint\boldsymbol{E}_k\cdot \mathrm{d}\boldsymbol{l}\neq0$,即存在感应电场.感应电场不是保守场,是涡旋电场.感应电场线是闭合曲线.

(4) 自感与互感

① 自感　当线圈内电流发生变化时,在线圈内磁通量发生变化,而引起线圈内有感应电动势即为自感电动势.

一般地说,线圈内的磁通量(磁链)正比于线圈内电流,写成等式为

$$\Phi=LI\quad 或\quad \Psi=N\Phi=LI$$

应用电磁感应定律有

$$\mathscr{E}_L=-\frac{\mathrm{d}\Phi}{\mathrm{d}t}=-L\frac{\mathrm{d}I}{\mathrm{d}t}$$

比例系数 L 为自感系数,在数值上 L 等于当线圈内电流是 1 A 时,在线圈内磁通量(磁链)的值或当线圈内电流的变化率为 $1\ \mathrm{A\cdot s^{-1}}$时在线圈内感应电动势的大小.

对长直螺线管,有

$$L=\mu n^2V$$

式中,n 为单位长度上线圈的匝数;V 为螺线管的体积;$\mu=\mu_r\mu_0$,为磁介质磁导率.

② 互感　当一个线圈内电流发生变化时,在另一个线圈磁通量(磁链)发生变化,而引起另一线圈内有感应电动势即为互感电动势.

一般在一线圈内的磁通量(磁链)与另一线圈内电流成正比,写成等式为

$$\Phi_{12} = M_{12} I_2 \quad 或 \quad \Psi_{12} = N_1 \Phi_{12} = M_{12} I_2$$

$$\Phi_{21} = M_{21} I_1 \quad 或 \quad \Psi_{21} = N_2 \Phi_{21} = M_{21} I_1$$

应用电磁感应定律

$$\mathscr{E}_1 = -M_{12}\frac{\mathrm{d}I_2}{\mathrm{d}t} \quad 及 \quad \mathscr{E}_2 = -M_{21}\frac{\mathrm{d}I_1}{\mathrm{d}t}$$

比例系数 M(M_{12}和 M_{21})叫互感系数. 在数值上互感系数 M 等于当一线圈电流为 1 A 时,在另一线圈内磁通量(磁链)的值,或当一线圈内电流变化率为 1 A · s^{-1}时在另一线圈内感应电动势的大小.

值得说明的是互感系数 $M_{12} = M_{21} = M$.

14. 磁场的能量

磁场是物质,它具有能量,磁场能量密度

$$w_{\mathrm{m}} = \frac{B^2}{2\mu} = \frac{1}{2}HB = \frac{1}{2}\mu H^2$$

空间磁场能量 $\qquad W_{\mathrm{m}} = \int w_{\mathrm{m}} \mathrm{d}V$

自感线圈贮存的能量 $\qquad W_{\mathrm{m}} = \frac{1}{2}LI^2$

15. 麦克斯韦电磁场的基本概念

(1) 麦克斯韦关于感应电场和位移电流的假设

① 感应电场

变化的磁场在空间激发感应电场,即$\frac{\mathrm{d}\boldsymbol{B}}{\mathrm{d}t} \neq 0$ 时,在任意闭合回路上就有

$$\oint \boldsymbol{E}_{\mathrm{k}} \cdot \mathrm{d}\boldsymbol{l} = -\frac{\mathrm{d}\Phi}{\mathrm{d}t} = -\int \frac{\partial \boldsymbol{B}}{\partial t} \cdot \mathrm{d}\boldsymbol{S} \neq 0$$

$\boldsymbol{E}_{\mathrm{k}}$ 为感应电场,是由变化磁场产生的涡旋场.

② 位移电流

除了传导电流和运动电荷可以激发磁场外,变化的电场和它们一样也能激发磁场. 变化电场所对应的电流为位移电流,有

$$I_d = \int \frac{\partial \boldsymbol{D}}{\partial t} \cdot \mathrm{d}\boldsymbol{S}$$

式中,$\frac{\partial \boldsymbol{D}}{\partial t}$为位移电流密度. 麦克斯韦认为

$$\oint \boldsymbol{H} \cdot \mathrm{d}\boldsymbol{l} = I_c + I_d = \int \boldsymbol{j}_c \cdot \mathrm{d}\boldsymbol{S} + \int \frac{\partial \boldsymbol{D}}{\partial t} \cdot \mathrm{d}\boldsymbol{S}$$

(2) 麦克斯韦方程组积分形式

$$\oint \boldsymbol{D} \cdot \mathrm{d}\boldsymbol{S} = q \qquad \text{静电场为有源场}$$

$$\oint \boldsymbol{E} \cdot \mathrm{d}\boldsymbol{l} = -\int_S \frac{\partial \boldsymbol{B}}{\partial t} \cdot \mathrm{d}\boldsymbol{S} \qquad \text{变化磁场激发涡旋电场}$$

$$\oint \boldsymbol{B} \cdot \mathrm{d}\boldsymbol{S} = 0 \qquad \text{磁场为无源场}$$

$$\oint \boldsymbol{H} \cdot \mathrm{d}\boldsymbol{l} = \int \left(\boldsymbol{j}_c + \frac{\partial \boldsymbol{D}}{\partial t}\right) \cdot \mathrm{d}\boldsymbol{S} \qquad \text{传导电流与变化电场产生涡旋磁场}$$

16. 本单元要求

掌握电流、电流密度、电动势、磁感强度的概念；理解毕奥-萨伐尔定律，应用毕奥-萨伐尔定律计算简单回路(如有限长及无限长载流直导线，载流圆线圈轴线上一点等)的磁场分布；会计算由直线和圆组合起来的载流导体的合磁感强度；理解安培环路定理，能利用安培环路定理计算磁感强度(在特殊的电流分布状况下)；理解洛伦兹力及安培力的公式，并能进行矢量叠加，能够计算载流平面线圈在均匀磁场中所受的力和力矩；了解介质的磁化；了解各向同性均匀非铁磁质中 $\boldsymbol{H}$ 和 $\boldsymbol{B}$ 之间的关系；了解介质中的安培环路定理；掌握法拉第电磁感应定律；理解动生电动势及感生电动势的本质；能够用非静电场强沿路径积分求动生电动势；在圆柱形空间存在着随时间变化的轴向均匀磁场时，会计算感应电场的分布；了解自感系数和互感系数，会计算简单电路元件的自感系数和互感系数；了解磁能密度及磁场能量的概念；了解涡旋电场、位移电流的概念以及麦克斯韦方程组的积分形式的物理意义.

二、解题指导

【例 3-1】 如图 3-1(a)所示，有两根导线沿半径方向接到均匀铁环的 a、b 两点，并与很远处的电源相接，求环心 O 处的磁感强度.

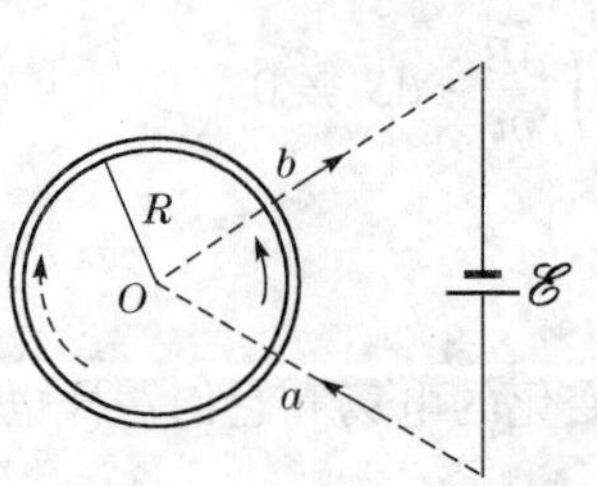

图 3-1(a)

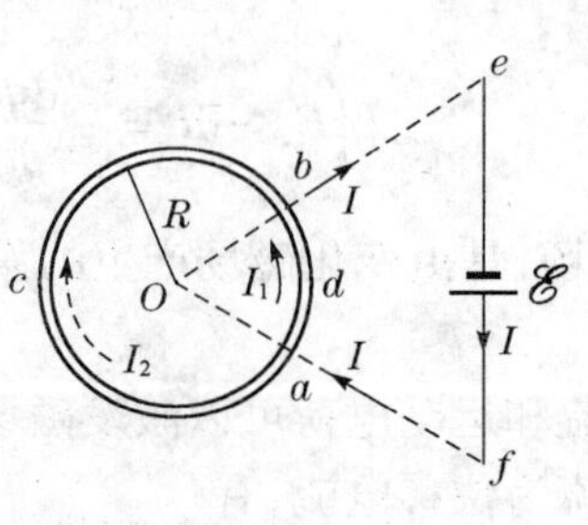

图 3-1(b)

分析：本题是研究电流的磁场，对这样一类问题可以从毕奥-萨伐尔定律入手，即从电流元的磁场开始，再进行叠加，也可以应用已经推导过的较为成熟问题的结论，再来叠加.

本题中 O 点的磁场由五段电流磁场叠加而成，如图 3-1(b)所示.

第一段为离 O 较远的电源线 ef，设电流强度为 I，它可视作∞远，故它于 O 点磁感强度 $\boldsymbol{B}_1 = 0$.

第二段为直线电流 fa，它从无限远沿直线至 a，O 点在它延长线上，该电流上任意一个

电流元 $Id\boldsymbol{l}$,在 O 点磁感强度 $d\boldsymbol{B}=\frac{\mu_0 Idl}{4\pi r^2}\sin\alpha$,其中 α 是电流元 $Id\boldsymbol{l}$ 与 O 点相对电流元矢径方向的夹角,此时 α 角为 $0°$,故 $d\boldsymbol{B}=0$,整个直线电流 fa 在 O 点的磁感强度 $\boldsymbol{B}_2=0$.

第三段为直线电流 be,它从 b 沿直线流向无限远. O 点在它反延长线上,其电流上任意一个电流元 $Id\boldsymbol{l}$ 与 O 点相对电流元矢径方向夹角为 π,故每个电流元于 O 点的磁场 $d\boldsymbol{B}=0$,整个直线电流 be 在 O 点的磁感强度 $\boldsymbol{B}_3=0$.

第四段为圆弧 $\overset{\frown}{adb}$ 电流 I_1. 第五段为圆弧 $\overset{\frown}{acb}$ 电流 I_2,电流 I 从 a 点进入均匀铁环,分为两支路于 b 汇合流出. I_1 与 I_2 为并联电流,它们的电流是不相等的,但 a、b 两端电压是相等的,因为铁环是均匀的,它们的横截面积相等,电阻率相等,利用欧姆定律可以求出两圆弧的电流(或它们的关系),利用毕奥-萨伐尔定律分别求出两圆弧电流与 O 点磁场(或它们的关系),最后再进行矢量叠加.

解:(1) 求圆弧电流的电流强度(或它们的关系)

设铁环横截面积为 S,电阻率为 ρ,a、b 两点电势差为 U_{ab},弧$\overset{\frown}{adb}$对应的圆心角为 α,弧长 $l_1=R\alpha$,弧$\overset{\frown}{acb}$对应的圆心角为 $2\pi-\alpha$,弧长 $l_2=R(2\pi-\alpha)$.

根据欧姆定律有

$$I_1=\frac{U_{ab}}{\rho\frac{l_1}{S}}=\frac{U_{ab}S}{\rho R\alpha}$$

$$I_2=\frac{U_{ab}}{\rho\frac{l_2}{S}}=\frac{U_{ab}S}{\rho R(2\pi-\alpha)}$$

可以看出电流强度与对应的圆心角成反比.

(2) 求圆弧电流于 O 点的磁感强度

将圆弧$\overset{\frown}{adb}$电流 I_1 分割成电流元 $I_1 d\boldsymbol{l}$,它于 O 点磁感强度大小 $dB=\frac{\mu_0 \boldsymbol{I}_1 d\boldsymbol{l}}{4\pi R^2}\sin\alpha$,其中 $\alpha=90°$,磁感强度 $d\boldsymbol{B}$ 方向垂直于纸面向外,故整个$\overset{\frown}{adb}$于 O 点磁场 $\boldsymbol{B}_4=\int\frac{\mu_0 I_1 d\boldsymbol{l}}{4\pi R^2}=\frac{\mu_0 I_1 R\alpha}{4\pi R^2}=\frac{\mu_0 I_1\alpha}{4\pi R}$,代入 I_1,$\boldsymbol{B}_4=\frac{\mu_0 U_{ab}S}{4\pi\rho R^2}$,方向垂直于纸面向外.

同样的方法,可求得圆弧$\overset{\frown}{acb}$电流 I_2 于 O 点磁感强度 $\boldsymbol{B}_5=\frac{\mu_0 U_{ab}S}{4\pi\rho R^2}$,方向垂直于纸面向里.

两圆弧电流于 O 点产生磁感强度叠加 $\boldsymbol{B}_4+\boldsymbol{B}_5=0$.

所以,O 点的合磁场为零.

【例 3-2】 在半径 $R=1$ cm 的无限长半圆柱形金属箔(如图 3-2(a)所示)中,有电流 $I_1=5$ A 自下而上均匀地通过,试求圆柱轴上一点磁感强度. 若有一无限长的载流 $I_2=5$ A,直导线置于金属箔的轴线上,单位长度受力的大小为多少?

分析:本题包含两部分内容:其一是电流(运动电荷)的磁场;其二是磁场对电流(运动电荷)的作用.

对于电流的磁场一般用叠加原理,叠加原理可以从毕奥-萨伐尔定律开始即电流元的磁场开始,再进行矢量叠加.也可以用已经推导过的载流导体公式,例如无限长载流直导线在周围空间的磁场,圆电流在轴线上某点的磁场等为基础进行矢量叠加.

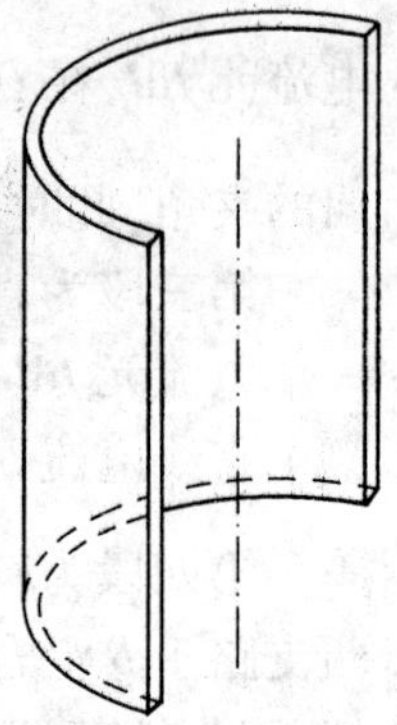

图 3-2(a)

根据本题的几何特征,可以将无限长半圆柱形金属箔沿轴向切割成一条一条的,它们都可视作无限长载流直导线.建立图 3-2(b)所示坐标系,其中位于 $\theta \to \theta + \mathrm{d}\theta$ 部分,对应的弧长为 $\mathrm{d}l = R\mathrm{d}\theta$ 的直线电流为 $\mathrm{d}i$,它在轴线上某点的磁感强度 $\mathrm{d}\boldsymbol{B} = \frac{\mu_0 \mathrm{d}i}{2\pi R}$,沿与径矢垂直方向并符合右手法则(如图 3-2(c)),再对不同直线电流产生的磁场进行矢量叠加(先投影,再叠加).

磁场对电流之作用读者自行分析.

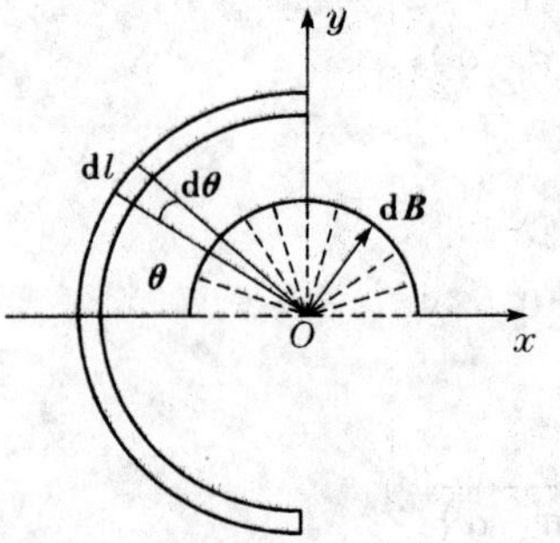

图 3-2(b)

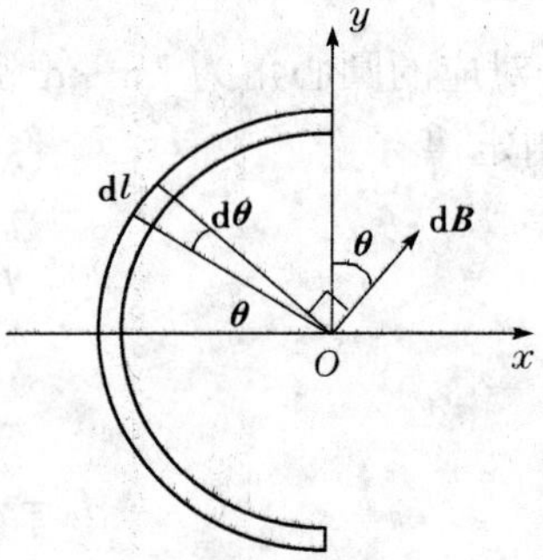

图 3-2(c)

解:(1) 用叠加原理求轴线上点的磁感强度

选图示坐标系,原点 O 在半圆柱面轴线上,xOy 平面垂直于轴线,x 轴为对称轴.

此无限长半圆柱形金属箔可以看成许多与轴平行的、彼此紧挨着的无限长直导线叠加而成,其中在 xOy 平面内,位置在 $\theta \to \theta + \mathrm{d}\theta$,对应弧长为 $R\mathrm{d}\theta$ 的直导线通过的电流

$$\mathrm{d}i = \frac{I_1}{\pi R} \cdot R\mathrm{d}\theta = \frac{I_1}{\pi}\mathrm{d}\theta$$

该导线在 O 点的磁感强度

$$\mathrm{d}\boldsymbol{B} = \frac{\mu_0 I_1}{2\pi^2 R}\mathrm{d}\theta$$

方向在 xOy 平面内与 R 垂直(如图 3-2(b)所示),整个半圆柱面电流的磁场由分布在 xOy 平面内的半圆面上的许多磁感强度的矢量和,据对称性,这些矢量在 x 方向分量之和为零.下面仅对 y 方向进行投影、叠加.据图 3-2(c),有

$$\mathrm{d}B_y = \mathrm{d}B\cos\theta = \frac{\mu_0 I_1}{2\pi^2 R}\mathrm{d}\theta\cos\theta$$

$$B_y = \int_{-\frac{\pi}{2}}^{\frac{\pi}{2}} \frac{\mu_0 I_1}{2\pi^2 R}\cos\theta \cdot \mathrm{d}\theta = \frac{\mu_0 I_1}{\pi^2 R}$$

$$= \frac{4\pi \times 10^{-7} \times 5}{\pi^2 \times 0.01}\mathrm{T} = 6.37 \times 10^{-5}\mathrm{T}$$

(2) 在轴线上,单位长度电流受的力

在轴线上各处磁场大小相等,方向相同. 电流受力为

$$F = I_2 B l\big|_{l=1} = 5 \times 6.37 \times 10^{-5} \times 1\ \mathrm{N} = 3.19 \times 10^{-4}\ \mathrm{N}$$

方向沿 x 轴. 当 I_2,I_1 方向相同时为引力;相反时为斥力.

【例 3-3】 无限大导体平面存在着均匀面电流,单位长度的电流即线电流密度为 j,沿导体表面某方向,试研究空间磁感强度的分布.

分析:研究电流的磁场方法很多,可以用叠加原理,也可以用安培环路定律. 安培环路定律告诉我们,磁感强度沿着闭合路径积分等于闭合路径所包围的面上穿过电流的代数和与真空磁导率的乘积,即 $\oint \boldsymbol{B} \cdot \mathrm{d}\boldsymbol{l} = \mu_0 \sum\limits_i I_i$. 它告诉我们磁场的涡流性质.

本题特点是电流的分布具有对称性,应用安培环路定律计算较为简便. 但在选择环路时必须要注意到使磁感强度沿闭合路径积分,即 $\oint \boldsymbol{B} \cdot \mathrm{d}\boldsymbol{l}$ 可确定,才能最终求解 $\boldsymbol{B}$.

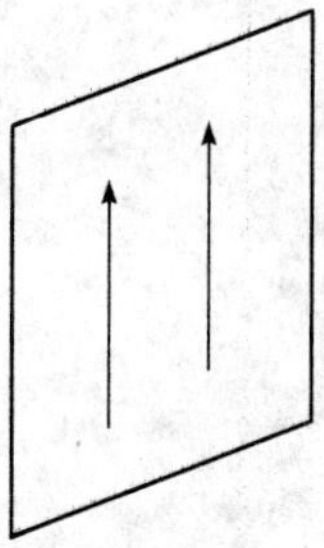

图 3-3(a)

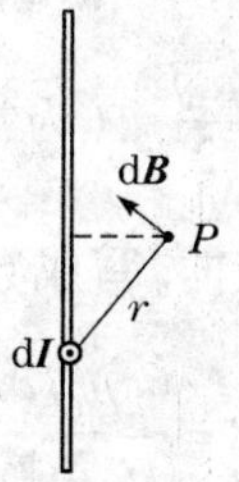

图 3-3(b)

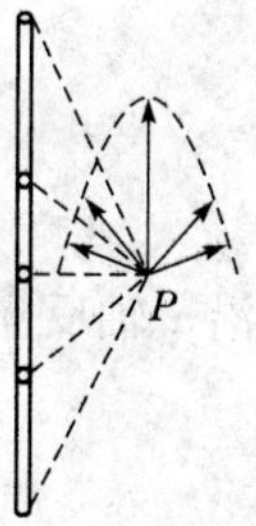

图 3-3(c)

下面我们再对磁场分布作一分析,设被研究的点为 P 点. 将无限大的通电平面沿电流方向分割成一条挨着一条的无限长直载流导线,其中某一条载有电流 $\mathrm{d}I$ 导线于 P 点磁感强度 $\mathrm{d}B = \dfrac{\mu_0 \mathrm{d}I}{2\pi r}$,方向与 r 垂直,如俯视图如图 3-3(b)所示,其他的直线电流于 P 点磁感强度也都照此处理,于是 P 点的磁感强度将是如图 3-3(c)这些矢量叠加,因为板为∞宽,这些矢量叠加的结果使 P 点磁感强度 $\boldsymbol{B}$ 将是与电流垂直、与平面平行的矢量.

用同样的方法处理与 P 点相邻近的到平面距离相等的其他点,磁感强度与 P 点的磁感强度大小相等,方向相同;与 P 点相对称的平面另一边的点磁感强度与 P 点的磁感强度大小相等,方向相反.

解:设被研究的点为 P,现建立如图 3-3(d)所示的坐标系:过 P 点作平面垂线,与平面交点为坐标原点,OP 方向为 y 轴正方向,电流密度方向为 z 轴正方向,x 轴在平面上并与 y、z 轴成右螺旋关系.

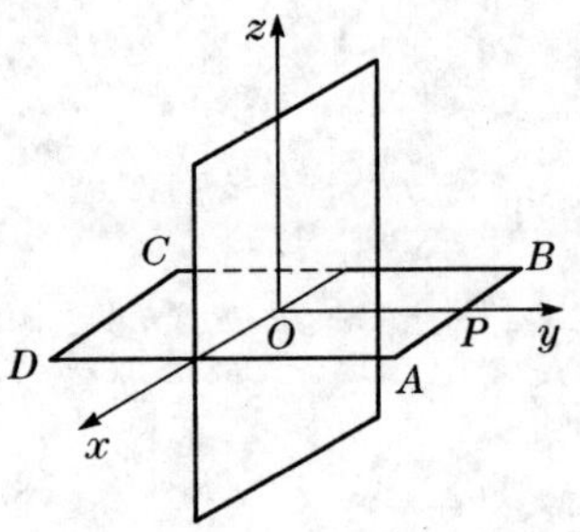

图 3-3(d)

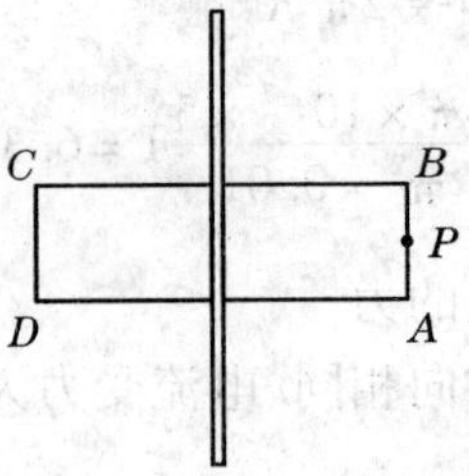

图 3-3(e)

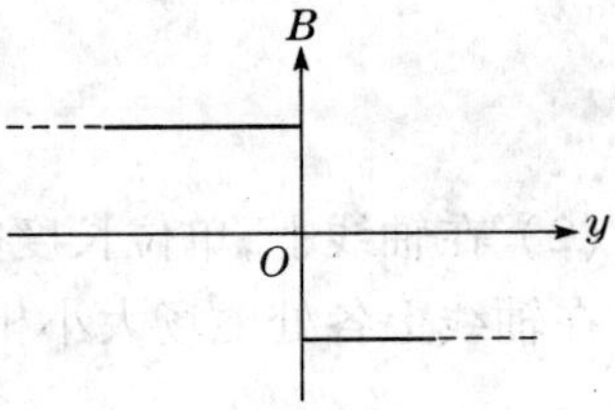

图 3-3(f)

因为导体平面为无限大，且电流均匀分布，故磁场平行(或反平行)于 x 轴，且离平面距离相等的点磁感强度大小相等. 在平面两侧磁感强度方向相反.

设 P 点的 y 坐标 y_P，在 xOy 面内作矩形回路 $APBCDA$ 对称于 xOz 平面，$AB = CD = h$，$DA = BC = 2|y_P|$，如图 3-3(e)所示.

据安培环路定律有

$$\oint_{APBCDA} \boldsymbol{B} \cdot \mathrm{d}\boldsymbol{l} = \mu_0 hj$$

其中 $\oint_{APBCDA} \boldsymbol{B} \cdot \mathrm{d}\boldsymbol{l}$ 积分可以完成，它等于 $2Bh$，而闭合回路包围面穿过电流为 hj，有

$$2Bh = \mu_0 hj$$

$$B = \frac{\mu_0 j}{2} \quad (\text{为常量})$$

$y_P > 0$，沿 x 轴反向；$y_P < 0$，沿 x 轴正向. 写成数学表达式为

$$B = -\frac{\mu_0 j}{2} \frac{y_P}{|y_P|}$$

画成图如图 3-3(f).

【例 3-4】 电流 I 均匀地流过半径为 R 的无限长的圆柱形导体，试计算图 3-4(a)中理想的与轴共面的矩形平面的磁通量.

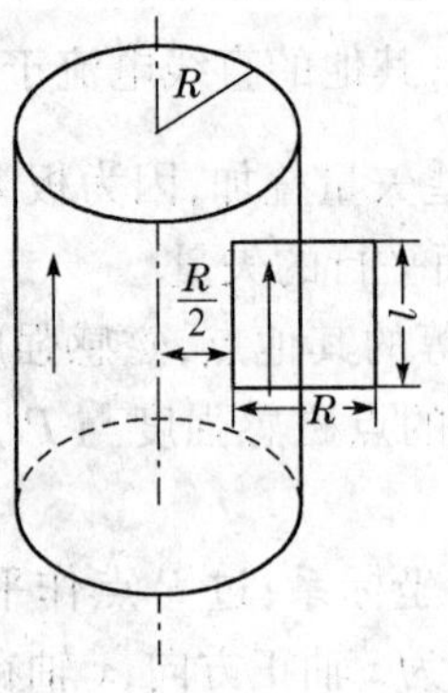

图 3-4(a)

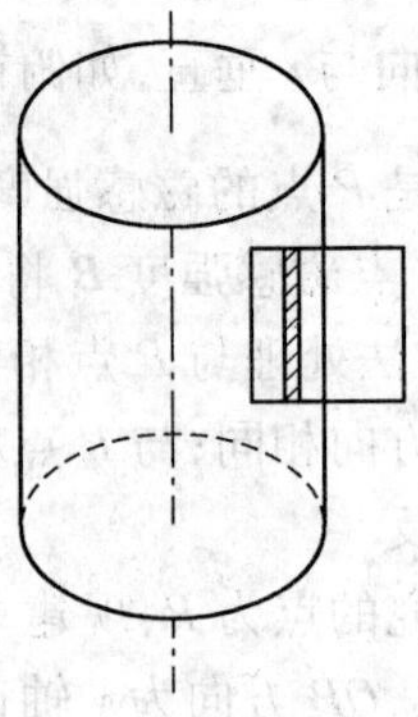

图 3-4(b)

分析:欲求某曲面的磁通量必须解决两个关键性问题.

第一,必须知道面上各点(或各小面元)的磁感强度的大小及方向,所以必须先求磁感强度的分布状况.本题的电流具有柱对称性,磁感强度分布也应具有柱对称性,即磁感强度大小只与到轴线距离有关,B 仅是 r 的函数.

第二,因为磁场是不均匀的,磁通量必须用积分式 $\Phi=\int \boldsymbol{B}\cdot \mathrm{d}\boldsymbol{S}$.因为 $\boldsymbol{B}$ 仅是 r 的函数,积分的面元 $\mathrm{d}S$ 可以这样来分割,即将矩形平面分割成平行于轴线的一小长条面积元 $\mathrm{d}S=l\mathrm{d}r$,在这一长条面元上,磁感强度视作大小相等、方向相同的 $\mathrm{d}\Phi=\boldsymbol{B}\cdot \mathrm{d}\boldsymbol{S}$,最后再积分 $\Phi=\int \boldsymbol{B}\cdot \mathrm{d}\boldsymbol{S}$.

解:(1) 首先我们来研究空间磁场分布.

$r<R$ 以圆柱体轴线为几何轴,r 为半径作圆形闭合回路,绕向与电流成右螺旋关系,如图 3-4(c),据磁场的涡旋性质及对称性,可完成积分 $\oint \boldsymbol{B}_1\cdot \mathrm{d}\boldsymbol{l}=2\pi rB_1$.闭合回路包围的面上穿过的电流仅是总电流的一部分,为$\dfrac{I}{\pi R^2}\pi r^2$.据安培环路定律有 $\oint \boldsymbol{B}_1\cdot \mathrm{d}\boldsymbol{l}=\dfrac{\mu_0 I r^2}{R^2}$,即 $2\pi rB_1=\dfrac{\mu_0 I r^2}{R^2}$,$B_1=\dfrac{\mu_0 I r}{2\pi R^2}$.

$r>R$ 以圆柱体轴线为几何轴,r 为半径作圆形闭合回路,绕向与电流成右螺旋关系.如图 3-4(d),也可完成积分 $\oint \boldsymbol{B}_2\cdot \mathrm{d}\boldsymbol{l}=2\pi rB_2$.闭合回路包围的面上穿过的电流为 I.据安培环路定律有 $\oint \boldsymbol{B}_2\cdot \mathrm{d}\boldsymbol{l}=\mu_0 I$,即 $2\pi rB_2=\mu_0 I$,$B_2=\dfrac{\mu_0 I}{2\pi r}$.

磁感强度的大小为 r 的分段函数.

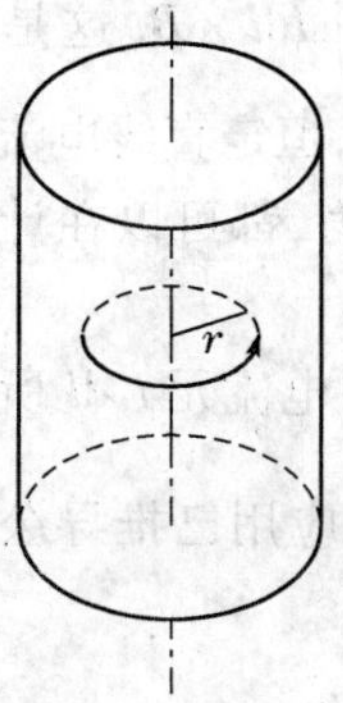

图 3-4(c)

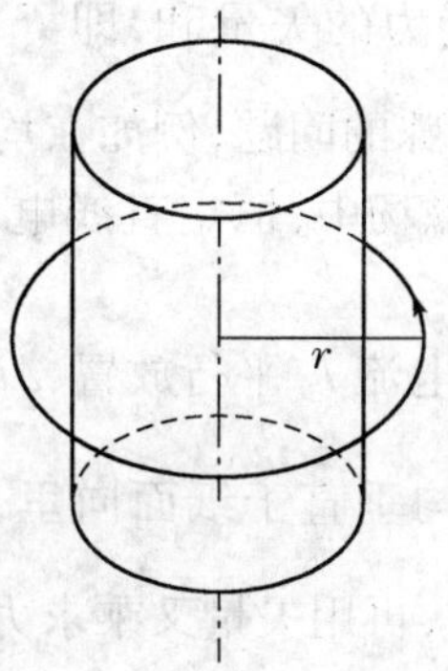

图 3-4(d)

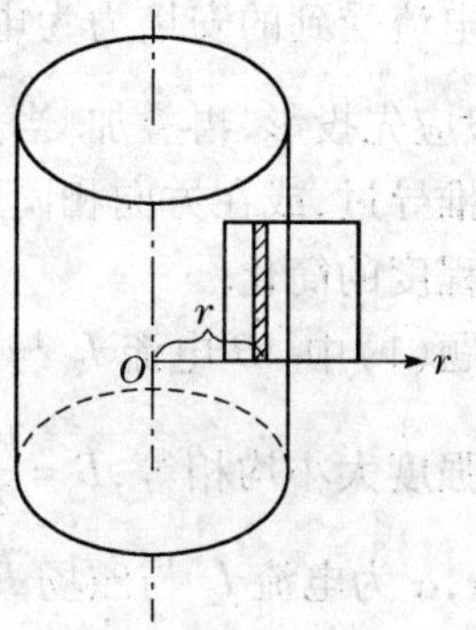

图 3-4(e)

(2) 求矩形平面的磁通量.

建立如图 3-4(e)所示坐标系,以轴线上一点为坐标原点,沿矩形平面向右为 r 轴正方向,将矩形面分割成一小长条,一小长条的其中位于 $r\to r+\mathrm{d}r$ 的该条磁通量,$\mathrm{d}\Phi=\boldsymbol{B}\cdot \mathrm{d}\boldsymbol{S}=Bl\mathrm{d}r$(磁感强度与面元垂直)因为 B 是 r 的分段函数,积分必须分段进行

$$\Phi = \int \boldsymbol{B} \cdot \mathrm{d}\boldsymbol{S} = \int_{\frac{R}{2}}^{R} \boldsymbol{B}_1 \cdot \mathrm{d}\boldsymbol{S} + \int_{R}^{\frac{3}{2}R} \boldsymbol{B}_2 \cdot \mathrm{d}\boldsymbol{S}$$

$$= \int_{\frac{R}{2}}^{R} \frac{\mu_0 Ir}{2\pi R^2} l\mathrm{d}\boldsymbol{r} + \int_{R}^{\frac{3}{2}R} \frac{\mu_0 I}{2\pi r} l\mathrm{d}\boldsymbol{r} = 0.78\frac{\mu_0 Il}{2\pi}$$

【例 3-5】 “无限长”直导线通有电流 $I_1 = 40$ A,其近旁放一载有电流 $I_2 = 20$ A 的直导线段 AB,长为 $l = 0.2$ m,试求在下列两位置,AB 导线受到的安培力的大小和方向:

(1) 它与“无限长”直导线平行,相距为 $d = 0.1$ m,如图 3-5(a).

(2) 它与“无限长”直导线共面垂直,且 A 端距导线 $d = 0.1$ m,如图 3-5(b).

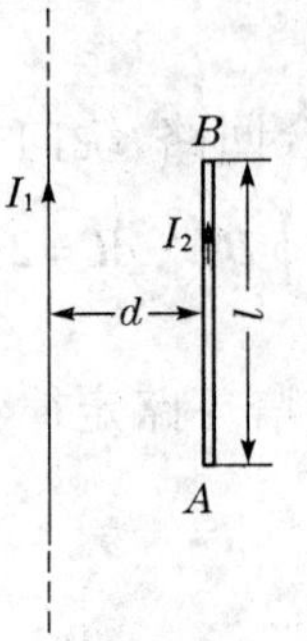

图 3-5(a)

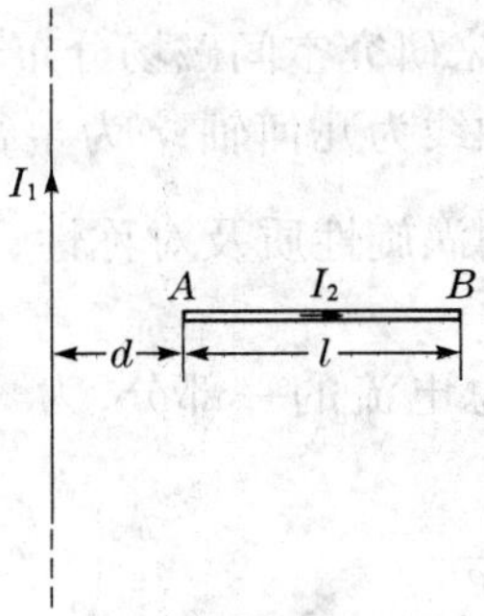

图 3-5(b)

分析:通电导线在磁场中受到的安培力,一般是先从电流元受力开始,将电流分割成电流元 $I\mathrm{d}\boldsymbol{l}$,电流元在磁场中受到的安培力 $\mathrm{d}\boldsymbol{F} = I\mathrm{d}\boldsymbol{l} \times \boldsymbol{B}$ 它与电流元大小成正比,与电流元所在处磁感强度 $\boldsymbol{B}$ 的大小成正比,与电流元与磁场夹角正弦成正比,即 $\mathrm{d}F = I\mathrm{d}lB\sin\alpha$,力的方向既垂直于电流元,又垂直于磁感强度沿 $I\mathrm{d}\boldsymbol{l} \times \boldsymbol{B}$ 方向。

而电流受到的安培力为电流元所受力的矢量和,即 $\boldsymbol{F} = \int \mathrm{d}\boldsymbol{F} = \int I\mathrm{d}\boldsymbol{l} \times \boldsymbol{B}$. 这是矢量叠加,一般应先投影,再叠加. 当然,有些特殊的问题,例如在均匀磁场中,恒定直线电流受到的力已被推导过,或在方向相同的不均匀磁场中,恒定直线电流受到的力,都可以在计算上得到不同程度的简化.

问题(1)中 AB 电流 I_2 与“无限长”电流 I_1 平行放置,AB 电流上各电流元 $I_2\mathrm{d}l$ 所在的位置磁感强度大小均相等,$B = \frac{\mu_0 I_1}{2\pi d}$,方向均垂直于纸面向里,可以直接应用已推导公式 $F = I_2 lB\sin\alpha$,α 为电流 I_2 与磁场 B 之间夹角,再用矢量叉乘求力的方向.

问题(2)中 AB 电流 I_2 与“无限长”电流 I_1 共面垂直放置,AB 电流上各电流元 $I_2\mathrm{d}l$ 所处的位置磁感强度 $B = \frac{\mu_0 I_1}{2\pi x}$,大小不相等,与位置有关,其中 x 为电流元到“无限长”电流 I_1 之间距离,但磁感强度方向都相同,垂直于纸面向里,据电流元受到的力 $\mathrm{d}\boldsymbol{F} = I_2\mathrm{d}\boldsymbol{l} \times \boldsymbol{B}$,其力的大小 $\mathrm{d}F = I_2\mathrm{d}lB\sin\alpha$(电流 I_2 方向向右,磁场方向向里,$\alpha = 90°$)

$$\mathrm{d}F = I_2\mathrm{d}l\frac{\mu_0 I_1}{2\pi x}$$

与位置有关,每个电流元受到的力 d$\boldsymbol{F}$ 方向相同,方向向上,这样一些矢量叠加退化为代数叠加,直接积分即可.

解:(1) AB 电流 I_2 与"无限长"直线电流 I_1 平行放置.

如上述分析,本问题 I_2 上各电流元所在处磁感强度 $B=\dfrac{\mu_0 I_1}{2\pi d}$,方向垂直于纸面向里,电流 I_2 与 I_1 平行与 $\boldsymbol{B}$ 垂直,可视作在均匀磁场中直线电流受到的力

$$F = I_2 lB\cdot\sin\alpha = I_2 l\frac{\mu_0 I_1}{2\pi d}$$

$$=\frac{4\pi\times10^{-7}\times40\times20\times0.2}{2\pi\times0.1}=3.2\times10^{-4}\text{N}$$

据右手法则,电流受到力的方向指向 I_1.

(2) AB 电流 I_2 与"无限长"电流 I_1 垂直共面放置.

现建立坐标系,以电流 I_1 上一点为坐标原点,OAB 方向为 x 轴正方向,如图 3-5(c)所示,将 AB 电流分割成电流元,其中某一电流元 $I_2\mathrm{d}x$,它所在处的 $B=\dfrac{\mu_0 I_1}{2\pi x}$,是位置函数,方向垂直于纸面向里.该电流元受到力 $\mathrm{d}\boldsymbol{F}=I_2\mathrm{d}\boldsymbol{x}\times\boldsymbol{B}$,力的大小

$$\mathrm{d}F = I_2\mathrm{d}xB\sin\alpha = I_2\mathrm{d}x\frac{\mu_0 I_1}{2\pi x}$$

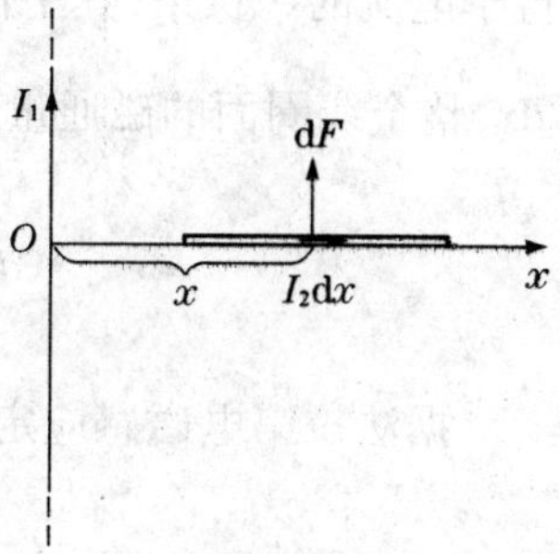

图 3-5(c)

也是位置的函数,力的方向据右手判断平行于 I_1 向上.对这样一些大小不等、方向相同的力叠加,可直接积分

$$F = \int_d^{d+l}\frac{\mu_0 I_1 I_2}{2\pi x}\cdot\mathrm{d}x=\frac{\mu_0 I_1 I_2}{2\pi}\ln\frac{d+l}{d}$$

$$=\frac{4\pi\times10^{-7}\times40\times20}{2\pi}\ln\frac{0.3}{0.1}=1.76\times10^{-4}\text{N}$$

方向平行于 I_1 向上.

【例 3-6】 一无限长载流直导线,通有电流 I,今有一矩形线圈与其共面,初始位置如图 3-6(a).

(1) 若线圈以速率 v 在纸平面内向右匀速平动,求任意时刻线圈中的感应电动势 $\mathscr{E}(t)$;

(2) 若线圈保持在原位置不动,电流随时间变化 $I=kt^2$,求任意时刻线圈中的感应电动势 $\mathscr{E}(t)$.

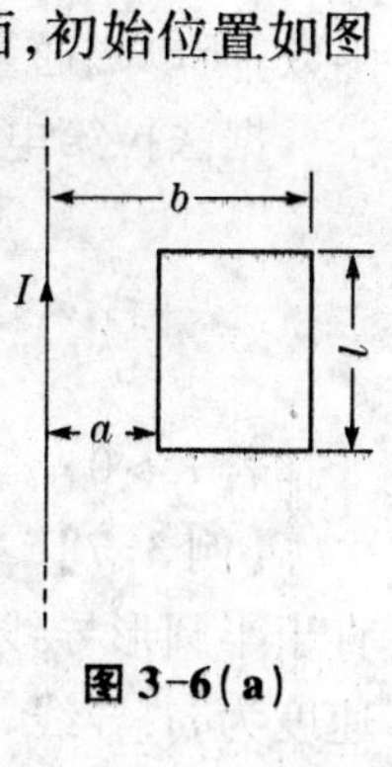

图 3-6(a)

分析:本题研究线圈内的感应电动势,根据法拉第电磁感应定律的解题步骤,必须首先确定回路的绕行方向,从而确定面或面元的法线方向;然后确定线圈所包围的面的磁通量随时间变化的函数关系;第三,利用法拉第电磁感应定律 $\mathscr{E}=-\dfrac{\mathrm{d}\varphi}{\mathrm{d}t}$进行数学计算;最后根据计算结果进行讨论,若 $\mathscr{E}>0$ 则表示电动势方向与绕行方向一致,若 $\mathscr{E}<0$ 则表示电动势方向与绕行方向相反.

本题也不例外,对于回路绕行方向的确定可由读者自行选取,第二步是确定磁通量随时间变化的函数关系,即必须求出 t 时刻的磁通量,而 t 时刻第一问题的线圈是在新位置,如图3-6(b),即求新位置的磁通量.

解:(1) 取顺时针向为绕行正方向,此时线圈的面法向垂直于纸面,t 时刻线圈在图 3-6(b)位置.

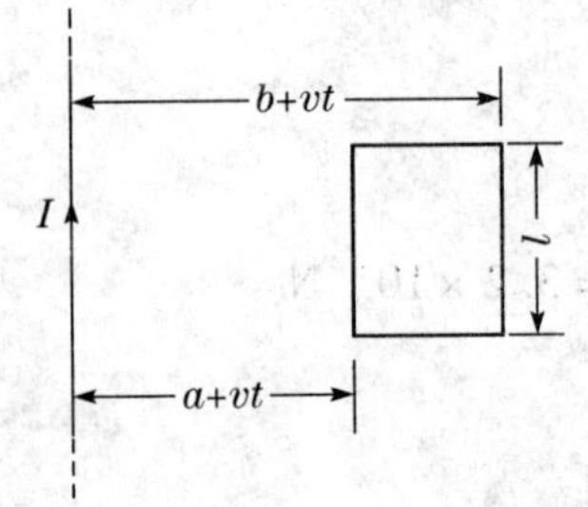

图 3-6(b)

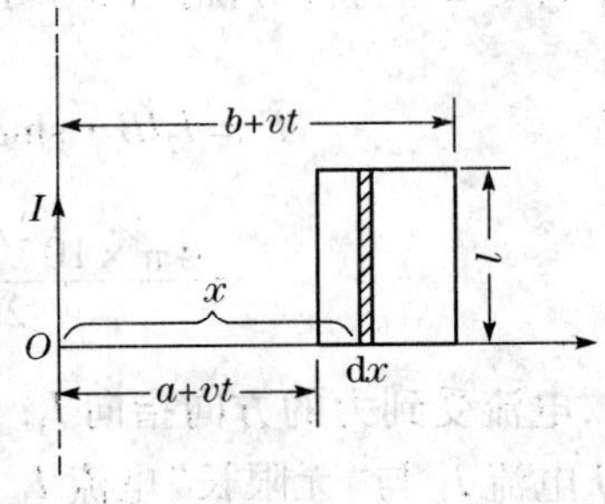

图 3-6(c)

取载流导线上一点为坐标原点,向右为 x 轴正方向,如图 3-6(c),将线圈平面分割成平行于电流的一长条,其中位于 $x \to x + \mathrm{d}x$ 一条面元面积 $\mathrm{d}S = l \cdot \mathrm{d}x$. 磁通量 $\mathrm{d}\Phi = \boldsymbol{B} \cdot \mathrm{d}\boldsymbol{S} = \dfrac{\mu_0 I}{2\pi x} l\mathrm{d}x$,整个线圈面的磁通量

$$\Phi = \int_{a+vt}^{b+vt} \boldsymbol{B} \cdot \mathrm{d}\boldsymbol{S} = \int_{a+vt}^{b+vt} \frac{\mu_0 Il}{2\pi x}\mathrm{d}x = \frac{\mu_0 Il}{2\pi}\ln\frac{b+vt}{a+vt}$$

据法拉第电磁感应定律

$$\mathscr{E}(t) = -\frac{\mathrm{d}\Phi}{\mathrm{d}t} = \frac{\mu_0 Ilv}{2\pi}\frac{(b-a)}{(b+vt)(a+vt)}$$

(2) 取顺时针为绕行正向,用上述方法同样可以求出 $\Phi = \dfrac{\mu_0 Il}{2\pi}\ln\dfrac{b}{a}$,因为电流是时间的函数,所以磁通量 Φ 也是随时间变化的.

据法拉第电磁感应定律

$$\mathscr{E} = -\frac{\mathrm{d}\Phi}{\mathrm{d}t} = -\left[\frac{\mu_0 l}{2\pi}\ln\frac{b}{a}\right]\frac{\mathrm{d}I}{\mathrm{d}t} = -\frac{Kt\mu_0 l}{\pi}\ln\frac{b}{a}$$

若 $K>0$, $\mathscr{E}<0$ 感应电动势为逆时针向;若 $K<0$, $\mathscr{E}>0$ 感应电动势为顺时针向.

【例 3-7】 一根细导线弯曲成直径为 b 的半圆形(如图 3-7(a)所示). 均匀磁场 $\boldsymbol{B}$ 垂直于半圆形导线所在平面. 当导线绕着 A 点在垂直于 $\boldsymbol{B}$ 的平面内逆时针转动时,若转动角速度为 ω,导线 AC 间的电动势 $\mathscr{E}_{AC}$ 为多大?

分析:理论上求感应电动势有三种方法:(1) 直接应用电磁感应定律;(2) 对一段导体切割磁力线运动,其动生电动势 $\mathscr{E}_i = \int \boldsymbol{E}_{k'} \cdot \mathrm{d}\boldsymbol{l}$ ($\boldsymbol{E}_{k'} = \boldsymbol{v} \times \boldsymbol{B}$, $\boldsymbol{v}$ 为导体上某点运动速度,$\boldsymbol{B}$ 为

该点磁感强度，$\boldsymbol{E}_{k'}$ 为该点非静电场强)，称非静电场强路径积分；(3) 一闭合路径在变化磁场中，其感生电动势 $\mathscr{E}_i = \oint \boldsymbol{E}_k \cdot d\boldsymbol{l}$($\boldsymbol{E}_k$ 为涡旋电场或感应电场，它与变化磁场有关)，称感应电场路径积分.

针对本例题，是一段导体在稳定(不随时间变化)磁场中切割磁力线运动，它可应用前两种方法.

法拉第电磁感应定律告诉我们：闭合回路所包围的面上磁通量发生变化就产生感应电动势，感应电动势的大小与磁通量对时间变化率成正比，即 $\mathscr{E} = -\dfrac{d\Phi}{dt}$，为此必须将导体凑成闭合回路，而应用补偿法，针对本题，可辅助加一直导线 AC 与原 $\widehat{AGC}$ 合并而成闭合回路 $AGCA$，该闭合回路所包围的面上的磁通量等于常量，故 $\mathscr{E}_{AGCA} = 0$，而 $\mathscr{E}_{AGCA} = \mathscr{E}_{\widehat{AGC}} + \mathscr{E}_{\overline{CA}}$，故 $\mathscr{E}_{\widehat{AGC}} = -\mathscr{E}_{\overline{CA}} = \mathscr{E}_{\overline{AC}}$.

第二就是应用非静电场强路径积分，在 AGC 弧上，位于角坐标 α 的 G 点，速度 $v = \omega \cdot AG = \omega b \sin\dfrac{\alpha}{2}$，方向垂直于 AG.

$\boldsymbol{E}_{k'} = \boldsymbol{v} \times \boldsymbol{B}$，$E_{k'} = \omega b B \sin\dfrac{\alpha}{2}$，方向沿 AG 向外，它与导线切线方向夹角为 $\dfrac{\alpha}{2}$，所以非静电场强沿导线切向分量 $E_{k'l} = \omega b B \sin\dfrac{\alpha}{2}\cos\dfrac{\alpha}{2} = \dfrac{1}{2}\omega b B \sin\alpha$，$\mathscr{E} = \int \boldsymbol{E}_{k'} \cdot d\boldsymbol{l} = \int E_{k'l} dl = \int_0^{\pi} E_{k'l} R d\alpha$.

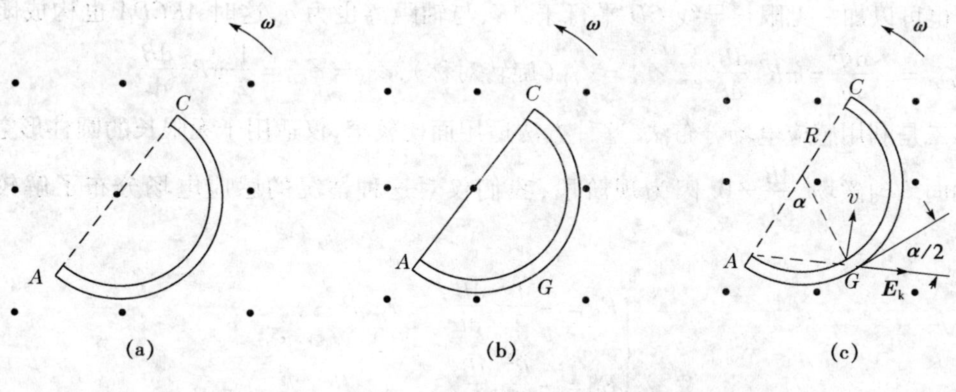

图 3-7

解：法一 补偿法

如图 3-7(b)，在 A、C 间加一段假想直导线，则构成半圆形闭合回路 $AGCA$，该闭合回路绕 A 点在磁场中转动，磁通量 Φ 不变($\boldsymbol{B}$，$\boldsymbol{S}$ 均不变)，所以

$$\mathscr{E}_{AGCA} = 0, \quad \mathscr{E}_{\widehat{AGC}} + \mathscr{E}_{\overline{CA}} = 0$$

$$\mathscr{E}_{\widehat{AGC}} = -\mathscr{E}_{\overline{CA}} = \mathscr{E}_{\overline{AC}} = \int_A^C (\boldsymbol{v} \times \boldsymbol{B}) \cdot d\boldsymbol{l} = \int_0^b B\omega l \cdot dl = \frac{1}{2}B\omega b^2$$

法二 非静电场强路径积分法(图 3-7(c))

在半圆上某点 G，运动速度方向与 AG 弦垂直，速度大小 $v = \omega \cdot AG = \omega b \sin\dfrac{\alpha}{2}$.

G 点的非静电场强 $\boldsymbol{E}_{k'}=\boldsymbol{v}\times\boldsymbol{B}$，$E_{k'}=\omega bB\sin\dfrac{\alpha}{2}$，其方向沿 AG 延长线，$\boldsymbol{E}_{k'}$ 在导线切向的投影

$$E_{k'l}=E_{k'}\cos\frac{\alpha}{2}=\omega bB\sin\frac{\alpha}{2}\cos\frac{\alpha}{2}=\frac{1}{2}\omega bB\sin\alpha$$

$$\mathscr{E}_{\widehat{AC}}=\int\boldsymbol{E}_{k'}\mathrm{d}\boldsymbol{l}=\int E_{k'l}\mathrm{d}l=\int_0^{\pi}\frac{1}{2}\omega bB\sin\alpha\,\frac{b}{2}\mathrm{d}\alpha=\frac{1}{2}B\omega b^2$$

**【例 3-8】 如图 3-8(a)所示，在半径为 R 的无限长圆柱形空间，充满着轴向均匀磁场，但磁场 B 的大小随时间变化，$\dfrac{\mathrm{d}B}{\mathrm{d}t}=b\neq0$，有一无限长直导线在与 B 垂直的平面内，与圆柱形空间的几何轴相距为 a $(a>R)$，求长直导线 AK 中的感生电动势 $\mathscr{E}$.

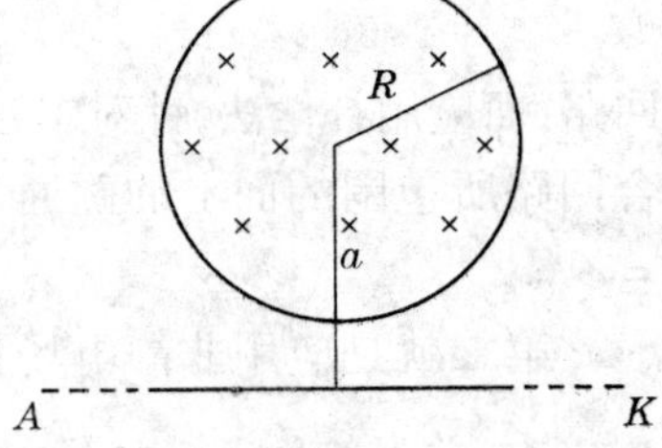

图 3-8(a)

分析：在变化磁场中导线上的感应电动势求法也有两种.

第一是利用法拉第电磁感应定律，它告诉我们如闭合回路所包围的面上的磁通量发生变化就会产生感应电动势且 $\mathscr{E}=-\dfrac{\mathrm{d}\Phi}{\mathrm{d}t}$，为此必须将导线凑合成闭合回路而应用补偿法. 应用补偿法也有技巧，针对本例题可以加一无限长导线 CD（过轴且平行于 AK）与 AK 构成闭合回路，$\mathscr{E}_{AKCDA}=-\dfrac{\mathrm{d}\Phi}{\mathrm{d}t}=\dfrac{1}{2}\pi R^2\dfrac{\mathrm{d}B}{\mathrm{d}t}$. 又 $\mathscr{E}_{CD}=0$（CD 线上各点感应电场与路径垂直），则 $\mathscr{E}_{AK}=\mathscr{E}_{AKCDA}$，也可以加一无限长导线 CD 平行于 AK，与轴距离也为 a，这时 $AKCDA$ 也构成闭合回路，$\mathscr{E}_{AKCDA}=-\dfrac{\mathrm{d}\Phi}{\mathrm{d}t}=\pi R^2\dfrac{\mathrm{d}B}{\mathrm{d}t}$，又 $\mathscr{E}_{AK}=\mathscr{E}_{CD}$（旋转对称），$\mathscr{E}_{AK}=\mathscr{E}_{CD}=\dfrac{1}{2}\pi R^2\dfrac{\mathrm{d}B}{\mathrm{d}t}$.

第二是利用感应电场分布法. 这种方法适用面比较窄，仅适用于无限长的圆柱形空间存在着轴向均匀磁场，$\dfrac{\mathrm{d}B}{\mathrm{d}t}\neq0$. 因为现阶段，我们仅对这种情况的感应电场分布了解较为清楚，即

$$\begin{cases}E_k=-\dfrac{1}{2}r\dfrac{\mathrm{d}B}{\mathrm{d}t} & r<R\\[2ex] E_k=-\dfrac{R^2}{2r}\dfrac{\mathrm{d}B}{\mathrm{d}t} & r>R\end{cases}$$

将感应电场沿路径积分，有

$$\mathscr{E}=\int_C^D\boldsymbol{E}_k\cdot\mathrm{d}\boldsymbol{x}=\int_{-\infty}^{\infty}E_k\cos\alpha\mathrm{d}x$$

解：法一 加零补偿法（图 3-8(b)）

在导线所在的并与磁场垂直的平面内加一无限长直导线，它与原导线平行且过轴线，这两导线在无限远处相交构成闭合回路，选逆时针向为绕行正向，据法拉第电磁感应定律，有

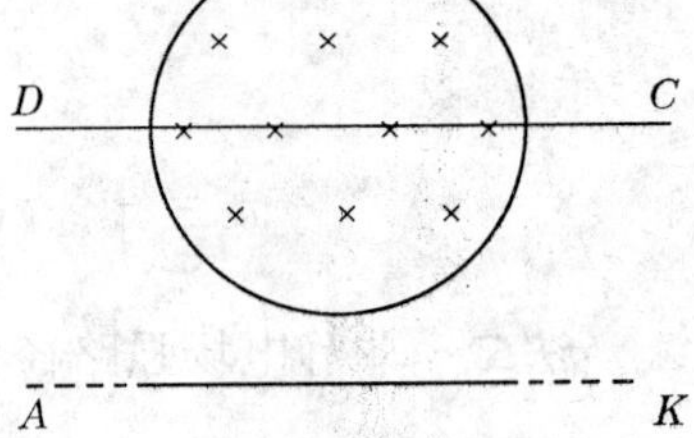

图 3-8(b)

$$\mathscr{E}_{AKCDA}=-\frac{\mathrm{d}\Phi}{\mathrm{d}t}=+\frac{1}{2}\pi R^2\frac{\mathrm{d}B}{\mathrm{d}t}$$

又 CD 段上各点感生电场与路径垂直,故 $\mathscr{E}_{CD}=0$,所以 $\mathscr{E}_{AKCDA}=\mathscr{E}_{AK}=\frac{1}{2}\pi R^2\frac{\mathrm{d}B}{\mathrm{d}t}$. 若$\frac{\mathrm{d}B}{\mathrm{d}t}>0$,沿 AK 方向;若$\frac{\mathrm{d}B}{\mathrm{d}t}<0$,沿 KA 方向.

法二 对称补偿法(图 3-8(c))

在上述平面内放一导线 CD 与 AK 平行,与轴线距离也为 a,它们在无限远处相交构成闭合回路,据法拉第电磁感应定律,有

$$\mathscr{E}_{AKCDA}=-\frac{\mathrm{d}\Phi}{\mathrm{d}t}=\pi R^2\frac{\mathrm{d}B}{\mathrm{d}t}$$

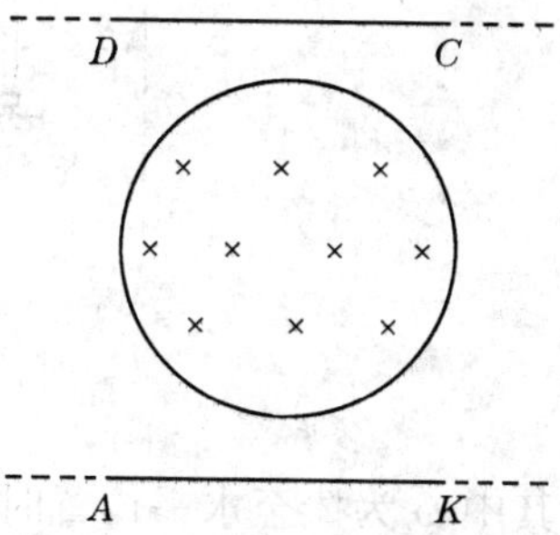

图 3-8(c)

又据对称性,有

$$\mathscr{E}_{AK}=\mathscr{E}_{CD}=\frac{1}{2}\mathscr{E}_{AKCDA}=\frac{1}{2}\pi R^2\frac{\mathrm{d}B}{\mathrm{d}t}$$

法三 感生电场分布法(图 3-8(d))

建立如图 3-8(d)所示的坐标,位置为 x 点的感应电场 $E_k=\frac{1}{2}\frac{R^2}{r}\frac{\mathrm{d}B}{\mathrm{d}t}$,方向与径矢 $\boldsymbol{r}$ 垂直,它在 x 方向的分量为

$$E_{kx}=\frac{1}{2}\frac{R^2}{r}\frac{\mathrm{d}B}{\mathrm{d}t}\cdot\cos\alpha$$

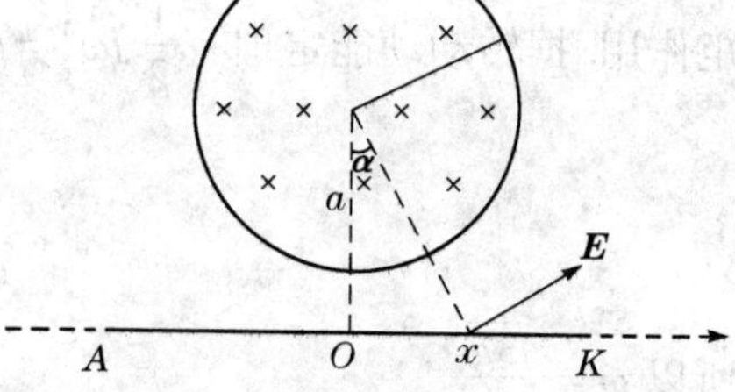

图 3-8(d)

又

$$x=a\tan\alpha;\quad \mathrm{d}x=a\sec^2\alpha\mathrm{d}\alpha;\quad r=a\sec\alpha$$

故

$$\begin{aligned}\mathscr{E}&=\int_{-\infty}^{\infty}\boldsymbol{E}_k\cdot\mathrm{d}\boldsymbol{x}=\int_{-\infty}^{\infty}E_{kx}\cdot\mathrm{d}x\\&=\int_{-\infty}^{\infty}\frac{1}{2}\frac{R^2}{r}\frac{\mathrm{d}B}{\mathrm{d}t}\cos\alpha\mathrm{d}x\\&=\int_{-\frac{\pi}{2}}^{\frac{\pi}{2}}\frac{1}{2}\frac{R^2}{a\sec\alpha}\frac{\mathrm{d}B}{\mathrm{d}t}\cos\alpha a\sec^2\alpha\mathrm{d}\alpha\\&=\int_{-\frac{\pi}{2}}^{\frac{\pi}{2}}\frac{1}{2}R^2\frac{\mathrm{d}B}{\mathrm{d}t}\cdot\mathrm{d}\alpha=\frac{1}{2}\pi R^2\frac{\mathrm{d}B}{\mathrm{d}t}\end{aligned}$$

【例 3-9】 如图 3-9 所示,在"无限长"载有电流 I 的直导线附近,有一根长为 l、质量为 m 的金属棒 $O'b$ 与电流共面,距离 $OO'=a$,棒由竖直位置从静止绕 O'点倒下(在纸平面内),试求:

(1) 当棒倒下至水平位置 $O'c$ 时,其角速度 ω 等于多大;

(2) 至水平位置时棒两端的感应电动势等于多少.

分析:金属棒在磁场中倒下,虽然存在非静电场及感应电动势,但没有构成闭合回路,无感应电流,棒不受安培力. 棒仅受重力作用,这个过程符合机械能守恒定律,即势能的减少等于动能的增加,即

$$mg\frac{l}{2}=\frac{1}{2}\left(\frac{1}{3}ml^2\right)\omega^2$$

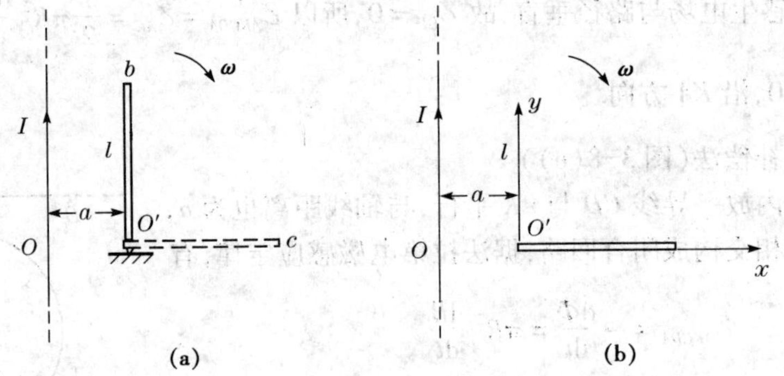

图 3-9

其中 ω 为棒至水平位置时的角速度. 棒在水平位置时以 O'为坐标原点,水平向右为 x 轴正方向,竖直向上为 y 轴正方向. 棒上各点速度大小不同,$v=\omega x$,方向向下(y 轴负方向),同时棒上各点所在处的磁感强度也不相同,$B=\dfrac{\mu_0 I}{2\pi(a+x)}$,方向向里,非静电场强 $\boldsymbol{E}_{k'}=\boldsymbol{v}\times\boldsymbol{B}$, $E_{k'}=\omega x\dfrac{\mu_0 I}{2\pi(a+x)}$,沿 x 轴正向感应电动势 $\mathscr{E}=\int_0^l \boldsymbol{E}_{k'}\cdot \mathrm{d}\boldsymbol{x}=\int_0^l \omega x\dfrac{\mu_0 I}{2\pi(a+x)}\mathrm{d}x$.

解:(1) 当金属棒 $O'b$ 倒下时,$O'b$ 上虽有感应电动势,但无感应电流,所以棒仅受重力矩作用. 据转动动能定理有$\dfrac{1}{2}J\omega^2=mg\dfrac{l}{2}$,故

$$\frac{1}{2}\left(\frac{1}{3}ml^2\right)\omega^2=mg\frac{l}{2}$$

所以 $\omega=\sqrt{\dfrac{3g}{l}}$.

(2) 至水平位置时,棒上各点速度不同,以 O'点为坐标原点,水平向右为 x 轴正方向,垂直方向为 y 轴正向.

棒上处于 $x\rightarrow x+\mathrm{d}x$ 点,$v=\omega x$,方向沿 y 轴反向. 又 $\boldsymbol{E}_{k'}=\boldsymbol{v}\times\boldsymbol{B}$,$E_{k'}=vB=\omega xB=\omega x\dfrac{\mu_0 I}{2\pi(x+a)}$,沿 x 正方向,故

$$\mathscr{E}_{O'c}=\int_0^l \boldsymbol{E}_k\cdot\mathrm{d}\boldsymbol{x}=\int_0^l \omega x\frac{\mu_0 I}{2\pi(x+a)}\cdot\mathrm{d}x=\frac{\mu_0 I\omega}{2\pi}\left(l-a\ln\frac{a+l}{a}\right)$$

*【**例 3-10**】 将自感系数分别为 L_1 和 L_2、互感系数为 M 的两个线圈 1 和 2 串联,如果两线圈磁通互相加强称为顺接(见图 3-10(a)),如果两磁通相互削弱称为反接(见图 3-10(b)),计算在这两种接法下两线圈的等效总自感.

分析:当线圈通有电流 I 时,线圈本身就有磁链 Ψ,并且磁链 Ψ 与电流成正比,写成关系式 $\Psi=LI$,比例系数就是该线圈自感系数(因此自感系数的物理意义是:当线圈电流为1 A 时,在线圈内的磁链的值;对时间求一阶导数并取负号,有 $\mathscr{E}=-\dfrac{\mathrm{d}\Psi}{\mathrm{d}t}=-L\dfrac{\mathrm{d}I}{\mathrm{d}t}$,即当线圈电流的变化率为 1 A · s^{-1}时,在线圈上感应电动势的值).

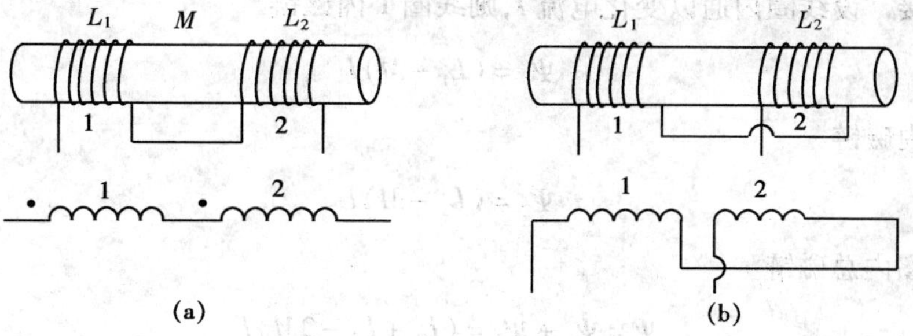

图 3-10

当线圈通有电流 I_1 时，在邻近线圈有磁链 Ψ_{21}，并且磁链 Ψ_{21} 与电流 I_1 成正比，写成比例式为 $\Psi_{21}=M_{21}I_1$，比例系数就是这两线圈的互感系数. 同样 $\Psi_{12}=M_{12}I_2$，$M_{21}=M_{12}$（因此互感系数的物理意义是：当一线圈电流为 1 A 时，在另一线圈内磁链的值；对时间求一阶导数并取负号，有 $\mathscr{E}_{21}=-M\dfrac{\mathrm{d}I_1}{\mathrm{d}t}$，即当一线圈电流的变化率为 1 [illegible]，在另一线圈内感应电动势的值）.

针对本例，两线圈装在同一支架上，一线圈通电流在本身线圈及邻近线圈都有磁通，所以既要考虑自感也要考虑互感.

当它们顺接时如图 3-10（a），让整个串联线圈通上电流 I，此时对于线圈 1 有自感磁链 L_1I，线圈 2 上电流于线圈 1 的互感磁链 MI，故线圈 1 上总磁链 $\Psi_1=(L_1+M)I$；对于线圈 2 也既有自感磁链 L_2I 又有互感磁链 MI，故线圈 2 上总磁链 $\Psi_2=(L_2+M)I$，两线串联 $\Psi=\Psi_1+\Psi_2=(L_1+L_2+2M)I$.

当它们反接时如图 3-10（b），让整个反接串联线圈通上电流 I，此时线圈 1 与线圈 2 的电流绕向不同，故互感磁链为 $-MI$，线圈 1 的总磁链 $\Psi_1=(L_1-M)I$，线圈 2 的总磁链 $\Psi_2=(L_2-M)I$，两线圈反接串联总磁链 $\Psi=\Psi_1+\Psi_2=(L_1+L_2-2M)I$.

解：设串联线圈的等效自感为 L.

（1）顺接　设线圈通以电流 I，则线圈 1 内磁链

$$\Psi_1=(L_1+M)I$$

线圈 2 内磁链

$$\Psi_2=(L_2+M)I$$

串联线圈内总磁链

$$\Psi=\Psi_1+\Psi_2=(L_1+L_2+2M)I$$

串联线圈中的感应电动势

$$\mathscr{E}=-(L_1+L_2+2M)\frac{\mathrm{d}I}{\mathrm{d}t}$$

故得

$$L=L_1+L_2+2M$$

（2）反接　设线圈内通以变化电流 I，则线圈 1 内磁链

$$\Psi_1=(L_1-M)I$$

线圈 2 内磁链

$$\Psi_2=(L_2-M)I$$

串联线圈内总磁链

$$\Psi=\Psi_1+\Psi_2=(L_1+L_2-2M)I$$

串联线圈中的感应电动势

$$\mathscr{E}=-(L_1+L_2-2M)\frac{\mathrm{d}I}{\mathrm{d}t}$$

故得

$$L=L_1+L_2-2M$$

*【例 3-11】　如图 3-11 所示，一电子绕原子核作平面圆轨道运动，电子的轨道半径为 r，在轨道上运动的角速度为 ω.

（1）求电子轨道磁矩；

（2）若沿几何轴加一均匀磁场 $\boldsymbol{B}$，电子仍在原轨道运动，求电子轨道磁矩的改变量.

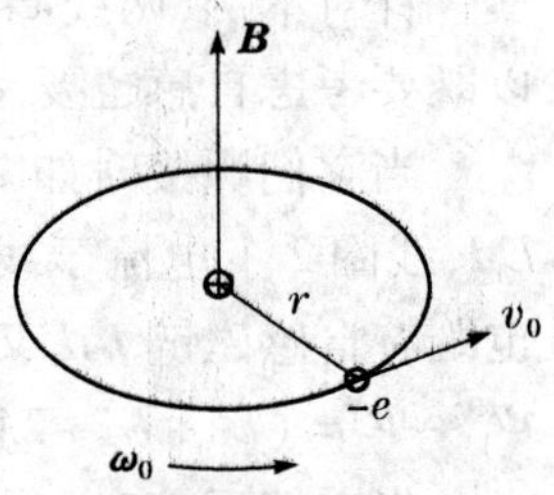

图 3-11

目的：帮助理解抗磁质的微观机理.

解：(1) 在无外磁场时电子的轨道磁矩大小

$$m_e=IS=\frac{e}{T}\cdot\pi r^2=\frac{1}{2}e\omega r^2$$

又，电流的绕向与电子运动方向相反，写成矢量式为

$$\boldsymbol{m}_e=-\frac{1}{2}er^2\boldsymbol{\omega}\tag{1}$$

（2）电子轨道磁矩的方向与角速度 $\boldsymbol{\omega}$ 的方向相反，此时维持电子作圆周运动的力为库仑力，有

$$f_c=m\omega^2r\tag{2}$$

若加入外磁场 $\boldsymbol{B}$ 后，电子不仅受库仑力作用，还受洛伦兹力作用，洛伦兹力与库仑力方向一致，它们的合力是维持电子作圆周运动的向心力，若 r 不变，ω 大小必改变，有

$$f_c+f_L=m(\omega+\Delta\omega)^2r\tag{3}$$

将式(2)和式(3)联立可得

$$f_L=m(\omega+\Delta\omega)^2r-m\omega^2r$$

又 $f_L=evB$ 忽略 $(\Delta\omega)^2$ 项有

$$evB \approx 2m\omega\Delta\omega r$$

其中 $v=\omega r$，所以 $eB=2m\Delta\omega$. 写成矢量式为

$$\Delta\boldsymbol{\omega}=\frac{e\boldsymbol{B}}{2m}$$

由式(1)，得

$$\Delta\boldsymbol{m}_e=-\frac{1}{2}er^2\Delta\boldsymbol{\omega}=-\frac{e^2r^2}{4m}\boldsymbol{B}$$

磁矩的改变量与磁场方向相反，此原理可以定性说明抗磁物质的抗磁性质.

三、讨论题

3-1 指出下列结论的错误所在：

(1) 在均匀、稳定磁场中有一金属棒，若它在切割磁力线运动，导线上各点一定存在着非静电场强 $\boldsymbol{v}\times\boldsymbol{B}$，因而一定有感应电动势；

(2) 在均匀、稳定磁场中有一圆形闭合线圈，今绕一直径转动，线圈内一定有感应电流；

(3) 在随时间变化的磁场中，如果没有导体，肯定没有电流，可以推出无感应电场.

3-2 图 3-12 所示的各图为载流电路，其中虚线部分表示通向"无限远"，弧形部分为均匀导线，其中 O 点磁感强度为零的图是______.

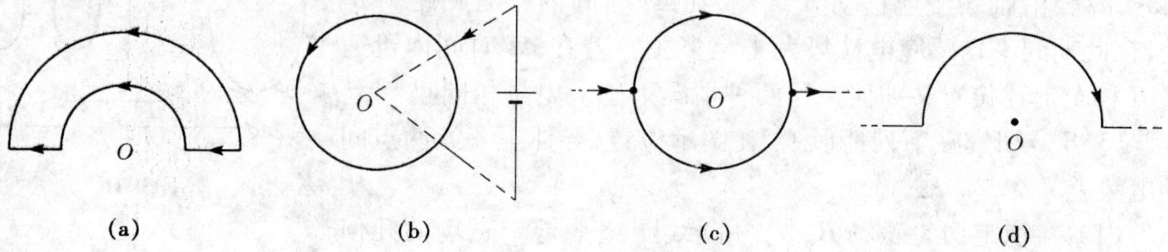

图 3-12

3-3 金属杆 AB 可以在竖直放置的金属框上无摩擦地向下滑动，均匀磁场的方向垂直纸面向外. 设 AB 的电阻为定值，框的其他边的电阻可以忽略，试问 AB 杆由静止开始下滑时，图 3-13(a) 和图 3-13(b) 的运动情况有什么不同？

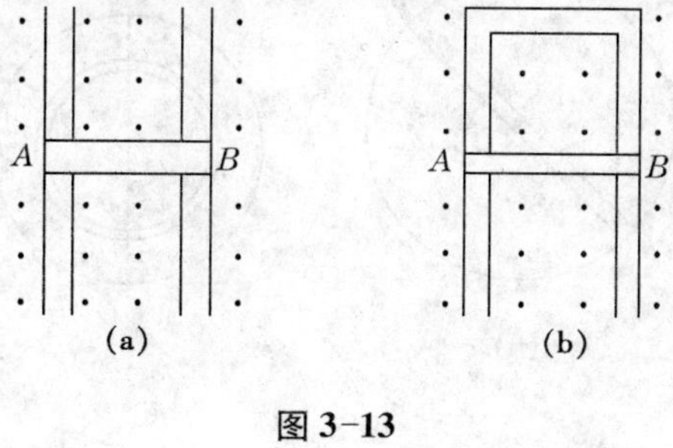

图 3-13

3-4　一无限长均匀载流圆柱体半径为 R,沿径向磁感强度分布图为图 3-14 中的(　　).(设圆柱体内、外磁导率均为 μ_0)

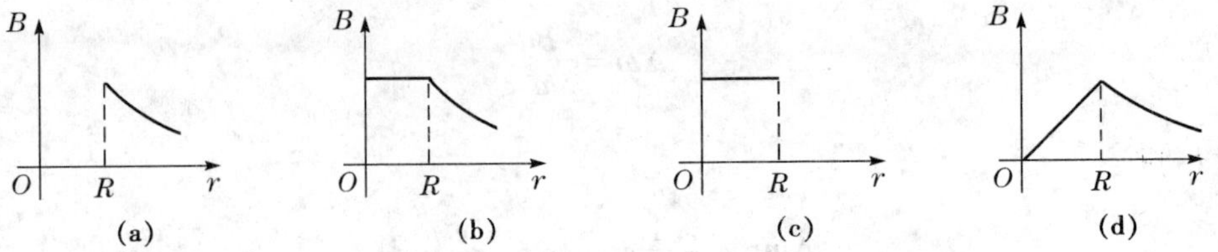

图 3-14

3-5　一线圈通有恒定电流 I,方向如图 3-15 所示,则图示中四条闭合曲线的环流分别是:

$\oint_{L_1}\boldsymbol{B}\cdot \mathrm{d}\boldsymbol{l}=$__________;$\oint_{L_2}\boldsymbol{B}\cdot \mathrm{d}\boldsymbol{l}=$__________;

$\oint_{L_3}\boldsymbol{B}\cdot \mathrm{d}\boldsymbol{l}=$__________;$\oint_{L_4}\boldsymbol{B}\cdot \mathrm{d}\boldsymbol{l}=$__________.

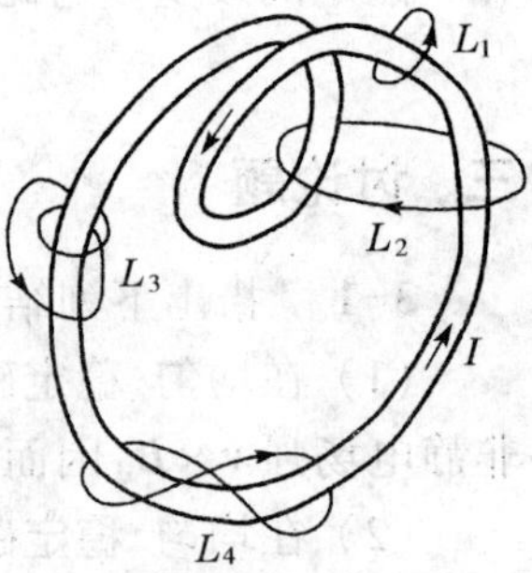

图 3-15

***3-6**　我们说,洛伦兹力不做功,一条有限长载流直导线在磁场中要受到安培力的作用,安培力起因于洛伦兹力.载流导线在磁场中沿安培力方向移动时,安培力对它是否做功?怎样解释?

3-7　如图 3-16 所示,A、B 为两同轴圆线圈,相距为 d,其中 A 线圈有 N_1 匝,半径为 a,电流恒为 I;B 线圈有 N_2 匝,半径为 b,$b \ll d$.今沿轴缓慢地移动 B 线圈,在 Δt 时间内移至相距为 d' 处,在此期间平均感应电动势大小是多少?若在 $\Delta t'$ 时间内迅速将 B 移至上述位置又如何?这两种情况下感应电量相同吗?

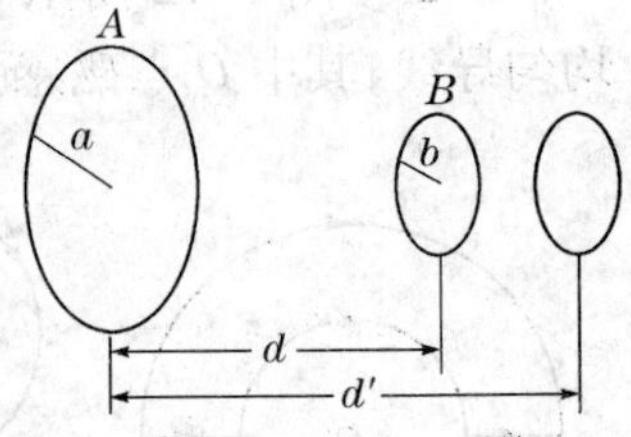

图 3-16

****3-8**　研究在下列情形下,在图示位置,导体上 a、b 两点间的电势差.

(1) 在稳定均匀磁场 $\boldsymbol{B}$ 中,一圆线圈绕平行于磁场的几何轴转动,a、b 为线圈上两点,如图 3-17(a);

*(2) 在圆柱形空间存在着轴向均匀磁场,且 $\frac{\mathrm{d}\boldsymbol{B}}{\mathrm{d}t}>0$,一中心在轴线上的金属棒 ab 绕过中心且与棒垂直与磁场平行的轴转动,如图 3-17(b);

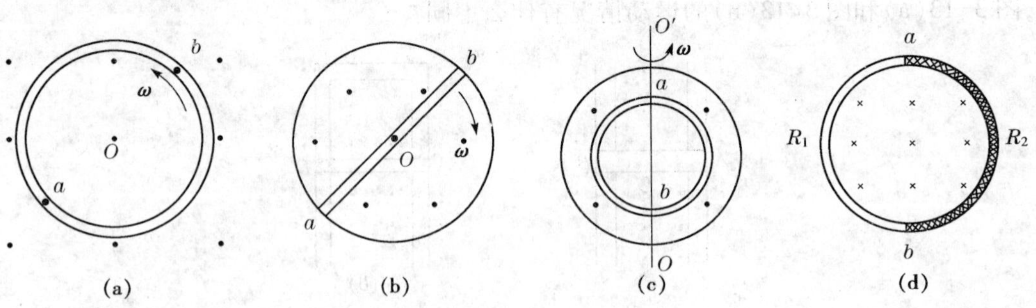

图 3-17

*(3) 圆柱形空间存在着轴向均匀磁场,$\frac{\mathrm{d}\boldsymbol{B}}{\mathrm{d}t}<0$,一圆形匀质线圈置于磁场中,它的圆心在轴线上,现它以 ω 绕过圆心与磁场垂直的 OO' 轴转动,a、b 为线圈与轴 OO' 交点,如图 3-17(c);

*(4) 圆柱形空间存在着轴向均匀磁场,$\frac{\mathrm{d}\boldsymbol{B}}{\mathrm{d}t}>0$,一金属圆环由电阻分别为 R_1 和 R_2 的两个半圆组成,它的半径为 r,圆心在轴线上,环面与磁场垂直,a、b 为分界点,如图 3-17(d).

3-9 如图 3-18 所示,在均匀磁场 $\boldsymbol{B}$ 中,取一半径为 R 的圆,圆面的法线 $\boldsymbol{n}$ 与 $\boldsymbol{B}$ 成 60°角,则通过以该圆为边线的半球面 S_1 和任意曲面 S_2 的磁通量分别为( )

(A) $\frac{\sqrt{3}}{2}\pi R^2B$, $\frac{\sqrt{3}}{2}\pi R^2B$

(B) $-\frac{\sqrt{3}}{2}\pi R^2B$, $-\frac{\sqrt{3}}{2}\pi R^2B$

(C) $-\frac{1}{2}\pi R^2B$, $\frac{1}{2}\pi R^2B$

(D) $\frac{1}{2}\pi R^2B$, $\frac{1}{2}\pi R^2B$

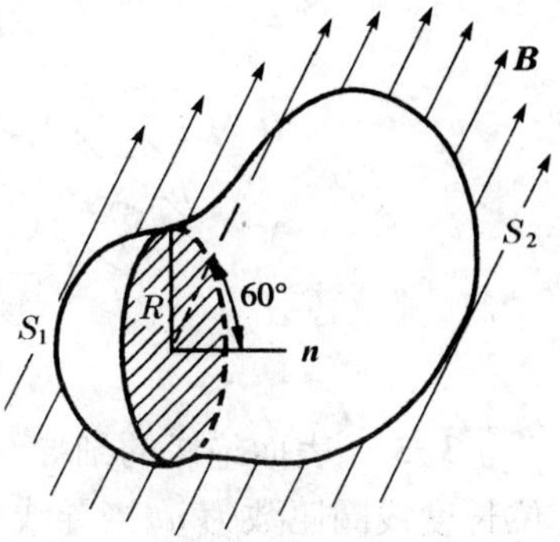

图 3-18

综合习题

3-1 有一根长为 L 的均质绝缘细棒 OC,A 为棒的中点,自 A 到 C 段均匀带电,线电荷密度为 λ,如棒以恒定角速度 ω 绕过其一端且与棒垂直的轴转动,O 点磁感强度为多大?

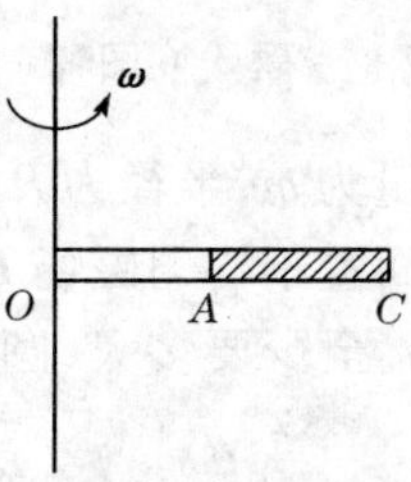

题 3-1 图

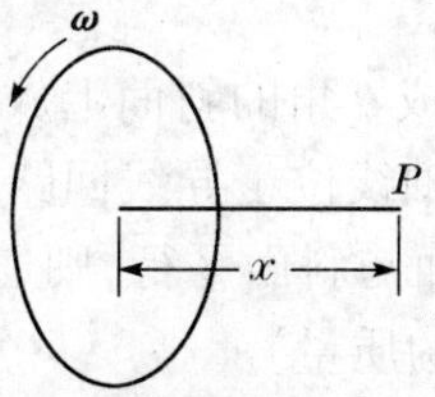

题 3-2 图

3-2 均匀带电圆环,半径为 R,线电荷密度为 λ,该环以匀角速率 ω 绕它的几何中心轴旋转,试求:

(1) 轴线上离环心为 x 处的磁感强度;

(2) 该环磁矩.

3-3 一条“无限长”传送电流的扁平铜片,宽度为 $2a$,厚度忽略不计,电流为 I,试求通过板的中心线并与板面垂直的平面上一点 P 的磁感强度 $\boldsymbol{B}$.(设 P 点与板(或板中心线)距离为 b,且电流均匀分布)

3-4 如图,电流强度为 I 的直流电通过一根半无限长直导线流到半径为 R 的金属半球面下方端点,而后均匀地流过半球面,汇合于上方端点,再经过另一根半无限长直导线流向无穷远处，设这两根半无限长直导线恰好在半球面的直径延长线上，试证球心 O 处磁感强度的大小为 $B=\dfrac{\mu_0 I}{2\pi R}$.

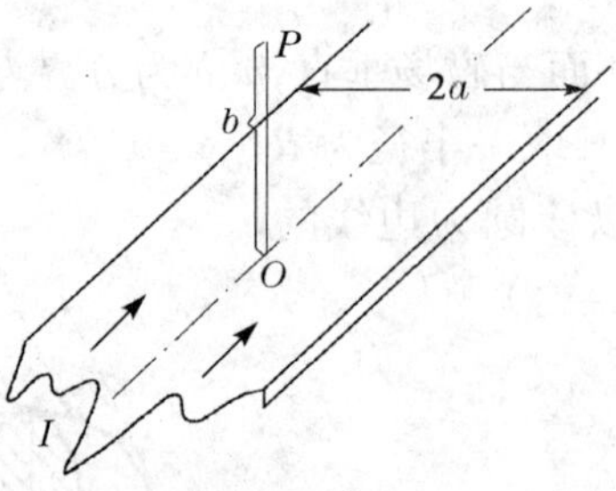

题 3-3 图

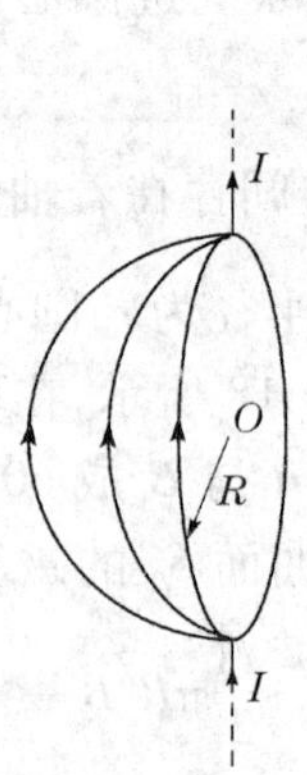

题 3-4 图

3-5 表面绝缘的细导线密绕成一个外半径为 R、内半径为 r 的圆环，沿半径方向每单位长度线圈匝数为 n. 当导线中通入电流 I 时，求环轴线上距环心为 x 处的磁感强度.

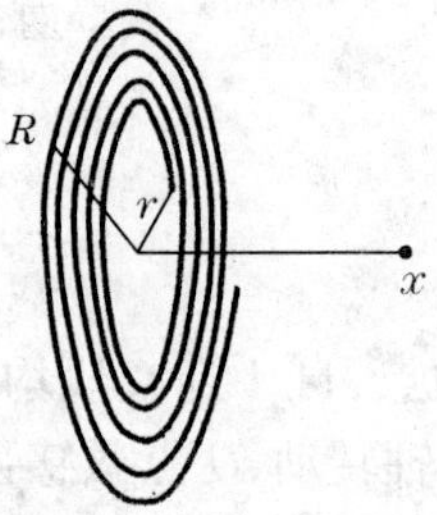

题 3-5 图

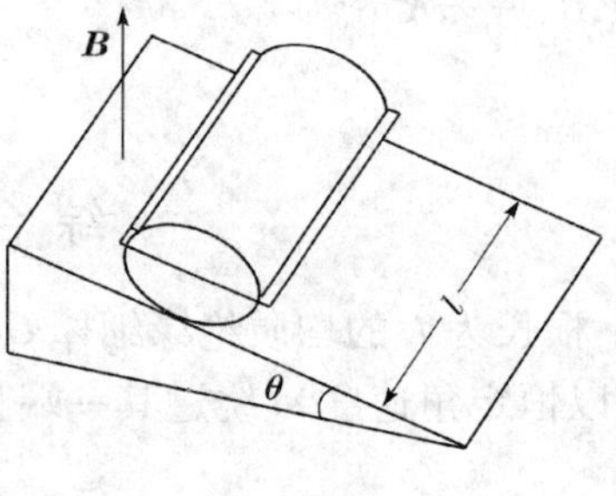

题 3-6 图

3-6 与水平面成 θ 角的斜面上放一圆柱体，质量为 m，半径为 R，长为 l，在圆柱上密绕着 N 匝导线，圆柱的轴线位于导线回路的平面内，斜面置于均匀磁场 $\boldsymbol{B}$ 中，磁场方向竖直向上，如果导线回路平面与斜面平行，则通过回路的电流至少要多大，圆柱体才不致沿斜面向下滚动？（不计线圈的质量）

3-7 电流 I 均匀地流过半径为 R 的圆形长直导线，试计算单位长度导线通过图中所示剖面的磁通量.

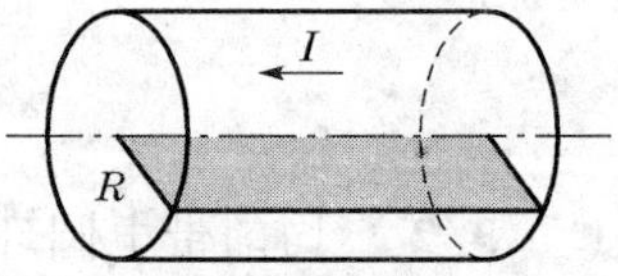

题 3-7 图

***3-8** 如图，一导线回路被弯成六分之五圆周和圆心角为 $\dfrac{\pi}{3}$ 的弦，圆周半径为 a，回路内通有电流 I，另一载流 I' 的长直导线通过圆心 C 且垂直于回路平面，回路可绕 OO' 轴转动，求回路受之对 OO' 轴的力矩.

3-9 如图，将长为 a 的金属棒弯曲成一条平面曲线，其起点为 O，终点为 A，O、A 间直线距离为 l，该平面曲线绕过 O 点的竖直轴 OZ 旋转，角速度为 ω，始终与 OZ 共面，均匀磁场为 $\boldsymbol{B}$ 沿 OZ 轴，OA 与 Z 轴夹角为 θ.

（1）求棒 OA 中的动生电动势的大小.

（2）棒 OA 两端，哪一端电势高？

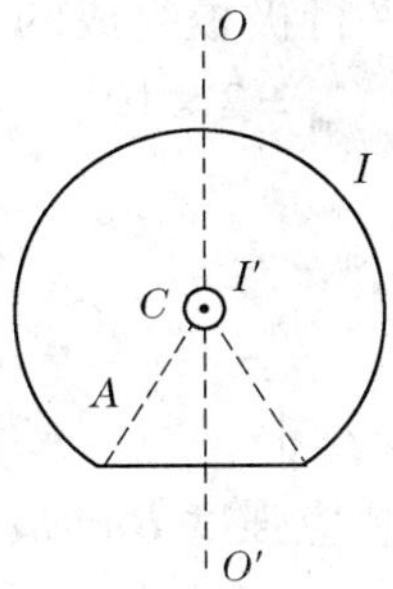

题 3-8 图

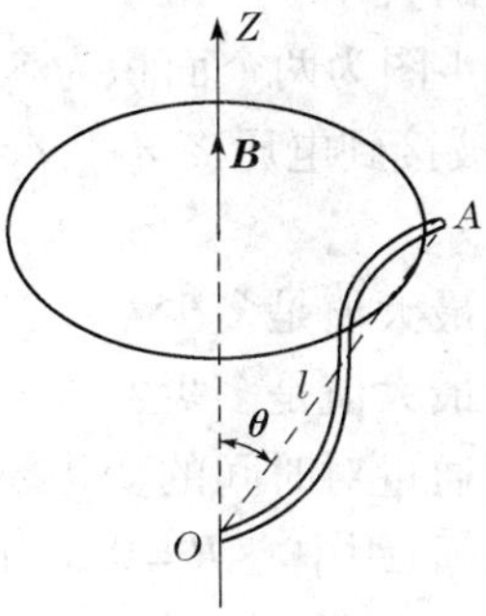

题 3-9 图

3-10 如图,一矩形截面的螺绕环,共有 N 匝线圈,今有一无限长直导线在其轴线上.

(1) 在某段时间内导线上通有电流 $I(t)=2t^2$,在该段时间内螺绕环的互感电动势大小为多少?

(2) 若在某段时间内螺绕环内电流 $I'=4t$,在导线上的感应电动势大小如何?

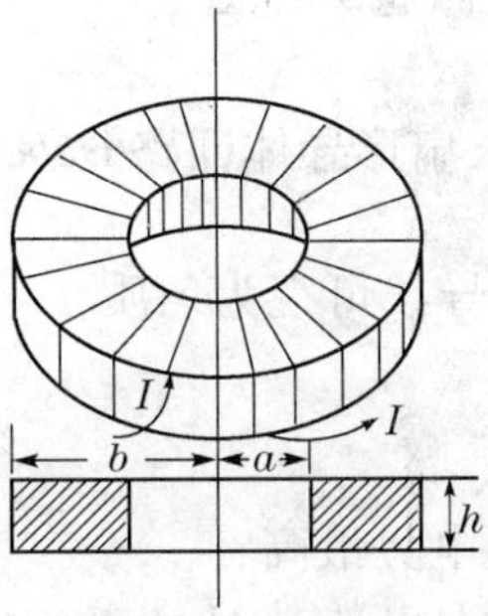

题 3-10 图

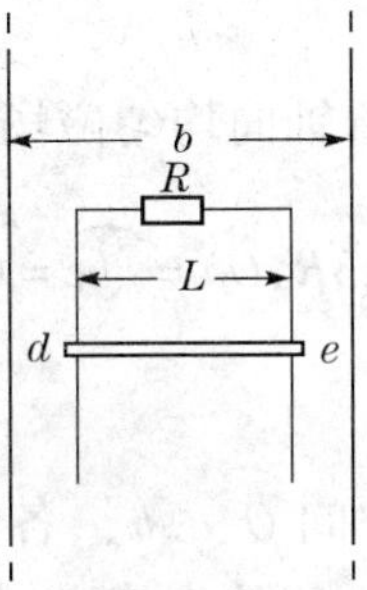

题 3-11 图

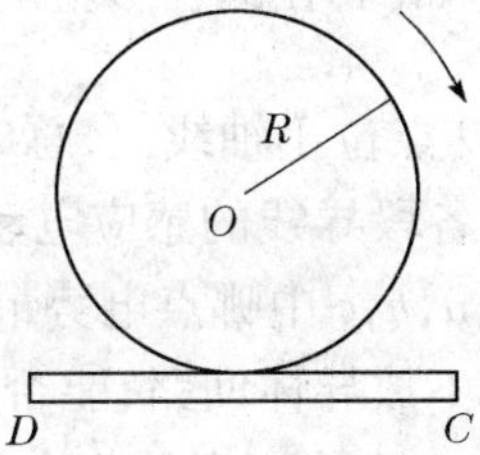

题 3-12 图

3-11 如图,真空中两根平行的无限长直导线相距为 b,通有等值、反向电流 I,在它们决定的平面内且在它们中间放置一宽为 L 的 Π 形支架,该支架由导线和电阻串联而成,另一质量为 m 的金属杆 de 可在支架上无摩擦地滑动. 将 de 从静止释放,求 de 所能达到的最大速度.

***3-12** 如图,一"无限长"直圆柱形导体,半径为 R,圆柱 b 上单位长度上的电荷为 $+\lambda$,若此圆柱以角加速度 α 作匀加速转动时,则与圆柱体相切且绝缘的一金属杆 DC 上的感生电动势为多少?(设 DC 长为 L,切点到 D、C 距离相等)

3-13 一"无限长"直导线旁放一等腰直角三角形线圈,线圈与直线在同一平面内,它的一条直角边与导线平行,导线中通以电流 i,试求:

(1) 在图示位置它们间的互感系数,在什么位置互感系数为零?

(2) 若线圈不动,当导线内电流变化率 $\dfrac{\mathrm{d}i}{\mathrm{d}t}=b\,(b>0)$ 时,线圈内感应电动势的大小.

(3) 如果线圈以速率 v 向右匀速运动,当线圈达图示位置时,线

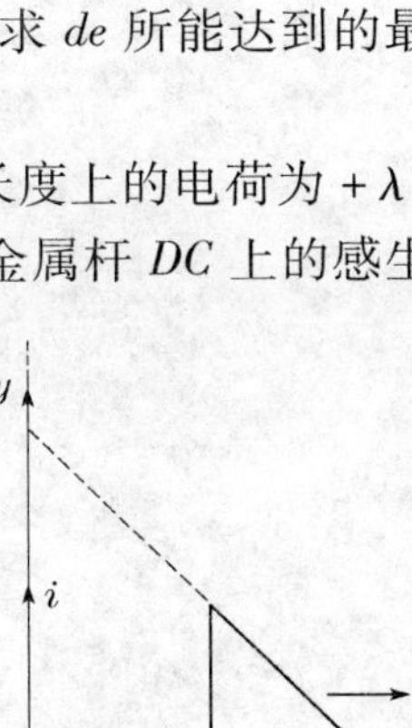

题 3-13 图

圈中的感应电动势的大小.

3-14　题 3-14 图为两个面积为 $S=0.10\ \mathrm{m}^2$ 的圆形平行极板组成的电容器,两极板间距 $d=2\times10^{-3}\ \mathrm{m}$,被接到电压 $\mathscr{E}=\mathscr{E}_\mathrm{m}\sin\omega t$ 的电源上,其中 $\mathscr{E}_\mathrm{m}=2\times10^2\ \mathrm{V}$,$\omega=100\ \mathrm{s}^{-1}$,忽略边缘效应,求:

(1) 传导电流最大值是多少?

(2) 位移电流最大值是多少?

(3) 电场强度通量对时间的变化率及其最大值是多少?

(4) 在两极板间,距中心 $R=0.1\ \mathrm{m}$ 和 $r=0.5\ \mathrm{m}$ 处磁感应强度 B 的最大值是多少?

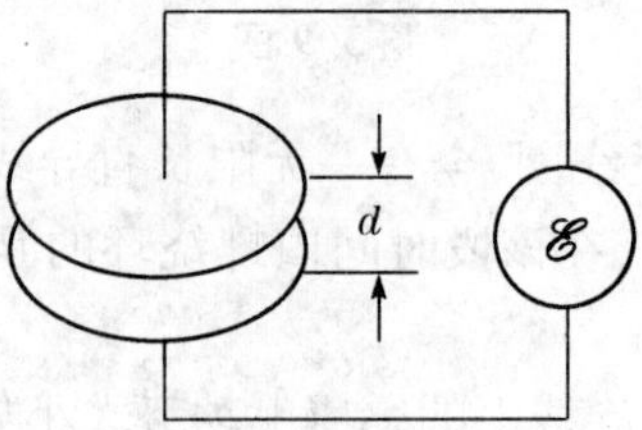

题 3-14 图

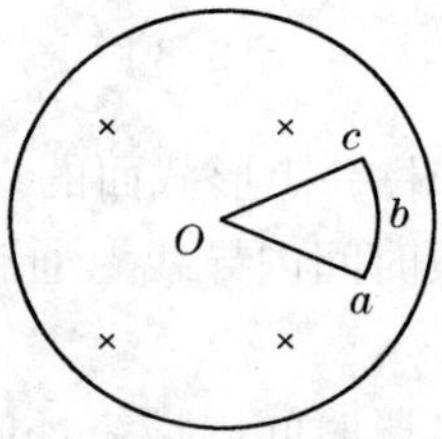

题 3-15 图

***3-15**　如图,在圆柱形空间存在着轴向均匀磁场 $\frac{\mathrm{d}B}{\mathrm{d}t}>0$,扇形导体回路 $OabcO$ 垂直于磁场放置,且 O 点位于轴线上,总电阻为 $3R$,$Oa=\overset{\frown}{abc}=Oc=r$,导线可视为匀质.

(1) 求各段导线的感应电动势.

(2) O,a,b,c 中哪点电势最高?

(3) 如不放导体回路,能否说出空间 O、a、b、c 各点哪点电势最高?

***3-16**　一直流变电站将电压 500 kV 的直流电,通过两条截面不计的平行输电线输向远方. 已知两输电导线间单位长度的电容为 $3.0\times10^{-11}\ \mathrm{F\cdot m^{-1}}$,若导线间的静电力与安培力正好抵消. 求:(1) 通过输电线的电流;(2) 输送的功率.

第三单元自测卷

一、选择题(共30分)

1. (本题3分)如图所示,四条皆垂直于纸面“无限长”载流直导线,每条中的电流皆为I. 这四条导线被纸面截得的断面,它们组成了边长为$2a$的正方形的四个角顶,每条导线中的电流流向亦如图所示. 则在图中正方形中心点O的磁感强度的大小为(　　)

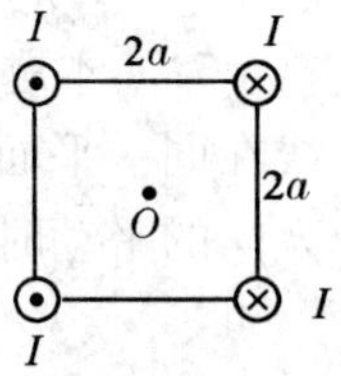

(A) $B=\dfrac{2\mu_0}{\pi a}I$　　(B) $B=\dfrac{\sqrt{2}\mu_0}{2\pi a}I$

(C) $B=0$　　(D) $B=\dfrac{\mu_0}{\pi a}I$

2. (本题3分)一铜条置于均匀磁场中,铜条中电子流的方向如图所示,试问下述哪一种情况将会发生(　　)

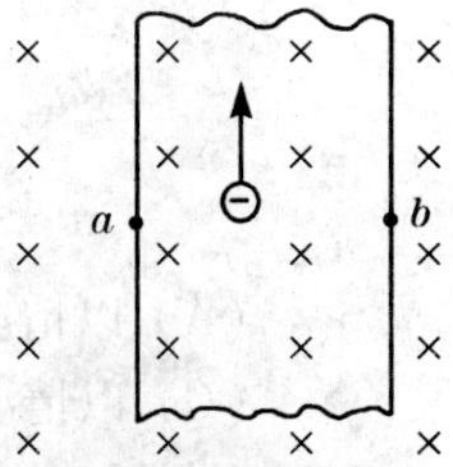

(A) 在铜条上a、b两点产生一小电势差,且$V_a>V_b$

(B) 在铜条上a、b两点产生一小电势差,且$V_a<V_b$

(C) 在铜条上产生涡流

(D) 电子受到洛伦兹力而减速

3. (本题3分)如图,一根载流导线被弯成半径为R的$\dfrac{1}{4}$圆弧,放在磁感强度为B的均匀磁场中,电流平面与磁场垂直,电流方向及坐标系如图所示,则载流导线$\overset{\frown}{ab}$所受磁场作用的大小及方向分别为(　　)

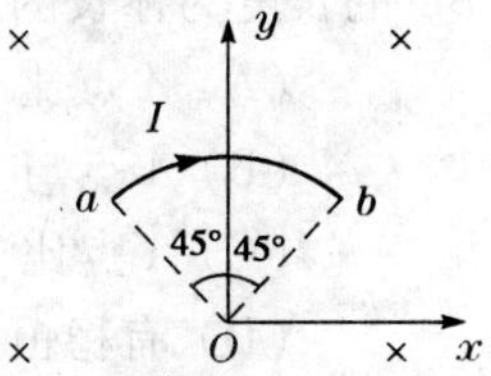

(A) IBR,沿y轴正方向　　(B) $\sqrt{2}IBR$,沿y轴正方向

(C) IBR,沿x轴正方向　　(D) $\sqrt{2}IBR$,沿x轴正方向

4. (本题3分)如图,半径为R的半圆形线圈通有电流I,线圈处在与线圈平面平行的均匀磁场$\boldsymbol{B}$中,线圈受到的磁力矩的大小及从俯视图上看力矩的转向分别为(　　)

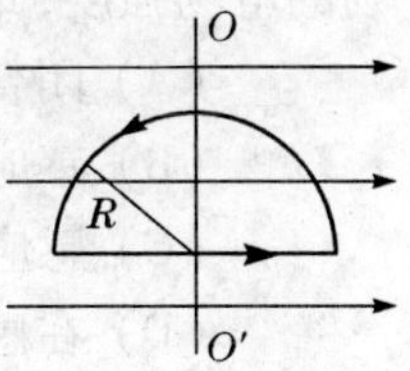

(A) πR^2IB,沿逆时针方向

(B) $\dfrac{1}{2}\pi R^2IB$,沿逆时针方向

(C) πR^2IB,沿顺时针方向

(D) $\dfrac{1}{2}\pi R^2IB$,沿顺时针方向

5. (本题3分)磁介质有三种,用相对磁导率μ_r表征它们各自的特性时(　　)

(A) 顺磁质$\mu_r>0$,抗磁质$\mu_r<0$,铁磁质$\mu_r\gg1$

(B) 顺磁质$\mu_r>1$,抗磁质$\mu_r=1$,铁磁质$\mu_r\gg1$

(C) 顺磁质$\mu_r>1$,抗磁质$\mu_r<1$,铁磁质$\mu_r\gg1$

（D）顺磁质 $\mu_r>0$，抗磁质 $\mu_r<0$，铁磁质 $\mu_r>1$

6.（本题3分）有两个长直密绕螺线管，长度及线圈匝数均相同，半径分别为 r_1 和 r_2，管内充满均匀介质，其磁导率分别为 μ_1 和 μ_2，设 $r_1:r_2=1:2$，$\mu_1:\mu_2=2:1$，当将两只螺线管串联的电路中通电稳定后，其自感系数之比 $L_1:L_2$ 与磁能之比 $W_{m1}:W_{m2}$ 分别为（　　）

（A）$L_1:L_2=1:1$，$W_{m1}:W_{m2}=1:1$

（B）$L_1:L_2=1:2$，$W_{m1}:W_{m2}=1:1$

（C）$L_1:L_2=1:2$，$W_{m1}:W_{m2}=1:2$

（D）$L_1:L_2=2:1$，$W_{m1}:W_{m2}=2:1$

7.（本题3分）在"无限长"的载流直导线附近放置一矩形闭合线圈，开始时线圈与导线在同一平面内，且线圈中两条边与导线平行，当线圈以相同的速率作如图所示的三种不同方向的平动时，线圈中的感应电流（　　）

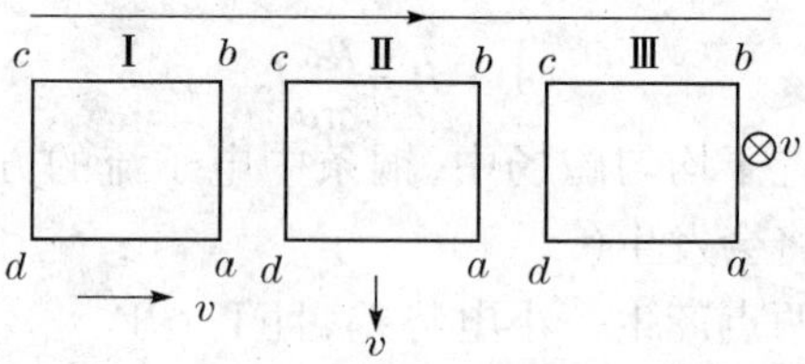

（A）以情况Ⅰ中为最大　　　　（B）以情况Ⅱ中为最大

（C）以情况Ⅲ中为最大　　　　（D）情况Ⅰ和Ⅱ中相同

8.（本题3分）如图，导体棒 AB 在均匀磁场 B 中绕通过 C 点的垂直于棒长且沿磁场方向的轴 OO' 转动（角速度 $\boldsymbol{\omega}$ 与 $\boldsymbol{B}$ 同方向），BC 的长度为棒长的 1/3，则（　　）

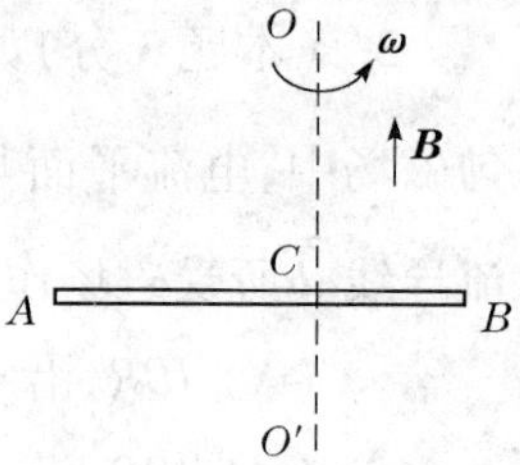

（A）A 点比 B 点电势高

（B）A 点与 B 点电势相等

（C）A 点比 B 点电势低

（D）有稳恒电流从 A 点流向 B 点

9.（本题3分）在感应电场中电磁感应定律可写成 $\oint_l \boldsymbol{E}_k \cdot d\boldsymbol{l} = -\dfrac{d\Phi}{dt}$，式中 $\boldsymbol{E}_k$ 为感应电场的电场强度，此式表明（　　）

（A）闭合曲线 l 上 $\boldsymbol{E}_k$ 处处相等

（B）感应电场是保守力场

（C）感应电场的电力线不是闭合曲线

（D）在感应电场中不能像对静电场那样引入电势的概念

10.（本题3分）如图，平行板电容器（忽略边缘效应）充电时，沿环路 L_1、L_2 磁场强度 $\boldsymbol{H}$ 的环流中，必有（　　）

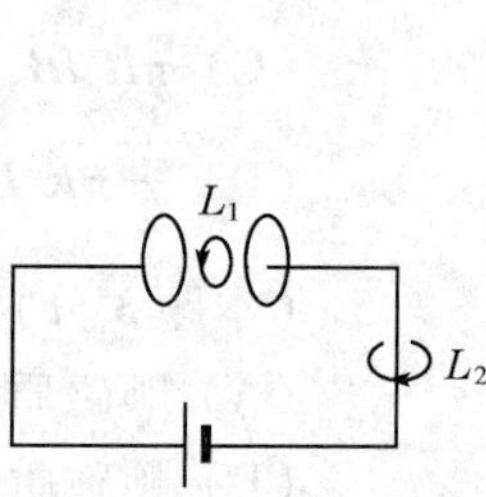

（A）$\oint_{L_1} \boldsymbol{H} \cdot d\boldsymbol{L} > \oint_{L_2} \boldsymbol{H} \cdot d\boldsymbol{L}$

（B）$\oint_{L_1} \boldsymbol{H} \cdot d\boldsymbol{L} = \oint_{L_2} \boldsymbol{H} \cdot d\boldsymbol{L}$

(C) $\oint_{L_1} \boldsymbol{H} \cdot \mathrm{d}\boldsymbol{L} < \oint_{L_2} \boldsymbol{H} \cdot \mathrm{d}\boldsymbol{L}$

(D) $\oint_{L_1} \boldsymbol{H} \cdot \mathrm{d}\boldsymbol{L} = 0$

二、填空题(共 30 分)

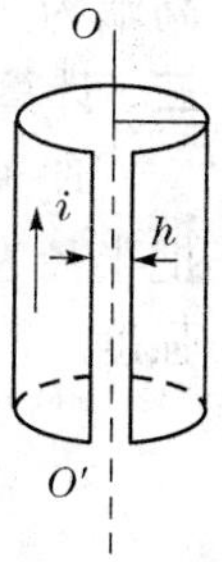

1. (本题 3 分)如图,将半径为 R 的"无限长"导体薄壁管(厚度忽略)沿轴向割去一宽度为 $h(h \ll R)$ 的无限长狭缝后,再沿轴向均匀地流有电流,其面上电流密度为 i,则管轴线上磁感应强度的大小是__________.

2. (本题 3 分)均匀磁场的磁感强度 $\boldsymbol{B}$ 与半径 R 的圆形平面的法线 $\boldsymbol{n}$ 的夹角为 α,今以圆周为边界,作一个半球面 S,S 与圆形平面组成封闭面如图,则通过 S 面的磁通量 Φ 为__________.

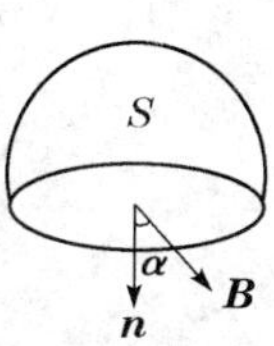

(第 2 题)

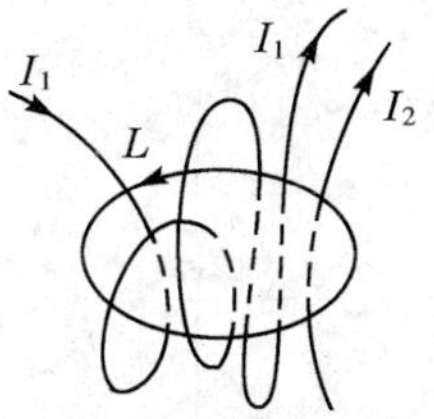

(第 3 题)

3. (本题 3 分)如图所示,磁感强度 $\boldsymbol{B}$ 沿闭合曲线 L 的环流 $\oint_L \boldsymbol{B} \cdot \mathrm{d}\boldsymbol{l}$ = ________.

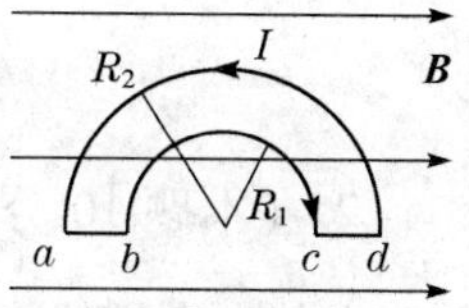

4. (本题 4 分)半径分别为 R_1 和 R_2 的两个半圆弧与直径的两小段构成的通电线圈 $abcda$(如图所示),放在磁感强度为 $\boldsymbol{B}$ 的均匀磁场中,$\boldsymbol{B}$ 平行线圈所在平面,则线圈的磁矩为__________,线圈受到的磁力矩的大小为__________________.

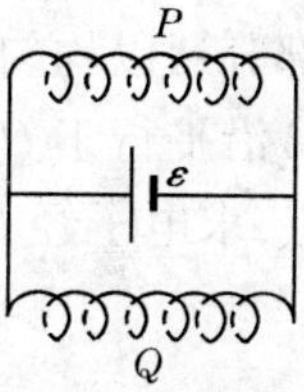

5. (本题 3 分)如图,两个线圈 P 和 Q 并联地接到一电动势恒定的电路上,线圈 P 的自感和电阻分别是线圈 Q 的两倍,线圈 P 和 Q 之间的互感可忽略不计,当达到稳定状态后,线圈 P 的磁场能量与 Q 的磁场能量的比值是__________.

6. (本题 4 分)用细导线均匀密绕成长为 l、半径为 $a(l \gg a)$、总匝数为 N 的螺线管,管内充以相对磁导率为 μ_r 的均匀磁介质,若线圈中载有电流 I,则管内中部任意点磁场强度 H = __________,B = __________.

7. (本题 3 分)图示为三种不同的磁介质的 B-H 关系曲线,其中虚线表示的是 $B = \mu_0 H$ 的关系,说明 a、b、c 各代表哪一类磁介质的 B-H 关系曲线:

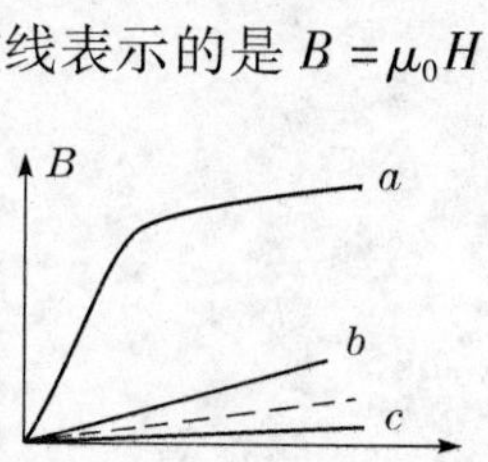

a 代表____________________的 B-H 关系曲线;

b 代表____________________的 B-H 关系曲线;

c 代表____________________的 B-H 关系曲线.

8. (本题 3 分)铜的相对磁导率 $\mu_r = 0.9999912$,其磁化率 κ = ____________,它是________磁性磁介质.

9. (本题 4 分)如图所示,一段长度为 l 的金属棒 MN,水平放在载有电流 I 的竖直长导线旁,与竖直导线共面,并从静止由图示位置自由落下,若导线可视为无限长,则 t 时刻棒中的感应电动势 $\mathscr{E}$ = ________,电势较高端为________.

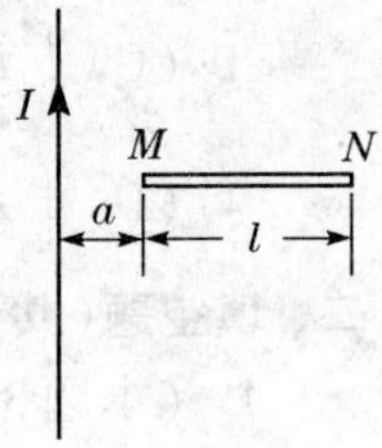

三、计算题(共 40 分)

1. (本题 10 分)如图所示,用两根彼此平行的半无限长直导线 L_1、L_2 把半径为 R 的均匀导体圆环连到电源上,已知直导线上的电流为 I,求圆环中心 O 点的磁感强度.

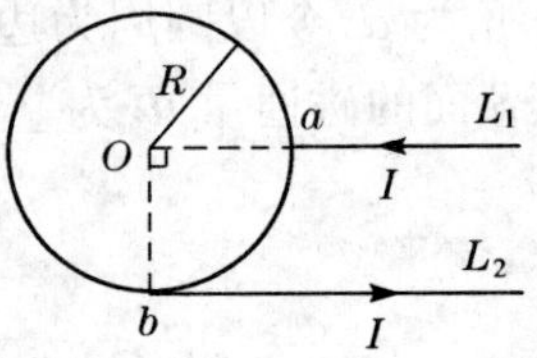

2. (本题 10 分)如图所示,空气中有一半径为 r 的“无限长”直圆柱金属导体,竖直线 OO' 为其中心轴线,在圆柱体内挖一个直径为 $\frac{1}{2}r$ 的圆柱空洞,空洞侧面与 OO' 相切,在未挖洞部分通以均匀分布电流,电流密度为 $\boldsymbol{j}$,方向沿 OO' 向下,在距轴线 $3r$ 处有一电子(电量为 $-e$)沿平行于 OO' 轴方向,在中心轴线 OO' 和空洞轴线所决定的平面内,向下以速度 $\boldsymbol{v}$ 飞经 P 点,求电子经 P 时所受的磁场力.

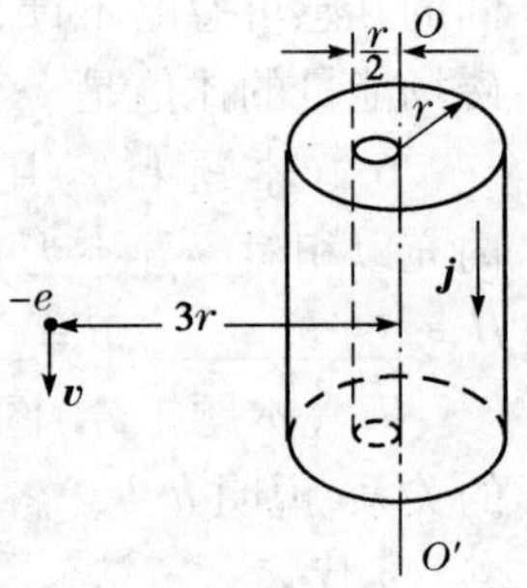

3. （本题 10 分）一无限长导线通有恒定电流 I_1，近旁一等腰直角三角形线圈 ABC 与它共面，其直角边 AB 与导线平行，设直角边长为 a，AB 与导线距离也为 a（如图），若线圈通有电流 I_2，求线圈上各段导线 AB、AC、BC 受的安培力.

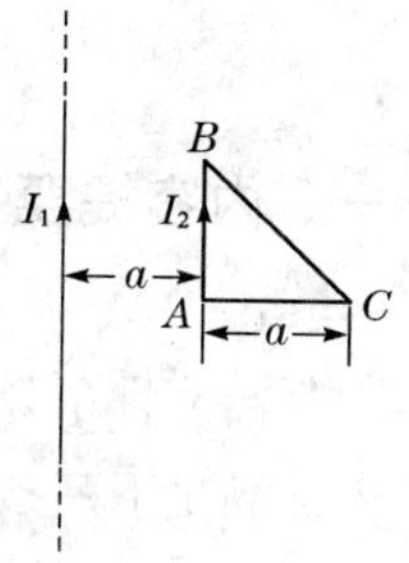

4. （本题 10 分）如图，真空中一长直导线通有电流 $I(t)=I_0 e^{-\lambda t}$（式中 I_0、λ 为常量，t 为时间），有一带滑动边的矩形导线框与长直导线平行共面，二者相距 a，矩形线框的滑动边与长直导线垂直，它的长度为 b，并且以匀速 $\boldsymbol{v}$（方向平行长直导线）滑动. 若忽略线框中的自感电动势，并设开始时滑动边与对边重合，试求任意时刻 t 在矩形线框内的感应电动势 $\mathscr{E}_i$，并讨论 $\mathscr{E}_i$ 的方向.

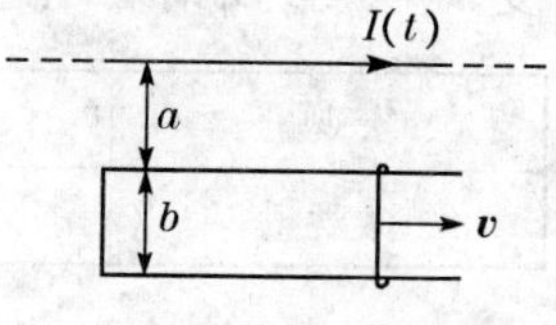

第四单元　气体动理论与热力学基础

一、内容提要

1. 气体动理论

(1) 理想气体

满足下列条件的气体称为理想气体：

① 分子本身的大小远小于分子之间的平均距离，分子的体积可忽略不计.

② 分子之间相互作用力可忽略，即不计分子之间的相互作用力.

③ 分子处于不断运动的状态.

④ 分子可视为弹性小球，它们之间的碰撞可看作完全弹性碰撞.

在压力不太大的情况下，真实气体可以近似地视为理想气体. 理想气体分子之间没有相互作用力，所以理想气体分子没有互作用势能. 理想气体分子之间为弹性碰撞，故系统不会因分子碰撞而出现能量损耗. 分子不断地运动，所以压力和热量的传递是瞬间完成的.

(2) 系统与平衡态

系统——被研究的大量粒子构成的体系.

环境——与系统发生作用，以限制系统的条件的其他物体.

孤立系统——没有或不受环境影响的系统.

系统的宏观物理量——是指系统所表现出来的可测物理量如气体系统的体积、压强、温度、应力等. 所谓宏观是相对于组成系统的微观粒子而言的，它们之间有这样的对应关系：

宏观量	体　积	温　度	压　强	应　力
微观量	分子间距	分子能量	分子动量	分子作用力

平衡态——孤立系统经过一定的时间后，系统的宏观物理量也称气体的状态参量(压强 p，体积 V，温度 T)会趋于一个确定值，我们将系统的状态参量不随时间变化的状态称为平衡态，在 p、V 坐标系中，平衡态可用一个确定的点来描述.

气体的状态参量一般用下列三个量来表征：

体积 V——气体分子所能到达的空间，单位是立方米(m^3)

压强 p——气体作用在容器器壁单位面积上的正压力，单位是帕斯卡(Pa)

温度 T——表示物体冷热的程度，热力学温标为开尔文(K)

(3) 理想气体状态方程

$$pV=\frac{m}{M}RT$$

式中，p 为系统气体压强；V 为系统气体体积；M 为系统气体的摩尔质量；m 为系统气体的质量；T 为系统的热力学温标；R 为理想气体普适常数，$R=8.31\ \mathrm{J\cdot mol^{-1}\cdot K^{-1}}$.

将理想气体状态方程写为

$$p=\frac{1}{V}\left[\left(\frac{m}{M}\right)\cdot N_{\mathrm{A}}\right]\cdot\frac{R}{N_{\mathrm{A}}}\cdot T=nkT$$

式中，N_{A} 为阿伏伽德罗常数；n 为气体的分子数密度；k 为玻耳兹曼常数，有

$$k=\frac{R}{N_{\mathrm{A}}}=1.38\times10^{-23}\ \mathrm{J}\cdot\mathrm{K}^{-1}$$

由理想气体状态方程可得系统的质量密度

$$\rho=\frac{m}{V}=\frac{Mp}{RT}$$

当系统的温度不变时，系统的体积或压强发生变化时反映系统气体的质量的变化，它们的变化关系为

$$\Delta m=\frac{M}{RT}(p\cdot\Delta V+V\cdot\Delta p)$$

*(4) 道尔顿分压定律

对混合气体由于 $n=\sum_i n_i$，n_i 为第 i 种气体的分子数密度，故

$$p=\sum_i n_i kT=\sum_i p_i$$

即混合气体的压强等于各种组分气体的分压强之和.

(5) 理想气体的压强与气体分子的平均平动动能

压强 $$p=\frac{2}{3}n\bar{\varepsilon}_{\mathrm{k}}\quad(\bar{\varepsilon}_{\mathrm{k}}\text{ 为气体分子的平均平动动能})$$

由 $p=nkT$ 得

$$\bar{\varepsilon}_{\mathrm{k}}=\frac{3}{2}kT$$

(6) 空间自由度与能量自由度 i

空间自由度：

描述物体空间位置的独立参量的个数称空间自由度. 每一个原子的空间自由度为 3. N 个原子构成的分子的总自由度为 $3N$. 这 $3N$ 个自由度还可以划分为 t 个平动自由度、r 个转动自由度和 s 个振动自由度，即

$$t+r+s=3N$$

一个分子的质心自由度为平动自由度 $t=3$，过质心的转轴为转动自由度 $r=3$，其余 $s=3N-6$ 个为振动自由度.

对双原子哑铃状分子，由于原子之间相对位置不变，没有振动，故自由度为 5. 这 5 个自由度可分为平动自由度 $t=3$，转动自由度 $r=2$.

能量自由度：

由于每一个振动包括一个速度平方项和一个坐标平方项,故定义能量自由度

$$i = t + r + 2s$$

在物理问题中,若温度不是很高,常常忽略振动自由度,即 $i = t + r$.

(7) 能量均分定理

气体处于平衡态时,分子在任何一个能量自由度上的平均能量都相同,均为$\frac{1}{2}kT$.

分子的平均平动动能

$$\bar{\varepsilon}_k = \frac{3}{2}kT$$

这是因为分子运动时,其平动自由度可用质心自由度表示,故平动自由度为 3. 由能量均分定理可得分子平均平动动能 $\bar{\varepsilon}_k = \frac{3}{2}kT$. 无论分子结构如何,其平均平动动能始终不变.

分子的平均能量

$$\bar{\varepsilon} = \frac{i}{2}kT$$

(8) 理想气体的内能

所谓内能是系统处于一定的状态下所具有的能量,称系统的内能. 由于理想气体分子之间没有作用力,所以系统内没有势能.

质量为 m 的系统内的分子数 $N = \frac{m}{M}N_A$,所以理想气体的内能

$$E = N \cdot \bar{\varepsilon} = \left(\frac{m}{M}N_A\right)\left(\frac{i}{2}kT\right) = \frac{m}{M}\frac{i}{2}RT$$

或者

$$dE = \frac{m}{M}\frac{i}{2}RdT$$

由此可见,理想气体的内能仅仅是温度的函数.

(9) 速率分布函数

系统处于平衡态时,分子速率处于 $v \to v + dv$ 区间内的相对分子数

$$\frac{dN}{N_0} = f(v)\,dv$$

式中,$f(v)$ 称为速率分布函数;N_0 为系统的分子总数.

(10) 麦克斯韦速率分布函数

$$f(v) = 4\pi\left(\frac{m}{2\pi kT}\right)^{\frac{3}{2}} e^{-\frac{mv^2}{2kT}} v^2$$

式中,m 为分子的质量. 显然 $f(v)$ 与气体种类和温度有关.

(11) 速率分布函数的归一化性质

由速率分布函数的定义，$dN = N_0 f(v) \cdot dv$，两边积分后得

$$\int_0^{\infty} f(v)\,dv = 1$$

称为速率分布函数$f(v)$的归一化性质.

(12) 气体分子平均速率的计算方法

$$\bar{v} = \frac{\int_{v_1}^{v_2} v\,dN}{\int_{v_1}^{v_2} dN}$$

利用速率分布函数，将 $dN = N_0 \cdot f(v) \cdot dv$ 代入得

$$\bar{v} = \frac{\int_{v_1}^{v_2} vf(v)\,dv}{\int_{v_1}^{v_2} f(v)\,dv}$$

当系统的气体分子的速率分布于0与∞之间时，由于速率分布函数的归一化性质，得

$$\bar{v} = \int_0^{\infty} vf(v)\,dv$$

*(13) 玻耳兹曼能量分布律

一定量气体处于平衡态时，若不能忽略分子势能对分布的影响，分子速率处于 $v_x \to v_x + dv_x$、$v_y \to v_y + dv_y$、$v_z \to v_z + dv_z$ 区间内，位置处于 $x \to x + dx$、$y \to y + dy$、$z \to z + dz$ 空间内的分子数，由玻耳兹曼参照麦克斯韦速率分布函数，将其写成

$$dN_{(v_x, v_y, v_z, x, y, z)} = Ce^{-\frac{\varepsilon_k + \varepsilon_p}{kT}} \cdot dv_x dv_y dv_z dx dy dz$$

该式称为玻耳兹曼分布，式中 C 为常数.

而在 $x \to x + dx$，$y \to y + dy$，$z \to z + dz$ 体积元内的分子数

$$dN_{(x,y,z)} = \left(C\int_0^{\infty} e^{-\frac{\varepsilon_k}{kT}} dv_x dv_y dv_z\right) \cdot e^{-\frac{\varepsilon_p}{kT}} dx dy dz = C' e^{-\frac{\varepsilon_p}{kT}} d\Omega$$

$$d\Omega = dx dy dz$$

若仅仅考虑分子重力势能，则 $\varepsilon_p = mgz$，得单位体积内的分子数

$$n = \frac{dN_{(x,y,z)}}{d\Omega} = C' e^{-\frac{mgz}{kT}}$$

设当 $z = 0$ 时，$n = n_0$，则 $C' = n_0$. 由此得

$$n = n_0 e^{-\frac{mgz}{kT}}$$

在温度 T 不变的情况下，又可表示为

$$p=p_0 e^{-\frac{mgz}{kT}}$$

可知温度不变时气体压强随高度指数下降.

(14) 三种统计速率

速率分布函数$f(v)$的极大值所对应的速率称最概然速率 v_p. 表示在相同的速度区间,气体分子速率在 v_p 附近的概率最大.

由麦克斯韦速率分布函数

最概然速率

$$v_{\mathrm{p}}=\sqrt{\frac{2kT}{m}}=\sqrt{\frac{2RT}{M}}$$ （m 为分子质量,M 为气体摩尔质量）

平均速率

$$\bar{v}=\sqrt{\frac{8kT}{\pi m}}=\sqrt{\frac{8RT}{\pi M}}$$

方均根速率

$$\sqrt{\overline{v^2}}=\sqrt{\frac{3kT}{m}}=\sqrt{\frac{3RT}{M}}$$

(15) 气体分子的平均碰撞次数

单位时间内,分子与其他分子碰撞的平均碰撞次数 $\overline{Z}$ 表示为

$$\overline{Z}=\sqrt{2}\pi d^2 n\bar{v}$$

式中,d 为分子的直径;$\bar{v}$ 为分子的平均速率;πd^2 称为分子碰撞截面.

(16) 气体分子的平均自由程

气体分子在连续两次碰撞间飞行路程的平均值称平均自由程 $\overline{\lambda}$,有

$$\overline{\lambda}=\frac{\bar{v}}{\overline{Z}}=\frac{1}{\sqrt{2}\pi d^2 n}$$

孤立系统只要体积不变,n 就不变,平均自由程 $\overline{\lambda}$ 也不变.

2. 热力学基础

(1) 准静态过程

当系统与环境有能量交换时,系统的状态会发生变化. 系统从一个平衡态过渡到另一个平衡态的变化过程简称过程,如果变化过程中的任一中间态都无限接近于平衡态,这样的过程称为准静态过程. 准静态过程可以在 $p-V$ 图中有一条连续的曲线表示,反之,在 $p-V$ 图中可以用一条连续曲线表示的过程一定是准静态过程.

(2) 热力学第一定律

当系统与外界有热功交换时,系统吸收的热量一部分使系统的内能增加,一部分使系统对外做功,根据能量守恒,有下列关系

$$Q=\Delta E+W \quad 或 \quad dQ=dE+dW$$

这就是热力学第一定律.

系统从外界吸收热量 Q 为正,放出热量 Q 为负.

系统内能增加时 ΔE 为正,内能减小时 ΔE 为负.

系统对外界做功时 W 为正,外界对系统做功时 W 为负.

(3) 系统做功的计算

由质点力学知

$$dW=\boldsymbol{F}\cdot d\boldsymbol{l}=p(Sdl)=pdV$$

所以在热力学系统中

$$W=\int_{V_1}^{V_2}pdV$$

在 $p-V$ 图中,若 $V_2>V_1$,图中过程 $A\to B$ 系统膨胀表示系统对外做功 $W_1>0$. 同样,过程 $B\to A$ 系统收缩表示外界对系统做功 $W_2<0$,由积分的几何意义可知 AB 曲线下的面积为 W_1,BA 曲线下的面积为 W_2. 整体看,系统从 $A\to B\to A$,对外所做的净功 $W=W_1-W_2$.

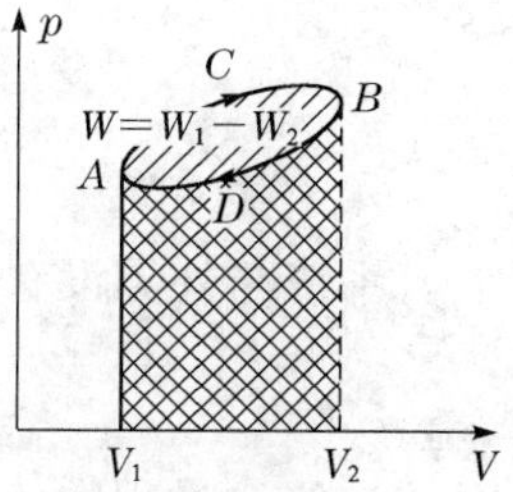

图 4-1

(4) 热力学第一定律在理想气体几个典型过程中的应用

① 等体过程

系统在等体过程中变化,V 为常量,$dV=0$,系统不做功

$$dQ=dE$$

即系统从外界吸收的热量全部用于系统内能的增加.

由内能表达式

$$E=\frac{m}{M}\frac{i}{2}RT$$

得

$$dQ=dE=\frac{m}{M}\frac{i}{2}R\cdot dT$$

等体过程中系统吸收的热量

$$Q=\Delta E=\frac{m}{M}\frac{i}{2}R\int_{T_1}^{T_2}dT=\frac{m}{M}\frac{i}{2}R(T_2-T_1)$$

其中 T_1 为初始状态温度,T_2 为末态温度.

② 等压过程

系统在等压过程中压强不变,p 为常数

$$dQ=dE+dW=\frac{m}{M}\frac{i}{2}RdT+pdV$$

或

$$dQ=\frac{m}{M}\left(\frac{i}{2}+1\right)RdT \quad (等压时\ pdV=\frac{m}{M}RdT)$$

系统在等压过程中吸收的热量

$$Q=\frac{m}{M}\frac{i}{2}R(T_2-T_1)+p(V_2-V_1)$$

或

$$Q=\frac{m}{M}\left(\frac{i}{2}+1\right)R(T_2-T_1)$$

我们用“1”表示初始状态的状态参量，用“2”表示末状态的状态参量.（下同）

③ 等温过程

系统在等温变化过程中温度不变，$\mathrm{d}T=0$.

内能不变，$\mathrm{d}E=0$.

系统在等温变化过程中吸收的热量将全部用于对外做功. 即

$$\mathrm{d}Q=\mathrm{d}W=p\mathrm{d}V$$

系统在等温变化过程中吸收的热量

$$Q=\int_{V_1}^{V_2}p\cdot\mathrm{d}V=\frac{m}{M}RT\int_{V_1}^{V_2}\frac{\mathrm{d}V}{V}=\frac{m}{M}RT\ln\left(\frac{V_2}{V_1}\right)$$

④ 绝热过程

系统与外界没有热量交换的过程为绝热过程. 系统在绝热过程中 $\mathrm{d}Q=0$，即

$$\mathrm{d}E+\mathrm{d}W=0\quad 或\quad \mathrm{d}W=-\mathrm{d}E$$

系统在绝热过程中依靠减少系统的内能来对外做功.

绝热方程

$$\begin{cases}pV^{\gamma}=恒量\\V^{\gamma-1}T=恒量\\p^{\gamma-1}T^{-\gamma}=恒量\end{cases}$$

式中 γ 为绝热指数，或称比热容（具体见热容部分）.

系统在绝热过程中做的功

$$W=\int p\cdot\mathrm{d}V=C\int_{V_1}^{V_2}\frac{\mathrm{d}V}{V^{\gamma}}=\frac{C}{1-\gamma}(V_2^{1-\gamma}-V_1^{1-\gamma})$$

$$=\frac{1}{1-\gamma}(p_2V_2-p_1V_1)$$

或

$$W=-\int_1^2\mathrm{d}E=-\frac{m}{M}\frac{i}{2}R(T_2-T_1)$$

（5）热容

系统每升高一度所吸收的热量称系统的热容.

$$C=\frac{\mathrm{d}Q}{\mathrm{d}T}$$

定体摩尔热容　1 摩尔的理想气体在等体过程中的热容称定体摩尔热容,用 $C_{V,\mathrm{m}}$ 表示

$$C_{V,\mathrm{m}} = \left(\frac{\mathrm{d}Q}{\mathrm{d}T}\right)_{V为恒量} = \frac{i}{2}R$$

定压摩尔热容　1 摩尔理想气体在等压过程中的热容量称定压摩尔热容,用 $C_{p,\mathrm{m}}$ 表示

$$C_{p,\mathrm{m}} = \left(\frac{\mathrm{d}Q}{\mathrm{d}T}\right)_{p为恒量} = \frac{i}{2}R + R = C_{V,m} + R$$

这样系统在等体过程中吸热也可表示为

$$Q_V = \frac{m}{M}C_{V,\mathrm{m}}(T_2 - T_1)$$

系统内能的改变量　$\mathrm{d}E = \frac{m}{M}C_{V,\mathrm{m}}\mathrm{d}T$

系统在等压过程中的吸热量也可表示为

$$Q_p = \frac{m}{M}C_{p,\mathrm{m}}(T_2 - T_1)$$

热力学第一定律的微量表示式为

$$\mathrm{d}Q = \frac{m}{M}C_{V,\mathrm{m}}\mathrm{d}T + p\mathrm{d}V$$

绝热指数　$\gamma = \frac{C_{p,\mathrm{m}}}{C_{V,\mathrm{m}}} = \frac{i+2}{i}$

(6) 从一点出发,等温线与绝热线的关系

等温过程　$pV = C$

故等温线的斜率　$k = \frac{\mathrm{d}p}{\mathrm{d}V} = -\frac{p}{V}$

绝热过程　$pV^{\gamma} = C$

故绝热线的斜率　$k' = \frac{\mathrm{d}p}{\mathrm{d}V} = -\gamma\frac{p}{V}$

因 $\gamma > 0$,所以过 $p-V$ 图上任意一点画出的绝热线比等温线陡峭.

(7) 循环过程

系统从一个状态出发经过一系列准静态变化过程又回到原来的状态,我们称这样的过程为循环过程. 在循环过程中内能不变. 在 $p-V$ 图上,循环过程可用一条闭合曲线表示,闭合曲线围成的面积为系统所做的净功,也是系统的净吸热量.

正循环——系统在循环过程中从高温热源吸热,向低温热源放热,并对外界做功的过程,这样的循环称正循环.

热机的循环为正循环,在 $p-V$ 图中,正循环的过程为顺时针方向变化的闭合曲线.

负循环——系统在循环过程中由外界做功,并从低温热源吸热,向高温热源放热的过

程，这样的循环称为负循环.

致冷机的循环为负循环，在 $p-V$ 图中，负循环的过程为逆时针方向变化的闭合曲线.

（8）热机的效率——热机在循环过程中对外所做的功与吸收的热量之比. 有

$$\eta=\frac{W}{Q_1}=\frac{Q_1-|Q_2|}{Q_1}=1-\frac{|Q_2|}{Q_1}=1+\frac{Q_2}{Q_1}$$

式中：Q_1——系统从高温热源吸收的热量；

Q_2——系统从低温热源吸收的热量.（$Q_2<0$ 时为放热）

（9）卡诺循环——由两个等温过程和两个绝热过程构成的循环过程.

卡诺热机的效率 $$\eta=1-\frac{|Q_2|}{Q_1}=1-\frac{T_2}{T_1}$$

（10）致冷机的致冷系数——致冷机在循环过程中从低温热源吸收的热量与外界对系统做功之比为

$$e=\frac{Q_2}{W}=\frac{Q_2}{|Q_1|-Q_2}$$

卡诺致冷机的致冷系数 $$e=\frac{T_2}{T_1-T_2}$$

（11）热力学第二定律

这是描述过程方向与限度的定律，它有多种表述，典型的表述有下面两种：

开尔文：不可能制造出这样一种循环的热机，它只从单一热源吸收热量而不放出热量给其他热源.

热力学第二定律的开尔文说法反映了循环过程中热功转换的不可逆性.

克劳修斯：热量不可能自动地从低温热源传向高温热源而不引起外界的变化.

热力学第二定律的克劳修斯说法反映了自发过程中热量传递的不可逆性.

（12）可逆过程与不可逆过程

如果一个过程的逆过程可以重复正过程的每一个状态而不引起其他变化，这样的过程称可逆过程，否则称为不可逆过程. 各种实际过程都是不可逆过程. 准静态过程可视为可逆过程，可逆过程是理想的无摩擦的过程. 所以，不可逆是绝对的，事物的发展具有方向性. 在孤立系统中发生的过程总是由包含微观状态数少的宏观状态向包含微观状态多的宏观状态进行，即由概率小的宏观状态向概率大的宏观状态进行；一切实际过程总是向无序度增加的方向进行.

*（13）熵　熵是孤立系统无序度的一种量度. 熵是状态参量的函数，用 S 表示.

在可逆过程中，熵的变化

$$S_2-S_1=\int_1^2\frac{\mathrm{d}Q}{T}\quad 或 \quad \mathrm{d}S=\frac{\mathrm{d}Q}{T}$$

熵变的计算

$$\Delta S=\int_1^2\frac{\mathrm{d}Q}{T}=\frac{m}{M}\left(C_{V,\mathrm{m}}\int_{T_1}^{T_2}\frac{\mathrm{d}T}{T}+R\int_{V_1}^{V_2}\frac{\mathrm{d}V}{V}\right)$$

(14) 熵增原理　孤立系统的不可逆过程中的熵的变化.

$$S_2 - S_1 > \int_1^2 \frac{dQ}{T}$$

即 $dS > 0$,只有可逆绝热过程中的熵不变,即 $dS = 0$,但可逆绝热过程是一个理想的过程,现实世界不存在.

所以,这里反映了热力学第二定律与熵增理论的一致性.

3. 本单元要求

熟练掌握理想气体状态方程应用;理解速率分布函数的含义,能应用统计平均的方法计算气体分子的有关物理量的平均值;掌握能量均分定理中能量自由度、平均能量和平均平动能等概念;掌握理想气体内能的计算方法;熟练掌握热力学第一定律在几个典型过程中的应用;掌握典型的循环过程中效率的计算;掌握卡诺循环效率公式的应用;了解热力学第二定律及熵增原理在自然科学和社会科学中的地位与作用;掌握典型过程中熵变的计算方法.

二、解题指导

【例 4-1】　一容器里装有质量为 0.2 kg,压强为 10 atm,温度为 47℃的氢气. 由于容器漏气,经一定时间后压强降为 5 atm,温度降为 27℃,问(1) 容器的容积多大?(2) 漏去的氢气有多少?

解:(1) 由理想气体状态方程 $pV = \frac{m}{M}RT$,得

$$V = \frac{m \cdot RT}{Mp}$$

将 $m = 0.2$ kg, $R = 8.31$, $T = 320$ K, $M = 2 \times 10^{-3}$ kg, $p = 1.013 \times 10^5 \times 10$ Pa 代入得

$$V = \frac{0.2 \times 8.31 \times 320}{2 \times 10^{-3} \times 1.013 \times 10^5 \times 10} = 0.26\ \text{m}^3$$

(2) 由 $\begin{cases} m' = \dfrac{p'V'M}{RT'}, \\ m = \dfrac{pVM}{RT}, \end{cases}$ 得

$$m' = \frac{p'}{p}\frac{T}{T'}m = \frac{1}{2}\ \frac{320}{300}\ 0.2 = 0.11\ \text{kg}$$

$$\Delta m = m - m' = 0.09\ \text{kg}$$

【例 4-2】　水银温度计中混进了一个气泡,所以它的读数比实际压强小一些,当实际气压为 768 mmHg 时,它的读数只有 748 mmHg,此时管内水银面到顶端的距离为 80 mm,若温度保持不变,试问当气压计的读数为 734 mmHg 时,实际气压为多少?

解:我们需知在第一种情况下的气泡的压强 p_1 与体积 V_1.

因 $p_1+748=768$

故 $p_1=20$ mmHg, $V_1=80S$ mm^3

而 $V_2=[(748+80)-734]S=94S$ mm^3,

在 T 不变时 $$p_1V_1=p_2V_2$$

所以 $$p_2=\frac{p_1V_1}{V_2}=\frac{20\times80}{94}=17\ \text{mmHg}$$

实气压强 $$p=p_2+734=751\ \text{mmHg}$$

该问题中的单位是非国际标准单位,按理必须换算为国际单位,但因在计算过程中,单位一一对应,所以计算中可以约去,这样不换算反而简单.

【例 4-3】 物体逃逸地球的速度为 $v=\sqrt{2R_Eg}$,R_E 为地球半径. 问地球上氢气和氧气的平均速度达到逃逸速度的温度分别为多少?

解:由理想气体的平均速度计算公式

$$\bar{v}=\sqrt{\frac{8RT}{\pi M}}$$

令 $\bar{v}=v$,得 $T=\dfrac{\pi Mg\cdot R_E}{4R}$.

$$M_{O_2}=32\times10^{-3}\text{kg}\cdot\text{mol}^{-1},\quad M_{H_2}=2\times10^{-3}\text{kg}\cdot\text{mol}^{-1},\quad R_E=6.37\times10^6\ \text{m},$$

$$g=9.8\ \text{m}\cdot\text{s}^{-2},\quad R=8.31$$

计算结果

$$T_{H_2}=\frac{3.14\times2\times10^{-3}\times9.8\times6.37\times10^6}{4\times8.31}=1.18\times10^4\ \text{K}$$

$$T_{O_2}=1.89\times10^5\ \text{K}$$

氧气的逃逸速度比氧气的小得多,尽管如此,地球的温度远小于氢气的逃逸温度. 但根据大爆炸理论,在地球形成的过程中,曾经有过高温,如氢、氧在同一温度下,自然氢气容易逃逸地球,这也可以成为地球上大气中氢的含量远小于氧的假设之一.

【例 4-4】 已知相同温度下氢气与氧气的速率分布曲线如图所示,若已知 $v_{p1}=500\ \text{m}\cdot\text{s}^{-1}$ 计算 v_{p2} 等于多少. 说明 v_{p1},v_{p2} 分别代表什么气体.

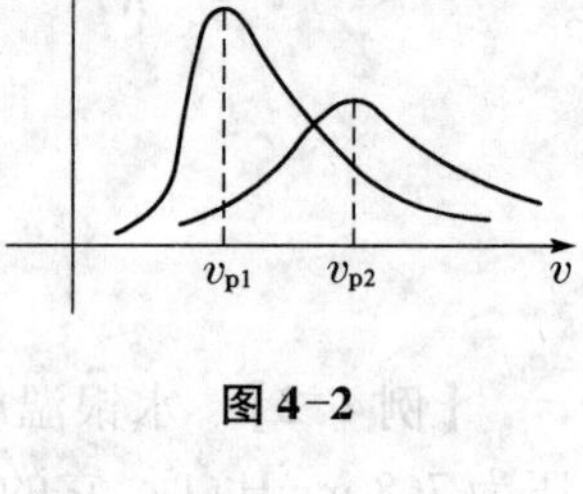

图 4-2

解:最概然速率 $v_p=\sqrt{\dfrac{2RT}{M}}$,当温度 T 相同时 v_p 由气体的摩尔质量 M 确定,因 $M_{O_2}>M_{H_2}$,

所以 $$v_{pH}>v_{pO}$$

由图可见

$$v_{pO}=v_{p1}=500\ \text{m}\cdot\text{s}^{-1}$$

$$v_{pH}=\sqrt{\frac{M_{O_2}}{M_{H_2}}}\cdot v_{pO}=\sqrt{\frac{32}{2}}\times500=2\,000\ \text{m}\cdot\text{s}^{-1}$$

【例 4-5】 有 4×10^{-3} m^3 刚性双原子分子的理想气体，其内能为 13.5×10^2 J. 试求：(1) 气体的压强；(2) 设气体的分子总数为 10.8×10^{22} 个，求气体分子的平均平动能及气体的温度.

分析：(1) 理想气体的内能是温度的函数，即

$$E=\left(\frac{m}{M}\right)\frac{i}{2}RT$$

当分子的结构知道以后，由已知内能 E 可直接求出 $\frac{m}{M}RT$ 的值. 再由理想气体状态方程 $pV=\left(\frac{m}{M}\right)RT$ 和题中给出的气体的体积 V，气体的压强就不难计算了.

(2) 气体分子总数 N 为已知量，由内能公式 $E=N\frac{i}{2}kT$ 可求出系统的温度，随之可求气体分子的平均平动动能.

解：(1) 由 $E=\frac{m}{M}C_{V,\mathrm{m}}T=\frac{m}{M}\cdot\frac{i}{2}RT$

故 $\frac{m}{M}RT=\frac{2}{i}E$

由理想气体状态方程

$$pV=\frac{m}{M}RT=\frac{2}{i}E$$

故 $p=\frac{2}{i}\cdot\frac{E}{V}$. 将 $i=5, E=13.5\times10^2$ J, $V=4\times10^{-3}$ m^3 代入得

$$p=\frac{2}{5}\cdot\frac{13.5\times10^2}{4\times10^{-3}}\ \mathrm{Pa}=1.35\times10^5\ \mathrm{Pa}$$

(2) 由 $E=N\cdot\frac{i}{2}kT$ 得 $T=\frac{2E}{ikN}$. 将 $N=10.8\times10^{22}, i=5, E=13.5\times10^2$ J 代入计算，得

$$T=\frac{2\times13.5\times10^2}{5\times1.38\times10^{-23}\times10.8\times10^{22}}\ \mathrm{K}=362\ \mathrm{K}$$

气体分子平均平动动能 $\bar{\varepsilon}_\mathrm{k}=\frac{3}{2}kT=7.49\times10^{-21}$ J

*【例 4-6】 设气体分子服从麦克斯韦速率分布，$\bar{v}$ 代表分子的平均速率，v_p 代表其最概然速率，问：速率在 v_p 至 $\bar{v}$ 范围内的相对分子数随温度的升高如何变化？

分析：首先必须知道某速率区间的相对分子数的具体表达式. 相对分子数应为 $\frac{\Delta N}{N}$，N 为系统的分子总数，ΔN 应为本题中 v_p 至 $\bar{v}$ 范围内的分子总数.

由速率分布函数的定义式

$$\frac{\mathrm{d}N}{N}=f(v)\,\mathrm{d}v$$

$$\Delta N=N\int_{v_\mathrm{p}}^{\bar{v}}f(v)\,\mathrm{d}v$$

所以相对分子数

$$\frac{\Delta N}{N}=\int_{v_p}^{\bar{v}}f(v)\,\mathrm{d}v$$

式中,$f(v)$为麦克斯韦速率分布函数,直接计算并不容易. 仔细分析在$f(v)$、v_p、$\bar{v}$三个表达式中都有$(\frac{m}{kT})$的因子,如果将麦克斯韦速率分布系数$f(v)$中的$(\frac{m}{2kT})$用$(\frac{1}{v_p})^2$代替,这样处理后,一方面被积函数得到了简化,另一方面,随着变量代换,积分的上下限也变成了常数,由这样的计算式很容易判断题中的问题.

解:由麦克斯韦速率分布函数,得

$$\begin{aligned}\frac{\Delta N}{N}&=\int_{v_p}^{\bar{v}}4\pi\left(\frac{m}{2\pi kT}\right)^{\frac{3}{2}}\mathrm{e}^{-\frac{mv^2}{2kT}}v^2\mathrm{d}v\\&=\int_{v_p}^{\bar{v}}4\pi\left(\frac{1}{\pi}\right)^{\frac{3}{2}}\left(\frac{1}{v_p}\right)^3\mathrm{e}^{-\left(\frac{v}{v_p}\right)^2}v^2\mathrm{d}v\\&=\int_{v_p}^{\bar{v}}\frac{4}{\sqrt{\pi}}\left(\frac{v}{v_p}\right)^2\mathrm{e}^{-\left(\frac{v}{v_p}\right)^2}\mathrm{d}\left(\frac{v}{v_p}\right)\end{aligned}$$

令$\frac{v}{v_p}=x$,当$v=v_p$时$x=1$,$v=\bar{v}$时$x=\frac{\bar{v}}{v_p}$,于是

$$\frac{\Delta N}{N}=\int_1^{\frac{\bar{v}}{v_p}}\frac{4}{\sqrt{\pi}}x^2\mathrm{e}^{-x^2}\mathrm{d}x$$

因为

$$\frac{\bar{v}}{v_p}=\frac{\left(\frac{8kT}{\pi m}\right)^{\frac{1}{2}}}{\left(\frac{2kT}{m}\right)^{\frac{1}{2}}}=\frac{2}{\sqrt{\pi}}$$

是一个与温度无关的常数,所以$\frac{\Delta N}{N}=$常数.

计算证明速率在v_p与$\bar{v}$区间内的相对分子数是与温度无关的常数.

【例4-7】 一定量某种哑铃状双原子理想气体在等压过程中对外做功为200 J,求该系统内能的改变量和在该过程中吸收的热量.

分析:这个问题是考核大家对内能概念的掌握的程度和对理想气体状态方程的熟练程度.

题中已知等压过程中做功,从等压过程做功的表示式$W=p(V_2-V_1)$,再由状态方程可将做功表示为$W=\frac{m}{M}R(T_2-T_1)$,说明等压过程中做功与温度的变化量成正比,这使我们自然想到内能也与系统温度的变化量成正比. 因此通过等压过程中做功可以求出系统内能的变化.

解:根据理想气体状态方程

$$pV = \frac{m}{M}RT$$

等压过程中做的功

$$W = p\Delta V = \frac{m}{M}R\Delta T$$

而

$$\Delta E = \frac{m}{M}C_{V,\mathrm{m}}\Delta T = \frac{m}{M}\frac{i}{2}R\Delta T = \frac{i}{2}\frac{m}{M}R\Delta T$$

两式相比得

$$\Delta E = \frac{i}{2}p\Delta V$$

已知等压过程做的功 $W = p \cdot \Delta V = 200$ J,哑铃状双原子分子自由度 $i = 5$,代入已知量计算得

$$\Delta E = \frac{5}{2} \times 200\ \text{J} = 500\ \text{J}$$

吸热 $Q = \Delta E + W = 700$ J.

【例 4-8】 如图 4-3 所示,侧面绝热的气缸内盛有 1 mol 的单原子理想气体,活塞外为大气. 大气压强 $p_0 = 1.01 \times 10^5$ Pa,由于气缸壁有小突起,起初活塞停留在气缸的 l_1($l_1 = 1$ m)处,气体的温度 $T_1 = 273$ K,活塞面积 $S = 0.02\ \text{m}^2$,活塞质量 $m = 102$ kg. 今从气缸底部加热,使活塞自由上升了 $l_2 = 0.5$ m. 问:(1) 气体经历什么过程?(2) 气缸中的气体在整个过程中吸收的热量为多少?

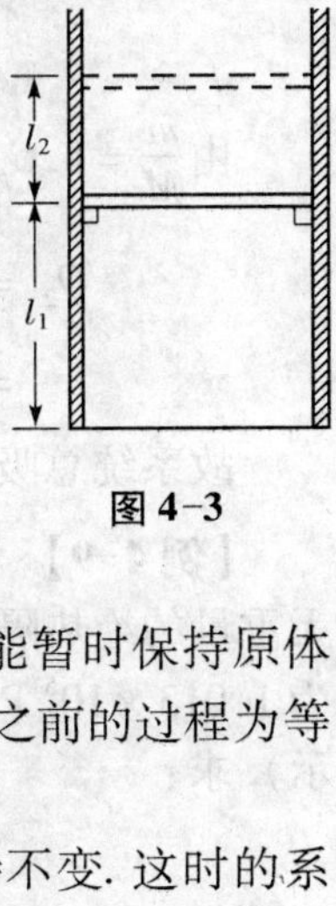

图 4-3

分析:开始时,气缸活塞处于 l_1 处,若气缸的截面积为 S,则体积为 Sl_1,温度为 T_1,压强为 p_1;此时系统外界的环境压强应包括大气压 p_0 和活塞重量产生的压强,故外界总压强 $p_0' = p_0 + \frac{mg}{S}$.

当 $p_1 < p_0'$ 时,气体只能被封在体积为 Sl_1 的容器中. 此时加热,气体只能暂时保持原体积不变. 只有待系统吸热后内部压强 $p_2 = p_0'$ 时,该过程才结束. 故在 $p_2 = p_0'$ 之前的过程为等体过程.

当系统压强 $p_2 = p_0'$ 后继续加热,气体的压强因活塞的自由移动将保持不变. 这时的系统的变化过程为等压膨胀过程.

所以在一般情况下,系统的变化过程包括了等体过程和等压过程.

本题也有这样的可能,即开始时的压强 $p_1 = p_0'$,那么只要装置被加热,系统就直接发生等压变化,而没有前面的等体变化的过程. 所以在解题之前,我们应首先计算内部压强 p_1,并将 p_1 与 p_0' 比较以后再作具体计算.

解:(1) 由理想气体状态方程 $pV = \frac{m}{M}RT$,得

$$p_1=\left(\frac{m}{M}\right)\frac{RT_1}{V_1}$$

故

$$p_1=\frac{8.31\times273}{0.02}\ \text{Pa}=1.134\times10^5\ \text{Pa}$$

$$p_0'=p_0+\frac{mg}{S}=\left(1.01\times10^5+\frac{102\times9.8}{0.02}\right)\ \text{Pa}=1.51\times10^5\ \text{Pa}$$

$p_1<p_0'$,所以一开始对气体加热,气体的体积不变,为等体过程. 以后活塞上升的过程为等压过程.

(2) 等体过程吸热量

$$Q_1=\frac{m}{M}C_{V,\text{m}}(T_2-T_1)$$

由$\frac{m}{M}=1$, $C_{V,\text{m}}=\frac{3}{2}R$, $V_1=V_2$,故

$$\begin{aligned}Q_1&=\frac{3}{2}(RT_2-RT_1)=\frac{3}{2}(p_2V_2-p_1V_1)=\frac{3}{2}(p_2-p_1)V\\&=\frac{3}{2}(1.51-1.13)\times10^5\times0.02\ \text{J}\\&=1.14\times10^3\ \text{J}\end{aligned}$$

等压过程中吸热量

$$Q_2=\frac{m}{M}C_{p,\text{m}}(T_2-T_1)$$

由$\frac{m}{M}=1$, $C_{p,\text{m}}=\frac{5}{2}R$, $p_2=p_0'$,故

$$\begin{aligned}Q_2&=\frac{5}{2}R(T_2-T_1)=\frac{5}{2}p_2(V_2-V_1)=\frac{5}{2}\times1.51\times10^5\times0.5\times0.02\ \text{J}\\&=3.78\times10^3\ \text{J}\end{aligned}$$

故系统总吸热 $Q=Q_1+Q_2=4.92\times10^3$ J.

【例 4-9】 如图 4-4(a)所示,除底部外其他部分绝热的容器,总容积为 40 L,中间为一无重量的绝热隔板,可以无摩擦自由升降,上下两部分各装有 1 mol 的 N_2,初始状态的压强为 1.013×10^5 Pa,隔板处于中央,后底部微微加热使上部的体积缩小一半(如图 4-4(b)所示). 求:

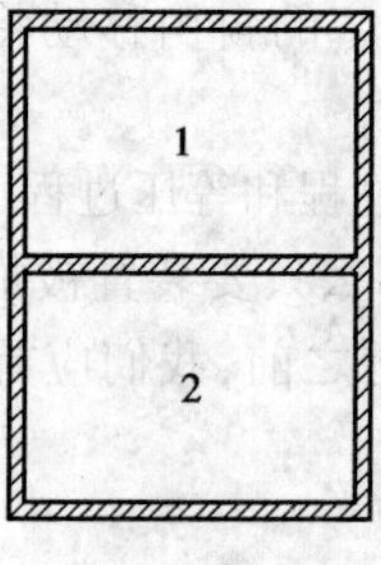

图 4-4(a)

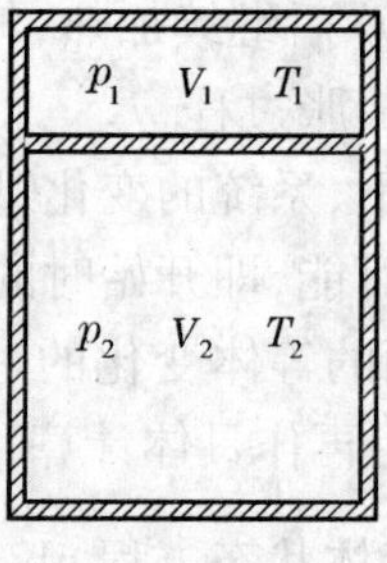

图 4-4(b)

（1）下部气体热力学过程的 $T-V$ 函数关系式（又称过程方程）.

（2）两部分气体最后各自的温度为多少？

（3）下部气体吸收的热量.

分析：（1）很明显，上部气体经历的是一个绝热压缩的过程，这部分气体遵循绝热方程 $pV^{\gamma}=$ 常数. 下部气体遵循的是一个任意过程，在这一任意过程中，这部分气体遵循理想气体状态方程 $pV=\frac{m}{M}RT$. 要求下部气体的 $T-V$ 函数关系式，必须将理想气体状态方程中的压强 p 用其他的状态参量表示. 由于隔板无重量，上下两部分的压强应相同，而上下两部分的体积和为常量，故可通过上部气体的压强－体积关系将下部气体的压强 p 表示出来，求得其过程方程.

（2）上部气体绝热变化过程中，体积的始末状态为已知量，由绝热方程中的 $TV^{\gamma-1}=$ 常数，可以求出末态温度与初态温度的关系. 而初态的温度可由初态的压强、体积求出，所以上部的气体的最后温度可以计算. 下部气体的末态体积为已知量，所以可由第（1）问中的 $T-V$ 函数式求出下部气体的温度.

（3）下部气体吸收的热量应由其内能的增加和对外做功两部分决定. 下部气体的始末温度已由前面算出，内能的变化不难计算. 下部气体对外做功的量值与上部气体绝热变化过程中外界对上部气体做功的量值相等. 绝热过程中气体做功等于内能的减少，下部气体对外做功即可算出.

解：设上部分气体状态参量角码为 1，下部分气体状态参量角码为 2，初始状态参量角码为 0.

（1）下部气体遵循理想气体状态方程

$$p_2V_2=RT_2 \tag{1}$$

下部气体与上部气体的压强相等，即

$$p_2=p_1 \tag{2}$$

上、下两部分体积关系为

$$V_1+V_2=2V_0 \tag{3}$$

上部气体遵循绝热变化过程

$$p_1V_1^{\gamma}=p_0V_0^{\gamma} \tag{4}$$

将式（2）、式（3）、式（4）代入式（1），消去 p_2，得

$$V_0^{\gamma}p_0V_2=(2V_0-V_2)^{\gamma}RT_2$$

由 $p_0=1.013\times10^5$ Pa，$V_0=20$ L，$R=8.31\ \mathrm{J\cdot mol^{-1}\cdot K^{-1}}$，$\gamma=1.4$ 代入，得下部气体的过程方程为

$$T_2(0.04-V_2)^{1.4}=51.0V_2 \tag{5}$$

（2）由绝热方程对上部气体计算

$$\begin{cases}T_1V_1^{\gamma-1}=T_0V_0^{\gamma-1}\\ T_0=\dfrac{1}{R}p_0V_0\end{cases}$$

解得

$$T_1 = \left(\frac{V_0}{V_1}\right)^{\gamma-1} T_0 = \left(\frac{V_0}{V_1}\right)^{\gamma-1} \frac{p_0 V_0}{R}$$

$$= 2^{\gamma-1} \frac{1}{8.31} \times 1.013 \times 10^5 \times 0.02 \text{ K} = 321.7 \text{ K}$$

将 $V_2 = \frac{3}{2} V_0$ 代入式(5)得

$$T_2 = \frac{51 \times 0.03}{(0.04 - 0.03)^{1.4}} \text{ K} = \frac{1.53}{1.58 \times 10^{-3}} \text{ K} = 965.3 \text{ K}$$

(3) 下部分气体吸收热量

据热力学第一定律,应包括下部气体内能的增量与系统对外做功两部分.

① 初始状态系统的温度

$$T_0 = \frac{p_0 V_0}{R} = \frac{1.013 \times 10^5 \times 20 \times 10^{-3}}{8.31} \text{ K} = 243.8 \text{ K}$$

下部分气体内能变化为

$$\Delta E = C_{V,\mathrm{m}} \Delta T = \frac{5}{2} R (T_2 - T_0)$$

$$= \frac{5}{2} \times 8.31 \times (965.3 - 243.8) \text{ J} = 14\,989 \text{ J}$$

② 下部气体所做的功 W 与上部气体所做的功 W' 等值异号. 上部为绝热过程,系统做功等于其内能的减少. 有

$$W' = \frac{-i}{2} R \Delta T = \frac{-5}{2} \times 8.31 \times (321.7 - 243.8) \text{ J} = -1\,618 \text{ J}$$

故下部气体对上部系统做功 $W = -W' = 1\,618 \text{ J}$

下部分气体吸热量为

$$Q = \Delta E + W = (14\,989 + 1\,618) \text{ J} = 16\,607 \text{ J} = 1.66 \times 10^4 \text{ J}$$

【例 4-10】 如图所示,C 是固定的绝热壁,D 是可动活塞,C、D 将容器分成 A、B 两部分. 开始时 A、B 两室中各装入同种类的理想气体,它们的温度 T、体积 V、压强 p 均相同,并与大气压强相平衡. 现对 A、B 两部分气体缓慢地加热,当对 A 和 B 传递相等的热量 Q 以后,A 室中气体的温度升高度数与 B 室中气体的温度升高度数之比为 7: 5.

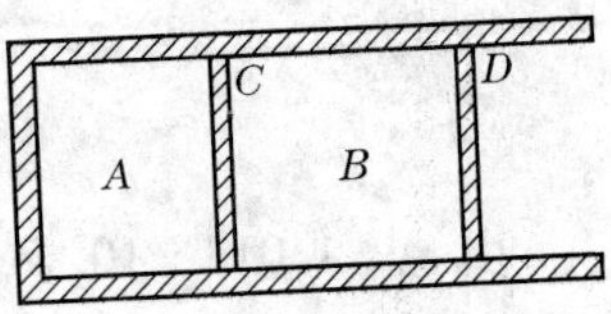

图 4-5

(1) 求该气体的定体摩尔热容 $C_{V,\mathrm{m}}$ 和定压摩尔热容 $C_{p,\mathrm{m}}$.

(2) B 室中气体吸收的热量有百分之几用于对外做功?

分析:(1) 由于 C 是固定的,它意味着 A 的体积不会改变. C 又是绝热的,所以 A、B 两部分气体不会相互传递热量. D 是可动活塞,因此 B 中的压强一定与外界大气压强相平衡. 由此可知,容器 A 中发生的是等体过程,容器 B 中发生的是等压过程. 它们的气体种类

相同,开始时温度 T、体积 V、压强 p 都相同. 所以容器 A 与容器 B 中气体的摩尔数相同.

(2) B 室在等压过程中做功

$$W = Q - E = C_{p,\mathrm{m}}\Delta T - C_{V,\mathrm{m}} \cdot \Delta T = (C_{p,\mathrm{m}} - C_{V,\mathrm{m}})\Delta T$$

所以等压过程中做功与吸热之比值

$$\eta = \frac{W}{Q} = \frac{C_{p,\mathrm{m}} - C_{V,\mathrm{m}}}{C_{p,\mathrm{m}}}$$

即只要知道气体的分子类型 $C_{p,\mathrm{m}}$,$C_{V,\mathrm{m}}$ 都可知道,η 可直接计算.

解:(1) 设 T_A 为 A 室吸热 Q 后的温度,T_B 为 B 室吸热 Q 后的温度.

A 容器变化过程中吸热

$$Q_A = \left(\frac{m}{M}\right)_A C_{V,\mathrm{m}}(T_A - T_0)$$

B 容器变化过程中吸热

$$Q_B = \left(\frac{m}{M}\right)_B C_{p,\mathrm{m}}(T_B - T_0)$$

因 $Q_A = Q_B$,$\left(\frac{m}{M}\right)_A = \left(\frac{m}{M}\right)_B$

故 $\frac{C_{V,\mathrm{m}}}{C_{p,\mathrm{m}}} = \frac{T_B - T_0}{T_A - T_0} = \frac{5}{7}$

把 $C_{V,\mathrm{m}} = \frac{i}{2}R$,$C_{p,\mathrm{m}} = \frac{i+2}{2}R$ 代入上式得 $\frac{i}{i+2} = \frac{5}{7}$,解得 $i = 5$.

此为刚性双原子理想气体. 所以 $C_{V,\mathrm{m}} = \frac{5}{2}R$,$C_{p,\mathrm{m}} = \frac{7}{2}R$.

(2) B 室的变化过程为等压过程,因此

$$\eta = \frac{W_B}{Q_B} = \frac{C_{p,\mathrm{m}} - C_{V,\mathrm{m}}}{C_{p,\mathrm{m}}} = \frac{R}{\frac{7}{2}R} = \frac{2}{7} = 28.6\%$$

即 B 室气体中吸收的热量有 28.6% 转化为对外做功.

【例 4-11】 1 mol 双原子理想气体的循环过程如图 4-6 所示,其中 ab 为等温过程,$T_a = 500$ K;bc 为等体过程,$T_c = 300$ K;ca 为绝热过程. 求此循环的效率.

分析:循环的效率可由公式

$$\eta = \frac{W}{Q_1} = 1 - \frac{|Q_2|}{Q_1}$$

计算得到. 从公式中可见,计算效率时既可通过 W、Q_1 计算,也可通过 Q_2、Q_1 计算,这就要视不同的情况选择不同的方法. 当循环过程中有绝热过程时,由于绝热过程与外界没有热量交换,所以可以选择由

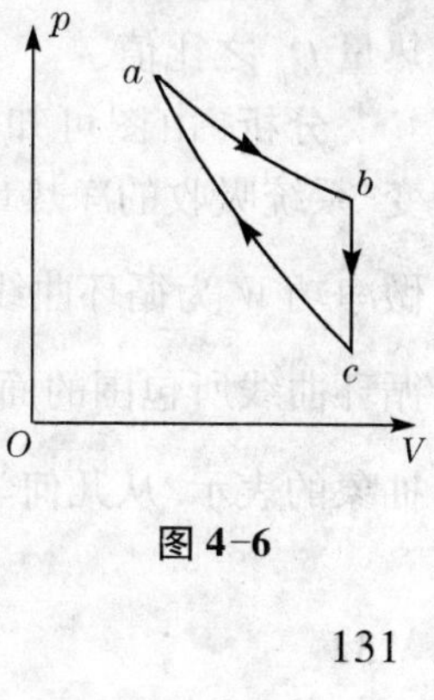

图 4-6

Q_2、Q_1 来计算效率，因为这样可以省略绝热过程中的热量的计算. 一般情况下，循环过程中的 W 是由多个过程中的做功之和决定，必须涉及循环中的每一个具体过程，所以计算时不够方便. 本题中，我们选择计算每一个过程中的吸热，然后计算循环过程的效率.

等温过程 ab，内能不变，吸收的热量等于系统对外做功. 吸热多少将由 V_a、V_b 决定，因 $V_b = V_c$，最终 ab 过程中的吸热量可以表示为 V_a、V_c 的关系式. 但 V_a、V_c 都是未知量，题目只告诉我们 T_a、T_c，然而 a、c 两点间的 T、V 应该服从绝热方程. 所以 V_a、V_c 与 T_a、T_c 密切相关.

等体过程 bc，对外做功为零，系统的放热等于其内能的减少. 因 $T_a = T_b$，T_c 已知，所以 bc 过程中的放热不难计算.

解：(1) $a \to b$ 过程为等温过程，内能不变、系统吸热

$$Q_{ab} = \int p\mathrm{d}V = RT_a\int_{V_a}^{V_b}\frac{1}{V}\mathrm{d}V = RT_a\ln\left(\frac{V_b}{V_a}\right) \tag{1}$$

(2) $b \to c$ 过程为等体过程，对外不做功，系统放热，亦可表示为吸热（该热为负值）

$$Q_{bc} = \int C_{V,\mathrm{m}}\mathrm{d}T = \frac{5}{2}R\Delta T = \frac{5R}{2}(300 - 500)\ \mathrm{J} = -4\ 155\ \mathrm{J} \tag{2}$$

(3) $c \to a$ 过程为绝热过程，与外界没有热量交换，但可通过此过程确定 V_a、V_b 的关系

由

$$T_aV_a^{\gamma-1} = T_cV_c^{\gamma-1}$$

得

$$\frac{V_c}{V_a} = \left(\frac{T_a}{T_c}\right)^{\frac{1}{\gamma-1}} = \frac{V_b}{V_a} \tag{3}$$

将式(3)代入式(1)得

$$Q_1 = Q_{ab} = \frac{RT_a}{\gamma-1}\ln\left(\frac{T_a}{T_c}\right) = \frac{8.31\times500}{1.4-1}\ln\left(\frac{5}{3}\right)\mathrm{J} = 5\ 306\mathrm{J}$$

$$Q_2 = Q_{bc} = -4\ 155\ \mathrm{J}$$

所以效率为

$$\eta = \frac{Q_1 + Q_2}{Q_1} = \frac{5\ 306 - 4\ 155}{5\ 306} = 21.7\%$$

【例 4-12】 质量为 m 的氢气经过如图所示的 $abcda$ 循环，已知 $p_a = 2p_d$，$p_b = 3p_d$. (1) 已知 a、c 两点的温度分别为 T_a、T_c，试求该循环过程中系统吸收的净热量 Q；(2) 求循环过程中的吸热量 Q 与 ac 等压过程中吸热量 Q_p 之比值.

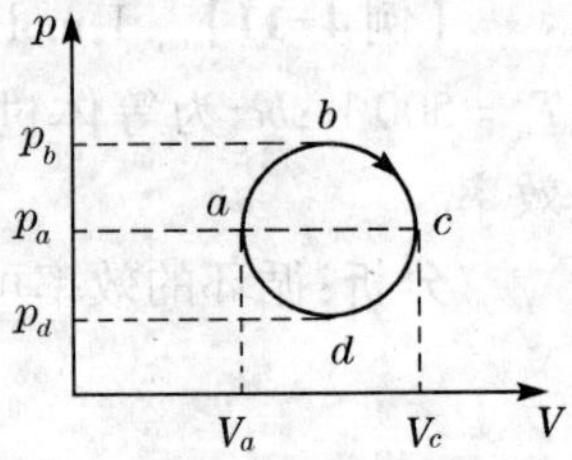

图 4-7

分析：由图可知循环 $abcda$ 为正循环，在循环过程中内能不变. 系统吸收的净热量 Q 等于对外做功 W. 循环过程中系统对外界做净功 W 为循环曲线所包围的面积，即 $W = \int p\cdot\mathrm{d}V = S$，因本题循环曲线所包围的面积是一个圆，圆面积 $S = \pi R^2$. 半径 R 是一种抽象的表示. 从几何学的角度出发，R 可表示为 $\frac{1}{2}p_a$，也可表示为 $\frac{1}{2}(V_c - V_a)$，从物理学的观

点看，必须考虑到它们的量纲，因此 R^2 可以这样表示：

$$R^2 = R \cdot R = \left(\frac{1}{2}p_a\right) \cdot \left[\frac{1}{2}(V_c - V_a)\right]$$

为了将 Q 与 ac 等压过程中吸收的热量 Q 相比，Q 与 Q_p 必须用相同的参量表示，这里可采用 T_a、T_c 分别表示 Q 与 Q_p.

解：(1) 在循环过程中

$$W = \int p \cdot \mathrm{d}V = \pi\left(\frac{1}{2}p_a\right) \cdot \frac{1}{2}(V_c - V_a)$$
$$= \frac{\pi}{4}(p_aV_c - p_aV_a) = \frac{\pi}{4} \cdot \frac{m}{M}R(T_c - T_a)$$

该循环过程中吸收的净热量

$$Q = W = \frac{\pi}{4}\frac{m}{M}R(T_c - T_a)$$

(2) 因等压过程中吸热

$$Q_p = \frac{m}{M}C_{p,\mathrm{m}}(T_c - T_a) = \frac{i+2}{2}\frac{m}{M}R(T_c - T_a)$$

故

$$\frac{Q}{Q_p} = \frac{\frac{\pi}{4} \times 2}{i+2} = \frac{\pi}{2(i+2)} < 1$$

所以 $a \to c$ 的等压过程吸收的热量大于循环过程 $abcda$ 所吸收的净热量.

*【**例 4-13**】 1 mol 单原子理想气体经过的过程为 $p-V$ 图上的一条直线(如图 4-8 所示)，试求该过程中最高温度的位置，并讨论整个过程中的吸热、放热情况.

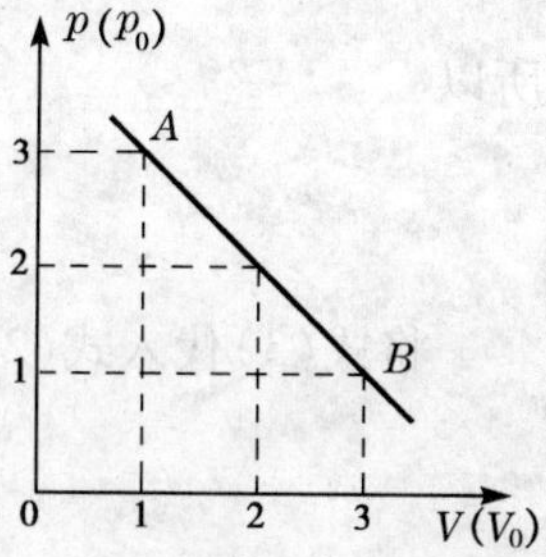

图 4-8

分析：(1) 直线过程看似简单，其实是一个很复杂的过程. 在这一变化中，状态 A、B 的温度相等. 若过 A、B 作一等温线，可明显地判断出直线 AB 上各点的温度都高于始末状态的温度. 其中必有一最高温度，为了求其间温度变化的极值，利用常规的数学方法，可将温度 T 与体积 V 的函数关系找出，然后求该函数曲线的拐点即可.

(2) 直线过程中既有吸热过程，也有放热过程. 如果将过程的吸热计算出来，可知 $\mathrm{d}Q > 0$ 为吸热，$\mathrm{d}Q < 0$ 为放热，其间必有一转折点 $\mathrm{d}Q = 0$，写出 $\mathrm{d}Q$ 的表达式成了本题的关键.

解：(1) 由理想气体状态方程

$$T = \frac{pV}{R}$$

图中 AB 直线方程

$$p = -\frac{p_0}{V_0}V + 4p_0$$

将其代入 T 的表达式,得

$$T = \frac{1}{R}\left(-\frac{p_0}{V_0}V^2 + 4p_0V\right)$$

令 $\frac{\mathrm{d}T}{\mathrm{d}V} = 0$,则

$$\frac{2p_0}{V_0}V - 4p_0 = 0$$

可知 $V = 2V_0$ 处温度最高,代入 T,得最高温度

$$T_{\max} = \frac{1}{R}\left(-\frac{4p_0}{V_0}V_0^2 + 8p_0V_0\right) = 4T_0 \qquad \left(T_0 = \frac{p_0V_0}{R}\right)$$

或

$$T_{\max} = \frac{4}{3}T_A$$

(2) 由热力学第一定律,知

$$\mathrm{d}Q = \mathrm{d}E + \mathrm{d}W \tag{1}$$

内能 E 是温度的函数,即

$$\mathrm{d}E = \left(\frac{m}{M}\right)C_{V,\mathrm{m}}\mathrm{d}T = C_{V,\mathrm{m}}\mathrm{d}T = \frac{3R}{2}\mathrm{d}T \tag{2}$$

由题(1)计算的结果

$$T = \frac{1}{R}\left(-\frac{p_0}{V_0}V + 4p_0\right)V$$

所以

$$\mathrm{d}T = \frac{1}{R}\left(-\frac{2p_0}{V_0}V + 4p_0\right)\mathrm{d}V \tag{3}$$

将式(3)代入式(2)得

$$\mathrm{d}E = \frac{3}{2}\left(4p_0 - \frac{2p_0}{V_0}V\right)\mathrm{d}V \tag{4}$$

式(1)中的功的微元

$$\mathrm{d}W = p\mathrm{d}V = \left(-\frac{p_0}{V_0}V + 4p_0\right)\mathrm{d}V \tag{5}$$

然后将式(5)与式(4)代入式(1),得

$$\begin{aligned}\mathrm{d}Q &= \left[\frac{3}{2}\left(-\frac{2p_0}{V_0}V + 4p_0\right) + \left(-\frac{p_0}{V_0}V + 4p_0\right)\right]\mathrm{d}V \\ &= \left(-\frac{4p_0}{V_0}V + 10p_0\right)\mathrm{d}V = 2p_0\left(5 - \frac{2V}{V_0}\right)\mathrm{d}V\end{aligned}$$

可见 $V=\frac{5}{2}V_0$ 是过程吸放热的分界点.

当 $V<\frac{5}{2}V_0$ 时系统吸热;当 $V>\frac{5}{2}V_0$ 时系统放热.

*【例 4-14】 如图 4-9 所示,一个与外界绝热的气缸中有一个多孔的固定塞,形成节流膨胀装置.如其两头的活塞也是绝热的,作用在其侧面的压强恒定,分别为 p_1、p_2.开始时气体全部在多孔塞的左侧,体积为 V_1.由于 $p_1>p_2$,所以气体逐渐流向多孔塞的右侧,当其全部到达右侧时体积为 V_2.以理想气体为例,判别节流膨胀过程是否是可逆过程?

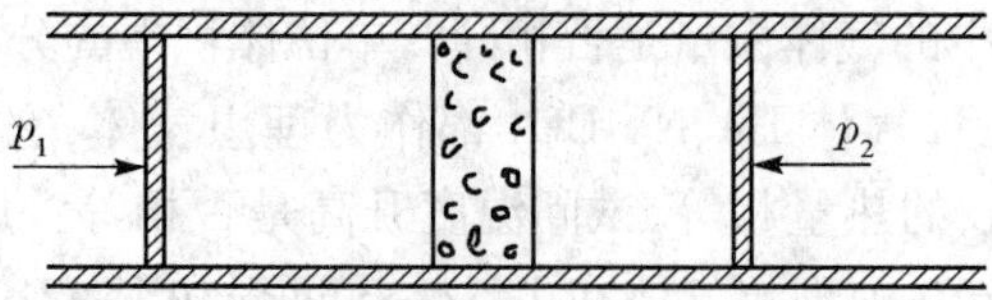

图 4-9

分析:理想气体的初始状态为 p_1、V_1,经节流膨胀以后变为 p_2、V_2,在此过程中外界对气体做功为 p_1V_1,气体对外界做功为 p_2V_2,外界对系统做净功为

$$\Delta W=p_1V_1-p_2V_2=\frac{m}{M}R(T_1-T_2)$$

由于整个装置对外绝热,所以

$$\Delta W=E_2-E_1=\frac{m}{M}C_{V,\mathrm{m}}(T_2-T_1)$$

可见

$$\frac{m}{M}R(T_1-T_2)=\frac{m}{M}C_{V,\mathrm{m}}(T_2-T_1)$$

即

$$(C_{V,\mathrm{m}}+R)(T_2-T_1)=0$$

所以 $T_1=T_2$.

理想气体经节流膨胀以后温度不变.

根据熵增原理,只要判断该过程中的熵变情况.

如果该绝热过程的熵变是大于零的量,证明该过程就不是可逆过程.

熵是系统状态的函数,只要始、末状态确定,其对应的熵的变化也就确定了,与其状态变化的过程无关.根据上面的分析,节流膨胀过程中温度不变,我们可以借用等温过程来计算熵的变化.

解:由分析可知理想气体的节流膨胀过程中温度不变,可借用等温过程计算熵变.

$\because\ \mathrm{d}Q=\mathrm{d}E+\mathrm{d}W=p\cdot\mathrm{d}V$

$\therefore\ \Delta S=\int_{V_1}^{V_2}\frac{p\cdot\mathrm{d}V}{T}=\frac{m}{M}R\int_{V_1}^{V_2}\frac{\mathrm{d}V}{V}=\frac{m}{M}R\ln(\frac{V_2}{V_1})$

由题意,$p_1>p_2$,$T_1=T_2$,因此 $V_2>V_1$,故 $\Delta S>0$.由熵增原理可知,绝热系统中不可逆过程对应的熵一定增加,所以节流膨胀过程是一个不可逆过程.

三、讨论题

4-1 贮有理想气体的容器以速率 v 运动，假设容器突然停止，则容器中的温度将会上升. 现有两个相同容器，一个装有氢气，一个装有氦气，如果它们具有的速率 v 相同，气体质量相同，哪个容器的温度上升较高？

4-2 （1）两瓶不同种类的气体，其分子的平均平动动能相等，但分子数密度不同，它们的温度是否相同？压强是否相同？

（2）两瓶不同种类的气体，它们的温度和压强相同，但体积不同. 问它们单位体积中的分子数是否相同？单位体积中的气体质量是否相同？单位体积中的分子总平动动能是否相同？

（3）摩尔数相同的三种气体 He、N_2、CO_2 都作为理想气体，它们从相同的初态出发，都经过等体吸热过程，若吸收的热量相等，试问温度升高是否相等？压强的增加是否相等？

4-3 分别讨论图 4-10 中理想气体在 $1\to2\to3$ 过程和 $1\to2'\to3$ 过程中的 ΔT，ΔE，W，Q 的正负.

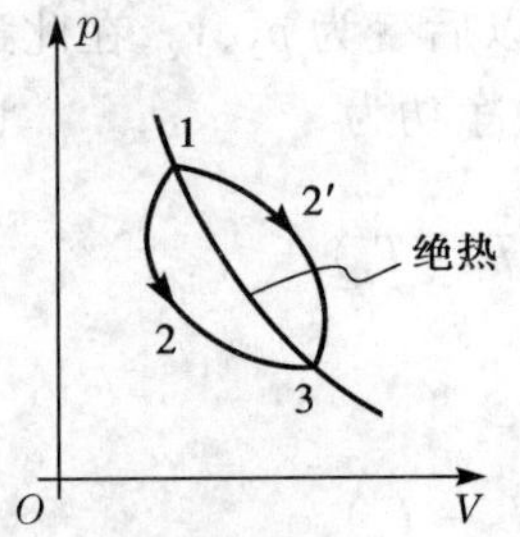

图 4-10

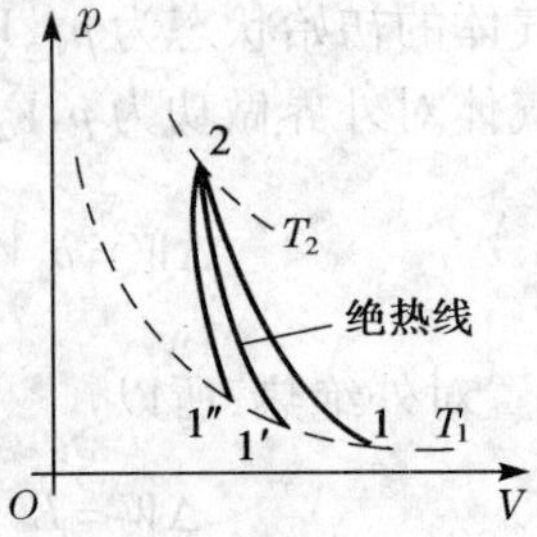

图 4-11

4-4 有人说温度升高的过程总是吸热，这种说法对吗？

同一种理想气体经历如图 4-11 所示的各过程时，分析各过程热容量的正负.

（1）$1\to2$ 过程；

（2）$1'\to2$ 过程；

（3）$1''\to2$ 过程.

4-5 如图 4-12 所示，已知 ab 为等温过程，da 和 bc 为绝热过程，试判断 $abcda$ 与 $abeda$ 两个循环过程中哪个效率高.

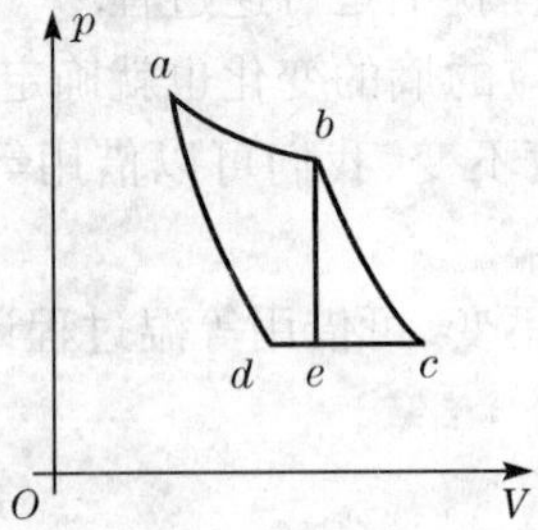

图 4-12

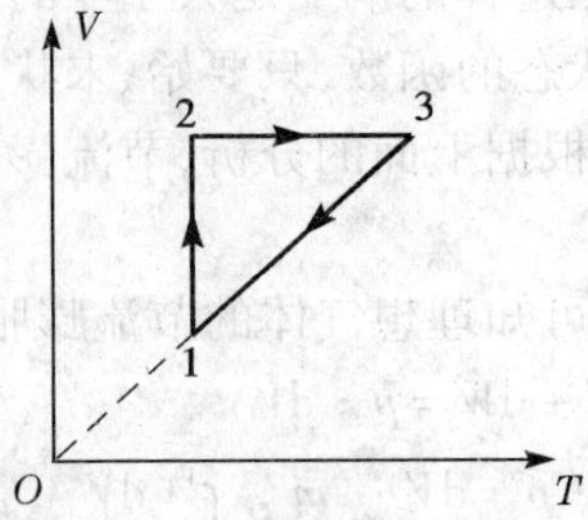

图 4-13

4-6 如图 4-13 所示，在 $V-T$ 图中，$1\to2\to3\to1$ 的循环是正循环还是负循环？

4-7　在 $p-V$ 图上用一条曲线表示的过程是否一定是准静态过程？理想气体经自由膨胀由 p_1V_1 改变到状态 p_2V_2 这一过程能否用一条等温线表示？

4-8　一条等温线和一条绝热线能否有两个交点？为什么？

4-9　在绝热自由膨胀的过程中 $dQ=0$，因此有人说绝热自由膨胀过程中熵不变，这种说法对吗？

4-10　判断图 4-14 中所示的曲线属何种过程，将该过程中吸收热量、内能变化及对外做功的正负填入表 4-1 中.

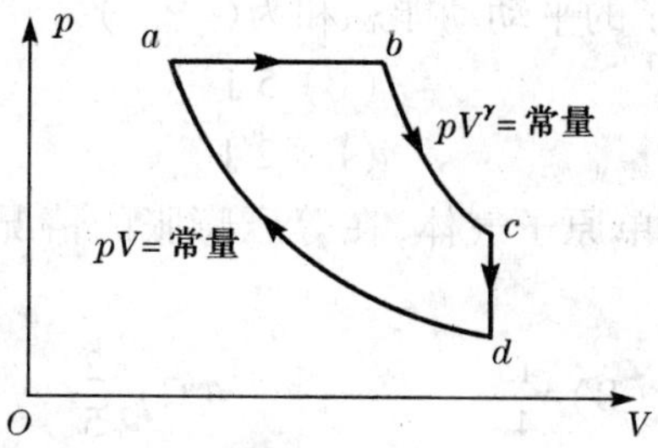

图 4-14

表 4-1

	过程	Q	ΔE	A
$a\to b$				
$b\to c$				
$c\to d$				
$d\to a$				
$abcda$				

4-11　在 $p-V$ 图上一条直线与一条绝热线能否构成循环？为什么？

***4-12**　鼓风机工作时，风叶高速旋转，气体的分子数密度在轴面的分布如何？（提示：气体分子受到惯性力——离心力作用，离心力为保守力，在轴面各点的势能不同，应按玻耳兹曼速度分布分析）

综合习题

4-1　如图，一定量的理想气体经历 acb 过程时吸热 500 J，则经历 $acbda$ 过程时，净吸热为（　　）

（A）－700 J　　（B）－400 J

（C）700 J　　（D）－1 200 J

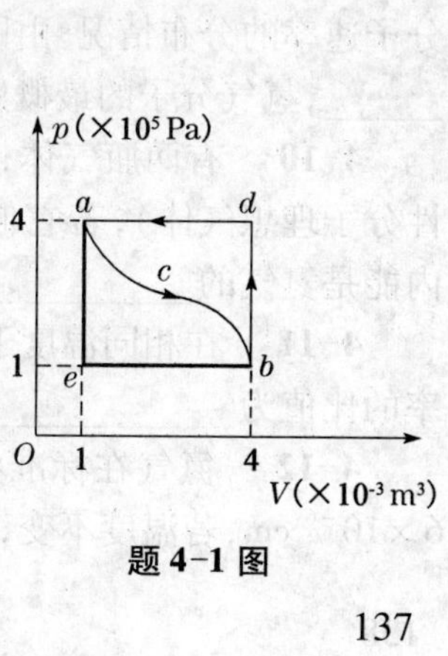

题 4-1 图

4-2　两个相同的容器，一个盛氢气，一个盛氦气（均视为刚性分子理想气体），开始时它们的压强和温度都相等，现将 6 J 热量传给氦气，使之升高到一定温度. 若使氢气也升高同样温度，则应向氢气传递热量（　　）

(A) 10 J　　　　　　　　(B) 6 J

(C) 5 J　　　　　　　　(D) 12 J

4-3　某理想气体状态变化时，内能随体积的变化关系如图中 AB 直线所示，则 $A \rightarrow B$ 表示的过程是(　　)

(A) 等体过程　　　　　　(B) 等温过程

(C) 绝热过程　　　　　　(D) 等压过程

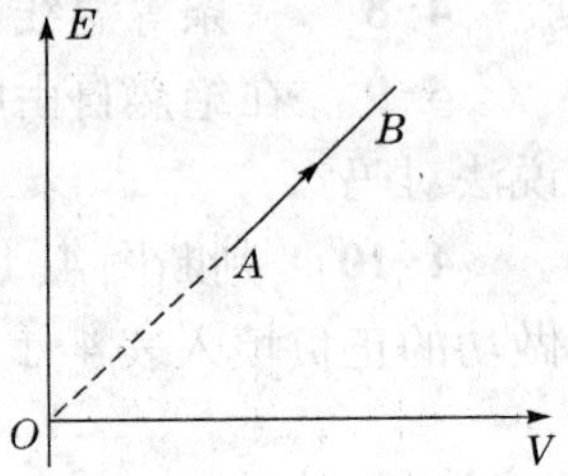

题 4-3 图

4-4　在容积 $V = 4 \times 10^{-3}\ \mathrm{m}^3$ 的容器中，装有压强 $p = 5 \times 10^2$ Pa 的理想气体，则容器中气体分子的平动动能总和为(　　)

(A) 3 J　　　　　　　　(B) 5 J

(C) 9 J　　　　　　　　(D) 2 J

4-5　对于室温条件下的单原子气体，在等压膨胀的情况下，系统对外做功 W 与系统吸热之比等于(　　)

(A) $\dfrac{1}{3}$　　　(B) $\dfrac{1}{4}$　　　(C) $\dfrac{2}{5}$　　　(D) $\dfrac{2}{7}$

4-6　理想气体绝热地向真空自由膨胀，体积增大为原来的两倍，则始末两状态的温度 T_1 与 T_2 和始末两状态气体分子的平均自由程 $\overline{\lambda}_1$ 和 $\overline{\lambda}_2$ 的关系为(　　)

(A) $T_1 = 2T_2,\ \overline{\lambda}_1 = \dfrac{1}{2}\overline{\lambda}_2$　　　(B) $T_1 = T_2,\ \overline{\lambda}_1 = \overline{\lambda}_2$

(C) $T_1 = T_2,\ \overline{\lambda}_1 = \dfrac{1}{2}\overline{\lambda}_2$　　　(D) $T_1 = 2T_2,\ \overline{\lambda}_1 = \overline{\lambda}_2$

4-7　一瓶氦气和一瓶氮气密度相同，分子平均平动动能相同，而且它们都处于平衡状态，则它们(　　)

(A) 温度、压强都不相同

(B) 温度相同，但氦气的压强大于氮气的压强

(C) 温度相同，但氦气的压强小于氮气的压强

(D) 温度相同、压强相同

4-8　A,B,C 三个容器中皆装有理想气体，它们的分子数密度之比为 $n_A : n_B : n_C = 4 : 2 : 1$，而分子的平均平动动能之比为 $\overline{\varepsilon}_{kA} : \overline{\varepsilon}_{kB} : \overline{\varepsilon}_{kC} = 1 : 2 : 4$，则它们的压强之比 $p_A : p_B : p_C =$ __________.

4-9　图示的曲线分别表示了氢气和氦气在同一温度下的分子速率的分布情况. 由图可知，氦气分子的最概然速率为__________，氢气分子的最概然速率为________.

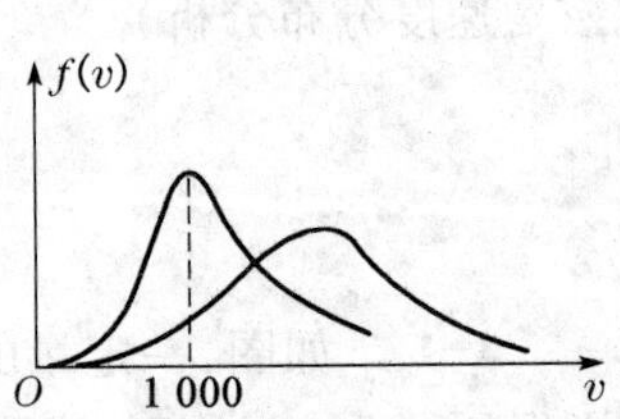

题 4-9 图

4-10　有两瓶气体，一瓶是氦气，另一瓶是氢气(均视为刚性分子理想气体)，若它们的压强、体积、温度均相同，则氢气的内能是氦气的__________倍.

4-11　在相同温度下，氢分子与氧分子的平均平动动能的比值为________，方均根速率的比值为__________.

4-12　氮气在标准状态下的分子平均碰撞频率为 $5.42 \times 10^8\ \mathrm{s}^{-1}$，分子平均自由程为 6×10^{-6} cm，若温度不变，气压降为 0.1 atm，则分子的平均碰撞频率变为______；平均自由程变为________.

4-13　3 mol 的理想气体开始时处在压强 $p_1=6$ atm、温度 $T_1=500$ K 的平衡态. 经过一个等温过程,压强变为 $p_2=3$ atm,则该气体在此等温过程中吸收的热量为 $Q=$ ______J.(普适气体常量 $R=8.31\ \mathrm{J\cdot mol^{-1}\cdot K^{-1}}$)

4-14　一定量理想气体,先由等温压缩到体积 V_0,再由 V_0 绝热膨胀到原体积,在等温压缩过程中外界做功为$|A_1|$,绝热膨胀过程中系统做功为$|A_2|$. 则在这一变化过程中系统从外界吸收热量 $Q=$ ________,系统内能增加 $\Delta E=$ ________.

4-15　压强保持不变时,50 g 氧气自 293 K 上升到 363 K,问吸收的热量为多少? 对外做功为多少?

4-16　设有某种理想气体,其初始压强为 10×10^5 Pa,初始温度为 300 K,今使它作绝热膨胀,直到体积增大到原来的 2 倍. 若该气体为单原子气体,则末态的压强与温度为多少?

4-17　1 mol 理想气体在 400 K 与 300 K 两恒温热源之间完成卡诺循环. 在 400 K 的等温线上初始体积为 1.0 L,最后体积为 5.0 L,求此循环过程中的效率及对外做功和放出的热量.

4-18　如图所示,这是单原子理想气体循环过程的 $V-T$ 图,$V_C=2V_A$. 试判断该循环代表的是热机还是致冷机? 若是热机,其效率为多少?

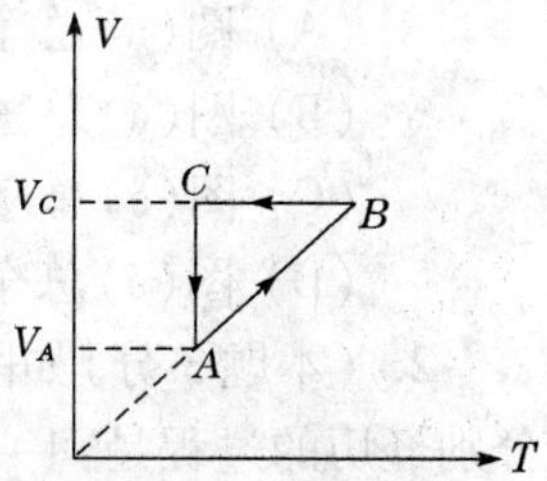

题 4-18 图

4-19　当氢气和氦气的压强、体积和温度都相等时,求它们的质量比$\dfrac{m(H_2)}{m(He)}$和内能比$\dfrac{E(H_2)}{E(He)}$.(将氢气视为刚性双原子分子气体)

第四单元自测卷

一、选择题(共30分)

1. (本题3分)图(a)、(b)、(c)各表示连接在一起的两个循环过程,其中图(c)是两个半径相等的圆构成的两个循环过程,图(a)和(b)则为半径不等的两个圆,那么(　　)

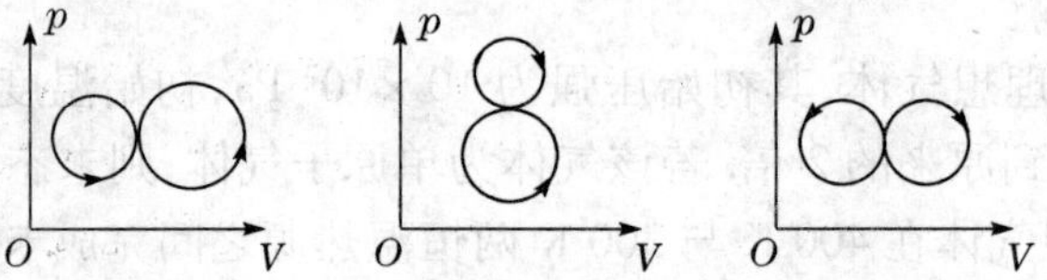

(a)　　(b)　　(c)

(A) 图(a)总净功为负,图(b)总净功为负,图(c)总净功为正
(B) 图(a)总净功为负,图(b)总净功为负,图(c)总净功为零
(C) 图(a)总净功为正,图(b)总净功为正,图(c)总净功为负
(D) 图(a)总净功为负,图(b)总净功为正,图(c)总净功为零

2. (本题3分)如图所示,一定量理想气体从体积 V_1 膨胀到体积 V_2 分别经历的过程是:$A \to B$ 等压过程,$A \to C$ 等温过程;$A \to D$ 绝热过程. 其中吸热量最多的过程(　　)

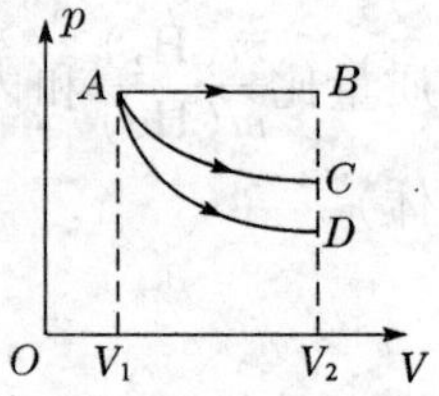

(A) 是 $A \to C$
(B) 是 $A \to D$
(C) 是 $A \to B$ 或 $A \to C$,两过程吸热一样多
(D) 是 $A \to B$

3. (本题3分)有两个相同的容器,容积固定不变,一个盛有氨气,另一个盛有氢气(看成刚性分子的理想气体),它们的压强和温度都相等,现将5 J的热量传给氢气,使氢气温度升高,如果使氨气也升高同样的温度,则应向氨气传递的热量是(　　)

(A) 5 J　　(B) 3 J
(C) 2 J　　(D) 6 J

4. (本题3分)如图,一定质量的理想气体完成一循环过程,此过程在 $V-T$ 图中用图线 $1 \to 2 \to 3 \to 1$ 描述. 该气体在循环过程中吸热、放热的情况是(　　)

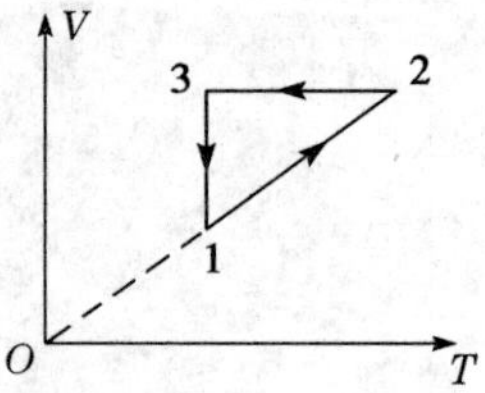

(A) 在 $2 \to 3$ 过程吸热;在 $1 \to 2$,$3 \to 1$ 过程放热
(B) 在 $1 \to 2$ 过程吸热;在 $2 \to 3$,$3 \to 1$ 过程放热
(C) 在 $2 \to 3$,$3 \to 1$ 过程吸热;在 $1 \to 2$ 过程放热
(D) 在 $1 \to 2$,$3 \to 1$ 过程吸热;在 $2 \to 3$ 过程放热

5. (本题3分)有人设计一台卡诺热机(可逆的),每循环一次可从400 K的高温热源吸热1 800 J,向300 K的低温热源放热800 J,同时对外做功1 000 J,这样的设计是(　　)

(A) 可以的,符合热力学第二定律

(B) 不行的,卡诺循环所做的功不能大于向低温热源放出的热量

(C) 不行的,这个热机的效率超过理论值

(D) 可以的,符合热力学第一定律

6. (本题3分)三个容器 A、B、C 中装有同种理想气体,其分子数密度 n 相同,而方均根速率之比为 $(\overline{v_A^2})^{1/2}:(\overline{v_B^2})^{1/2}:(\overline{v_C^2})^{1/2}=1:2:4$,则其压强之比 $p_A:p_B:p_C$ 为( )

(A) 1:4:8 (B) 1:4:16

(C) 4:2:1 (D) 1:2:4

7. (本题3分)1 mol 刚性双原子分子理想气体,当温度为 T 时,其内能为( )

(A) $\frac{3}{2}kT$ (B) $\frac{5}{2}RT$

(C) $\frac{5}{2}kT$ (D) $\frac{3}{2}RT$

(式中 R 为普适气体常量,k 为玻尔兹曼常量)

8. (本题3分)一定量的理想气体,起始温度为 T,体积为 V_0,后经历绝热过程,体积变为 $2V_0$,再经过等体过程,温度回升到起始温度,最后再经过等温过程,回到起始状态. 则在此循环过程中( )

(A) 气体对外界净做的功为正值

(B) 气体从外界净吸的热量为正值

(C) 气体内能减少

(D) 气体从外界净吸的热量为负值

9. (本题3分)压强为 p、体积为 V 的氢气(视为刚性分子理想气体)的内能为( )

(A) $\frac{3}{2}pV$ (B) pV

(C) $\frac{1}{2}pV$ (D) $\frac{5}{2}pV$

10. (本题3分)一定量的理想气体,在体积不变的条件下,当温度升高时,分子的平均碰撞频率 $\overline{Z}$ 和平均自由程 $\overline{\lambda}$ 的变化情况是( )

(A) $\overline{Z}$ 不变,$\overline{\lambda}$ 增大 (B) $\overline{Z}$ 和 $\overline{\lambda}$ 都增大

(C) $\overline{Z}$ 和 $\overline{\lambda}$ 都不变 (D) $\overline{Z}$ 增大,$\overline{\lambda}$ 不变

二、填空题(共30分)

1. (本题5分)一定量理想气体,从同一状态开始,使其体积由 V_1 膨胀到 $2V_1$,分别经历以下三种过程:(1) 等压过程;(2) 等温过程;(3) 绝热过程. 其中,______过程气体对外做功最多;______过程气体内能增加最多;______过程气体吸收的热量最多.

2. (本题4分)一气缸内贮有 10 mol 的单原子分子理想气体,在压缩过程中外界做功 209 J,气体升温 1 K,此过程中气体内能增量为________,外界传给气体的热量为________.(普适气体常量 $R=8.31\ \mathrm{J\cdot mol^{-1}\cdot K^{-1}}$)

3. (本题4分)一定量的某种理想气体在等压过程中对外做功为 200 J. 若此种气体为单原子分子气体,则该过程中需吸热__________J;若为双原子分子气体,则需吸热________J.

4. (本题5分)一卡诺热机(可逆的),低温热源的温度为27℃,热机效率为40%,其高温热源温度为______K. 今欲将该热机效率提高到50%,若低温热源保持不变,则高温热源的温度应增加______K.

5. (本题3分)如图所示,理想气体从状态 A 出发经 $ABCDA$ 循环过程回到初态 A 点,则循环过程中气体净吸的热量 $Q=$ ________.

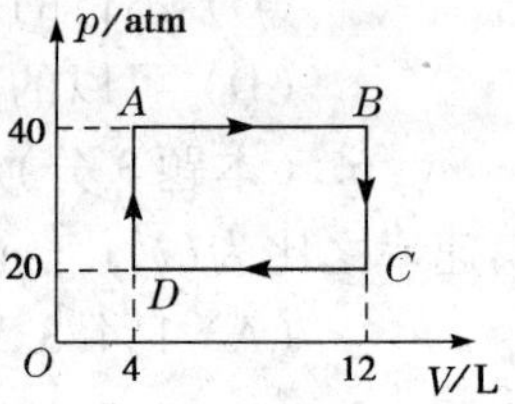

6. (本题5分)对于单原子分子理想气体,下面各式分别代表什么物理意义?

(1) $\frac{3}{2}RT$: ____________________________,

(2) $\frac{3}{2}R$: ____________________________,

(3) $\frac{5}{2}R$: ____________________________.

(式中 R 为普适气体常量,T 为气体的温度)

7. (本题4分)图示曲线为处于同一温度 T 时氦(相对原子质量为4)、氖(相对原子质量为20)和氩(相对原子质量为40)三种气体分子的速率分布曲线. 其中曲线(a)是______气分子的速率分布曲线;曲线(c)是______气分子的速率分布曲线.

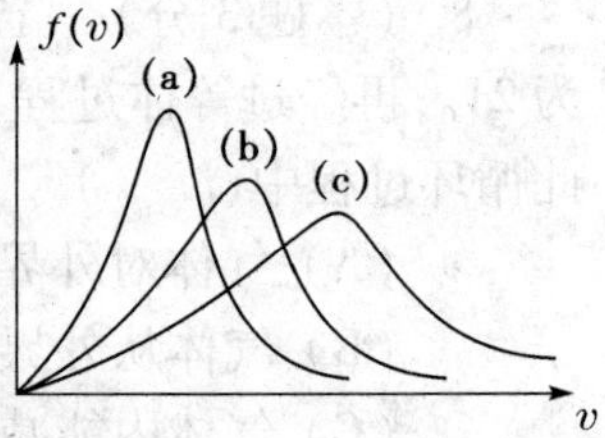

三、计算题(共40分)

1. (本题10分)设刚性双原子分子理想气体的体积为 V,其内能为 E.

(1) 试求气体的压强;

(2) 设分子总数为 N_0 个,求分子的平均平动动能及气体的温度.

2. （本题 8 分）如图所示，一个四周用绝热材料制成的气缸，中间有一用导热材料制成的固定隔板 C 把气缸分成 A、B 两部分，D 是一绝热的活塞. A 中盛有 1 mol 氦气，B 中盛有 1 mol 氮气（均视为刚性分子的理想气体）. 从外界缓慢地移动活塞 D，压缩 A 部分的气体，对气体做功为 W，试求在此过程中 B 部分气体内能的变化.

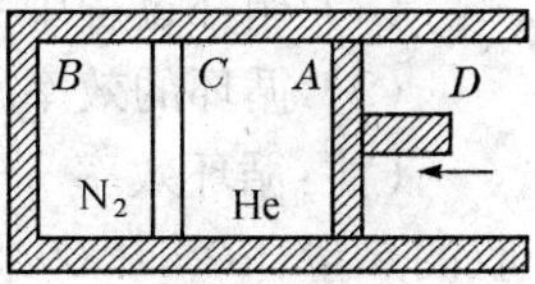

*3. （本题 12 分）1 mol 的某种理想气体，开始时处于压强为 p_1、体积为 V_1 的状态，经等压膨胀过程，体积变为 V_2，然后经绝热膨胀过程，体积变为 V_3，最后经等温压缩过程回到始态. 已知 V_1 和 V_2.

（1）试证：

等温过程中系统吸热　$Q_{31}=p_1V_1\ln\left(\dfrac{V_1}{V_3}\right)=\dfrac{\gamma}{\gamma-1}p_1V_1\ln\left(\dfrac{V_1}{V_2}\right)$；

等压过程中系统吸热　$Q_{12}=\dfrac{m}{M}C_{p,\mathrm{m}}(T_2-T_1)=\dfrac{\gamma}{\gamma-1}p_1(V_2-V_1)$.

（2）求此循环的效率.

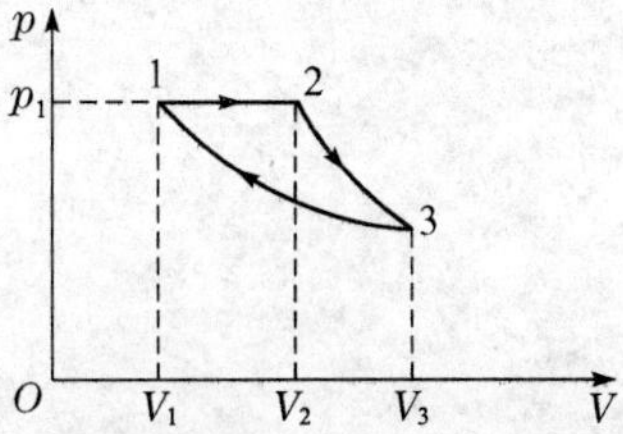

4. （本题 10 分）1 mol 单原子分子理想气体的循环过程如 $T-V$ 图所示，其中 c 点的温度为 $T_c=600$ K. 试求：

（1）ab，bc，ca 各个过程系统吸收的热量；

（2）循环过程中系统所做的净功；

（3）循环的效率.

（注：循环效率 $\eta=W/Q$，W 为循环过程系统对外做的净功，Q 为循环过程系统从外界吸收的热量，$\ln 2=0.693$）

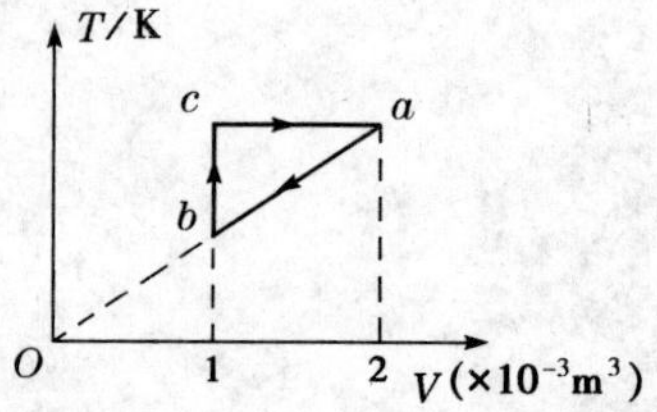

第五单元　机械振动和机械波

一、内容提要

振动和波动是横跨物理学不同领域物质运动的一种重要形式，在物理规律和研究方法上类似. 对机械运动和机械波的学习，是今后研究其他形式振动和波动的基础.

1. 描述简谐运动的基本物理量

物体在某一位置附近作周期性往复运动，称之为机械振动. 运动轨迹可以是直线，也可以是曲线；运动状态可以是平动，也可以是转动. 一维简谐运动是振动中最基本的运动形态，任何复杂振动都可看作一系列不同频率简谐运动的叠加.

一维简谐运动方程　$x = A\cos(\omega t + \varphi)$

(1) 周期 T　每完成一次全振动所需时间，单位为 s.

(2) 频率 ν　单位时间内完成全振动的次数，单位为 s^{-1}，简称赫兹(Hz).

(3) 角频率 ω　单位时间内完成振动次数的 2π 倍，单位为 $rad \cdot s^{-1}$.

三者关系为

$$\omega = 2\pi\nu = \frac{2\pi}{T}$$

上述三量与振动系统的动力学性质有关，而与初始条件无关.

(4) 振幅 A　物体离开平衡位置($x = 0$ 处)最大位移的绝对值. 振幅与简谐振动初始条件有关，即

$$A = \sqrt{x_0^2 + \left(\frac{v_0}{\omega}\right)^2} = \sqrt{x^2 + \left(\frac{v}{\omega}\right)^2}$$

从另一角度看，振幅与振动开始时外界输入系统的能量有关. 振幅 A 是表征振动系统能量($E = \frac{1}{2}kA^2$)的一个重要参量.

(5) 相位($\omega t + \varphi$)　描述 t 时刻振动系统的运动状态，单位为 rad. 每完成一次全振动，其相位变化 2π.

(6) 初相位 φ　描述初始时刻振动系统的运动状态. φ 与计时时刻($t = 0$ 时)的初始状态(x_0, v_0)有关，即

$$\varphi = \arctan\left(\frac{-v_0}{\omega x_0}\right)$$

φ 一般用小于 2π 的弧度值表示，在$(0, \frac{3}{2}\pi)$区间一般用正角表示，在$(\frac{3}{2}\pi, 2\pi)$区间一般用负角表示. 具体数值必须考虑 x_0 与 v_0 的正负. 相位(含初相位)是描述振动状态的一个

重要物理量，通过它很容易确定振动物体的位置、速度和加速度等. 引入旋转矢量后，相位或初相位与旋矢的空间位置存在一一对应关系，利用旋矢法很容易确定相位或初相位.

2. (一维)简谐运动的特征与分析

(1) 动力学特征

受力特征

$$F = -kx$$

式中，F 为振动物体所受合外力；x 为物体离开平衡位置($x=0$ 处)的位移；k 为振动系统的等效劲度系数(或称振动常数)，对弹簧振子即为弹簧的劲度系数. 在一般情况下，k 应由对振动系统的动力学分析后求得.

运动微分方程

$$\frac{d^2x}{dt^2} + \omega^2 x = 0$$

式中，ω 就是前述的角频率. 在一般情况下，ω 应由对振动系统的动力学分析得到.

对于角谐振动($\theta < 5°$)，同样有

$$M = -k\theta$$

$$\frac{d^2\theta}{dt^2} + \omega^2\theta = 0$$

式中，M 为偏离平衡位置后作用于定轴转动系统上的合外力矩；θ 为相对平衡位置的角位移；k，ω 的含义同前. 严格讲，角谐振动为准简谐运动.

(2) 运动学特征

运动方程 $$x = A\cos(\omega t + \varphi)$$

振动速度 $$v = \frac{dx}{dt} = -A\omega\sin(\omega t + \varphi)$$

振动加速度 $$a = \frac{d^2x}{dt^2} = -A\omega^2\cos(\omega t + \varphi) = -\omega^2 x$$

式中，$A\omega = v_m$、$A\omega^2 = a_m$，分别为振动物体的最大速度和加速度值.

对角谐振动($\theta < 5°$)，同样有

运动方程 $$\theta = \theta_m\cos(\omega t + \varphi)$$

振动角速度 $$\omega' = -\theta_m\omega\sin(\omega t + \varphi)$$

振动角加速度 $$\alpha = -\theta_m\omega^2\cos(\omega t + \varphi) = -\omega^2\theta$$

由上可知物体位移、速度和加速度都是时间 t 以余弦或正弦规律变化的周期性函数，也可以理解为相位($\omega t + \varphi$)的周期性函数，三者不同相，加速度相位比速度超前$\frac{\pi}{2}$，比位移超前 π.

(3) 能量特征

以弹簧振子为例

势能 $$E_p = \frac{1}{2}kx^2 = \frac{1}{2}kA^2\cos^2(\omega t+\varphi)$$

动能 $$E_k = \frac{1}{2}mv^2 = \frac{1}{2}kA^2\sin^2(\omega t+\varphi)$$

E_p 与 E_k 也都作周期性变化,其变化频率为振动频率的 2 倍. 振动过程中两者相互转换,但总量不变,即

$$E = E_k + E_p = \frac{1}{2}kx^2 + \frac{1}{2}mv^2 = \frac{1}{2}kA^2 = \text{恒量}$$

对于一般振动系统,应按具体情况写出其动势能表达式,但机械能守恒是所有简谐运动的共同特征.

(4) 简谐运动的判别

满足以下三式中的任一式即可判定为简谐运动. 即

$$F = -kx$$

$$\frac{d^2x}{dt^2} + \omega^2 x = 0$$

$$x = A\cos(\omega t+\varphi)$$

对于角谐运动,可将式中线量换成相应的角量;后二式还可用于对非机械形式简谐运动(如交流电,电磁振荡等)的判别,只是将式中 x 换成被研究的物理量,如电荷 Q、电流 i、电压 u 等;在对简谐运动判断过程中,还可求得由系统固有性质决定的 k 与 ω 这两个常量.

(5) 常见基本简谐运动

弹簧振子

$$x = A\cos(\omega t+\varphi)$$

式中,$\omega^2 = \frac{k}{m}$,则 $T = \frac{2\pi}{\omega} = 2\pi\sqrt{\frac{m}{k}}$

***复摆**

$$\theta = \theta_m\cos(\omega t+\varphi) \quad (\theta < 5°)$$

式中,$\omega^2 = \frac{mgl}{J_0}$. 如图 5-1 所示,$\theta$ 为物体偏离平衡位置的角位移,l 为质心 C 到转轴 O 的距离,J_0 为转动物体相对转轴 O 的转动惯量,则 $T = \frac{2\pi}{\omega} = 2\pi\sqrt{\frac{J_0}{mgl}}$.

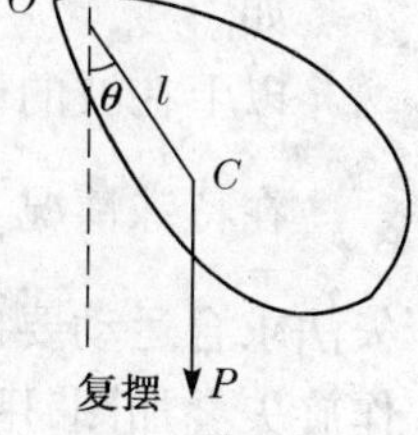

图 5-1

单摆 可视为复摆的一个特例,即当物体质量集中于质心 C 时,

$$J_0 = ml^2$$

则

$$T = 2\pi\sqrt{\frac{l}{g}}$$

对上述基本简谐运动施加一个恒定外力后，一般仍为简谐运动，但平衡位置和角频率有可能改变，必须具体分析.

另对一般较复杂振动系统，角频率 ω 应通过动力学分析后自行推导（方法见例 5-3），对于处在非惯性系中的振动系统，可加惯性力后分析.

3. 旋转矢量法

当旋转矢量逆时针绕点 O 作匀角速圆周运动过程中，其矢端在 x 轴（或 y 轴）上的投影点在 $\pm A$ 区间内作简谐运动，二者是合运动与分运动的关系. 尽管 ω、$(\omega t+\varphi)$ 和 φ 这三个物理量在两种运动中的物理意义不同，但在数值上相等，因此旋转矢量是研究一切形式简谐运动的一个重要工具，引入旋转矢量后，旋矢 $\boldsymbol{A}$ 的空间位置与谐振动状态存在对应关系，借助旋转矢量可简便地对简谐运动作如下分析：

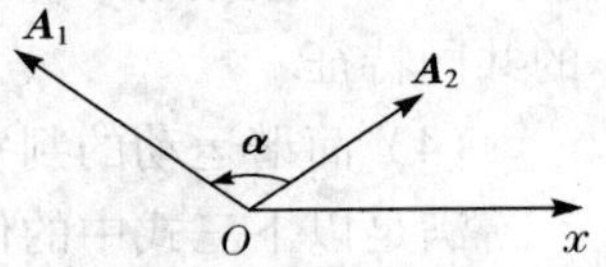

图 5-2

用旋矢表示一个简谐运动　　体现 A,ω,φ 三要素

确定初相（或相位）　　详见例 5-1(1)

描绘振动曲线　　详见例 5-1(1)

运动时间和角频率间的互求　　详见例 5-1(2)

比较相差　如图 5-2 所示，如沿逆时针方向的角 $\alpha\leqslant\pi$，则认为运动 1 超前运动 2 的相位为 α，或者说 2 滞后 1 的相位为 α，α 为两同频率简谐运动相位差的绝对值.

谐振动合成　在特殊情况下，可直接作旋转矢量叠加图，用几何方法求合振动的振幅 A 和初相 φ.

4. 简谐运动的合成

(1) 两同方向同频率简谐运动合成

$$x=x_1+x_2=A\cos(\omega t+\varphi)\quad（合运动仍为简谐运动）$$

式中

$$A=\sqrt{A_1^2+A_2^2+2A_1A_2\cos(\varphi_2-\varphi_1)}$$

$$\varphi=\arctan\frac{A_1\sin\varphi_1+A_2\sin\varphi_2}{A_1\cos\varphi_1+A_2\cos\varphi_2}$$

当 $\varphi_2-\varphi_1=\pm 2k\pi\quad(k=0,1,2,\cdots)$　　同相合成

则　$A=A_1+A_2$　　合振动最强

当 $\varphi_2-\varphi_1=\pm(2k+1)\pi\quad(k=0,1,2,\cdots)$　　反相合成

则　$A=|A_1-A_2|$　　合振动最弱

如　$A_1=A_2$，则 $A=0$　　合振动静止

以上在波的干涉中将作为干涉极大和极小的基本条件.

在特殊情况下，如两谐振动相位差为 0、$\dfrac{\pi}{2}$、π 以及两旋矢相对 x 轴或 y 轴对称时，用旋矢法求合运动要比解析法简便得多. 对于多个同方向、同频率简谐运动的合成一般用旋矢法作旋矢叠加图，用几何方法求合运动的振幅 A 和初相 φ.

(2) 两同方向频率相近简谐运动合成——“拍”

合振动振幅随时间缓慢作周期性变化，因而合振动不再是简谐运动.

拍频 $\nu_{拍} = |\nu_2 - \nu_1|$

合振动频率 $\nu = \frac{1}{2}(\nu_1 + \nu_2)$

*5. 阻尼振动与受迫振动

(1) 阻尼振动

在阻力作用下，振动系统能量逐渐衰减，振幅逐渐减小. 阻尼振动不再是简谐运动，它通常被分为欠阻尼、过阻尼和临界阻尼三种情况. 临界阻尼在工程技术中有不少应用，如灵敏电流计中电磁阻尼.

(2) 受迫振动

在周期性外力作用下的振动，如为简谐型外力，则稳定后的受迫振动视为简谐型振动. 即

$$x = A\cos(\omega_p t + \varphi)$$

式中，ω_p 为驱动力的角频率，而非振动系统的固有频率 ω_0；振幅 A 和初相 φ 与多种因素均有关，在一个周期内外力对系统所做功等于克服阻力所做功，故振幅维持不变.

(3) (位移)共振

当驱动力的角频率等于共振角频率 ω_r，即 $\omega_p = \omega_r = \sqrt{\omega_0^2 - 2\delta^2}$ 时，受迫振动的振幅最大. 在阻尼系数 δ 较小时，共振条件也可近似用 $\omega_p \approx \omega_0$(固有角频率)判断. 共振时系统从外界吸取能量最大. 共振有利也有弊.

6. 波的概念和描述机械波的基本物理量

波源(振动物体)和弹性介质是产生机械波的两个必要条件，波动是振动状态(相位)和能量在空间传播的过程. 机械波分为横波和纵波，波的传播通常用波线和波面(阵)来描绘，根据波面的形状又分为平面波和球面波等.

(1) 波速(相速)

振动状态(相位)在空间的传播速度，它与波的特性无关，仅取决于介质的力学性质.

(2) 波的周期 T

一个完整波形通过波线上某点所需时间，其数值等于介质中各质点的振动周期，它反映波动在时间上的周期性.

(3) 波的频率 ν

单位时间内通过波线上某点完整波形的数目，其数值等于介质中各质点的振动频率.

当波源相对介质静止时，波的周期 T 和频率 ν 与波源相同.

(4) 波长 λ

波在一个周期内传播的距离，也可理解为波线上两个相位差为 2π 的同相振动质点间的距离，即一个完整波形的长度. 波长 λ 与波源和介质均有关. 它反映波在空间上的周期性.

(5) 相互关系

$$u=\frac{\lambda}{T}=\lambda\nu$$

7. 简谐波

当物体在无吸收、均匀介质中作简谐运动中时可产生简谐波. 简谐波是波动中最基本的一种波动状态,任何复杂波都可理解为一系列不同频率简谐波的叠加.

(1) 平面简谐波的波函数

常见标准形式:

$$y=A\cos\left[\omega\left(t\mp\frac{x}{u}\right)+\varphi\right]$$

$$=A\cos\left[2\pi\left(\frac{t}{T}\mp\frac{x}{\lambda}\right)+\varphi\right]$$

$$=A\cos\left[2\pi\left(\nu t\mp\frac{x}{\lambda}\right)+\varphi\right]$$

波函数在形式上取决于坐标系的选择(原点和正向). 当波的传播方向与 x 轴正向一致时取"$-$"号,反之取"$+$"号. 式中,φ 理解为坐标系原点($x=0$)处(不一定是波源)质点振动的初相位($t=0$ 时). 对波函数中的时间 t 求一阶和二阶偏导还可求得任一质点在任意时刻的振动速度 $v\left(v=\frac{\partial y}{\partial t}\right)$ 和振动加速度 $a\left(a=\frac{\partial^2 y}{\partial t^2}\right)$.

(2) 波函数的物理意义

波函数描述了波线上所有质点的振动规律,它是空间变量 x 和时间变量 t 的二元函数. 给定 x,它表示该处质点的振动规律;给定 t,它表示该时刻的波形;当 x 和 t 同时变化时,有 $y(t+\Delta t,x+u\Delta t)=y(x,t)$,则表示了振动状态的传播,故又称行波.

8. 波所传播的能量

(1) 介质质元的能量

对质元 $\mathrm{d}m=\rho\mathrm{d}V$:

$$\mathrm{d}W_p=\mathrm{d}W_k=\frac{1}{2}(\rho\mathrm{d}V)A^2\omega^2\sin^2\left[\omega\left(t-\frac{x}{u}\right)\right]\quad(设\ \varphi=0,下同)$$

$$\mathrm{d}W=\mathrm{d}W_p+\mathrm{d}W_k=(\rho\mathrm{d}V)A^2\omega^2\sin^2\left[\omega\left(t-\frac{x}{u}\right)\right]$$

任一质元在任意时刻的动势能相等,变化规律一致. 质元的机械能不守恒,这是与简谐运动的一个重要区别,也正反映能量传播这一特征.

(2) 能量密度

瞬时: $$w=\rho A^2\omega^2\sin^2\left[\omega\left(t-\frac{x}{u}\right)\right]$$

平均(一个周期内): $$\bar{w}=\frac{1}{2}\rho A^2\omega^2\quad(为一常量)$$

(3) 能流

瞬时：$P = wuS$

平均(一个周期内)：$\bar{P} = \bar{w}uS$

表示单位时间通过垂直于波线面积为 S 的能量和平均能量,又叫波的功率,单位为 W.

(4) 能流密度

$$I = \frac{\overline{P}}{S} = \frac{1}{2}\rho A^2\omega^2 u \quad (\text{为一常量})$$

表示单位时间通过垂直于传播方向单位面积的平均能量,单位为 $W \cdot m^{-2}$. 能流密度矢量的方向与波的传播方向相同,大小表示波的强度,反映了波传播能量的过程. 波的强度正比于振幅的平方(即 $I \propto A^2$). 在理想均匀各向同性介质中,平面波的强度不变(亦即 A 不变),球面波的强度与半径的平方成反比,由此可得 $A = \frac{A_0}{r}$(A_0 为波源振幅).

9. 惠更斯原理

波面上各点都可看做子波的波源,任一时刻这些球面子波的包络,就是新的波阵面. 根据该原理,由作图方法可描绘反射、折射和衍射时波的传播方向,还可定性解释波的衍射现象.

10. 波的叠加原理

几列波可以保持各自特点通过同一介质,在相互重叠区域内,每个质元的振动是各个波单独在该处产生分振动的矢量和. 当两相干波叠加时,会产生波的干涉现象,这是波叠加中的一种特殊现象.

11. 波的干涉

能产生干涉现象的波叫相干波,相应的两波源叫相干波源.

(1) 相干条件

频率相同、振动方向相同(不是传播方向相同)、相位差恒定. 此时两相干波在任一相遇点的相位差只是空间位置的函数,而与频率和时间无关.

(2) 干涉加强与减弱条件

相位差

$$\Delta\varphi_{21} = (\varphi_2 - \varphi_1) - \frac{2\pi}{\lambda}(r_2 - r_1) + (0, \pi)$$

式中第一项是与两相干波源初相有关的常量,第二项与相干波各自传播路径有关,即与相遇点的位置有关,第三项则与反射时相位跃变的影响有关.

$$\text{当 } \Delta\varphi = \begin{cases} \pm 2k\pi & k = 0,1,2,\cdots \ \text{干涉加强}\ A = A_1 + A_2 \\ \pm(2k+1)\pi & k = 0,1,2,\cdots \ \text{干涉减弱}\ A = |A_1 - A_2| \ (\text{如 } A_1 = A_2, \text{则 } A = 0 \ \text{干涉静止}) \end{cases}$$

如两相干波源初相相同(即 $\varphi_1 = \varphi_2$),上述条件可简化用波程差 δ 表示.

当 $\delta = r_2 - r_1 + (0,\frac{\lambda}{2}) = \begin{cases} \pm k\lambda & k=0,1,2,\cdots \quad 干涉加强 \\ \pm(2k+1)\frac{\lambda}{2} & k=0,1,2,\cdots \quad 干涉减弱 \end{cases}$

由于两相干波在空间任一点的相位差仅仅是空间位置的函数,故干涉强弱的空间分布取决于相位差的空间分布,正确求得相遇点的相位差(或波程差)是定量分析一切干涉或衍射现象的基础.

(3) 相位跃变(半波损失)

当波(含光波)从波疏媒质(ρu 或折射率 n 较小)入射到波密媒质(ρu 或折射率 n 较大)时,反射端恒为固定端(又称波节),此时反射波较入射波在该处有 $\pm\pi$ 的相位跃变(一般取 $+\pi$),反之无相位跃变,此时反射端恒为自由端(又称波腹). 如两相干波在相遇前有半波损失,则应该考虑对相位差的影响,如有影响,则应在前述 $\Delta\varphi$ 的表达式中加上 π 一项,或在 δ 表达式中加上$\frac{\lambda}{2}$一项.

12. (一维)驻波

两列振幅相同的相干波,在同一直线上相向传播时形成一维驻波,这是一种特殊的干涉现象,也可理解为弦线上各质元作一种稳定的分段振动.

(1) 驻波方程

如 $\varphi_1 = \varphi_2 = 0$,

$$y = (2A\cos 2\pi \frac{x}{\lambda})\cos 2\pi\nu t$$

式中括号项描述了合振动振幅的空间周期性分布规律,令其中余弦函数的绝对值恒等于1或0,可求得波腹或波节点的位置.

注意:如 $\varphi_1 \neq \varphi_2$,则驻波方程应由叠加原理自行推导(详见例5-6).

(2) 驻波特征

振幅分布 波腹与波节在空间交替周期性出现,相邻波腹(或波节)间的距离恒为$\frac{\lambda}{2}$,相邻波腹与波节间的距离恒为$\frac{\lambda}{4}$.

相位分布 两相邻波节之间各质元作同相振动,任一波节两侧质元作反相振动.

能量分布 能量在相邻波腹与波节间来回流动,通过任一波节的净能流密度为零.

驻波中波节或波腹的位置既可以通过驻波方程求解,也可以根据干涉加强和减弱的基本条件来确定. 还可根据反射端情况(波节式波腹)倒推得到.

*(3) 简正模式

对两端固定(即为波节)的弦驻波,只有满足下式才能形成稳定振动,即

$$l = n\frac{\lambda_n}{2} \quad 或 \quad \nu_n = n\frac{u}{2l} \qquad (n=1,2,3,\cdots)$$

式中每一频率对应一种可能的振动方式,称之为本征频率,其中最低频率($n=1$)叫基

频，其他称为二次、三次……谐频. 由此可见，只有若干满足上式的分立的状态存在，才是一个确定的驻波振动系统. 这是一种宏观状态的量子化现象，对于其他形式一维驻波（长度、边界约束确定），也可作类似分析.

13. 多普勒效应

当波源 S 和观察者 R 均相对介质静止时，有 $\nu' = \nu_b = \nu$；而当波源相对介质运动时，$\nu_b \neq \nu$；观察者相对介质运动时，$\nu_b \neq \nu'$. 此处必须正确理解三个频率的含义.

当波源静止，观察者在二者连线方向运动时

$$\nu' = \frac{u \pm v_0}{u}\nu$$

接近时取"+"号，$\nu' > \nu$；远离时取"-"号，$\nu' < \nu$.

当观察者静止，波源在二者连线方向运动时

$$\nu' = \frac{u}{u \mp v_s}\nu$$

接近时取"-"号，$\nu' > \nu_s$；远离时取"+"号，$\nu' < \nu_s$.

当两者均相对介质在连线方向运动时

$$\nu' = \frac{u \pm v_0}{u \mp v_s}\nu$$

注意：多普勒效应只发生在连线方向上，如不在连线方向上运动，式中的 v_0 和 v_s 应理解为连线方向上的分量. 波源运动和观察者运动这两者引起的多普勒效应机理不同，故不可相互等效. 另如 $v_s > u$ 时，会产生所谓冲击波现象.

14. 本单元要求

掌握描述简谐运动和简谐波的各物理量（特别是相位）以及各量间的关系；掌握旋转矢量法以及简谐运动和简谐波各种基本特征；会对简谐运动和简谐波作运动学分析，如由给定初始条件建立简谐运动方程和波函数等，会判别一个振动是否为简谐运动，并求固有频率等；掌握同方向、同频率两个简谐振动的合成规律；了解波的能量传播特征；理解波的相干条件；能应用相位差或波程差分析确定相干后振幅的加强和减弱情况；理解多普勒效应，会用频移公式进行计算.

二、解题指导

【例 5-1】 已知一简谐运动质点的振幅 $A = 2.0 \times 10^{-2}$ m，周期 $T = 0.5$ s.

（1）当 $t = 0$ 时，质点处于 $x_0 = 1.0 \times 10^{-2}$ m 处，且向正方向运动，求运动方程并定量绘出 x-t 振动曲线.

（2）求当质点第一次运动到 $x = -1.0 \times 10^{-2}$ m 处所需时间，以及此时质点的速度和加速度.

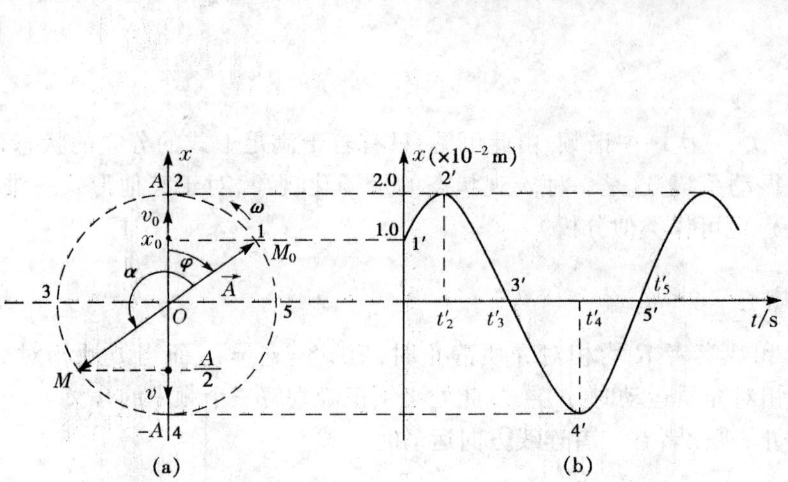

图 5-3

分析:旋转矢量是描述谐振动的一种很有用的方法. 根据旋转矢量的矢端和其在 x 轴上的投影是合运动与分运动这一关系,可以方便、直观地对谐振动进行分析和求解,如确定谐振动的初相位和相位(进而确定振动状态),比较两同频率谐振动的相位差,求谐振动的运动时间,求谐振动合成以及描绘谐振动的曲线等等. 旋转矢量法还可应用于自然界一切具有简谐运动形态的其他物理现象,如交流电等. 在运用旋转矢量求解本题时应注意以下几点:

(1) 由初始位置 x_0(或 x),根据投影关系,可以有两个旋转矢量和其对应,再根据旋矢作逆时针旋转,且其分运动方向应和谐振动的初始速度方向(或 t 时刻的速度方向)同方向,最终确定一个满足条件的旋转矢量. 此时旋矢 $\boldsymbol{A}$ 和 x 轴正方向间夹角,在数值上就等于谐振动的初相位(或相位). 其中以 x 轴正方向为始边沿逆时针方向转至旋矢 $\boldsymbol{A}$ 的夹角为正角,而顺时针方向为负角. 当 $\varphi \geqslant \frac{3}{2}\pi$ 时,一般用负角表示. 在本题中 $\varphi = -\arccos\left|\frac{x_0}{A}\right| = -\frac{1}{3}\pi$ 或 $\varphi = 2\pi - \arccos\left|\frac{x_0}{A}\right| = \frac{5}{3}\pi$. 可以看出用旋转矢量求解 φ 或 $(\omega t+\varphi)$ 时不需要知道 v_0 或 v 的大小,只需知道运动方向即可.

在引进旋转矢量后,谐振动状态和旋矢在图中的位置存在一一对应的关系,熟悉这一点对我们分析简谐运动很有好处.

(2) 在简谐运动中,质点作一般变速运动,用解析法求解运动时间一般较繁,而这一问题利用旋转矢量法很易解决. 只需正确画出 t_1、t_2 两时刻和振动状态对应的旋矢 $\boldsymbol{A}_1$ 和 $\boldsymbol{A}_2$,用几何方法求得从 $\boldsymbol{A}_1$ 到 $\boldsymbol{A}_2$ 沿逆时针方向间的夹角 α,则旋矢的运动时间 $\Delta t = \frac{\alpha}{\omega}$,此即为对应谐振动的运动时间.

(3) 用旋转矢量法确定振动质点在任意时刻的相位(含初相位)后,将 $(\omega t+\varphi)$ 的值直接代入振动质点的位移、速度和加速度表达式,可求得相应的物理量,这称为相位法,比解析法一般要简便得多.

解:(1) 由题意:$t=0$ 时,$x_0 = \frac{A}{2}$,$v_0 > 0$.

由此可得旋转矢量初始位置如图 5-3(a)所示,则 $\varphi = -\frac{\pi}{3}$(亦可利用对 $\varphi = \arccos\frac{x_0}{A}$ 讨论后求得).

$$\omega = \frac{2\pi}{T} = 4\pi\ \text{rad} \cdot \text{s}^{-1}, \quad A = 2.0 \times 10^{-2}\ \text{m}$$

可得运动方程为

$$x = 2.0 \times 10^{-2} \cos\left(4\pi t - \frac{\pi}{3}\right)\ \text{m}$$

x-t 曲线的绘制亦可利用旋转矢量,如图 5-3(b)所示,由(a)和(b)两图分别确定对应点 1-1′,2-2′,…,图中 2′,3′,…诸点对应 t 值分别为

$$t_{2'} = \frac{\frac{\pi}{3}}{\omega} = \frac{1}{12}\ \text{s}, \quad t_{3'} = t_{2'} + \frac{T}{4} = \frac{5}{24}\ \text{s}, \quad \cdots$$

(2) 图(a)中的 α 角为 $t=0$ 时和质点第一次到达 $x = -1.0 \times 10^{-2}$ m 处时两对应旋转矢量沿逆时针方向的夹角,则

$$\Delta t = \frac{\alpha}{\omega} = \frac{\pi}{4\pi}\ \text{s} = 0.25\ \text{s} = \frac{T}{2}$$

此时旋矢 $\boldsymbol{A}$ 与 x 轴正向夹角大小就等于振动质点的相位,由图 5-3(a)知

$$\omega t + \varphi = \pi - \frac{\pi}{3} = \frac{2\pi}{3}$$

则此时质点振动速度为

$$v = -A\omega \sin\frac{2\pi}{3} = -0.218\ \text{m} \cdot \text{s}^{-1}$$

质点振动加速度为

$$a = -A\omega^2 \cos\frac{2\pi}{3} = 1.578\ \text{m} \cdot \text{s}^{-2}$$

显然这比先求质点第一次到达 $x = -1.0 \times 10^{-2}$ m 的时间 t,再求速度和加速度的方法要简便.

【例 5-2】 已知某物体作简谐运动的振动曲线如图 5-4(a)所示,试求其运动方程.

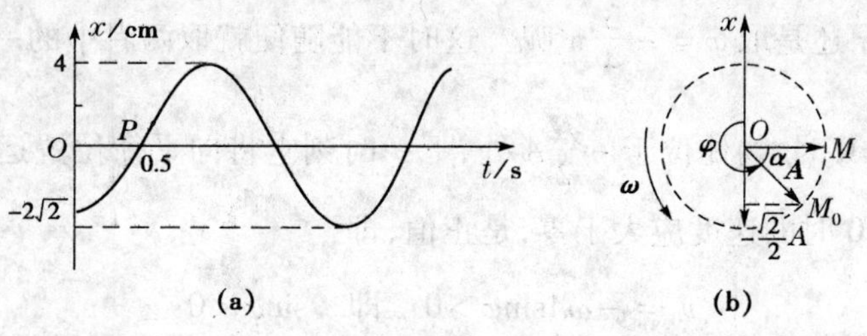

图 5-4

分析:振动曲线一般可为我们提供振幅 A、周期 T 以及任意时刻(含 $t=0$ 时)振动质点的运动方向和位移 x 等信息,再从中确定描述振动规律的三个要素,即 A、ω 和 φ. 由于本题

振动曲线并未给出周期 T,因而只能通过图 5-4(a)给出的 $t=0.5$ s 时 $x=0$ 这一条件求解角频率 ω,对 φ 和 ω 的求解有旋转矢量法和解析法两种,解完此题后你会发现前者比后者一般要简便一些.

解:从图 5-4(a)知 $A=4$ cm $=4\times10^{-2}$ m,设简谐运动方程为 $x=A\cos(\omega t+\varphi)$,下面分别用两种方法求初相位 φ 和角频率 ω.

法一 旋转矢量法

由图 5-4(a)可知,$t=0$ 时,物体的初位移 $x_0=-2\sqrt{2}=-\frac{\sqrt{2}}{2}A$,且 $v_0>0$,所对应的旋转矢量 $\boldsymbol{A}$ 如图 5-4(b)所示,由图显见,在 $t=0$ 时的相位(即初相位)为

$$\varphi=\frac{5}{4}\pi \quad 或 \quad \varphi=-\frac{3}{4}\pi$$

由图 5-4(a)还可以看出,在 $t=0.5$ s 时,$x=0$,$v>0$,从旋转矢量图 5-4(b)可知,旋转矢量 $\boldsymbol{A}$ 由初始时刻的 M_0 点旋转到 $x=0$ 时的 M 点历时 0.5 s,转过的角度为 $\alpha=\frac{\pi}{4}$,所以

$$\omega\Delta t=\frac{\pi}{4} \quad 即 \quad \omega=\frac{\pi}{2}$$

则运动方程为

$$x=4\times10^{-2}\cos\left(\frac{\pi}{2}t+\frac{5}{4}\pi\right)\ \mathrm{m}$$

法二 解析法

将 $t=0$ 时 $x_0=-\frac{\sqrt{2}}{2}A$ 代入设定的运动方程,则有

$$-\frac{\sqrt{2}}{2}A=A\cos\varphi$$

即

$$\cos\varphi=-\frac{\sqrt{2}}{2} \quad 得 \quad \varphi=\pm\frac{3}{4}\pi$$

应该取 $\varphi=\frac{3}{4}\pi$ 还是取 $\varphi=-\frac{3}{4}\pi$ 呢?这时不能随便就取两者中的一个,而应根据速度的正、负来取. 在 $t=0$ 时,物体位于 $-\frac{\sqrt{2}}{2}A$ 处,下一时刻它将向平衡位置运动,即正在向 x 轴正向运动. 因此,$t=0$ 时的速度应大于零,是正值,即

$$v_0=-\omega A\sin\varphi>0 \quad 即 \quad \sin\varphi<0$$

所以,取 $\varphi=-\frac{3}{4}\pi$,也可以取 $\varphi=\frac{5}{4}\pi$.

再把初相位 $\varphi=-\frac{3}{4}\pi$,$t=0.5$ s,$x=0$ 代入运动方程,则有

$$0=4\times10^{-2}\cos(0.5\omega-\frac{3}{4}\pi)$$

即

$$\cos(0.5\omega-\frac{3}{4}\pi)=0 \quad 得 \quad 0.5\omega-\frac{3}{4}\pi=\pm\frac{\pi}{2}$$

因 $t=0.5$ s 时 $v>0$,即 $\sin(0.5\omega-\frac{3}{4}\pi)<0$,则

$$0.5\omega-\frac{3}{4}\pi=-\frac{1}{2}\pi \quad 即 \quad \omega=\frac{\pi}{2}$$

运动方程为

$$x=4\times10^{-2}\cos(\frac{\pi}{2}t-\frac{3}{4}\pi)\ \text{m}$$

或

$$x=4\times10^{-2}\cos(\frac{\pi}{2}t+\frac{5}{4}\pi)\ \text{m}$$

*【例5-3】 如图5-5(a)所示,质量为 m,半径为 r 的均匀圆柱体可在劲度系数为 k 的弹簧作用下,在水平面上作纯滚动. 今让其稍偏离平衡位置,试证明其质心 C 作简谐运动,并求振动频率 ν.

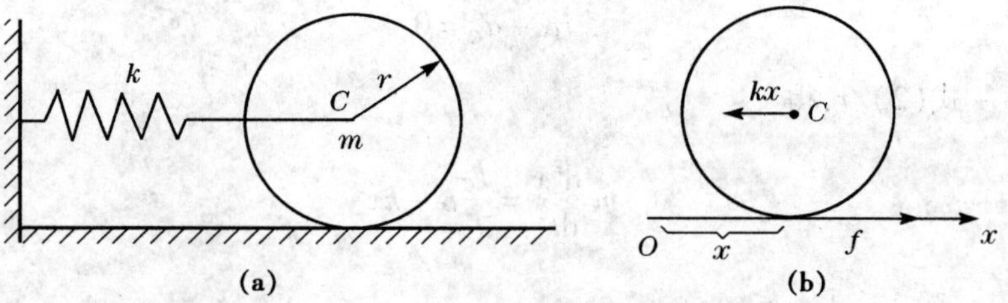

图5-5

分析:判断一个振动是否为谐振动并求其固有周期或频率,称为谐振动的动力学分析. 一般有两种方法:

(1) 动力学方法

以振动系统的平衡位置为坐标系原点建立坐标系,设振动物体偏离平衡位置 x 或 θ,对其进行受力分析或力矩分析,考虑具体问题涉及的相关规律,如可得下列关系式:

对平动形式的一维振动

合外力 $$F=-kx\xrightarrow{令F=m\frac{d^2x}{dt^2}}\frac{d^2x}{dt^2}+\omega^2x=0$$

对转动形式的一维振动

合外力矩 $$M=-k\theta\xrightarrow{令M=J\frac{d^2\theta}{dt^2}}\frac{d^2\theta}{dt^2}+\omega^2\theta=0$$

如上式中的 k 和 ω 只是与系统固有性质相关的常量,即可判定为简谐运动. ω 即为振动系统的角频率.

(2) 能量守恒法

由于简谐运动系统的能量是守恒的，故可在振动物体处于任意非平衡位置时，先写出振动系统的能量表达式，令其等于一个常量 C，再两边对时间 t 求一阶导数，经处理后如可得到$\frac{d^2x}{dt^2}+\omega^2x=0$ 或$\frac{d^2\theta}{dt^2}+\omega^2\theta=0$ 的表达式，且 ω 为一常量，即可判定为简谐运动并求得角频率 ω.

解：由分析知此题可用两种方法求解.

法一　动力学方法

取弹簧未伸长时圆柱体质心位置（恰为平衡位置）为坐标原点，伸长方向为 x 轴正方向. 当质心 C 偏离原点为 x 时，圆柱体受到的弹簧弹性力 kx 和静摩擦力 f 如图 5-5(b) 所示，此时圆柱体作平面平行运动，其质心 C 满足质心运动定理. 即

$$ma_C=m\frac{d^2x}{dt^2}=-kx+f \tag{1}$$

绕过质心轴 C 转动满足转动定律，即

$$M=fr=J_C\alpha \tag{2}$$

因纯滚动，有

$$r\alpha+a_C=0 \tag{3}$$

将式(1)+式(2)/r，得

$$m\frac{d^2x}{dt^2}=\frac{J_C}{r}\alpha-kx$$

代入式(3)及 $J_C=\frac{1}{2}mr^2$，整理后有

$$\frac{d^2x}{dt^2}+\frac{2k}{3m}x=0$$

由此判断圆柱体质心 C 作简谐运动，且 $\omega=\sqrt{\frac{2k}{3m}}$，则 $\nu=\frac{1}{2\pi}\sqrt{\frac{2k}{3m}}$.

法二　能量守恒法

因圆柱体作纯滚动，静摩擦力不做功，系统无外力与非保守内力做功，系统机械能守恒，即

$$\frac{1}{2}kx^2+\frac{1}{2}mv_C^2+\frac{1}{2}J_C\omega^2=C \tag{1}$$

式(1)对时间 t 求导，有

$$kx\frac{dx}{dt}+mv_C\frac{dv_C}{dt}+J_C\omega\frac{d\omega}{dt}=0$$

又 $v_C=\frac{dx}{dt}$，$\omega=\frac{v_C}{r}$，$\frac{dv_C}{dt}=a_C=\frac{d^2x}{dt^2}$，$\frac{d\omega}{dt}=\alpha$，$a_C=r\alpha$，$J_C=\frac{1}{2}mr^2$ 代入上式，整理后有

$$\frac{d^2x}{dt^2}+\frac{2k}{3m}x=0$$

则

$$\nu=\frac{1}{2\pi}\sqrt{\frac{2k}{3m}}$$

【例 5-4】 (1) 若波源 S 的运动方程为 $y=A\cos\omega t$,则计时零点是如何选择的？若以波源位置为坐标原点,波以速度 u 沿 x 轴正向传播,如图 5-6(a)所示,波的波函数应该如何表示？

图 5-6

(2) 如果以波源处的振动质点向正方向运动且位移恰为$\frac{A}{2}$的时刻为计时零点,波源 S 位置仍为坐标原点,其他条件同(1),波函数应该如何表示？

(3) 在(2)中,设波源 S 位置在 x 轴上的 $-x_0$ 点,其他条件不变,如图 5-6(b)所示,波函数方程又该如何表示？

分析:对简谐运动的运动方程和波函数在理解上应注意以下几点:

(1) 运动方程 $y=A\cos(\omega t+\varphi)$ 中的 φ 与计时零点的选择有关,如选择质点处于 $+A$ 处为计时零点,则 $\varphi=0$. 如选择质点处于平衡位置向负方向运动,则 $\varphi=\frac{\pi}{2}$;而向正方向运动则 $\varphi=-\frac{\pi}{2}$等. 建立运动方程的关键是正确判定 φ,在知道 y_0 的大小和 v_0 的方向后可利用旋矢判断.

(2) 对波函数 $y=A\cos\left[\omega\left(t\mp\frac{x}{u}\right)+\varphi\right]$来说,方程形式与坐标系有关. 式中 φ 应理解为坐标系原点处质元的振动初相,而不一定是波源的初相. 而“+”、“-”号与 x 轴正向的选择有关. 当波的传播方向与 x 轴正向一致时取“-”号,反之取“+”号. 建立波函数的关键是正确判定 φ 和“+”、“-”号. 对本题第(3)问中的 φ 可有多种方法确定,如根据坐标原点与已知点在相位上的超前或滞后关系求解,也可用比较法确定. 需要指出的是坐标系的选择是可以任意的,则方程形式随之而变,但每个质点实际振动规律并未改变.

解:(1) 由 $y=A\cos\omega t$ 可知 $\varphi=0$,结合旋转矢量法分析,可知计时零点是选在振动质点处在 $y=A$ 处.

如以波源为坐标原点,且波沿 x 轴正向传播,则波函数为

$$y=A\cos\omega\left(t-\frac{x}{u}\right)$$

(2) 由旋矢法判断此时波源初相为 $-\frac{\pi}{3}$,按题意坐标原点处质点的初相 $\varphi=-\frac{\pi}{3}$.

其运动方程：

$$y = A\cos(\omega t - \frac{\pi}{3})$$

对应波函数：

$$y = A\cos\left[\omega(t - \frac{x}{u}) - \frac{\pi}{3}\right]$$

(3) 如波源位置为 $-x_0$ 点而非坐标原点,其他条件不变,波源振动初相仍为 $-\frac{\pi}{3}$.

如图 5-6(b)所示,由波的传播方向看,原点 O 处的质点滞后波源 S 处质点的相位为 $\omega\frac{x_0}{u}$(或 $2\pi\frac{x_0}{\lambda}$),则坐标原点处的振动质点初相为

$$\varphi = -\frac{\pi}{3} - \omega\frac{x_0}{u} \quad 或 \quad \varphi = -\frac{\pi}{3} - 2\pi\frac{x_0}{\lambda}$$

故坐标原点运动方程为

$$y = A\cos\left[\omega t + (-\frac{\pi}{3} - \omega\frac{x_0}{u})\right]$$

波函数则为

$$y = A\cos\left[\omega(t - \frac{x}{u}) + (-\frac{\pi}{3} - \omega\frac{x_0}{u})\right]$$

$$= A\cos\left[\omega(t - \frac{x + x_0}{u}) - \frac{\pi}{3}\right]$$

φ 也可由比较法求得. 设满足题意的波函数为

$$y = A\cos\left[\omega(t - \frac{x}{u}) + \varphi\right]$$

令式中 $x = -x_0$,可得波源 S 处的运动方程,并与已求得的波源运动方程 $y = A\cos(\omega t - \frac{\pi}{3})$ 作比较,同样可得

$$\varphi = -\frac{\pi}{3} - \omega\frac{x_0}{u}$$

运用比较法还可求解其他未知物理量.

【例 5-5】 求下列情形中平面简谐波的波函数.

(1) 波沿 Ox 轴正方向传播,波长 $\lambda = 4$ m,已知 $x = 0$ 处质点的振动曲线如图 5-7(a)所示.

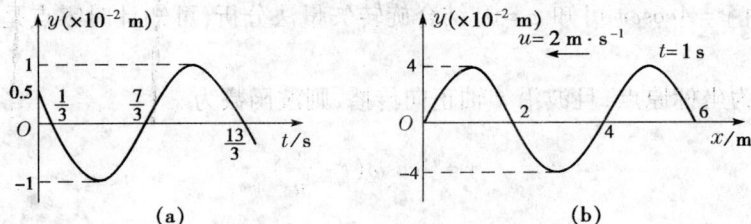

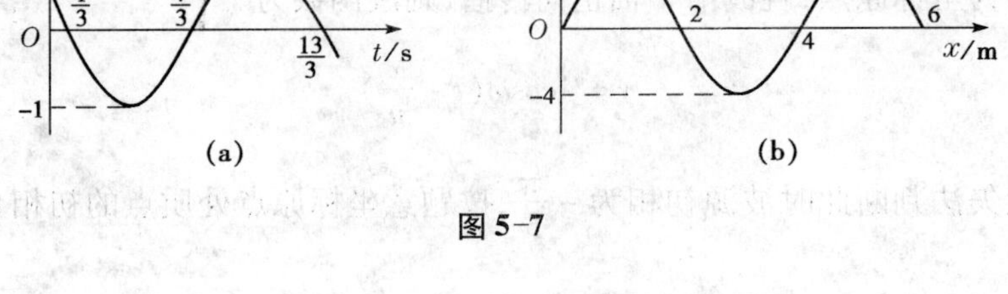

图 5-7

(2) 波沿 x 轴负方向传播，$t=1$ s 时的波形如图 5-7(b)所示，波速 $u=2\ \mathrm{m\cdot s^{-1}}$.

分析：求波函数主要有两种类型：一是给出某点（分为 $x=0$ 和 $x\neq 0$ 两种情况）的振动状态（或运动方程或振动曲线）；二是给出某时刻 t（分 $t=0$ 和 $t\neq 0$ 两种情况）的波形曲线. 但无论是哪种情况都可归纳为以下三个问题，即根据题给条件确定描述波动的特征量（如 A, ω, u, λ 等），确定波动方程中的"+"、"−"号和 φ，其中难点是 φ 的求解. φ 的确定通常有以下三条路径：设法确定 $t=0$ 时，$x=0$ 处质点的 y_0 和 v_0，由旋矢法或解析法求 φ；也可由已知点的初相位或 $x=0$ 处质点 t 时的相位，然后由相位的超前或滞后关系求解；另外也可用比较法求解（详见例 5-4(3)）. 波函数是波动中最重要的物理规律，通过它可以求得波动中几乎所有的物理量，因此求波函数往往是分析波动问题的首要任务.

解：(1) 首先求特征量，由振动曲线知 $A=1.0\times10^{-2}$ m，$T=4$ s，则

$$\omega=\frac{2\pi}{T}=\frac{\pi}{2}\mathrm{rad\cdot s^{-1}}$$

设满足题意的波函数为

$$y=A\cos\left[\omega t-\frac{2\pi}{\lambda}x+\varphi\right]$$

由振动曲线知，$x=0$ 处质点在 $t=0$ 时，$y_0=0.5\times10^{-2}\ \mathrm{m}=\dfrac{A}{2}$，$v_0<0$，则由旋矢法可得 $\varphi=\dfrac{\pi}{3}$. 将 A, ω, λ 和 φ 代入可得

$$y=1.0\times10^{-2}\cos\left(\frac{\pi}{2}t-\frac{\pi}{2}x+\frac{\pi}{3}\right)\ \mathrm{m}$$

如本题给出的是 $x=2$ m 处质点的振动曲线，则 φ 应该如何求解？请读者自己想一想.

(2) 首先求特征量，由波形曲线知 $A=4.0\times10^{-2}$ m，$\lambda=4$ m，则 $T=\dfrac{\lambda}{u}=2$ s，$\omega=\dfrac{2\pi}{T}=\pi\ \mathrm{rad\cdot s^{-1}}$.

设满足题意的波函数为

$$y=A\cos\left(\omega t+\frac{2\pi}{\lambda}x+\varphi\right)$$

式中 φ 的确定有以下三种方法：

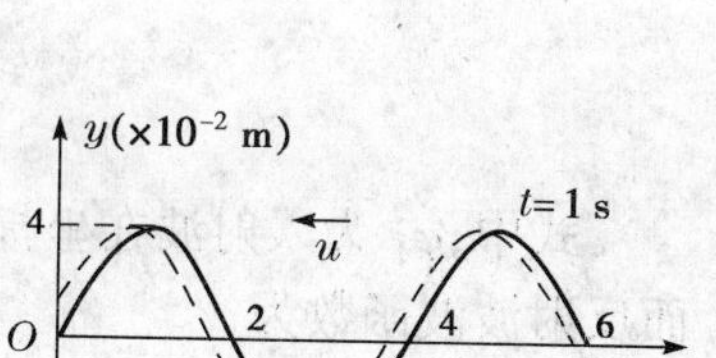

图 5-7(c)

法一 由图 5-7(c)的波形曲线知，$t=1$ s 时 $x=0$ 处质点的振动状态为 $y=0$ 和 $v>0$，由旋矢法判断该质点的相位为 $-\dfrac{\pi}{2}$，考虑 $t=1$ s 时该质点相位比 $t=0$ 时的相位多 $\Delta\varphi=\omega\Delta t=\pi$ rad，则

$$\varphi=-\frac{\pi}{2}-\pi=-\frac{3}{2}\pi\quad 通常取\quad \varphi=\frac{\pi}{2}$$

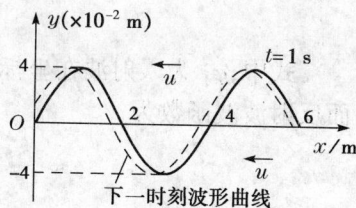

法二 将题给波形曲线沿 x 轴正向（即波传播的反方向）平移 $\Delta x=u\Delta t=u\dfrac{T}{2}=\dfrac{\lambda}{2}$的距

离（相当于半个完整波形），可得$t=0$时的波形曲线（如图 5-7(d)所示）. 由该曲线知 $t=0$ 时 $x=0$ 处质点的振动状态为 $y_0=0$ 和 $v_0<0$，由旋矢法可判出 $\varphi=\frac{\pi}{2}$.

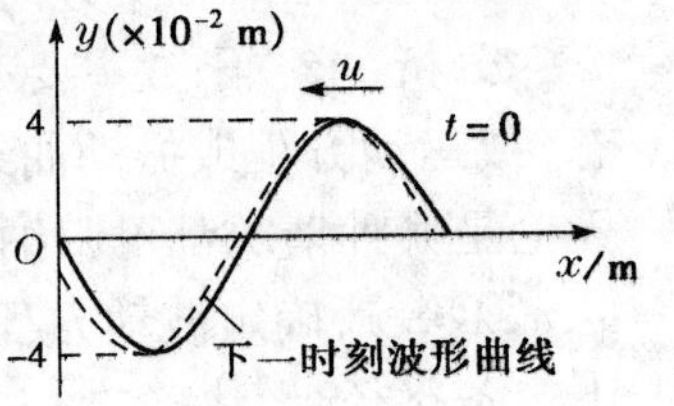

图 5-7(d)

法三 将 $x=0, t=1$ s 代入设定的波函数表达式，得此时质点的位移为

$$y=A\cos(\pi+\varphi)$$

由图 5-7(b) 知 $y=0$，即

$$\cos(\pi+\varphi)=0 \quad 得 \quad \pi+\varphi=\pm\frac{\pi}{2}$$

结合$v=\left.\frac{\partial y}{\partial t}\right|_{t=1\,\mathrm{s}}^{x=0}=-A\omega\sin(\pi+\varphi)>0$ 判断可知 $\pi+\varphi=-\frac{\pi}{2}$，得 $\varphi=-\frac{3}{2}\pi$，通常取 $\varphi=\frac{\pi}{2}$.

最后将 A,ω,λ 和 φ 代入波函数表达式，得

$$y=4.0\times10^{-2}\cos\left(\pi t+\frac{\pi}{2}x+\frac{\pi}{2}\right)\ \mathrm{m}$$

*【例 5-6】 如图 5-8 所示，一平面简谐波沿 x 轴正向传播，遇波密媒质，BC 为分界面，波在 P 点反射，已知 $OP=\frac{3}{4}\lambda$，$DP=\frac{1}{6}\lambda$. 在 $t=0$ 时，O 处质点的合振动是经平衡位置向负方向运动（设入射波和反射波的振幅均为 A，频率为 ν），求 D 点处入射波与反射波的合振动表达式.

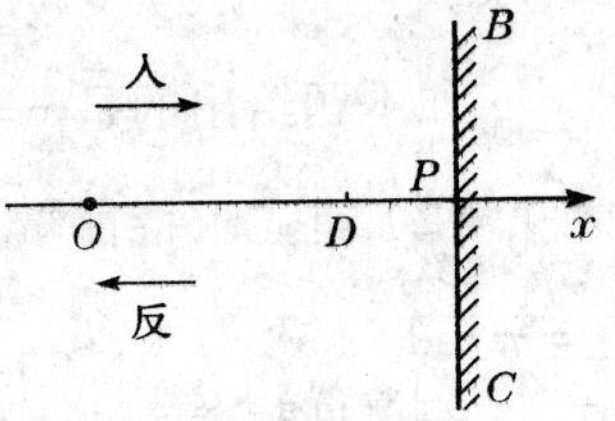

图 5-8

分析：由题意知，入射波与反射波在 x 轴上形成一维驻波，其上任一质元的振动均为驻波引起的振动，即为入射波与反射波引起的两个分振动的叠加. 求解本题的关键是正确地建立入射波、反射波和驻波方程，求解时可分以下两步：

（1）以点 O 为坐标系原点，则入射波波函数为

$$y_1=A\cos\left[\omega\left(t-\frac{x}{u}\right)+\varphi_1\right]$$

式中，φ_1 为入射波在坐标系原点 O 处引起的分振动的初相位，在本题中为未知量. 而反射波波函数为

$$y_2=A\cos\left[\omega\left(t+\frac{x}{u}\right)+\varphi_2\right]$$

式中，φ_2 为反射波在点 O 处引起分振动的初相位，它可由 φ_1 和两者的相位差求得，即

$$\varphi_2=\varphi_1-2\frac{2\pi}{\lambda}\overline{OP}+\pi=\varphi_1-2\pi$$

式中，$2\frac{2\pi}{\lambda}\overline{OP}$是因传播而滞后的相位差，$\pi$ 则是反射时相位跃变引起的附加相位差. 将

φ_2 代入 y_2 可得

$$y_2 = A\cos\left[\omega\left(t+\frac{x}{u}\right)+\varphi_1-2\pi\right]=A\cos\left[\omega\left(t+\frac{x}{u}\right)+\varphi_1\right]$$

（2）由上可求得驻波方程为

$$y=y_1+y_2=2A\cos\left(\frac{2\pi x}{\lambda}\right)\cos(2\pi\nu t+\varphi_1)$$

令 $x=0$ 和 $t=0$，由题意得 $\varphi_1=\frac{\pi}{2}$，再令 $x=\frac{3}{4}\lambda-\frac{\lambda}{6}$，并代入驻波方程，可得 D 点的合振动方程.

解：由分析知，驻波方程为

$$y=2A\cos\left(\frac{2\pi x}{\lambda}\right)\cos(2\pi\nu t+\varphi_1)$$

令 $x=0$，可得点 O 处的合振动方程为

$$y=2A\cos(2\pi\nu t+\varphi_1)$$

由 $y_0=0$，$\nu_0<0$，用旋矢法判断得 $\varphi_1=\frac{\pi}{2}$，则驻波方程为

$$y=2A\cos\left(\frac{2\pi x}{\lambda}\right)\cos\left(2\pi\nu t+\frac{\pi}{2}\right)$$

将 D 点坐标 $x=\frac{3}{4}\lambda-\frac{1}{6}\lambda=\frac{7}{12}\lambda$ 代入，可得 D 点的合振动方程为

$$y_D=-\sqrt{3}A\cos\left(2\pi\nu t+\frac{\pi}{2}\right)=\sqrt{3}A\cos\left(2\pi\nu t-\frac{\pi}{2}\right)$$

【例 5-7】 两相干点波源 S_1 和 S_2 位于 x 轴上，在坐标系中的位置如图 5-9 所示，已知 S_1 超前 S_2 的相位为 π，其振动方向垂直于纸面（即 y 方向），并以 $u=100\ \mathrm{m\cdot s^{-1}}$ 的速度在 xOz 平面内向四周传播，波的频率为 25 Hz，求：

（1）在两波源连线的垂直平分线上（即 z 轴上）干涉强弱点的位置.

（2）在两波源连线上 S_1 右侧干涉强弱点的位置.

（3）在两波源连线上 S_1 和 S_2 之间因干涉加强点的位置.

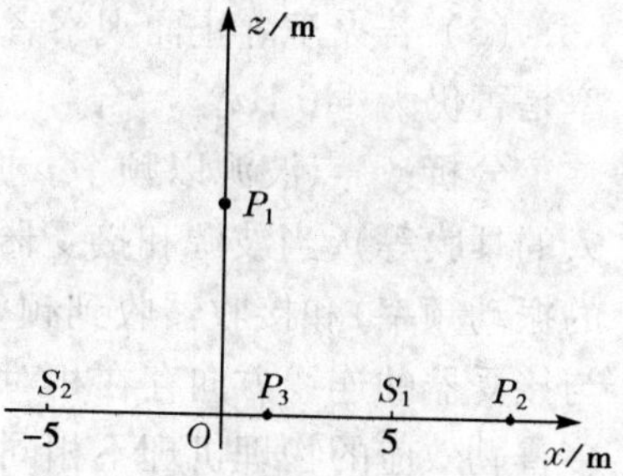

图 5-9

分析：两相干波在叠加区域内，能量的空间分布取决于相位差的空间分布，因而求解两相干波在考察点的相位差是求解此类问题的关键. 当两列相干波在同一均匀介质中传播时，对任一考察点 P 有

$$\Delta\varphi_{12}=(\varphi_1-\varphi_2)-\frac{2\pi}{\lambda}\delta_{12}$$

式中，$(\varphi_1-\varphi_2)$为两波源的初相差；$\delta_{12}=r_1-r_2$ 为考察点对两波源的波程差. 显然对两相干波来说，$\Delta\varphi_{12}=f(r)$为空间位置 r 的函数.

当满足 $\Delta\varphi=\pm 2k\pi, k=0,1,2,\cdots$的空间各点的合振幅最大，为干涉加强点.

当满足 $\Delta\varphi=\pm(2k+1)\pi, k=0,1,2,\cdots$的空间各点的合振幅最小，为干涉减弱点. 若 $A_1=A_2$时，则为干涉静止点.

此外，若两波在某点相遇前曾经历反射，还应考虑半波损失对相位差的影响.

解：由题意知 $\varphi_1-\varphi_2=\pi, \lambda=\dfrac{u}{\nu}=4\ \text{m}$.

(1) 对 z 轴上任一点 P_1，$r_1=r_2$，$\delta_{12}=r_1-r_2=0$，故

$$\Delta\varphi_{12}=\varphi_1-\varphi_2=\pi$$

满足干涉减弱条件，故其上均为干涉减弱点，$A=|A_1-A_2|$.

(2) 对 x 轴上 S_1 右侧任一点 P_2，$r_1=x-5$，$r_2=x+5$，$\delta_{12}=r_1-r_2=-10\ \text{m}$，故

$$\Delta\varphi_{12}=\varphi_1-\varphi_2-2\pi\frac{\delta_{12}}{\lambda}=\pi-2\pi\frac{-10}{4}=6\pi$$

满足干涉加强条件，故其上均为干涉加强点，$A=A_1+A_2$.

(3) 对 x 轴上 S_1 和 S_2 之间任一点（如图中 P_3 点），$r_1=5-x$，$r_2=5+x$，$\delta_{12}=-2x$，故

$$\Delta\varphi_{12}=\varphi_1-\varphi_2-2\pi\frac{-2x}{4}=\pi+\pi x$$

令 $\Delta\varphi_{12}=2k\pi$，即 $x=2k-1$.

考虑实际区间的限制，k 只能取 -2、-1、0、1、2、3，对应加强点的坐标位置为 -5、-3、-1、1、3、5，即在 S_1 与 S_2 之间形成驻波.

【例 5-8】 一观察者站在铁路附近，测得迎面开来一列火车汽笛声的频率为 440 Hz，而火车开过身旁后，汽笛声频率降为 392 Hz，设空气中的声速为 $330\ \text{m}\cdot\text{s}^{-1}$.

(1) 讨论两种情况下观察者听到频率为何不同.

(2) 火车的运动速度和汽笛振动频率各为多少？

(3) 若火车静止而观察者以(2)中求得的火车速度向火车运动，此时观察者听到的频率是否仍为 440 Hz？

分析：一点波源以频率 ν 振动，它在介质中产生一个球面波并传到接受器的膜片上（如人的耳膜等），当波源和接受器相对介质静止时，波源频率 ν、波的频率 ν_b（即传播介质质元的振动频率）和接收器收到频率 ν'（即接收器膜片的振动频率）三者自然相等. 而当在波源与接受器的连线方向存在相对运动时，三者之间不一定相同. 其中火车驶近和火车远离产生多普勒效应的物理机理不相同，波源向观察者运动和观察者以相同速率向着波源运动的物理机理亦不相同，这是需要读者注意的.

解：(1) 在本题中当火车驶近观察者或远离观察者时，波阵面由于波源运动而被"挤紧"了或者被"拉开"了，使波长变短了或变长了，因而前者接受频率较汽笛振动频率高，后者较汽笛振动频率为低，故两种情况不同.

(2) 火车驶近时

$$440 = \frac{330}{330 - v_s}\nu \tag{1}$$

火车驶过后

$$392 = \frac{330}{330 + v_s}\nu \tag{2}$$

由(1)和(2)两式,可解得

$$v_s = 19.0\ \mathrm{m \cdot s^{-1}},\quad \nu = 414.6\ \mathrm{Hz}$$

因而火车运动速度为 19.0 $\mathrm{m \cdot s^{-1}}$,汽笛振动频率为 414.6 Hz.

(3) 当观察者向静止的火车运动时

$$\nu' = \frac{330 + 19}{330} \times 414.6\ \mathrm{Hz} = 438.5\ \mathrm{Hz} \neq 440\ \mathrm{Hz}$$

由上可知,观察者静止波源向着观察者运动和波源静止观察者以同样速率向着波源运动时所产生的结果是不同的.

三、讨论题

5-1 把摆长为 L、质量为 m 的单摆放在下列环境中作小幅摆动,是否仍为谐振动?周期是否改变?

(1) 悬挂在相对地面有水平方向加速度 a 的小车内;

(2) 悬挂在相对地面有竖直向上加速度 a 的电梯内;

(3) 质点带电 q,悬挂在有竖直向上的均匀电场 $\boldsymbol{E}$ 的空间内;

(4) 质点带电 q,悬挂在有水平方向的均匀电场 $\boldsymbol{E}$ 的空间内.

总结一下,如何判别谐振动?如何求振动周期?

5-2 将单摆拉到与竖直方向夹角为 θ 处,然后放手任其摆动,角 θ 是否就是谐振动的初相位?单摆摆动的角速度是否就是谐振动的角频率?

5-3 旋转矢量 $\boldsymbol{A}$ 的矢端 M 点与其在 x 轴上的投影点 P 几何关系如图 5-10 所示,其中 P_0 对应初始时刻,P 对应 t 时刻,就表 5-1 进行讨论,并在图上标出初始时刻和 t 时刻 P 点的运动方向.

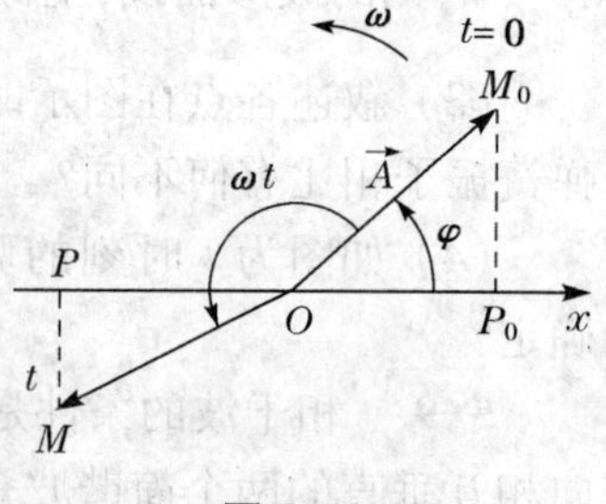

图 5-10

表 5-1

	M 点	P 点	相互关系
运动性质			
ω			
φ			
$\omega t + \varphi$			

5-4 当一个弹簧振子的振幅加倍时，讨论下列物理量如何变化：振动周期，最大速度，质点所受最大力和振动能量.

5-5 已知有5个简谐振动，其运动方程（注：均为SI制）分别为 $x_1=3\times10^{-2}\cos(\pi t+\frac{\pi}{3})$，$x_2=2\times10^{-2}\cos(\pi t+\frac{\pi}{3})$，$x_3=4\times10^{-2}\cos(\pi t+\frac{5}{6}\pi)$，$x_4=5\times10^{-2}\cos(\pi t-\frac{2}{3}\pi)$，$x_5=3\times10^{-2}\cos(\pi t+\frac{2}{3}\pi)$. 现谐振动 x_1 分别与其余4个谐振动叠加，求合振动方程并画出合成时的旋转矢量图. 总结一下什么情况下用旋转矢量法求合振动方程较为简便.

5-6 在高速公路上，一种较为简单的测速装置就是利用多普勒效应和拍现象. 想一想如何实现？

5-7 平面简谐波波函数的一般形式为

$$y=A\cos\left[\omega(t\mp\frac{x}{u})+\varphi\right]=A\cos\left[2\pi(\frac{t}{T}\mp\frac{x}{\lambda})+\varphi\right]$$

试就上式回答下列问题：

(1) 式中 φ 是否就是波源初相？

(2) 式中“+”、“-”号如何确定？怎么理解？

(3) x 处质点的初相位和 t 时刻的相位各为多大？

(4) 式中哪些量与波源有关？哪些量与传播介质有关？

(5) 波动中任一质元的振动速度如何计算？与波速是否相同？

5-8 横波的波形如图5-11所示，试问：

(1) 若波沿 x 轴负向传播，图中 A、B、C、D 点此刻运动方向如何？

(2) 若图为 $t=0$ 时刻的波形曲线，求坐标原点的初相. 若为 $t=\frac{T}{2}$ 时刻的波形曲线，坐标原点的初相又是多少？

(3) 叙述各点在图示时刻的动能、势能情况以及变化趋势. 与弹簧振子相比有何不同？

(4) 如图为 t 时刻的驻波波形图，则图中各点运动方向能否确定？

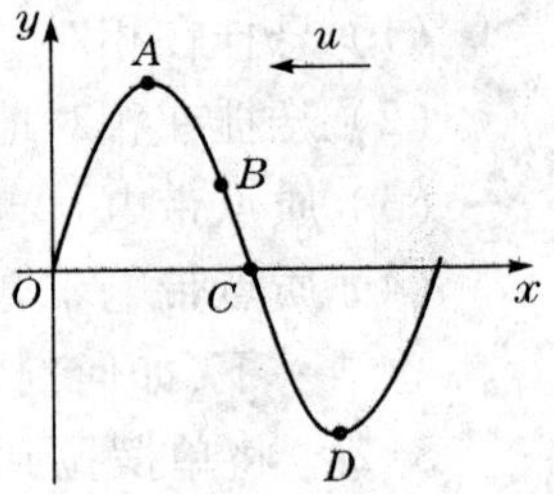

图5-11

5-9 相干波的条件是什么？为什么频率不同的简谐波叠加后不能发生干涉？振动方向相互垂直的两个简谐波叠加能否发生干涉？

5-10 在驻波中，某一时刻波线上各点的位移都为零，此时波的能量是否为零？波形没有“移动”，也没有能量传播，这个现象和波的意义相矛盾，应如何解释？

***5-11** 一日光灯电路如图5-12所示，灯管相当于一个电阻 R，镇流器相当于一个电感 L，现将其接在 50 Hz 的交流电源上，若灯管两端和镇流器两端电压表达式 $u_1=90\sqrt{2}\cos100\pi t$ 和 $u_2=200\sqrt{2}\cos(100\pi t+\frac{\pi}{2})$，由于自感现象，两者存在一个相位差，试讨论如何用旋转矢量法求总电压 u 的表达式.

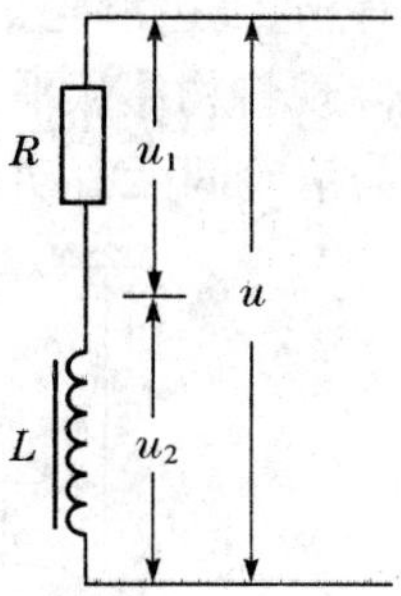

图 5-12

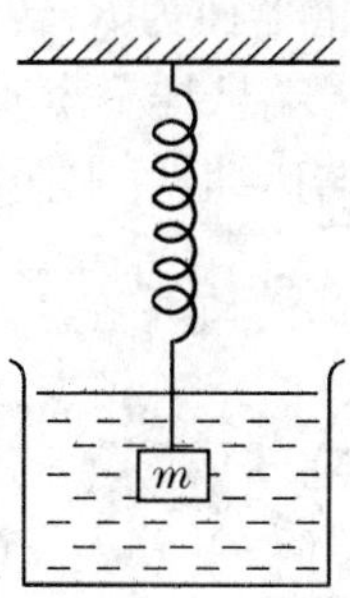

图 5-13

*5-12　图 5-13 为测量液体与黏滞阻力有关的比例系数 γ 的装置简图,将一质量为 m 的物体挂在弹簧上,讨论如何测量液体的 γ.

综合习题

5-1　一个质量为 0.2 kg 的质点作简谐运动,其运动方程为 $x=0.6\cos\left(5t-\frac{\pi}{2}\right)$(SI 制),求:

(1) 质点的初始位置和初始速度;

(2) 质点在正最大位移一半处向正方向运动时刻,质点的速度、加速度和质点所受的力;

(3) 在哪些位置上质点振动动能和势能相等?

5-2　谐振动 1 和 2 的振动曲线如图所示,求:

(1) 两谐振动运动方程 x_1 和 x_2;

(2) 在同一图中画出两谐振动的旋转矢量,并比较两振动的相位关系;

(3) 若两谐振动叠加,求合振动的运动方程.

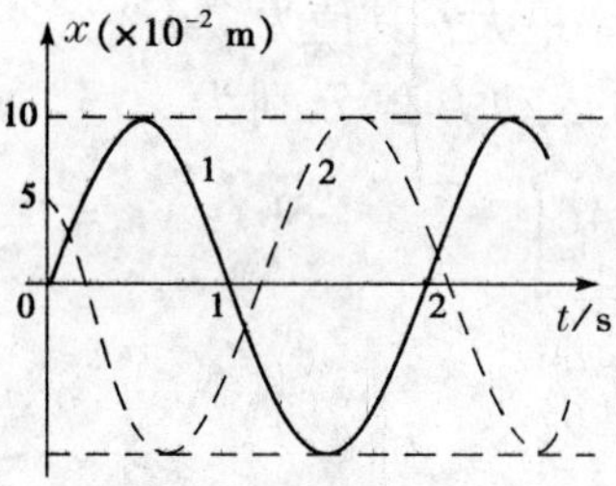

题 5-2 图

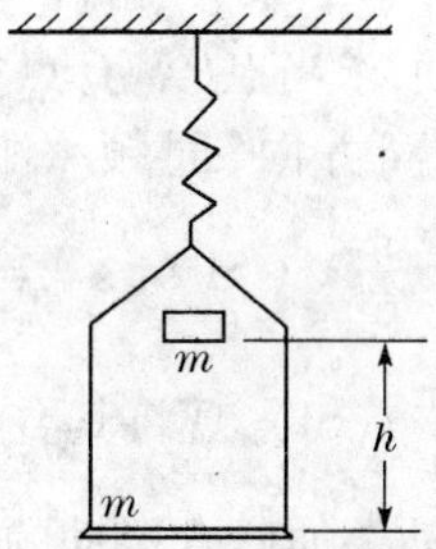

题 5-3 图

5-3　如图,一轻弹簧上端固定,下端与质量为 m 的盘连结后,伸长量为 L,现有一质量也为 m 的砂袋从离盘高 h 处自由下落至盘中,与盘作完全非弹性碰撞后随盘一道上下振动,求:

(1) 振动系统的周期和振幅. 该振动是否为简谐运动?

(2) 以系统的平衡位置为坐标原点且向下为正方向,写出该系统的运动方程.

5-4 如图,一定滑轮半径为 R,转动惯量为 J,一轻绳绕过滑轮,一端与下端固定劲度系数为 k 的轻弹簧相连,另一端悬挂一个质量为 m 的物体. 现将物体从平衡位置向下拉一小段距离后放手,证明物体作简谐运动,并求振动周期.(设绳与滑轮间无滑动且一切摩擦不计)

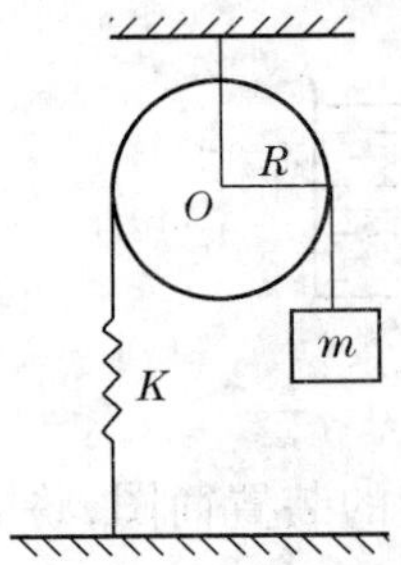

题 5-4 图

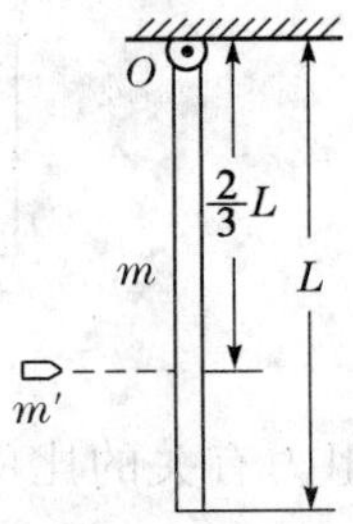

题 5-5 图

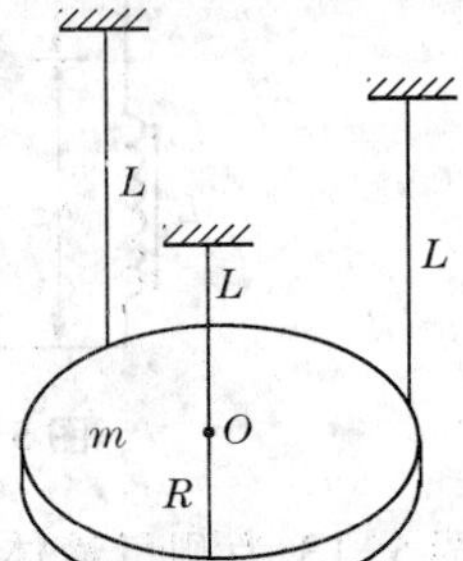

题 5-6 图

*5-5 如图,一质量为 m、长为 L 的均质细杆,可绕其一端在竖直面内自由摆动,今有一质量为 $m'=\frac{1}{10}m$. 速度为 v 的子弹在转轴下 $\frac{2}{3}L$ 处水平射入并嵌入杆中,若开始时杆自由下垂,求细杆作小幅摆动时的角谐振动的运动方程.

*5-6 如图,质量为 m、半径为 R 的均质圆盘用三根长均为 L 的平行细线悬挂起来,细线与盘的三个连结点等距地分布在圆盘的外沿圆周上,求盘在水平面内作扭转振动的周期.

5-7 假设 A、B 两地有一笔直的地道相通,设 $\overline{AB}=300$ km,地球半径 $R=6\,400$ km,现将一质量 $m=1$ kg 的物体由 A 端无初速地放入地道口,各种阻力不计.

(1) 证明此物体将在地道中作简谐运动;

(2) 求此物体由 A 运动到 B 所需时间.

*5-8 如图,有一边长分别为 a 和 b、质量为 m 的均质长方形薄板,点 C 为薄板中心,薄板对过质心 C 且与板面垂直的轴的转动惯量 $J_C=\frac{1}{12}m(a^2+b^2)$,点 P 为其对称轴上的任一点,现使板绕通过 P 点且垂直于板面的轴作微小振动,求当点 P 离 C 点多远时振动频率最大? 其值为多少?

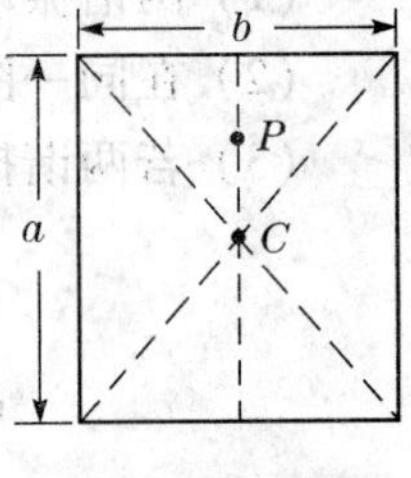

题 5-8 图

5-9 三个同方向、同频率的简谐振动的运动方程分别为 $x_1=0.08\cos\left(314t+\frac{\pi}{6}\right)$ (SI),$x_2=0.08\cos\left(314t+\frac{\pi}{2}\right)$ (SI),$x_3=0.08\cos\left(314t+\frac{5\pi}{6}\right)$ (SI),现将其叠加,求:

(1) 三谐振动叠加后合振动的运动方程;

(2) 合振动由初始位置运动到 $\frac{\sqrt{2}}{2}A$ 处所需最短时间.

5-10 已知一平面简谐波以 $u=5\ \mathrm{m\cdot s^{-1}}$ 的速度沿 x 轴正向传播,已知坐标原点 O 的振动曲线如题 5-10 图所示. 求

(1) O 点的振动方程;

(2) $x=\frac{5}{4}\lambda$ 处振动质点的运动方程和振动曲线;

（3）画出 $t=3$ s 时的该波的波形曲线.

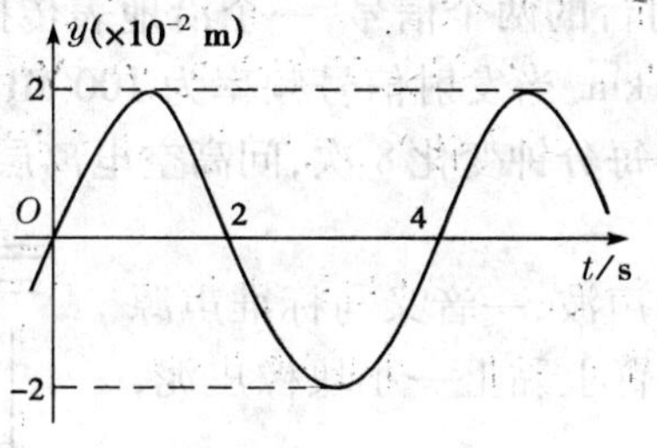

题 5-10 图

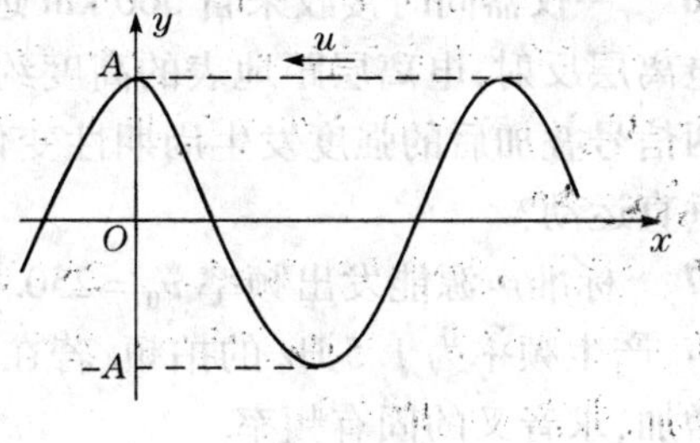

题 5-11 图

5-11 一平面简谐波沿 x 轴负向传播，$t=\dfrac{T}{4}$时刻的波形曲线如题 5-11 图所示，设波速 u、振幅 A 和波长 λ 均为已知，求：

（1）波函数；

（2）距 O 点距离为$\dfrac{3}{8}\lambda$ 处振动质点的运动方程；

（3）距 O 点$\dfrac{1}{8}\lambda$ 处质点在 $t=0$ 时的振动速度.

***5-12** 在均匀无吸收介质中有一点波源 S 发出球面波，设 S 点振动方程为 $y=A_0\cos 4\pi t$，而半径为 10 m，球形波阵面上某点 a 的运动方程为

$$y_a=0.2\cos\left[4\pi\left(t-\frac{1}{8}\right)\right]$$

求：（1）此波波长；

（2）半径为 25 m 的球形波阵面上任一点 b 的运动方程.

5-13 周期为 $T=2\times10^{-3}$ s 的行波，波速 $u=350\ \mathrm{m\cdot s^{-1}}$，求：

（1）相位差为$\dfrac{\pi}{3}$的两点相距多远？

（2）在某点处时间间隔为 $\Delta t=10^{-3}$ s 的两振动状态间的相位差是多少？

5-14 设弦线上的入射波的波函数为

$$y_1=A\cos\omega\left(t+\frac{x}{u}\right)$$

在 $x=0$ 处发生反射，已知反射端为一固定端，设反射时波的振幅不变. 求：

（1）反射波的波函数 y_2；

（2）合成波即驻波的波函数，以及波节和波腹的位置坐标 x.

题 5-15 图

5-15 （1）如图，振动频率 $\nu_s=2\ 040$ Hz 的振源 S，以速度 v_s 向墙壁运动，观察者 R 测得拍音频率 $\nu_{拍}=3$ Hz，求声源运动速度 v_s.（设声速 $u=340\ \mathrm{m\cdot s^{-1}}$）

*（2）若（1）中声源静止，而以反射面代替墙壁，反射面以速率 $v=$

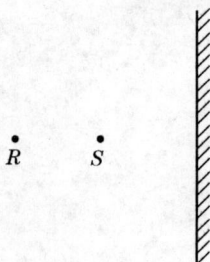

$0.2\ m\cdot s^{-1}$向观察者 R 运动，若观察者测得的拍音频率 $\nu_{拍}=4\ Hz$，求声源振动频率 ν_s.

*5-16　一仪器同时接收来自 500 km 远处发射台的两个信号，一个沿地表传播，另一个由高空电离层反射，电离层距地表的高度约为 200 km. 当发射信号频率为 100 MHz，仪器接收到的两信号叠加后的强度发生周期性变化，测得每分钟变化 8 次，问高空电离层正以多大速率作垂直运动？

*5-17　标准声源能发出频率 $\nu_0=250.0\ Hz$ 的声波，一音叉与标准声源同时发声，产生频率为 1.5 Hz 的拍频. 若在音叉的臂上黏上一小块橡皮泥，则拍频增加，求音叉的固有频率.

如图，若将上述音叉置于盛水的玻璃管口，调节管中水面高度，当管中空气柱长度 L 从零连续增加时，发现 $L_1=0.34\ m$ 和 $L_2=1.03\ m$ 处共产生两次共鸣，由此求声波速度.

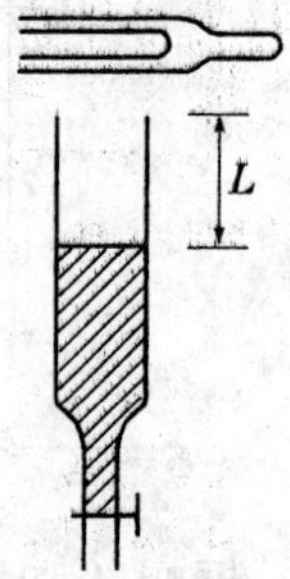

题 5-17 图

5-18　（1）当声源向观察者运动时，观察者测得频率 $\nu_1=5\ 500\ Hz$，远离时 $\nu_2=4\ 500\ Hz$，求声源速度大小和声源频率.（设声速为 $340\ m\cdot s^{-1}$）

*（2）若上述声源在观察者头顶上水平飞过，在 4 s 内观察者测得频率由 5 100 Hz 降为 4 900 Hz，由此求声源的高度.

第五单元自测卷

一、选择题(共 30 分)

1. (本题 3 分)一个质点作简谐运动,振幅为 A,在起始时刻质点的位移为$\frac{1}{2}A$,且向 x 轴的正方向运动,代表此简谐运动的旋转矢量图为(　　)

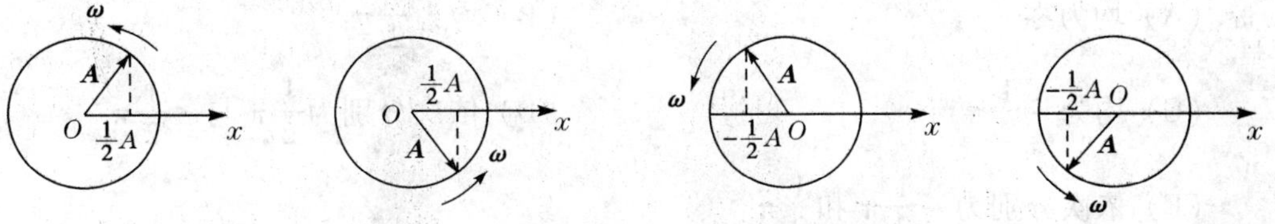

(A)　　(B)　　(C)　　(D)

2. (本题 3 分)把单摆摆球从平衡位置向位移正方向拉开,使摆线与竖直方向成一微小角度 θ,然后由静止放手任其振动,从放手时开始计时,若用余弦函数表示其运动方程,则该单摆振动的初相位为(　　)

(A) θ　　(B) 0　　(C) π　　(D) $\frac{1}{2}\pi$

3. (本题 3 分)已知某简谐运动的振动曲线,如图所示,位移的单位为 cm,时间单位为 s,则此简谐振动的运动方程为(　　)

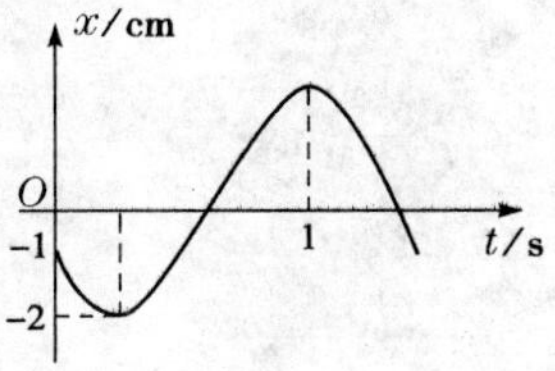

(A) $x=2\cos(\frac{2}{3}\pi t+\frac{2}{3}\pi)$

(B) $x=2\cos(\frac{2}{3}\pi t-\frac{2}{3}\pi)$

(C) $x=2\cos(\frac{4}{3}\pi t+\frac{2}{3}\pi)$

(D) $x=2\cos(\frac{4}{3}\pi t-\frac{2}{3}\pi)$

4. (本题 3 分)一质点作简谐运动,已知振动频率为 ν,则振动动能的变化频率是(　　)

(A) 4ν　　(B) 2ν　　(C) ν　　(D) $\frac{1}{2}\nu$

5. (本题 3 分)一质点在 x 轴上作简谐运动,振幅 $A=4$ cm,周期 $T=2$ s,其平衡位置取作坐标原点. 若 $t=0$ 时刻质点第一次通过 $x=-2$ cm 处,且向 x 轴负方向运动,则质点第二次通过 $x=-2$ cm 处的时刻为(　　)

(A) 1 s　　(B) $\frac{2}{3}$ s

(C) $\frac{4}{3}$ s　　(D) 2 s

6. （本题 3 分）图①表示 $t=0$ 时的简谐波的波形图，波沿 x 轴正向传播，图②为一质点的振动曲线. 则图①中所表示的 $x=0$ 处振动的初相位与图②所表示的振动的初相位分别为（　　）

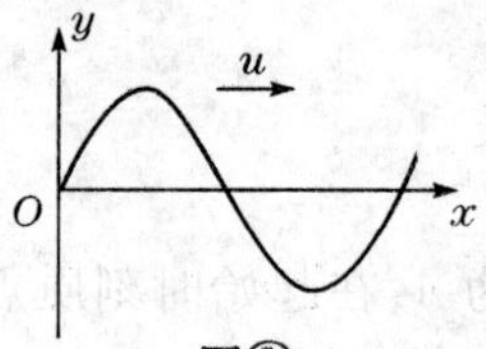

图①

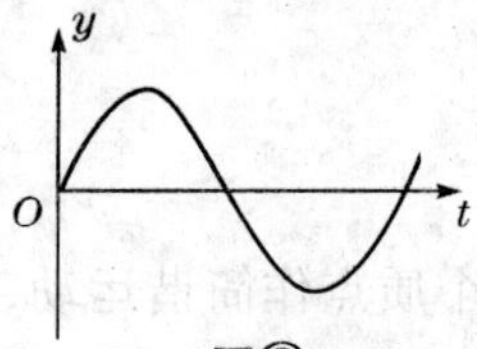

图②

（A）均为零　　（B）均为 $\frac{1}{2}\pi$

（C）均为 $-\frac{1}{2}\pi$　　（D）依次分别为 $\frac{1}{2}\pi$ 与 $-\frac{1}{2}\pi$

（E）依次分别为 $-\frac{1}{2}\pi$ 和 $\frac{1}{2}\pi$

7. （本题 3 分）把一根很长的绳子拉成水平，用手握其一端，维持拉力恒定，使绳端在垂直于绳子的方向上作简谐运动，则（　　）

（A）振动频率越低，波长越长　　（B）振动频率越高，波长越长

（C）振动频率越高，波速越大　　（D）振动频率越低，波速越大

8. （本题 3 分）一平面简谐波沿 x 轴负方向传播，角频率为 ω，波速为 u. 设 $t=\frac{T}{4}$ 时刻的波形如图所示，则该波的波函数为（　　）

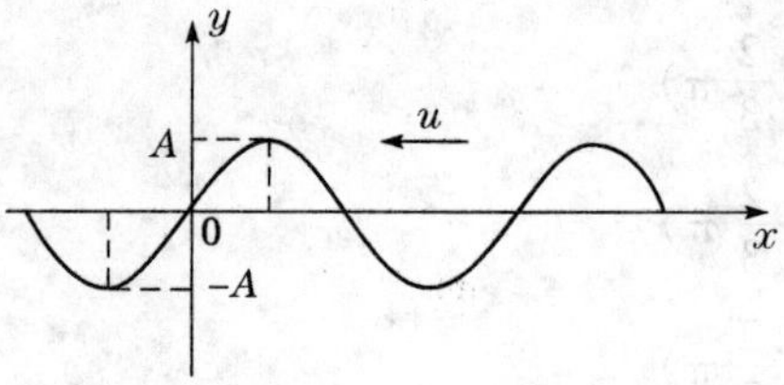

（A）$y=A\cos\omega\left(t-\frac{x}{u}\right)$　　（B）$y=A\cos\left[\omega\left(t-\frac{x}{u}\right)+\pi\right]$

（C）$y=A\cos\left[\omega\left(t+\frac{x}{u}\right)+\frac{1}{2}\pi\right]$　　（D）$y=A\cos\left[\omega\left(t+\frac{x}{u}\right)+\pi\right]$

9. （本题 3 分）一列机械横波在 t 时刻的波形曲线如图所示，则该时刻能量为最大值的介质质元的位置是（　　）

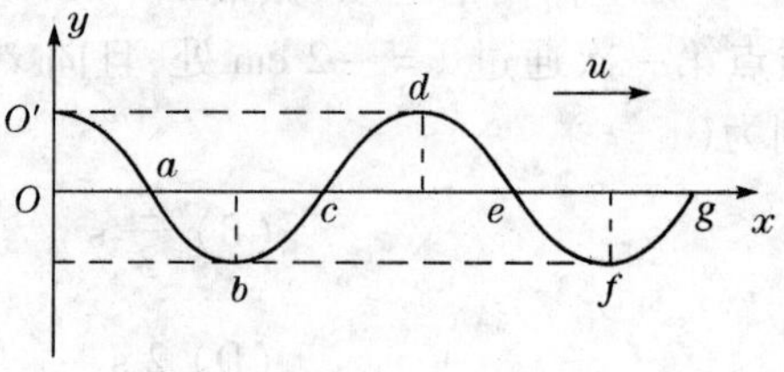

(A) O',b,d,f　　(B) a,c,e,g　　(C) O',d　　(D) b,f

10. (本题 3 分)如图所示,两列波长为 λ 的相干波在 P 点相遇,S_1 点的初位相是 φ_1,S_1 到 P 点的距离是 r_1,S_2 点的初位相是 φ_2,S_2 到 P 点的距离是 r_2. 以 k 代表零或正、负整数,则 P 点干涉极大的条件为(　　)

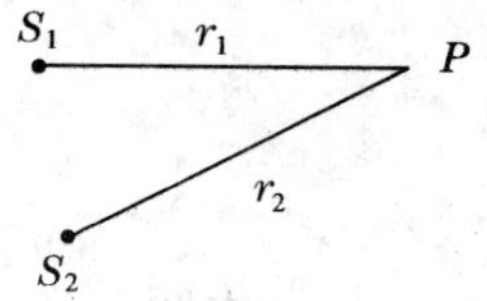

(A) $r_2 - r_1 = k\lambda$

(B) $\varphi_2 - \varphi_1 = 2k\pi$

(C) $\varphi_2 - \varphi_1 + 2\pi(r_1 - r_2)/\lambda = 2k\pi$

(D) $\varphi_2 - \varphi_1 + 2\pi(r_2 - r_1)/\lambda = 2k\pi$

二、填空题(共 30 分)

1. (本题 3 分)一简谐运动曲线如图所示,试由图确定在 $t=2$ s 时刻质点的位移为______m,速度为______$\text{m}\cdot\text{s}^{-1}$.

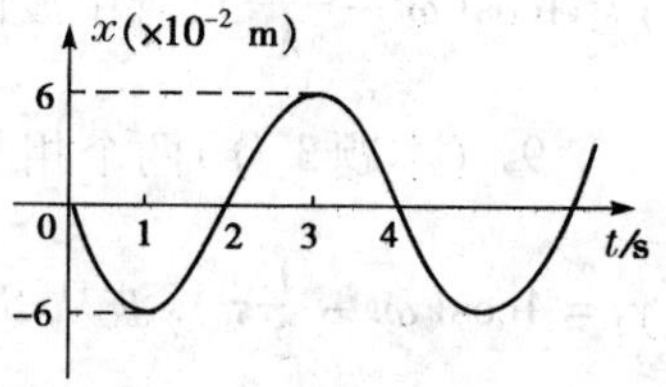

2. (本题 3 分)一物块悬挂在弹簧下方作简谐运动,当这物块的位移等于振幅的一半时,其动能是总能量的______. 当这物块在平衡位置时,弹簧的长度比原长长 Δl,这一振动系统的周期为______s.

3. (本题 3 分)两个同方向的简谐运动曲线如图所示,则合振动的振幅为______,合振动的运动方程为______.

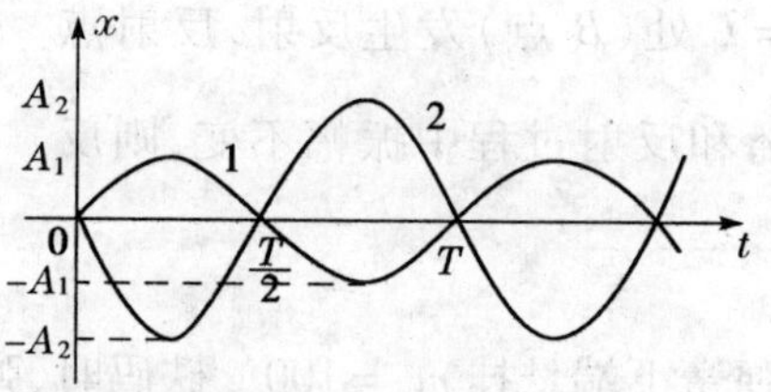

4. (本题 3 分)一横波的波函数是 $y = 2\cos2\pi(t/0.01 - x/30)$,其中 x 和 y 的单位是 cm,t 的单位是 s,此波的波长是______m,波速是______$\text{m}\cdot\text{s}^{-1}$.

5. (本题 3 分)图示为一平面简谐波在 $t=2$ s 时刻的波形图,波的振幅为 0.2 m,周期为 4 s,则图中 P 点处质点的振动方程为______.

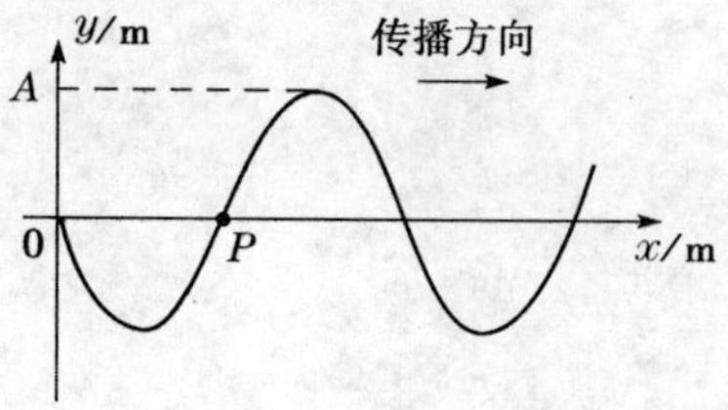

6. (本题 3 分)机械波在介质中传播的过程中,当一介质质元的振动动能的相位是 $\frac{\pi}{2}$ 时,它的弹性势能的相位是______.

7. (本题 3 分)已知一驻波在 t 时刻各点振动到最大位移处,其波形如图(a)所示,一行波在 t 时刻的波形如图(b)所示. 试分别在图(a)、图(b)上注明所示的 a,b,c,d 四点此时的运动速度的方向(设为横波).

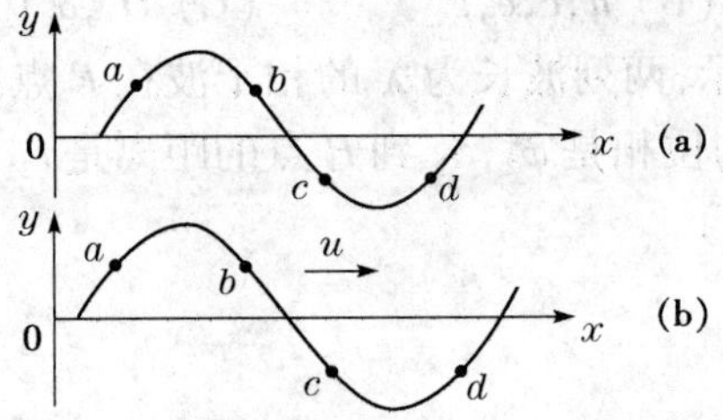

8. (本题3分)在截面积为 S 的圆管中,有一列平面简谐波在传播,其波的表达式为 $y=A\cos\left(\omega t-\dfrac{2\pi x}{\lambda}\right)$,管中波的平均能量密度是$\bar{w}$,则通过截面积 S 的平均能流是________.

9. (本题3分)两个相干点波源 S_1 和 S_2,它们的运动方程分别是 $y_1=A\cos\left(\omega t+\dfrac{1}{2}\pi\right)$和 $y_2=A\cos\left(\omega t-\dfrac{1}{2}\pi\right)$. 波从 S_1 传到 P 点经过的路程等于2个波长,波从 S_2 传到 P 点的路程等于$\dfrac{7}{2}$个波长. 设两波波速相同,在传播过程中振幅不衰减,则两波传到 P 点的振动的合振幅为________.

10. (本题3分)设沿弦线传播的一入射波的表达式为 $y_1=A\cos\left(\omega t-\dfrac{2\pi x}{\lambda}\right)$,波在 $x=L$ 处(B 点)发生反射,反射点为自由端(如图),设波在传播和反射过程中振幅不变,则反射波的表达式是 $y_2=$________.

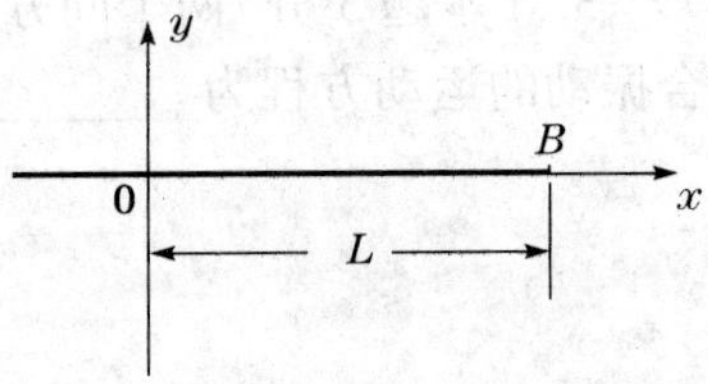

三、计算题(共40分)

1. (本题10分)在一轻弹簧下端悬挂 $m_0=100$ g 砝码时,弹簧伸长 8 cm. 现在这根弹簧下端悬挂 $m=250$ g 的物体,构成弹簧振子. 将物体从平衡位置向下拉动 4 cm,并给以向上的 21 cm · s^{-1}的初速度(这时 $t=0$). 选 x 轴向下,求简谐运动方程的表达式.

2. (本题 10 分)一物体作简谐振动,其速度最大值 $v_m = 3 \times 10^{-2} \text{m} \cdot \text{s}^{-1}$,其振幅 $A = 2 \times 10^{-2}$m. 若 $t = 0$ 时,物体位于平衡位置且向 x 轴的负方向运动. 求:

(1) 振动周期 T;

(2) 加速度的最大值 a_m;

(3) 运动方程.

3. (本题 10 分)一平面简谐纵波沿着线圈弹簧传播,设波沿着 x 轴正向传播,弹簧中某圈的最大位移为 3.0 cm,振动频率为 25 Hz,弹簧中相邻两疏部中心的距离为 24 cm. 当 $t = 0$ 时,在 $x = 0$ 处质元的位移为零并向 x 轴正向运动. 试写出该波的波函数.

4.（本题 10 分）一平面简谐波沿 x 轴正向传播，其振幅为 A，频率为 ν，波速为 u. 设 $t=t'$ 时刻的波形曲线如图所示. 求：

（1）$x=0$ 处质点的运动方程；

（2）该波的波函数.

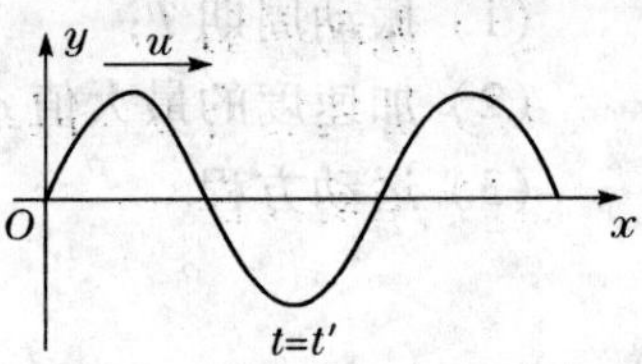

第六单元　波动光学

一、内容提要

1. 基本概念

光具有波粒二象性. 就波动性而言，光是一种电磁波，可见光的波长范围为 400 ~ 760 nm. 通常把电磁波中的电场强度矢量 $\boldsymbol{E}$ 称为光矢量或光振动. 光波是横波，光在真空中的速度为 $c = 3 \times 10^8\ \mathrm{m \cdot s^{-1}}$，光在媒质中的速度为 $u = \dfrac{c}{n}$，与介质的折射率 n 有关. 单色光从一种介质进入另一种介质时，频率不变，波速与波长改变.

（1）光的波动性

光波具有波动的一切属性，在满足相干条件时会产生干涉和衍射现象，由于光是横波，光还具有偏振性.

（2）相干条件和相干叠加

相干条件　两束光频率相同，振动方向相同，在叠加处两束光有恒定相位差（或光程差）.

相干叠加　干涉或衍射现象就是满足相干条件光的叠加，叠加时能量在空间作不均匀分布，在屏上呈现明暗条纹，屏上两相干光间的相位差（或光程差）的分布决定明暗条纹的分布，干涉通常是指有限相干光束间的叠加，而衍射则是指无限多个相干子波间的叠加.

（3）光源发光特点

发光是分子、原子的振动产生的电磁波辐射，当光源物质中的分子或原子由高能级向低能级跃迁过程中，能对外发出一个有限长度的光波列，一般光源对外发出各个光波列间具有间隙性、独立性和随机性，因此同一时刻不同发光点发出的光波列，或同一发光点不同时刻发出的光波列在频率、振动方向和相位上无必然联系，因而是不相干的.

（4）相干光的获得

由于光源发光的上述特点，只有设法使某一光波列"一分为二"，然后再使它们相遇，形成"自我干涉". 获得相干光的方法一般有两种：

分波阵面法　如双缝、劳埃德镜等.

分振幅法　如劈尖、牛顿环、迈克耳孙干涉仪等.

*（5）时间相干性和空间相干性

由于光源的发光特点和相干的基本条件，能观察到干涉条纹，还必须考虑空间相干性和时间相干性，如光源的线度必须较小，膜的厚度不能太厚等.

（6）光程和光程差

光程 nL　介质折射率 n 和光波在该介质中传播几何路程 L 的乘积，它相当于光波在真空中传播 nL 的几何路程所引起的相位变化.

光程差　两束相干光的光程之差，一般为

$$\Delta = \sum (n_i L_i - n_j L_j) + (0, \frac{\lambda}{2})$$

式中,第一项为两相干光从"分开"到"相遇"因不同传播路径引起的光程差;第二项则在考虑"相位跃变"的影响后,分别取"0"或"$\frac{\lambda}{2}$". 式中$\frac{\lambda}{2}$是附加光程差. 光程差与相位差的关系是

$$\Delta\varphi = 2\pi \frac{\Delta}{\lambda} \qquad (\lambda \text{ 为真空中的波长})$$

针对具体光路,正确地计算两相干光的光程差,是定量分析一切干涉和衍射现象的基础. 注意薄透镜对近轴光线不产生附加光程差.

(7) 干涉相长或相消的基本条件

当两相干光在相遇处,满足

$$\Delta = \begin{cases} \pm k\lambda & \text{相长 对应明纹中心} \\ \pm(2k+1)\frac{\lambda}{2} & \text{相消 对应暗纹中心} \end{cases}$$

式中 k 的最小取值,应视具体情况分别取"0"或"1",结合具体光路和所示几何关系,还可得出条纹中心位置的关系式.

2. 杨氏双缝干涉

在教材所示实验装置中,屏上呈现明暗交错、等间距、等强度、平行于缝的直线干涉条纹.

明纹中心位置　$x = \pm k \frac{d'}{d}\lambda \quad k = 0, 1, 2, \cdots$

其中 $k=0$ 叫中央明纹,对应 $\Delta = 0$ 的点,$k=1$ 对应 $\Delta = \lambda$ 的点,以此类推.

暗纹中心位置　$x = \pm(2k+1)\frac{d'}{d}\frac{\lambda}{2} \quad k = 0, 1, 2, \cdots$

其中 $k=0$ 是最靠近中央明纹的两条暗纹,对应 $\Delta = \frac{\lambda}{2}$的点,$k=1$ 对应 $\Delta = \frac{3}{2}\lambda$ 的点,余此类推.

相邻明(暗)纹中心的间距

$$\Delta x = \frac{d'}{d}\lambda$$

对实验装置作若干调节,都将引起屏上条纹分布的变化,寻找新的光程差 $\Delta = 0$ 的点是分析问题的一种方法.

劳埃德镜等都可等效为双缝干涉,其中对劳埃德镜要考虑相位跃变的影响,另当透光缝较小时,应考虑单缝衍射效应,此时可视为 $N=2$ 的光栅衍射.

3. 薄膜干涉

当一束光入射到透明介质薄膜时,膜上下两个表面的反射光(或透射光)都能产生干涉

现象，此时膜上任一点处两相干光间的光程差是该处入射角 i 和膜厚 d 的函数.

对反射光

$$\Delta = 2d\sqrt{n_2^2 - n_1^2\sin^2 i} + (0, \frac{\lambda}{2})$$

式中，$(0, \frac{\lambda}{2})$ 应根据 n_1、n_2 和 n_3 的相互关系，考虑半波损失影响后分别取 0 或 $\frac{\lambda}{2}$. 对薄膜干涉通常有以下几种类型：

(1) 均匀薄膜干涉

单色平行光以固定倾角 i 入射到均匀薄膜上时，膜上任一点两相干光的光程差是一个常量.

如垂直入射（即 $i=0$）时

$$\Delta = 2n_2 d + (0, \frac{\lambda}{2}) = \begin{cases} k\lambda & \text{相长 亮} \\ (2k+1)\frac{\lambda}{2} & \text{相消 暗} \end{cases}$$

此时膜上并无干涉条纹，但对不同波长 λ，有亮暗之分，如用白光入射，则膜呈现某种颜色，由于 $|\Delta_{反} - \Delta_{透}| \equiv \frac{\lambda}{2}$，故某种波长的光在反射中相长（或相消），则在透射中一定相消（或相长）. 选择适当膜厚或介质可提高或降低膜对某种波长光的透射率，常有增反膜和增透膜.

(2) 等厚干涉

当单色平行光以固定倾角 i 入射到厚度不均匀的透明薄介质膜上时，膜上各点的光程差随膜厚 d 而变化，此时膜上干涉条纹的分布取决于膜厚 d 的空间几何分布，形成等厚干涉条纹.

劈尖 单色平行光垂直入射时，有

$$\Delta = 2n_2 d + (0, \frac{\lambda}{2}) = \begin{cases} k\lambda & \text{明纹中心} \\ (2k+1)\frac{\lambda}{2} & \text{暗纹中心} \end{cases}$$

若为空气劈尖，则 $n_2 = 1$，有

$$\Delta = 2d + \frac{\lambda}{2} = \begin{cases} k\lambda & k=1,2,\cdots \quad \text{明纹中心} \\ (2k+1)\frac{\lambda}{2} & k=0,1,2,3\cdots \quad \text{暗纹中心} \end{cases}$$

此时，劈尖上出现平行于棱边（$d=0$ 处）的明暗相间等间距的直线干涉条纹. 相邻明（或暗）纹中心的间距 b 与劈尖角 θ 有关，但相邻条纹间的厚度差 Δd 与 θ 角无关，这是等厚干涉的一个重要特点，即

$$\Delta d = d_{k+1} - d_k \equiv \frac{\lambda_n}{2} = \frac{\lambda}{2n_2}$$

由于 θ 角实际上很小，劈尖中各量满足的几何关系如图 6-1 所示，有

$$\theta \approx \tan\theta \approx \sin\theta \approx \frac{\Delta d}{b} \approx \frac{D}{L}$$

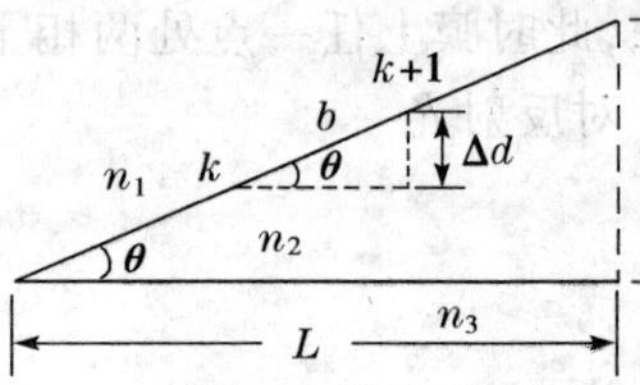

劈尖中各量的几何关系

图6-1

劈尖在测量中有很多应用,分析问题时抓住等厚原理和几何关系.

牛顿环 单色平行光垂直入射教材所示实验装置时,形成牛顿环,有

明环中心半径 $r=\sqrt{\left(k-\frac{1}{2}\right)R\lambda}\quad k=1,2,3,\cdots$

暗环中心半径 $r=\sqrt{kR\lambda}\quad k=0,1,2,\cdots$

此时牛顿环是以接触点(暗点)为中心的内疏外密的圆形明暗相间的条纹,对于其他结构形式的牛顿环装置,应根据具体的光路计算两相干光的光程差,并考虑 $r^2\approx 2dR$ 等几何关系.牛顿环在测量中也有很多应用.

*(3) 等倾干涉

当单色光以不同倾角 i 入射到均匀薄膜上时,膜上各点的光程差是入射角 i 的函数,形成等倾干涉条纹.

(4) 迈克耳孙干涉仪

当干涉仪中的平面镜M_1 与M_2 垂直时,观察到的是等倾干涉条纹;

当干涉仪中的平面镜M_1 与M_2 不严格垂直时,观察到的是等厚干涉(劈尖)条纹.

迈克耳孙干涉仪在测量中有很多应用,测量时,两相干光束间的光程差每变化一个 λ,干涉条纹就会移动一条.如移动 N 条,有$|\Delta_1-\Delta_2|=N\lambda$.

4. 光的衍射

(1) 惠更斯-菲涅耳原理

这是对惠更斯原理的补充,该原理认为波阵面上每个面元 dS 作为子波源向各个方向发射球面相干子波,空间任一点 P 的光振动是各个子波在该处相干叠加的结果,该原理是讨论各种衍射现象的理论基础.

衍射通常分为夫琅禾费衍射(又称远场衍射)和菲涅耳衍射(又称近场衍射).

(2) 夫琅禾费单缝衍射

半波带法 对屏上某点 P 而言,如露出单缝的波阵面恰被分割为偶数个半波带,则该处干涉相消,P 点对应的半波带数目为 $2k$ 个;如为奇数,则该处干涉相长,P 点对应半波带数目为$(2k+1)$个.式中 k 为除中央明纹以外的其他明暗纹的级次,半波带法是确定除中央明纹以外其他明暗纹中心位置的一种近似方法.

衍射条纹 当单色平行光垂直照射单缝时,屏上出现一组平行于单缝的明暗相间的直线干涉条纹,明暗纹位置满足下式:

$$\theta=0\quad \text{中央明纹(对应}\ \Delta=0\ \text{的点)}$$

$$b\sin\theta=\begin{cases}\pm 2k\dfrac{\lambda}{2}=\pm k\lambda & k=1,2,\cdots\ \ \text{暗纹中心}\\[2ex] \pm(2k+1)\dfrac{\lambda}{2} & k=1,2,\cdots\ \ \text{其他明纹中心}\end{cases}$$

中央明纹的角宽度

$$\Delta\theta \approx 2\frac{\lambda}{b} \quad 对应两个\ k=1\ 的暗纹$$

其他明纹的角宽度

$$\Delta\theta \approx \frac{\lambda}{b} \quad 对应\ k\ 和\ k+1\ 级两个暗纹$$

当 θ 较小时，通常用 $\sin\theta \approx \theta \approx \tan\theta$ 这一近似关系，将角量换算线量时，通常用 $x = f\tan\theta \approx f\sin\theta \approx f\theta$ 以及 $\Delta x \approx f\Delta\theta$ 这些关系式. 当 $\theta > 5°$ 时应作严格计算.

衍射时，透过单缝的光能量在屏上作不均匀分布，且主要集中在中央明纹范围内，其他明纹的强度逐渐减小(如图 6-2 所示).

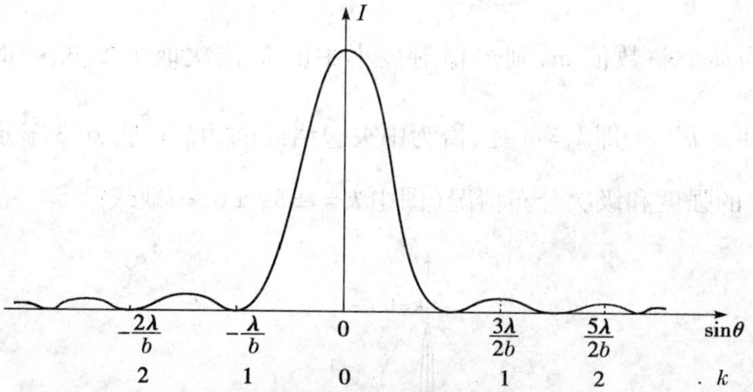

单缝衍射条纹的强度和级次分布

图 6-2

令 $\sin\theta = 1$，可求得屏上可能出现条纹的最大级次 k_m(取整). 如光倾斜入射单缝，屏上条纹分布会变化(提示:可以跟踪 $\Delta = 0$ 的点即中央明纹的位置进行分析)，用白光入射，除中央明纹以外会出现色散，对某级明纹来说总是红光在外，紫光在内.

(3) 光学仪器的分辨率

小圆孔衍射 中央为亮圆斑(对应单缝中央明纹概念，叫艾里斑)，周边为明暗相间同心圆形衍射条纹，艾里斑对透镜光心的张角为

$$2\theta_0 = \frac{d}{f} = 2.44\frac{\lambda}{D}$$

瑞利判据 当两物点对透镜光心所张角 $\theta \geqslant \theta_0 = 1.22\frac{\lambda}{D}$ 时，两物点能分辨，其中等号对应于恰能分辨时的临界状况. θ_0 称为光学仪器(包括人眼)的最小分辨角，$\frac{1}{\theta_0}$ 称为分辨率，调节 λ 和 D 可改变光学仪器的分辨率，对于确定光学仪器，增大两物点对透镜光心的张角 θ 也可改善对两物点的分辨情况.

(4) 光栅衍射

光栅衍射是多光束干涉和单缝衍射两种效应的综合效应，其主明纹(又叫主极大)中心的位置由多光束干涉，即光栅方程决定. 主明纹的强度受单缝衍射效应的调制，透射光能量

主要集中在中央包络线(即单缝衍射效应中的中央明纹范围)内的各个主明纹上. 如当单色平行光垂直入射光栅时,各主明纹中心对应的衍射角 θ 满足光栅方程,即

$$(b+b')\sin\theta=\pm k\lambda \quad k=0,1,2,\cdots$$

式中,$(b+b')$ 叫光栅常数. 对应 $k=0$ 的明纹叫中央主明纹,其他明纹均对称分布在其两侧,相邻主明纹之间有 $N-1$ 个极小和 $N-2$ 个次明纹,由于次明纹光强很小,因而在两主明纹之间几乎是一片暗区,故光栅明纹的特点是细而亮.

若某干涉主明纹中心与单缝衍射某极小的位置重合,则该主明纹不出现,称为缺级,缺级时满足:

$$\frac{b+b'}{b}=\frac{k}{k'}$$

如 $\frac{b+b'}{b}$ 恰为某个整数值 m,则当衍射极小中的 k' 依次取 1、2、3、…时,在 $k=m$、$2m$、$3m$、…处缺级(注意 $k'=1$ 即 $k=m$ 处,恰为中央包络线的边界). 图 6-3 显示 $N=5$, $\frac{b+b'}{b}=3$ 时光栅衍射条纹的强度和级次分布情况(图中 $k=\pm3,\pm6,\cdots$ 缺级).

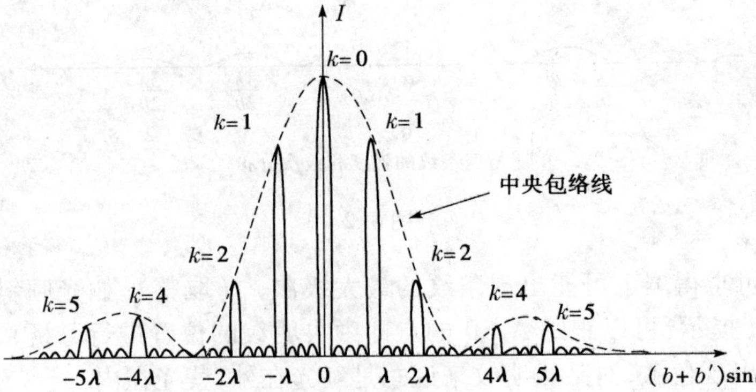

光栅衍射条纹的强度和级次分布

图 6-3

令 $\sin\theta=1$,取整后可求得无限大屏上可能出现主明纹的最大级次 k_m. 考虑缺级情况,还可求得屏上可能出现的全部主明纹级次和数目.

* 倾斜入射时,条纹会移动,此时光栅方程修正为 $(b+b')(\sin i\pm\sin\theta)=\pm k\lambda$. $k=0$ 时,在 $\theta=i$ 的方向上为中央主明纹. 白光入射时,除中央主明纹外会出现色散,形成光栅光谱.

(5) X 射线衍射

当 X 射线入射到晶体上时,每个晶格都会成为子波源,在符合反射定律方向上,衍射极大的位置满足布拉格方程,即

$$2d\sin\theta=k\lambda \qquad k=0,1,2,\cdots$$

式中,d 为两晶面的间距,称为晶格常数;θ 为 X 射线入射方向与晶面的夹角,叫掠射角(又叫布拉格角).

5. 光的偏振

(1) 光的偏振态

光波是横波,光矢量的振动方向总是和光传播方向垂直,根据一束光中光矢量方向的分布特点,光波通常被分为自然光、线偏振光、部分偏振光等.普通光源发出的光是自然光,其他光一般通过特殊方法产生.

(2) 偏振片　起偏与检偏

利用物质的某些特性制成的一种器件,它只允许某个特定方向的光矢量分量通过,该方向叫偏振化方向.一个偏振片既可用作起偏(对自然光而言),也可用作检偏(对线偏振光而言).

(3) 马吕斯定律

在检偏过程中,入射线偏振光与透射线偏振光在振幅与强度上满足:

$$E_2 = E_1 \cos\alpha$$

$$I_2 = I_1 \cos^2\alpha \qquad \begin{cases} \alpha = 0 \text{ 或 } \pi & I_2 = I_1 \quad \text{最亮} \\ \alpha = \dfrac{\pi}{2} \text{或} \dfrac{3}{2}\pi & I_2 = 0 \quad \text{消光} \end{cases}$$

式中,α 为入射线偏振光光矢量 $\boldsymbol{E}_1$ 与偏振化方向间的夹角.旋转偏振片一周会出现两次消光现象,若入射光为自然光,则透射光强恒为$\frac{I_0}{2}$,此时偏振片只作起偏器用.

(4) 布儒斯特定律

当自然光入射到两介质分界面上时,反射光和折射光均为部分偏振光,而当入射角 $i = i_0$(布儒斯特角)时,反射光为光振动垂直于入射面的线偏振光,折射光仍为平行入射面的光矢量占优的部分偏振光.此时反射光与折射光垂直,起偏时 i_0 满足:

$$\tan i_0 = \frac{n_2}{n_1} \quad (\text{此时 } i_0 + \gamma = 90°)$$

*(5) 双折射现象

一束光入射到各向异性晶体中时,会产生两束线偏振光,其中 o 光(寻常光)满足折射定律,e 光(非常光)不满足折射定律,如光沿光轴方向入射,则不产生双折射现象.通常使光轴在入射面内,此时 o 光的光矢量垂直于主截面(亦垂直于光轴),e 光的光矢量则平行于主截面,两光振动矢量相互垂直.利用双折射现象制成的偏折棱镜等,可用作偏振片,该双折射晶体的主截面就是偏振片的偏振化方向.

*(6) 波片

当光垂直入射到波片(光轴平行于表面的晶体平面薄片)时,出射的 o、e 光传播方向虽然相同,但振动方向相互垂直,两束光之间的相位差 $\Delta\varphi = \frac{2\pi}{\lambda}|n_o - n_e|d$,选择不同波片厚度 d,对某个特定波长 λ,会产生 π 或$\frac{\pi}{2}$的相位差,此时的波片称之为$\frac{1}{2}$波片或$\frac{1}{4}$波片.

6. 本单元要求

了解光源发光特点和光波的基本特征;理解获得相干光的方法;掌握光程概念以及光程

差和相位差的关系；会计算两相干光在相遇点的光程差；根据相干基本条件能对杨氏双缝干涉、均匀薄膜干涉以及等厚干涉（劈尖、牛顿环）进行分析计算；理解迈克耳孙干涉仪的基本工作原理；了解惠更斯-菲涅耳原理；理解半波带法；能对单缝衍射和光栅衍射进行分析计算；理解光学仪器的分辨本领；理解自然光和线偏振光；掌握马吕斯定律和布儒斯特定律；了解双折射现象.

二、解题指导

【例 6-1】 在杨氏双缝实验中，试对下列情况进行讨论：

(1) 若在缝 S_2 处放置一片厚度为 L，折射率为 n 的薄透明介质片，入射单色光的波长为 λ. 讨论中央明纹将如何移动？若原 k_1 级明纹位置现被 k_2 级明纹所占据，求该介质片的厚度.

(2) 定量讨论此时屏上明纹的分布.

分析：(1) 在干涉现象中，屏上干涉条纹的空间分布取决于屏上光程差的几何分布，其中中央明纹对应光程差为零的点. 未加介质片之前，光程差为零的点在 O 点，而加介质片后，由于光在介质片中的光程增大，O 点的光程差 $\Delta=(n-1)d\neq0$，故中央明纹必将移动. 如图 6-4 所示，满足 $\Delta=0$ 的点显然在点 O 的下方即 O' 点，整个干涉条纹也随之下移. 对屏上某一固定观察点来说：

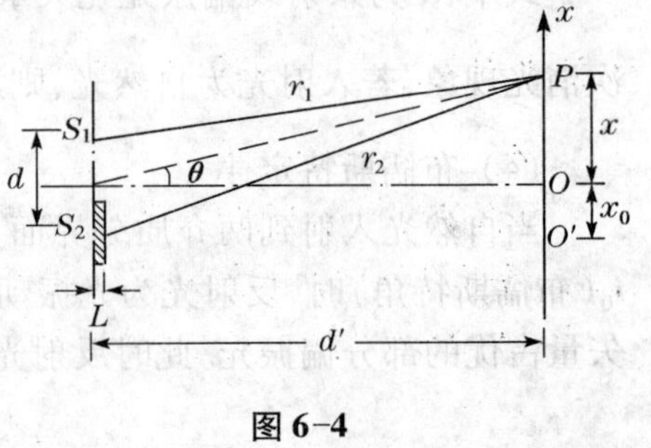

图 6-4

加介质片前 $\Delta_1=k_1\lambda$（对应 k_1 级明纹）

加介质片后 $\Delta_2=k_2\lambda$（对应 k_2 级明纹）

两式相减有 $|\Delta_1-\Delta_2|=|k_1-k_2|\lambda$

式中，$|\Delta_1-\Delta_2|$ 为调节前后光程差的变化量；而 $|k_1-k_2|$ 则可理解为移过固定观察点的明条纹数目. 对于本题显然有 $(n-1)L=|k_1-k_2|\lambda$，此式给我们提供了一个可以精确测量薄透明介质片厚度或折射率的实验方法.

(2) 求得屏上任一点 P 的光程差的表达式是定量讨论的关键.

解：(1) 据分析可知，中央明纹将向下移动，透明介质片的厚度为

$$L=\frac{|k_1-k_2|\lambda}{n-1}$$

(2) 屏上任一点 P 处光程差为

$$\Delta=[(r_2-L)+nL]-r_1=(r_2-r_1)+(n-1)L$$

考虑 $r_2-r_1\approx d\sin\theta\approx d\tan\theta=d\dfrac{x}{d'}$，并令 $\Delta=k\lambda$，可得

明纹中心位置 $$x=[k\lambda-(n-1)L]\frac{d'}{d}\quad k=0,\pm1,\pm2,\cdots$$

式中，$k=0$ 对应中央明纹，即图中 O' 点，其位置为 $x_0=-(n-1)L\dfrac{d'}{d}$. 式中“-”号表示

在点 O 的下方，相邻明纹中心的间距为

$$\Delta x = x_{k+1} - x_k = \frac{d'}{d}\lambda$$

由此可见加介质片以后屏上干涉条纹会整体移动，条纹间距近似不变. 有兴趣的读者还可求出此时暗纹中心位置的表达式.

【例 6-2】 两平板玻璃形成如图 6-5(a)所示空气劈尖，用波长 $\lambda = 700$ nm 单色光垂直入射，观察反射光形成的干涉条纹.

(1) 劈棱 A 处是明纹还是暗纹？

(2) 若劈尖末端 B 处厚度 $D = 0.035$ cm，求其上干涉明纹和暗纹的数目.

(3) 若平板玻璃长度 $L = 2$ cm，求条纹间距.

(4) 若平板玻璃 AB 表面上有部分地方有极小不平整，观察到该条纹如图 6-5(b)所示，问 AB 表面的不平整是凸的还是凹的？试估计凹凸高度.

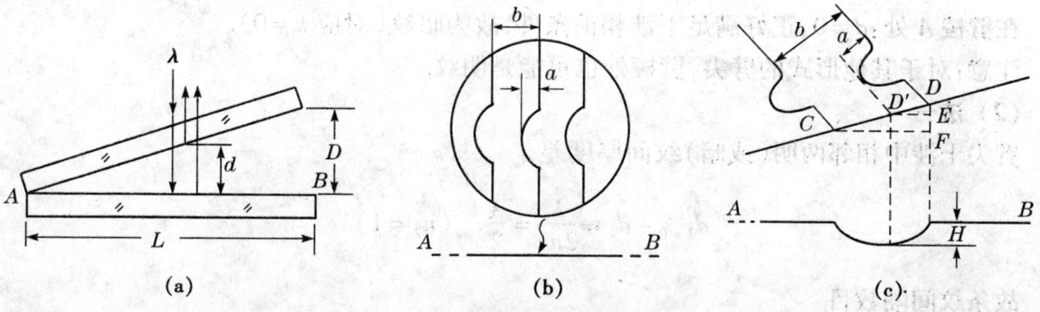

图 6-5

分析：在薄膜干涉中，薄介质膜上下两个表面反射的相干光之间光程差一般为

$$\Delta_r = 2d\sqrt{n_2^2 - n_1^2\sin^2 i} + \left(0, \frac{\lambda}{2}\right)$$

式中 $\left(0, \frac{\lambda}{2}\right)$ 在考虑半波损失的影响后确定. 当 $n_1 > n_2 > n_3$ 或 $n_1 < n_2 < n_3$ 时取零，当 $n_1 > n_2 < n_3$ 或 $n_1 < n_2 > n_3$ 时取 $\frac{\lambda}{2}$. 解题时必须根据题目所给条件自己判断，切勿乱套书中公式. 在本题中应取 $\frac{\lambda}{2}$.

一般情况下，考察点的光程差是膜厚 d 和入射角 i 的函数，此时干涉条纹的分布较复杂，而在下列几种条件下情况较为简单：

(1) 均匀薄膜干涉　平行光束以固定倾角入射到均匀薄膜上，此时膜上各点的光程差为一常量，整个膜上无条纹出现，但对于不同波长的光有亮暗之分.

*(2) 等倾干涉　点光源发出各个方向的光并以不同倾角入射到均匀薄膜上，此时光程差为入射角 i 的函数.

(3) 等厚干涉　平行光束以固定倾角入射到非均匀薄膜上，此时光程差为膜厚 d 的函

数，在垂直入射中，光程差 $\Delta_r = 2n_2 d + (0, \frac{\lambda}{2})$.

劈尖和牛顿环属于等厚干涉. 在等厚干涉中，具有相同膜厚的各点具有相同的光程差，因而膜上等厚点的空间几何分布对应于干涉条纹的空间分布. 故在劈尖干涉中，干涉条纹是平行棱边的直条纹，而在牛顿环干涉中则为圆形条纹. 若膜上有缺陷（凸或凹），则条纹在缺陷处出现弯曲，根据等厚原理可判断向哪边弯曲. 此外在等厚干涉中相邻条纹之间的厚度差 $d_{k+1} - d_k \equiv \frac{\lambda}{2n_2}$ 为一常量，故可以根据劈尖的最大厚度计算膜上条纹的间隔数，并由此估算条纹数.

解：(1) 当光垂直入射时，任意点的光程差满足

$$\Delta = 2d + \frac{\lambda}{2} = \begin{cases} k\lambda & k = 1,2,3,\cdots \quad 明纹 \\ (2k+1)\frac{\lambda}{2} & k = 0,1,2,\cdots \quad 暗纹 \end{cases}$$

在劈棱 A 处：$d = 0$，正好满足干涉相消条件，故为暗纹（对应 $k = 0$）.

注意：对于其他形式的劈尖，劈棱处也可能是明纹.

(2) **法一**

劈尖干涉中相邻两明（或暗）纹间厚度差

$$d_{k+1} - d_k \equiv \frac{\lambda}{2n_2} = \frac{\lambda}{2} \quad (n_2 = 1)$$

故条纹间隔数目

$$N = \frac{D}{\frac{\lambda}{2}} = 1\ 000$$

考虑 A 处为暗纹，故暗纹条数为 $(1\ 000 + 1) = 1\ 001$ 条，明纹条数为 1 000 条.

注意：如求得 N 不为整数，且小数点后的数值大于等于 0.5，则在劈背处还应有一条明纹.

法二

由公式

$$\Delta = 2d + \frac{\lambda}{2} = \begin{cases} k\lambda & k = 1,2,3,\cdots \quad 明纹 \\ (2k+1)\frac{\lambda}{2} & k = 0,1,2,3\cdots \quad 暗纹 \end{cases}$$

将式中 d 用 D 值代入，取整后可求得对应明纹最大 k 值为 1 000，对应暗纹的最大 k 值也为 1 000，考虑本题中对应暗纹 k 的最小取值为零，可得明纹为 1 000 条，暗纹为 1 001 条.

(3) 条纹间距 b

$$b = \frac{L}{N} = \frac{2 \times 10^{-2}}{1\ 000}\ \text{m} = 2.0 \times 10^{-5}\ \text{m}$$

b 也可由劈尖中的几何关系求得，即

$$b \approx \frac{\lambda}{2n_2\theta} = \frac{\lambda L}{2n_2 D} = \frac{\lambda L}{2D} \quad (n_2 = 1)$$

(4) 在等厚干涉中同一条纹上各点对应的介质厚度相等，由于条纹向棱边弯曲，故 AB 表面不平整的性质是凹下的，此时对应几何关系如图 6-5(c)所示，有

$$\frac{\overline{DE}}{\overline{DF}} = \frac{H}{\frac{\lambda}{2}} = \frac{a}{b} \quad 即 \quad H = \frac{a\lambda}{2b}$$

【例 6-3】 如图 6-6 所示，在照相机的镜头上通常镀一层介质膜，膜的折射率为 $n_2 = 1.38$，玻璃折射率为 $n_3 = 1.5$，若白光垂直入射.

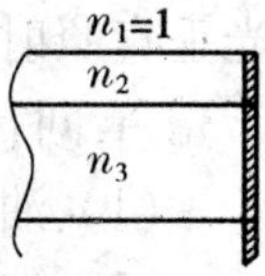

图 6-6

(1) 要使其中波长 $\lambda = 550$ nm 的黄绿光在膜上反射最小，求膜的最小厚度 d_{min} 为多少.

(2) 在(1)情况中，什么波长的光在透射中最强？

(3) 若薄膜厚度 $d = 480$ nm，从正面看照相机镜头呈现何种颜色？

分析：本题属于均匀薄膜干涉现象，求解时注意以下几点：

(1) 当我们需要某种波长的光在反射中最强或最弱时，可选择不同厚度的膜来满足干涉加强或减弱的条件. 在技术应用上有增反膜和增透膜，k 取可能的最小值时，其满足条件的膜最薄.

(2) 当半波损失对反射光的光程差有影响时，对透射光则无影响；反之亦然. 因 $|\Delta_{反} - \Delta_{透}| \equiv \frac{\lambda}{2}$，而干涉中相邻极大与极小所需光程差的差正好也是 $\frac{\lambda}{2}$，故当某种波长的光在反射中消失，而在透射中一定最强；反之也一样. 这也正是符合能量守恒定律的一种表现.

(3) 在均匀薄膜干涉中，膜正面的颜色是由反射最强光的波长决定，而膜背面的颜色则由透射最强光的波长决定.

解：(1) 因 $n_1 < n_2 < n_3$，故半波损失对两束反射光的光程差没有影响，据干涉极小条件，有

$$\Delta = 2n_2 d = (2k+1)\frac{\lambda}{2}$$

令 $k = 0$，则

$$d_{min} = \frac{\lambda}{4n_2} = \frac{550 \times 10^{-9}}{4 \times 1.38} \text{ m} = 9.96 \times 10^{-8} \text{ m} = 99.6 \text{ nm}$$

(2) 此时半波损失对透射光的光程差有影响，若透射最强，有

$$\Delta = 2n_2 d_{min} + \frac{\lambda}{2} = k\lambda$$

$k = 1$，$\lambda_1 = 550$ nm，在可见光范围内；

$k = 2$，$\lambda_2 = 183$ nm，已超出可见光范围，下面不再讨论.

由此可见，在反射光中相消的黄绿光，在透射光中反而得到加强.

(3) 反射光加强：

$$\Delta = 2n_2 d = k\lambda$$

在可见光范围内讨论：

当 $k=2$，$\lambda_2 = \dfrac{2n_2 d}{k} = \dfrac{2 \times 1.38 \times 480}{2} = 662\ \text{nm}$（红光）；

当 $k=3$，$\lambda_3 = \dfrac{2n_2 d}{k} = \dfrac{2 \times 1.38 \times 480}{3} = 442\ \text{nm}$（紫光）.

由此可见，正面呈现紫红色.

【例 6-4】 如图 6-7 所示，折射率 $n_2 = 1.2$ 的油滴滴在 $n_3 = 1.50$的平板玻璃上，形成一上表面近似于球面的油膜，测得油膜中心最高处的高度 $d_m = 1.1\ \mu\text{m}$，用$\lambda = 600\ \text{nm}$ 的单色光垂直照射油膜，测得离油膜中心最近处的暗环半径为 0.3 cm，问：

(1) 油膜周边是明环还是暗环？

(2) 整个油膜可看到的完整暗环数目为多少？

(3) 油膜上表面的曲率半径为多少？

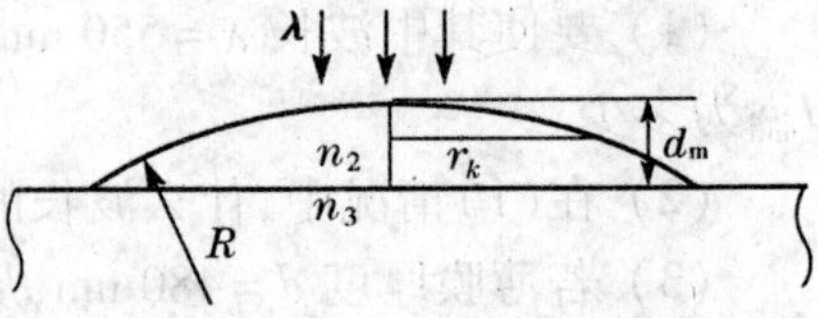

图 6-7

分析：本题也是一种牛顿环现象，但与教材所述情况有所不同，故不可套用教材中现有公式，需自己根据等厚干涉原理和相关几何关系自行判断和推导. 求解时注意以下几点：

(1) 由于 $n_1 < n_2 < n_3$，故油膜上任一点处两相干光的光程差 $\Delta = 2n_2 d$，令 $d=0$ 且由干涉加强或减弱条件可判断油膜周边是明环还是暗环. 由 $\Delta = 2n_2 d = (2k+1)\dfrac{\lambda}{2}$，且令 $d = d_m$ 可求得油膜上暗环的最高级次（取整），从而判断油膜上完整暗环的数目.

(2) 考虑图中各量的几何关系以及干涉减弱条件可推导出曲率半径 R 的表达式.

解：(1) 由分析知 $\Delta = 2n_2 d$.

油膜周边处 $d=0$，即 $\Delta = 0$，正好满足干涉加强条件，故油膜周边是明环.

油膜上任一暗环处满足

$$\Delta = 2n_2 d = (2k+1)\frac{\lambda}{2} \quad k=0,1,2,\cdots \tag{1}$$

令 $d = d_m$，解得 $k=3.9$，取整后 $k_m = 3$，可知油膜上暗环的最高级次为 3，也就是题中所述离油膜中心最近处半径 $r = 0.3\ \text{cm}$ 的那个暗环，故油膜上出现的完整暗环共有 4 个，即$k=0$、1、2、3. 此处也可由$\dfrac{d_m}{\dfrac{\lambda}{2n_2}}$的比值来判断，方法同例 6-2(2).

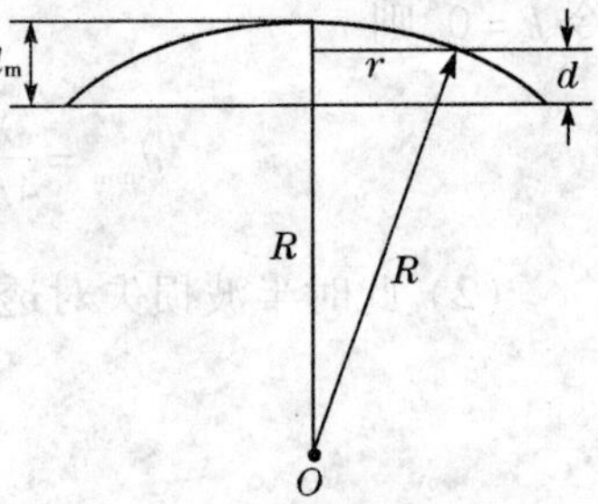

图 6-8

(2) 如图 6-8 所示，R、r、d 和 d_m 之间满足

$$r^2 = R^2 - [R - (d_m - d)]^2 \approx 2R(d_m - d) \tag{2}$$

由式(1)和式(2)可得

$$R=\frac{2n_2r^2}{4n_2d_m-(2k+1)\lambda}$$

将 $k=3$, $r=0.3$ cm 以及 d_m 和 λ 值代入,可得 $R=20$ m.

【例 6-5】 在一焦距 $f=0.5$ m 的透镜的焦平面上,观察夫琅禾费双缝衍射,用 $\lambda=500$ nm的单色光垂直照射双缝时发现:屏上第一级干涉极小和第二级干涉极大间的间距为 3.75 mm,且靠近中央主明纹最近的第 4 级主明纹的光强为零. 求:

(1) 光强分布曲线的中央包络线的角宽度和线宽度.

(2) 相邻明纹的间距.

(3) 中央包络线范围内有几条干涉明纹?

分析:在双缝干涉现象中,如透光缝的宽度较小就应该考虑其衍射效应,因而本题应该视为一个 $N=2$ 的光栅衍射,又叫双缝衍射. 本题应首先根据题给条件求光栅常数 $(b+b')$ 和透光缝的宽度 b,才可以进行以后的求解. 求解时还有两点需要注意:

(1) 光栅衍射可以看成多光束干涉和单缝衍射的综合效应,主明纹位置由多光束干涉决定,即由光栅方程 $(b+b')\sin\theta=\pm k\lambda$ 计算,而主明纹强度变化受单缝衍射调制. 所谓中央包络线是指单缝衍射中央零级明纹的轮廓线,光栅衍射时透射光的绝大部分能量集中在此范围内的各主明纹上,而中央包络线范围以外各个主明纹上的光强很小,一般不易被观测到.

(2) 当 $\frac{b+b'}{b}=\frac{k}{k'}$ 时会出现缺级现象,其中当 $\frac{b+b'}{b}$ 等于整数时叫规则性缺级,和单缝衍射极小时 $k'=1$、2、3、…所对应的各主明纹均缺级,其中和 $k'=1$ 所对应的 k 值恰为中央包络线的边界,由此判定中央包络线内条纹数. 本题中如认定第 4 级是最小缺级数,则中央包络线内各主明纹级数只能是 0、±1、±2、±3,共 7 条.

解:(1) 先求光栅常数和透光缝宽度

对第一级双缝干涉极小有

$$x_1=\frac{f}{b+b'}\frac{\lambda}{2}\quad(\text{对应 } k=0)$$

对第二级干涉主明纹有

$$x_2=2\frac{f}{b+b'}\lambda\quad(\text{对应 } k=2)$$

由题意,有

$$x_2-x_1=\frac{3}{2}\frac{f\lambda}{(b+b')}=3.75\times10^{-3}\ \text{m}$$

则

$$b+b'=\frac{3}{2}\times\frac{0.5\times500\times10^{-9}}{3.75\times10^{-3}}\ \text{m}=1.0\times10^{-4}\ \text{m}$$

由第 4 级主明纹缺级有

$$\frac{b+b'}{b}=4$$

由此得 $b=2.5\times10^{-5}$ m.

单缝衍射的中央明纹角宽度为

$$\Delta\theta_0=2\frac{\lambda}{b}=2\times\frac{500\times10^{-9}}{2.5\times10^{-5}}\text{ rad}=4\times10^{-2}\text{ rad}$$

对应线宽度为

$$l_0=f\tan\Delta\theta_0\approx f\Delta\theta_0=0.5\times4\times10^{-2}\text{ m}=2\times10^{-2}\text{ m}=2\text{ cm}$$

(2) 双缝衍射可视为 $N=2$ 的光栅衍射,明纹位置由干涉决定.

条纹间距为

$$l=\frac{f\lambda}{b+b'}=\frac{0.5\times500\times10^{-9}}{1.0\times10^{-4}}\text{ m}=2.5\text{ mm}$$

(3) 由于最靠近中央主明纹的第4级主明纹缺级,故中央包络线范围内明纹级数为0、±1、±2、±3,共有7条明纹. 本问也可由下法求得:

条纹间隔数为

$$N=\frac{l_0}{l}=8$$

考虑中央主明纹和缺级,中央包络线内的条纹数为 $8+1-2=7$(条).

【例6-6】 有一平面透射光栅,每厘米刻有5 900条刻痕,透镜焦距 $f=0.5$ m.

(1) 用 $\lambda=589$ nm 的单色光垂直入射,最大能看到第几级主明纹? 若用 $i=30°$ 角倾斜入射,最大能看到第几级主明纹?

(2) 用波长范围在400 nm 到760 nm 白光垂直入射,则:

① 第一级光谱的线宽度为多少?

*② 讨论光谱的重叠情况.

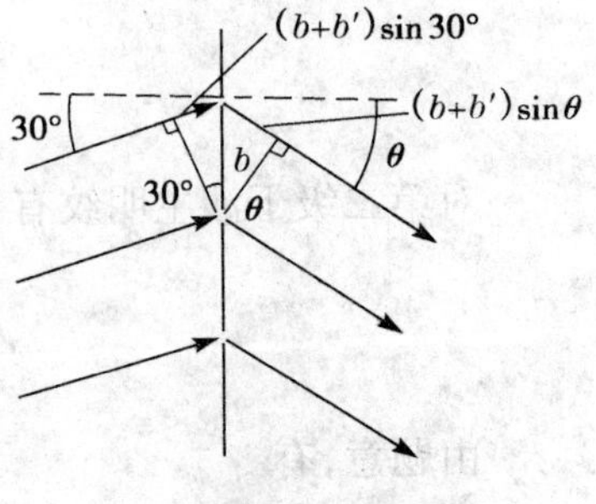

图 6-9

分析:在光栅方程 $(b+b')\sin\theta=\pm k\lambda$ 中,由于衍射角 θ 最大只能取 $\pm\frac{\pi}{2}$(此时必须有一个无限大的屏),由此算得的 k 值就是能被看到的最大级次 k_m. 由上式算得的 k 值必须取整而不能作四舍五入运算. 此外,如算得的 k 值恰为整数,在一个有限大的屏上能看到的最大级次只能是 $k-1$. 当光倾斜入射时,整个条纹发生移动,此时应考虑平行光到达光栅已存在的光程差(如图6-9所示),故光栅方程修正为 $(b+b')(\sin i+\sin\theta)=k\lambda$,令 $\sin\theta=1$ 可求得两个 k_m 值,一个较垂直入射时为大,一个则较小.

由于衍射角 $\theta\propto\lambda$,故用复色光入射时,除零级中央主明纹外会产生色散现象,而形成光栅光谱. 所谓 k 级光谱的线宽度是指复色光中最长波长 λ_{max} 和最短波长 λ_{min} 在屏上位置之间的距离. 对于较高级次光谱之间会出现重叠交错,当 k 级光谱中最长波长的衍射角大于或等于$(k+1)$级光谱中最短波长的衍射角时，就认为光谱之间产生重叠交错现象.

解：先求光栅常数：

$$b+b'=\frac{1}{5\,900}\times10^{-2}\ \text{m}$$

(1) 垂直入射时有

$$(b+b')\sin\theta=\pm k\lambda$$

当$\theta=\pm\frac{\pi}{2}$时，有

$$k=\frac{b+b'}{\lambda}=2.87$$

取整后$k_m=2$，故最大能看到第二级主明纹. 倾斜入射时，光栅方程修正为

$$(b+b')(\sin30^\circ+\sin\theta)=k\lambda$$

当$\theta=\pm\frac{\pi}{2}$时，有

$$(b+b')\left(\frac{1}{2}\pm1\right)=k\lambda$$

$$k=\frac{b+b'}{\lambda}\begin{cases}\cdot\dfrac{3}{2}\\ \cdot\left(-\dfrac{1}{2}\right)\end{cases}=\begin{cases}4.31\\ -1.44\end{cases}$$

此时可看到一侧为第4级主明纹，另一侧为第一级主明纹，最大级次为4.

(2) 白光入射时，除中央零级明纹外，其余级别条纹会出现色散现象，对同一级别来说，红光在外，紫光在内，形成光栅光谱.

① 第一级光谱中的紫光($\lambda=400$ nm)：

$$\sin\theta_1=\frac{\lambda_1}{b+b'}=0.236\,0\quad\text{对应衍射角}\quad\theta_1=13.65^\circ$$

第一级光谱中的红光($\lambda'_1=760$ nm)：

$$\sin\theta'_1=\frac{\lambda'_1}{b+b'}=0.448\,4\quad\text{对应衍射角}\quad\theta'_1=26.64^\circ$$

第一级光谱线宽度

$$\begin{aligned}\Delta x_1&=f\tan\theta'_1-f\tan\theta_1\\&=0.5(\tan26.64^\circ-\tan13.65^\circ)\ \text{m}\\&=0.129\ \text{m}\end{aligned}$$

*② 用同样方法求得：

第二级光谱中红光的衍射角

$$\theta'_2 = 63.74°$$

第三级光谱中紫光的衍射角

$$\theta_3 = 45.07°$$

由于 $\theta_3 < \theta'_2$，可知从第二级光谱开始出现重叠现象. 在①②两问中，由于 $\theta > 5°$，故不能用近似方法计算.

【例 6-7】 在两个偏振化方向相互正交的偏振片之间插入第三个偏振片.

(1) 当最后透射光强为入射自然光强的 1/8 时，求插入偏振片的偏振化方向.

(2) 若最后透射光强为零，则插入偏振片应怎样放置?

分析: 自然光通过第一个偏振片后成为偏振光，光强降为一半，此为起偏过程. 而再通过第 3 个、第 2 个偏振片时，称之为检偏，光强变化遵从马吕斯定律.

解: 设入射自然光强为 I_0.

(1) 自然光通过第一个偏振片后变为线偏振光，设光强为 I_1，此时有

$$I_1 = \frac{I_0}{2}$$

而线偏振光通过第 3、第 2 个偏振片后仍为线偏振光，光强变化遵从马吕斯定律. 设插入的第 3 个偏振片的偏振化方向与第 1 个偏振片的偏振化方向夹角为 α，与第 2 个的夹角则为 $\frac{\pi}{2} - \alpha$. 则最后出射光强为

$$\left[\left(\frac{I_0}{2}\right)\cos^2\alpha\right]\cos^2\left(\frac{\pi}{2} - \alpha\right) = \frac{I_0}{8}$$

由上式可得 $\sin 2\alpha = 1$，解之得 $\alpha = \frac{\pi}{4}$.

(2) 由题意有

$$\left[\left(\frac{I_0}{2}\right)\cos^2\alpha\right]\cos^2\left(\frac{\pi}{2} - \alpha\right) = 0$$

即 $\sin 2\alpha = 0$，解之得 $\alpha = 0$ 或 $\alpha = \frac{\pi}{2}$.

说明插入的第 3 个偏振片的偏振化方向与第 1 个偏振片的偏振化方向一致或者垂直.

三、讨论题

6-1 如图 6-10 所示(图中 $\theta \to 0$)，单色光垂直入射劈尖，就表 6-1 讨论考察点 A、B 两处的情况.

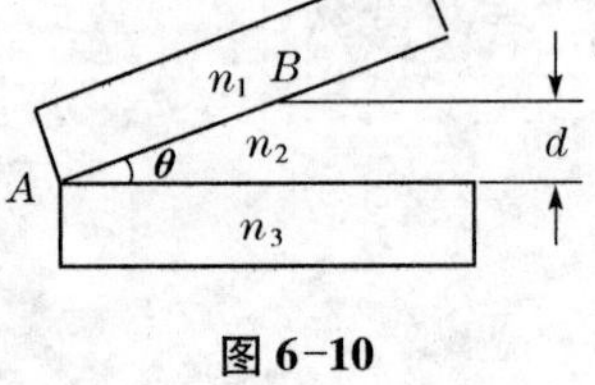

图 6-10

表 6-1

n_1, n_2 和 n_3 的关系	$n_1 > n_2 > n_3$	$n_1 < n_2 < n_3$	$n_1 > n_2 < n_3$	$n_1 < n_2 > n_3$
B 点光程差 Δ_{21}				
A 处(明或暗)				

对于图示装置出现的干涉条纹为什么不认为是介质 n_1 上下两个表面的反射光所形成的？

6-2 在如图 6-11 所示的杨氏双缝实验中作如下变动，干涉条纹将如何变化？

(1) 把整个双缝装置浸入水中；

(2) 在缝 S_2 处慢慢插入一块楔形玻璃片；

(3) 把缝 S_2 遮住，并在两缝垂直平分面上放一块平面镜；

(4) 使两缝宽度稍微不等；

(5) 分别用红、蓝滤色片各遮住一缝；

(6) 如果遮住一缝，屏上原来的亮纹是否变为暗纹？

(7) 如果同时使透光缝宽度减小且保持相等.

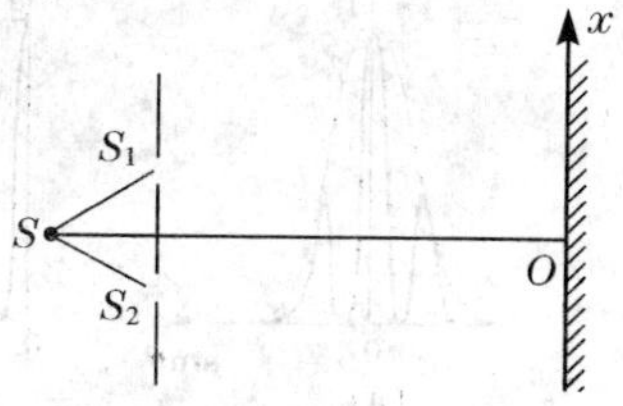

图 6-11

6-3 如图 6-12(a)和(b)所示，用单色光垂直入射(a)和(b)两种实验装置，试分别画出干涉条纹（形状、分布、疏密、条纹数）.

(1) 上表面为平面、下表面为圆柱面的平凸透镜放在平板玻璃上；

(2) 平板玻璃放在上表面为圆柱面的平凹透镜上.

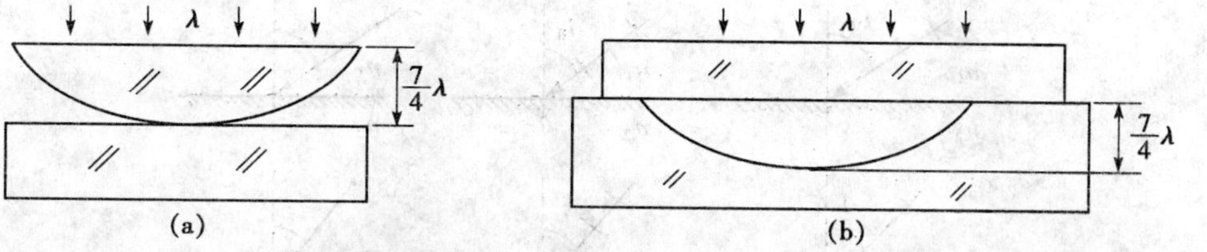

图 6-12

6-4 比较劈尖和牛顿环两种干涉条纹的异同，如果想产生圆形等间距的等厚干涉条纹，你准备采用什么样的实验装置？

***6-5** 在平板玻璃上放一油滴($n_2 = 1.25$)，当油滴逐渐展开形成凸形油膜时，以单色平行光($\lambda = 589$ nm)垂直照射，从反射光观察油膜所形成的干涉条纹. 已知玻璃折射率 $n_3 = 1.50$.

(1) 说明所观察到的干涉条纹的形状、特征以及当油膜逐渐展开时条纹的变化；

(2) 当油膜上有 4 条亮环时，试估算油膜中心处的厚度.

6-6 双缝干涉、单缝衍射和双缝衍射产生的都是明暗相同的直条纹，它们之间有何不同？

6-7 (1) 为什么光栅中透光缝的宽度 b 与不透明间隔 b' 的宽度相等时，除中央明纹外，所有偶数级均不出现？

(2) 为什么光栅刻痕不但要很多，而且刻痕之间的距离也要相等？

*(3) 如果单缝宽度与光栅中的透光缝宽度相等，光栅缝数为 N，则从光栅透射的能量比单缝大 N 倍，但其主明纹的强度却比单缝大 N^2 倍，这是否违背能量守恒定律？

***6-8** 图 6-13 为多缝衍射的光强分布曲线（横坐标刻度一样），请回答下列问题：

(1) 各图分别表示几缝衍射？

(2) 若入射波长相同，哪个图对应的缝最宽？

（3）各图的$\dfrac{b+b'}{b}$分别等于多少？有哪些缺级？

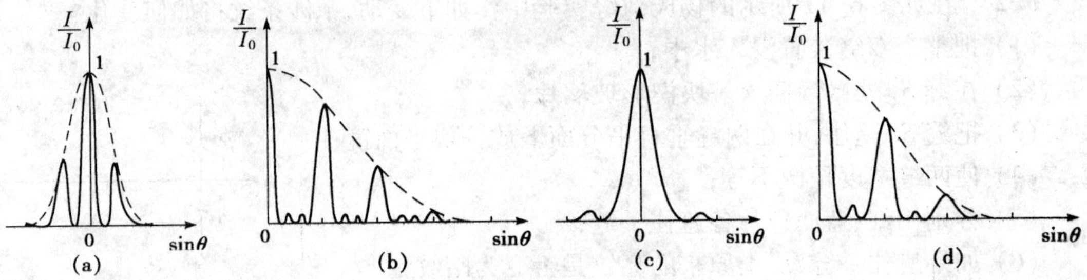

图 6-13

6-9 将图 6-14 所示各图中的反射光与折射光的偏振态在图中标出，图中 $i_0=\arctan\dfrac{n_2}{n_1}$，$i\neq i_0$，且设 $n_2>n_1$.

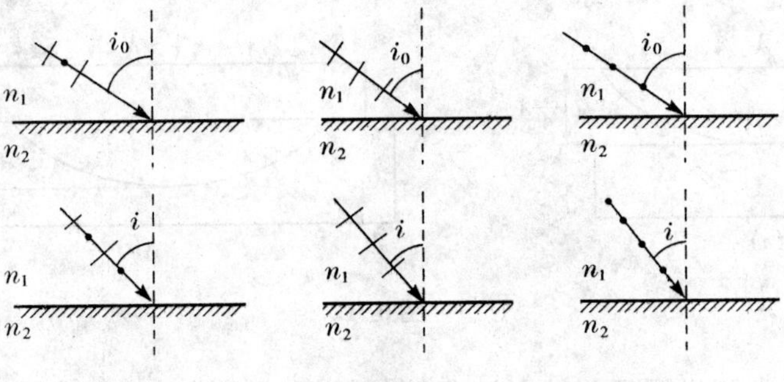

图 6-14

6-10 如图 6-15 所示，在双缝干涉装置的两缝后各放一偏振片，用单色自然光入射，在下列情况下条纹有何变化？

（1）两偏振片的偏振化方向相互平行；

（2）两偏振片的偏振化方向相互垂直.

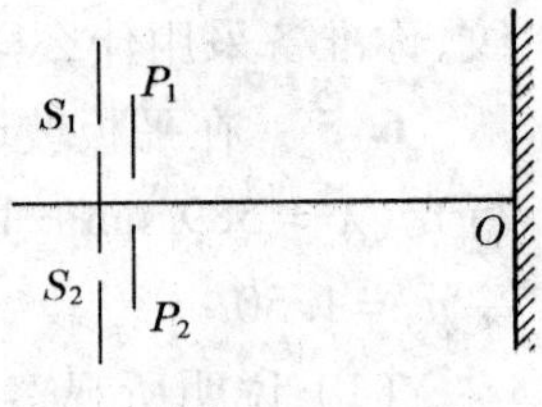

图 6-15

综 合 习 题

6-1 某种单色光在折射率为 n 的媒质中从 A 点传播到 B 点，已知相位改变了 π，则光程改变了多少？光从 A 到 B 的几何路程为多少？

6-2 如图，若牛顿环装置中的平凸透镜与平板玻璃间有一小间隙 d_0，现用波长为 λ 的单色光垂直入射.

（1）画出反射光的相干光路图，写出光程差的表达式；

（2）画出透射光的相干光路图，写出光程差的表达式；

（3）求反射光形成的牛顿环明环半径的表达式（设平凸透镜半径为 R）；

（4）d_0 为何值时，牛顿环中心为明纹？

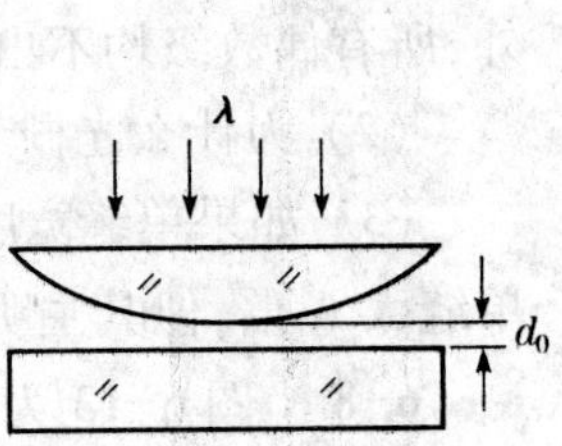

题 6-2 图

6-3 用波长 $\lambda=589\ \text{nm}$ 的单色光照射双缝,若光源 S 向下移动,则屏上原中央明纹处变为第 4 级明纹.

(1) 条纹是向上移动还是向下移动?

(2) 要使零级明纹仍回到原处,需要在上缝还是下缝加一透明介质片?

(3) 如果使用 $n=1.58$ 的云母片,则该片的厚度是多少?

6-4 如图,一折射率为 n 的玻璃劈尖放在空气中,现用单色光垂直照射,OP 上出现 20 条明纹,且 P 处恰为明纹,求:

(1) 劈厚 h;

(2) 如 θ 角增大或减小,且 OP 长度不变,则 OP 上条纹如何变化?

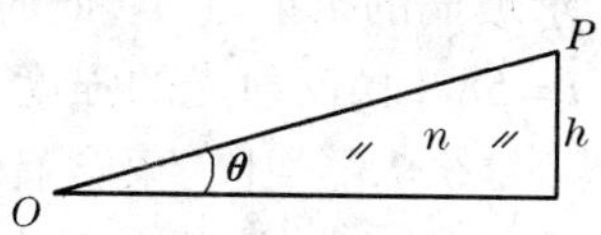

题 6-4 图

6-5 一层均匀油膜覆盖在玻璃板上,已知油的折射率为 1.30,玻璃折射率为 1.50.

(1) 用可以连续调节波长的单色光垂直照射油膜,观察到 500 nm 和 700 nm 两种单色光在反射中消失,其间没有别的波长相消,求油膜厚度 d 为多少.

(2) 改用白光(400 ~ 760 nm)垂直照射,问油膜背面呈现何种颜色.

6-6 在单缝衍射实验中,入射光中包含波长 λ_1 和 λ_2 的两种单色光,若 λ_1 的第 1 级衍射极小恰与 λ_2 的第 2 级衍射极小相重合,求:

(1) λ_1 和 λ_2 的关系如何?

(2) 是否还有其他极小相重合?

6-7 双缝干涉实验中,缝距 $d=0.4\ \text{mm}$,每缝宽度均为 $b=0.08\ \text{mm}$,用 $\lambda=480\ \text{nm}$ 单色平行光垂直照射,透镜焦距 $f=2.0\ \text{m}$,求:

(1) 干涉条纹的间距为多少?

(2) 在单缝中央亮纹范围内的明纹数目? 在此范围内明纹强度与范围以外的其他明纹相比有何不同?

6-8 以波长 $\lambda=600\ \text{nm}$ 的单色光垂直照射光栅,已知第 3 级明纹出现在 $\sin\theta_3=0.3$ 处,且最小缺级数为 4.

(1) 光栅上相邻两缝的间距为多大?

(2) 光栅透光狭缝的宽度为多大?

(3) 求在 $90°>\theta>-90°$ 范围内,屏上实际呈现的明纹全部级数.

(4) 若以 $i=30°$ 角倾斜入射,求在 $90°>\theta>-90°$ 范围内屏上实际呈现的明纹全部级数.

6-9 一束含有 λ_1 和 λ_2 的平行光垂直照射光栅,测得 λ_1 的第 3 级主明纹和 λ_2 的第 4 级主明纹的衍射角均为 30°,已知 $\lambda_1=560\ \text{nm}$,求:

(1) 光栅常数;

(2) 波长 λ_2.

6-10 某天文台反射式望远镜的通光孔径为 2.5 m,人眼对 $\lambda=550\ \text{nm}$ 的黄绿光最敏感,求此望远镜的最小分辨角. 若人眼瞳孔直径为 3 mm,则上述望远镜的分辨率是人眼的多少倍? 对于距地球 30 光年相距 2 亿 km 的一对双星,望远镜能否分辨?

6-11 以波长为 0.11 nm 的 X 射线照射岩盐晶体,实验测得 X 射线与晶面夹角为

11.5°时获得第一级反射明纹.

(1) 岩盐晶体原子平面之间的间距 d 为多大?

(2) 如以另一束待测 X 射线照射,测得 X 射线与晶面夹角为 17.5°时获得第一级反射光明纹,求该 X 射线的波长.

6-12 用线偏振光入射到玻璃表面,实验发现,当入射角 $i=58°$时,反射光强度为零,求玻璃的折射率 n_2,此时线偏振光光振动矢量与入射面有何关系?如改用自然光入射,当 $i=58°$时,反射光的强度是否仍然为零?

6-13 让一束含有自然光和线偏振光的混合光垂直通过一偏振片,若以入射光束为轴旋转偏振片,测得透射光强度的最大值是最小值的 3 倍,求入射光束中自然光与线偏振光的光强比值.

6-14 将三个偏振片堆叠在一起,第二个、第三个偏振片的偏振化方向与第一个偏振片的偏振化方向的夹角分别为 45°和 90°角.

(1) 如光强为 I_0 的自然光入射,求每经过一个偏振片的光强和偏振态.

(2) 如果将第二个偏振片抽走,情况有何变化?

6-15 在折射率 $n_3=1.50$ 的基片上镀以折射率 $n_2=1.40$ 的氧化硅薄膜,以波长 $\lambda=589.3$ nm 的平行光照射以监视膜的厚度变化. 开始未镀膜时,基片表面发暗,随着膜厚的逐渐增加,膜表面由暗变亮,再由亮变暗. 整个镀膜过程共有 10 次这样的周期性变化. 试估算所镀膜的厚度.

*__6-16__ 如图所示,波长为 λ 的单色平行光垂直照射屏 A 上的矩形小孔(宽为 a,高为 b)产生夫琅禾费衍射,试近似求出放置在屏 A 后薄透镜焦平面处的屏 B 上所观察到的衍射中央明纹的范围.

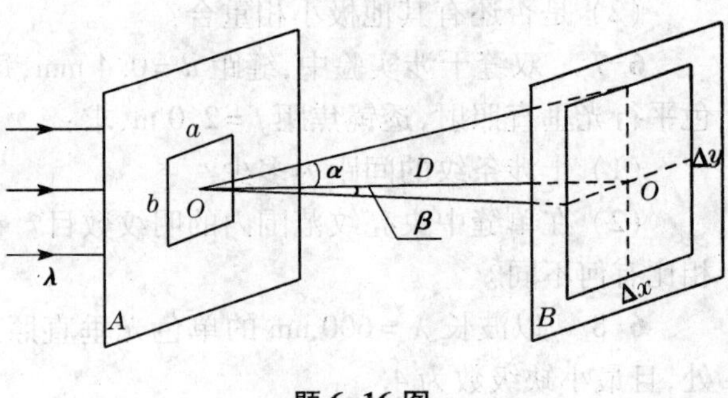

题 6-16 图

*__6-17__ 声呐起水下雷达作用,现有一潜水艇停在海平面下 100 m 处,艇上所携声呐的喇叭向前方发射声波. 现欲为声呐设计一个喇叭,给出其形状和尺寸,使该声呐在使用波长为 10 cm 的声波时,信号在水平方向的覆盖范围为 60°张角,而在潜水艇前方 1 000 m 处出现的敌舰又不能收到信号.

*__6-18__ (1) 如图所示,在夫琅禾费单缝衍射中,把观察屏从与单缝平行转变为图示位置. 试求中央亮条纹的线宽度 $\overline{CD}$(图中 λ,φ,H,b 均为已知,θ_1 为第 1 级衍射极小对应的衍射角).

(2) 一雷达测速计位于路旁 15 m 远处,所发射微波束中心与道路成 $\varphi=15°$角. 若发射天线水平宽度 $b=2.0$ m,所用微波波长 $\lambda=300$ mm,问沿道路跨跃多大距离的车辆能被检测到?

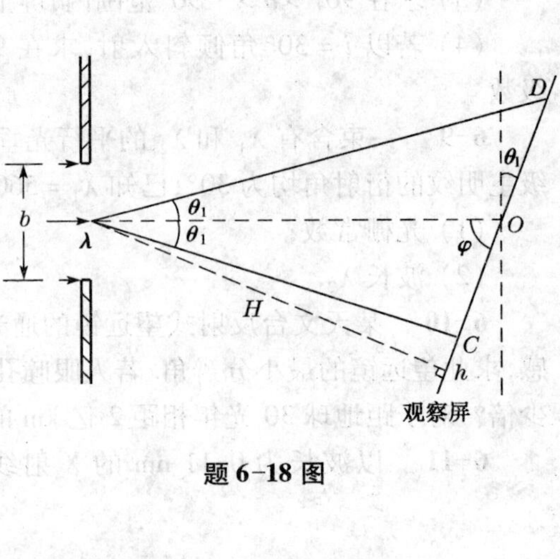

题 6-18 图

第六单元自测卷

一、选择题(共30分)

1. (本题3分)如图所示,用波长为 λ 的单色光照射双缝干涉实验装置,若将一折射率为 n、劈角为 θ 的透明劈尖 b 插入光线2中,则当劈尖 b 缓慢地向上移动时(只遮住 S_2),屏 C 上的干涉条纹(　　)

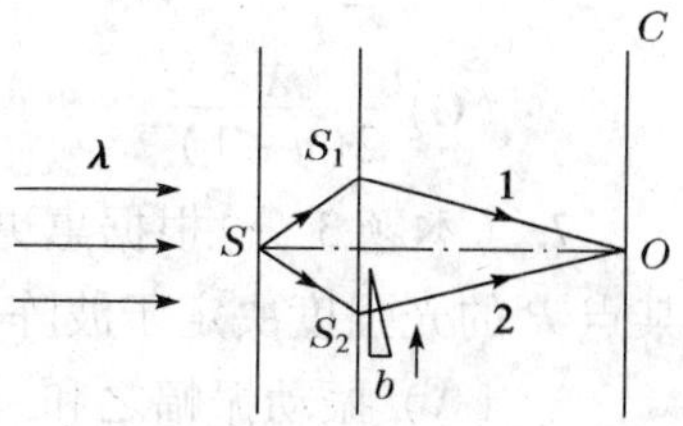

(A) 间隔变大,向下移动

(B) 间隔不变,向下移动

(C) 间隔变小,向上移动

(D) 间隔不变,向上移动

2. (本题3分)在双缝干涉实验中,用单色自然光照射,在屏上形成干涉条纹,若在两缝后放一个偏振片,则(　　)

(A) 干涉条纹的间距不变,但明纹的亮度加强

(B) 干涉条纹的间距变窄,且明纹的亮度减弱

(C) 干涉条纹的间距不变,但明纹的亮度减弱

(D) 无干涉条纹

3. (本题3分)如图所示,两个直径有微小差别的彼此平行的滚柱之间的距离为 L,夹在两块平晶的中间,形成空气劈尖,当单色光垂直入射时,产生等厚干涉条纹. 如果滚柱之间的距离 L 变小,则在 L 范围内干涉条纹的(　　)

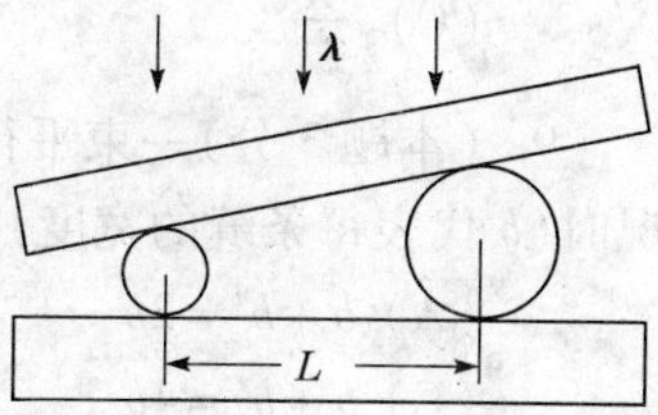

(A) 数目减少,间距变大

(B) 数目增加,间距变小

(C) 数目减少,间距不变

(D) 数目不变,间距变小

4. (本题3分)如图所示,折射率为 n_2、厚度为 d 的透明介质薄膜的上方和下方的透明介质的折射率分别为 n_1 和 n_3,已知 $n_1 < n_2 < n_3$. 若用波长为 λ 的单色平行光垂直入射到该薄膜上,则从薄膜上、下两表面反射的光束①与②的光程差是(　　)

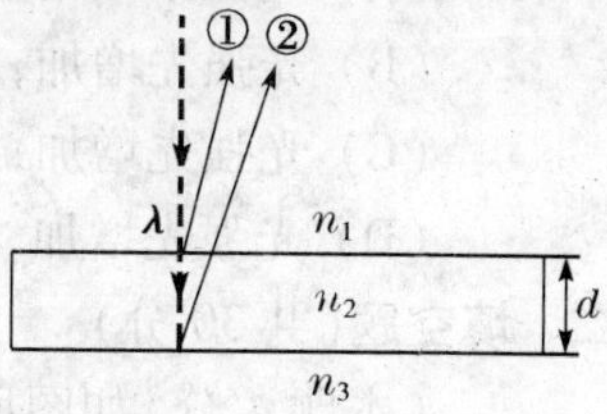

(A) $2n_2d$

(B) $2n_2d - \frac{1}{2}\lambda$

(C) $2n_2d - \lambda$

(D) $2n_2d - \frac{\lambda}{2n_2}$

5. (本题3分)若把牛顿环装置(都是用折射率为1.52的玻璃制成的)由空气搬入折射率为1.33的水中,则干涉条纹(　　)

(A) 中心暗斑变成亮斑　　(B) 变疏

(C) 变密　　(D) 间距不变

6. (本题3分)在迈克耳孙干涉仪的一支光路中,放入一片折射率为 n 的透明介质薄膜后,测出两束光的光程差的改变量为一个波长 λ,则薄膜的厚度是(　　)

(A) $\dfrac{\lambda}{2}$　　(B) $\dfrac{\lambda}{2n}$

(C) $\dfrac{\lambda}{2(n-1)}$　　(D) $\dfrac{\lambda}{n}$

7. (本题3分)根据惠更斯-菲涅耳原理,若已知光在某时刻的波阵面为 S,则 S 的前方某点 P 的光强度决定于波阵面 S 上所有面积元发出的子波各自传到 P 点的(　　)

(A) 振动振幅之和

(B) 光强之和

(C) 振动振幅之和的平方

(D) 振动的相干叠加

8. (本题3分)一束波长为 λ 的平行单色光垂直入射到一单缝 AB 上,装置如图. 在屏幕 D 上形成衍射图样,如果 P 是中央亮纹一侧第一个暗纹所在的位置,则图中 $\overline{BC}$ 的长度为(　　)

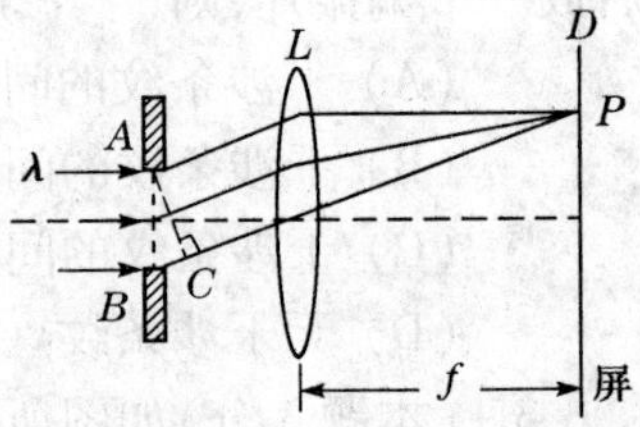

(A) $\dfrac{\lambda}{2}$　　(B) λ

(C) $\dfrac{3\lambda}{2}$　　(D) 2λ

9. (本题3分)一束平行单色光垂直入射在光栅上,当光栅常数 $(b+b')$ 为下列哪种情况时(b 代表每条缝的宽度),$k=3,6,9$ 等级次的主明纹均不出现(　　)

(A) $b+b'=2b$　　(B) $b+b'=3b$

(C) $b+b'=4b$　　(D) $b+b'=6b$

10. (本题3分)两偏振片堆叠在一起,一束自然光垂直入射其上时没有光线通过. 当其中一偏振片慢慢转动180°时透射光强度发生的变化为(　　)

(A) 光强单调增加

(B) 光强先增加,后又减小至零

(C) 光强先增加,后减小,再增加

(D) 光强先增加,然后减小,再增加,再减小至零

二、填空题(共30分)

1. (本题4分)如图所示,在双缝干涉实验中,$\overline{SS_1}=\overline{SS_2}$. 用波长为 λ 的光照射双缝 S_1 和 S_2,通过空气后在屏幕 E 上形成干涉条纹. 已知 P 点处为第3级明条纹,则 S_1 和 S_2 到 P 点的光程差为________. 若将整个装置放于某种透明液体中,P 点为第4级明条纹,则该液体的折射率 $n=$__________.

2. (本题3分)波长为 λ 的平行单色光垂直照射到如图所示的透明薄膜上,膜厚为 d,折射率为 n_2,透明薄膜放在折射率为 n_1 的介质中,$n_1 < n_2$,则上下两表面反射的两束反射光在相遇处的相位差 $\Delta\varphi$ = ______.

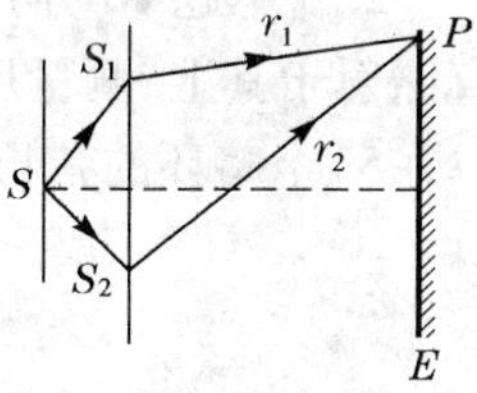

(第1题)

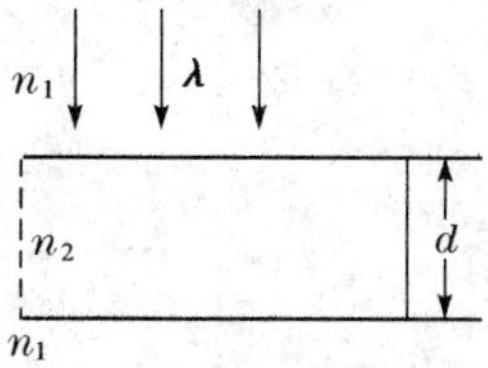

(第2题)

3. (本题3分)波长为 λ 的平行单色光垂直地照射到劈形膜上,劈形膜的折射率为 n,第2条明纹与第5条明纹所对应的薄膜厚度之差是______.

4. (本题3分)波长为 λ 的平行单色光垂直照射到空气中的劈尖薄膜上,劈尖角为 θ,劈尖薄膜的折射率为 n,第 k 级明条纹与第 $(k+5)$ 级明纹的间距是______.

5. (本题3分)在迈克耳孙干涉仪的可动反射镜移动了距离 d 的过程中,若观察到干涉条纹移动了 N 条,则所用光波的波长 λ = ______.

6. (本题5分)平行单色光垂直入射于单缝上,观察夫琅禾费衍射. 若屏上 P 点处为第2级暗纹,则单缝处波面相应地可划分为______个半波带. 若将单缝宽度缩小一半,P 点将是______级______纹.

7. (本题3分)在通常亮度下,人眼瞳孔直径约为3 mm. 对波长为550 nm的绿光,最小分辨角约为______rad. ($1\ \text{nm} = 10^{-9}\ \text{m}$)

8. (本题3分)两个偏振片叠放在一起,强度为 I_0 的自然光垂直入射其上,若通过两个偏振片后的光强为 $\frac{I_0}{8}$,则此两偏振片的偏振化方向间的夹角(取锐角)是______;若在两片之间再插入一片偏振片,其偏振化方向与前后两片的偏振化方向的夹角(取锐角)相等,则通过三个偏振片后的透射光强度为______.

9. (本题3分)一束自然光以布儒斯特角入射到平板玻璃片上,就偏振状态来说,反射光为______,反射光 $\boldsymbol{E}$ 矢量的振动方向______,透射光为______.

三、计算题(共40分)

1. (本题10分)在双缝干涉实验中,波长 $\lambda = 550$ nm 的单色平行光垂直入射到缝间距 $d = 2\times10^{-4}$ m 的双缝上,屏到双缝的距离 $d' = 2$ m. 求:

(1) 中央明纹两侧的两条第10级明纹中心的间距;

(2) 用一厚度为 $L = 6.6\times10^{-6}$ m、折射率为 $n = 1.58$ 的玻璃片覆盖一缝后,零级明纹将移到原来的第几级明纹处?

2. (本题 10 分)如图,一平凸透镜放在一平玻璃上,以波长为$\lambda = 589.3$ nm的单色光垂直照射于其上,测量反射光的牛顿环. 测得从中央数起第 k 个暗环的弦长为 $l_k = 3.00$ mm,第$(k+5)$个暗环的弦长为$l_{k+5} = 4.60$ mm. 求平凸透镜的球面的曲率半径 R.

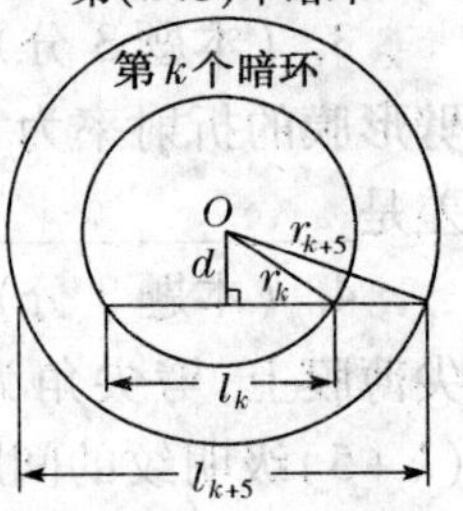

3. (本题 10 分)波长为 600 nm($1\ \text{nm} = 10^{-9}$ m)的单色光垂直入射到宽度为 $b = 0.10$ mm 的单缝上,观察夫琅禾费衍射图样,透镜焦距$f = 1.0$ m,屏在透镜的焦平面处. 求:

(1) 中央衍射明条纹的宽度 Δx_0;

(2) 第 2 级暗纹离透镜焦点的距离 x_2;

(3) 若同时有一未知波长的单色光入射,测得该单色光的第 3 级明纹中心与600 nm 单色光的第 2 级明纹中心位置相重合. 求该波波长.

4. （本题 10 分）一衍射光栅，每厘米有 200 条透光缝，每条透光缝宽为 $b=2\times10^{-3}$ cm，在光栅后放一焦距 $f=1$ m 的凸透镜，现以 $\lambda=600$ nm 的单色平行光垂直照射光栅，求：

（1）透光缝 b 的单缝衍射中央明条纹宽度为多少？

（2）在该宽度内，有几个光栅衍射主明纹？

（3）在 $-\frac{\pi}{2}<\theta<\frac{\pi}{2}$ 范围内能测得的主明纹的最高级次 k_m 为多少？

第七单元　近代物理基础

一、内容提要

1. 狭义相对论

（1）狭义相对论的基本原理

长期以来，人们都力图寻找一个绝对静止的坐标系，做了许多实验，也假设过渗透在物质内的以太为绝对静止的坐标系，但事实却告诉人们，不存在绝对静止的坐标系. 依据实验和观察，爱因斯坦摒弃了以太假说和绝对参照系的假设，提出了两条基本原理.

（A）爱因斯坦相对性原理　物理定律在所有惯性参考系中都具有相同的表达式，都是等价的.

（B）光速不变原理　真空中的光速是常量，它不依赖于惯性系的选择，即在所有惯性系中光在真空中的速度恒等于 c.

（2）洛伦兹变换

旧的、经典的伽利略坐标变换和速度变换与光速不变原理相抵触，必须寻找与光速不变原理相适应的坐标变换及速度变换. 这就是洛伦兹坐标变换与速度变换.

① 洛伦兹时空坐标变换

若 S、S'分别为两惯性系，S'系相对 S 系以 v 沿 x 轴正方向运动，在 $t=t'=0$ 时，S 系与 S' 系重合，一事件在 S 系内时空坐标为 x、y、z、t，在 S'系内时空坐标为 x'、y'、z'、t'. 它们之间满足以下变换：

$$x'=\frac{x-vt}{\sqrt{1-\frac{v^2}{c^2}}};\quad y'=y;\quad z'=z;\quad t'=\frac{t-\frac{v}{c^2}x}{\sqrt{1-\frac{v^2}{c^2}}}$$

逆变换为

$$x=\frac{x'+vt'}{\sqrt{1-\frac{v^2}{c^2}}};\quad y=y';\quad z=z';\quad t=\frac{t'+\frac{v}{c^2}x'}{\sqrt{1-\frac{v^2}{c^2}}}$$

这就是洛伦兹时空坐标变换.

若在 S 系内有两件事对应坐标为 x_1、y、z、t_1 和 x_2、y、z、t_2，在 S'系内该两件事坐标为 x'_1、y'、z'、t'_1 和 x'_2、y'、z'、t'_2，则在两坐标中时空间隔 Δx、Δt 和 $\Delta x'$、$\Delta t'$之间有下列关系：

$$\Delta x'=\frac{\Delta x-v\Delta t}{\sqrt{1-\frac{v^2}{c^2}}};\quad \Delta t'=\frac{\Delta t-\frac{v}{c^2}\Delta x}{\sqrt{1-\frac{v^2}{c^2}}}$$

逆变换

$$\Delta x=\frac{\Delta x'+v\Delta t'}{\sqrt{1-\frac{v^2}{c^2}}};\quad \Delta t=\frac{\Delta t'+\frac{v}{c^2}\Delta x'}{\sqrt{1-\frac{v^2}{c^2}}}$$

这是与洛伦兹坐标相对应的间隔变换.

② 洛仑兹速度变换

一个质点相对于 S 系运动的速度为 $\boldsymbol{u}$,它在三个方向的分量为 u_x、u_y、u_z;相对于 S'系的运动速度 $\boldsymbol{u}'$,它在三个方向分量为 u'_x、u'_y、u'_z. 据 $u_x=\frac{\mathrm{d}x}{\mathrm{d}t}$、$u_y=\frac{\mathrm{d}y}{\mathrm{d}t}$、$u_z=\frac{\mathrm{d}z}{\mathrm{d}t}$和 $u'_x=\frac{\mathrm{d}x'}{\mathrm{d}t'}$、$u'_y=\frac{\mathrm{d}y'}{\mathrm{d}t'}$、$u'_z=\frac{\mathrm{d}z'}{\mathrm{d}t'}$,速度分量之间满足下列关系:

$$u'_x=\frac{u_x-v}{1-\frac{u_x v}{c^2}};\quad u'_y=\frac{u_y\sqrt{1-\frac{v^2}{c^2}}}{1-\frac{u_x v}{c^2}};\quad u'_z=\frac{u_z\sqrt{1-\frac{v^2}{c^2}}}{1-\frac{u_x v}{c^2}}$$

逆变换

$$u_x=\frac{u'_x+v}{1+\frac{u'_x v}{c^2}};\quad u_y=\frac{u'_y\sqrt{1-\frac{v^2}{c^2}}}{1+\frac{u'_x v}{c^2}};\quad u_z=\frac{u'_z\sqrt{1-\frac{v^2}{c^2}}}{1+\frac{u'_x v}{c^2}}$$

这就是洛伦兹速度变换,这是满足光速不变原理的变换.

(3) 相对论时空观

爱因斯坦的光速不变原理以及与之相适应的洛伦兹坐标变换,在时空观上有着划时代的突破.

① 同时性的相对性

在两个惯性系中,在相对运动方向上不同地点发生的两事件,在一个惯性系中是同时的,则在另一个惯性系中一定不同时. 这就是同时性是相对的.

② 长度收缩——长度测量的相对性

若一棒沿两个惯性系相对运动方向放置,在相对静止的惯性系内测得棒的长度为 Δl_0,为原长或固有长度(可不同时测出棒两端坐标). 在相对棒运动的惯性系里测得棒的长度为 Δl(必须同时测出棒两端坐标),则有

$$\Delta l=\Delta l_0\sqrt{1-\frac{v^2}{c^2}}$$

长度变短了,这就是长度收缩公式.

③ 时间延缓——时间测量(间隔)的相对性

若在一个惯性系内有两事件发生在同一地点,则两事件的时间间隔 Δt_0 为原时或固有时间,在以相对速度为 v 运动的另一惯性系内测得的时间间隔为 Δt,则有

$$\Delta t = \frac{\Delta t_0}{\sqrt{1 - \frac{v^2}{c^2}}}$$

它比 Δt_0 长，这就是时间延缓公式.

(4) 相对论动力学

在狭义相对论理论中，质量不是绝对的量，而是和运动有关，动量也不是绝对的量，也和运动有关.

① 相对论质量与速度的关系

$$m = \frac{m_0}{\sqrt{1 - \frac{v^2}{c^2}}}$$

其中 m_0 为静止质量.

② 相对论动量 $\boldsymbol{p}$

$$\boldsymbol{p} = m\boldsymbol{v} = \frac{m_0 \boldsymbol{v}}{\sqrt{1 - \frac{v^2}{c^2}}}$$

③ 相对论能量

在狭义相对论中，质点的总能量 $E = mc^2$；静止能量 $E_0 = m_0 c^2$；动能 $E_k = E - E_0 = mc^2 - m_0 c^2$.

④ 相对论动量与能量的关系

在狭义相对论中相对论动量与能量之间有下列关系：

$$E^2 = E_0^2 + p^2 c^2$$

⑤ 狭义相对论力学的基本方程

当有外力 $\boldsymbol{F}$ 作用于质点时，质点动量将发生变化，且动量对时间的变化率等于质点受到的外力，这个运动定律对所有惯性系都具有相同形式，此时的动量是相对论动量. 故有

$$\boldsymbol{F} = \frac{\mathrm{d}\boldsymbol{p}}{\mathrm{d}t} = \frac{\mathrm{d}}{\mathrm{d}t}(m\boldsymbol{v}) = \frac{\mathrm{d}}{\mathrm{d}t}\left(\frac{m_0 \boldsymbol{v}}{\sqrt{1 - \frac{v^2}{c^2}}}\right)$$

2. 黑体辐射实验规律及普朗克公式

(1) 绝对黑体　能够吸收一切外来的电磁辐射的(或能够进行一切电磁辐射的)物体叫绝对黑体，简称黑体.

(2) 单色辐出度　辐出度(总辐出度)

① 单色辐出度　黑体的单位面积上，单位时间内，在单位波长范围内辐射的电磁波能量. 它是黑体热力学温度 T 和波长 λ 的函数，用 $M_\lambda(T)$ 表示.

② 辐出度　黑体的单位面积上，单位时间内，所辐射出的各种波长的电磁波的能量总

和，它只是黑体的热力学温度 T 的函数，用 $M(T)$ 表示. 显然 $M(T)=\int_0^{\infty}M_{\lambda}(T)\mathrm{d}\lambda$.

(3) 斯特藩 - 玻耳兹曼定律(黑体辐射实验规律之一)

黑体的辐出度与其绝对温度的四次方成正比，即

$$M(T)=\sigma T^4$$

其中 $\sigma=5.67\times10^{-8}\mathrm{W\cdot m^{-2}\cdot K^{-4}}$.

(4) 维恩位移定律(黑体辐射实验规律之二)

当黑体温度升高时，单色辐出度 $M_{\lambda}(T)$ 的峰值对应的波长 λ_{m} 向短波方向移动，有

$$\lambda_{\mathrm{m}}T=b$$

其中 $b=2.898\times10^{-3}\mathrm{m\cdot K}$.

(5) 黑体辐射的瑞利 - 金斯公式(经典物理的困难)

由经典电磁理论和经典统计物理出发，从理论上可推出

$$M_{\lambda}(T)=\frac{2\pi c}{\lambda^4}kT$$

但这个关系式与黑体辐射实验规律在高频部分(或在短波部分)不相符合，这就是物理学史上著名的"紫外区灾难".

(6) 普朗克假设　普朗克的黑体辐射公式

普朗克假设　频率为 ν 的谐振子，其能量只能取 $h\nu,2h\nu,3h\nu,\cdots,nh\nu$ 等不连续值中的一个，由此假设，加上经典统计学可以推出单色辐出度

$$M_{\lambda}(T)=\frac{2\pi hc^2}{\lambda^5}\frac{1}{\mathrm{e}^{hc/\lambda kT}-1}$$

或

$$M_{\nu}(T)=\frac{2\pi h\nu^3}{c^2}\frac{1}{\mathrm{e}^{h\nu/kT}-1}$$

其中 h 为普朗克常量，$h=6.63\times10^{-34}\mathrm{J\cdot s}$.

这是与实验符合得非常好的曲线. 普朗克的假设是最早的能量子假设.

3. 光电效应　光的波粒二象性

(1) 光电效应　在光的照射下，电子从金属表面逸出的现象叫光电效应.

(2) 光电效应的实验规律

① 截止频率 ν_0(红限)　对某一金属来说，只有当入射光频率 ν 大于某频率 ν_0 时电子才能逸出其表面，电路中才有光电流. ν_0 叫做截止频率(红限).

② 遏止电势差　如果入射光的频率 $\nu>\nu_0$，电子可以从金属表面逸出，并会具有一定的初动能，当动能最大的电子在电场中反抗电场力做功耗尽能量而达不到阳极时，线路中无光电流，此时 $\frac{1}{2}mv_{\mathrm{m}}^2=eU_0$，$U_0$ 叫遏止电势差. 显然电子的最大初动能可由遏止电势差测得.

③ 遏止电势差与入射光频率成线性关系　当入射光频率 $\nu>\nu_0$ 时测得光电效应遏止

电势差随入射光频率增加而线性增加.

④ 瞬时性　当入射光频率 $\nu<\nu_0$ 时不会发生光电效应,当入射光频率 $\nu>\nu_0$ 时,立即(时间不超过 10^{-9}s)发生光电效应.

经典理论无法解释光电效应的实验规律.

(3) 光子　爱因斯坦方程

① 光子　为了解释光电效应的实验规律,爱因斯坦认为光束可以看成由微粒构成的粒子流,它们叫光子,在真空中速度 $c=3\times10^8\ \text{m}\cdot\text{s}^{-1}$,对频率为 ν 的光子束,光子的能量为 $E=h\nu$.

② 爱因斯坦方程　当光束照射到金属表面,光子的能量被金属内单个电子吸收,电子获得了能量 $h\nu$,从金属表面逸出,从金属表面逸出需做逸出功,则由能量守恒定律有

$$h\nu=W+\frac{1}{2}mv^2$$

这个方程叫光电效应的爱因斯坦方程. 爱因斯坦光子假设及方程圆满地解释了光电效应实验规律.

(4) 光的波粒二象性

光不仅有波动性,光还有粒子性. 光子的能量 $E=h\nu$;动量 $p=\dfrac{h}{\lambda}=\dfrac{h\nu}{c}$;质量 $m=\dfrac{h\nu}{c^2}$. 其中 ν、λ、c 分别表示光子的频率、波长和真空中的光速.

4. 康普顿效应

(1) 康普顿效应　用 X 射线照射散射物质,在散射 X 射线中除了有与入射光相同波长的 X 射线外,还有比入射光波长长的 X 射线,这种现象叫康普顿效应.

(2) 康普顿效应的实验规律

① 散射光峰值波长随散射角增大而增大.

② 相对原子质量小的物质康普顿效应较为明显.

(3) 康普顿效应的理论解释　康普顿认为入射的 X 射线为光子流,若频率为 ν_0,波长为 λ_0,每个光子具有的能量为 $h\nu_0$,动量为 $\dfrac{h\nu_0}{c}$,它们与散射物质中的自由电子、被束缚较弱的轻原子中的电子、被束缚较紧的重原子中的电子碰撞.

① 与自由电子或与被束缚较弱的电子发生类似于完全弹性的碰撞,在此碰撞过程中电子、光子构成的系统能量守恒、动量守恒,但光子本身失去能量而成为频率较小而波长较长的 X 光子.

据能量守恒,有

$$mc^2=h(\nu_0-\nu)+m_0c^2$$

据动量守恒,有

$$(mv)^2=\left(\frac{h\nu_0}{c}\right)^2+\left(\frac{h\nu}{c}\right)^2-2\,\frac{h^2\nu\nu_0}{c^2}\cos\theta \qquad \text{(见图 7-1)}$$

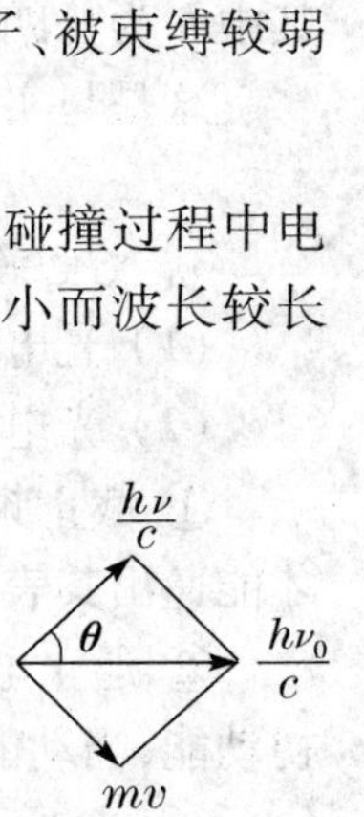

图 7-1

再考虑质速关系,有

$$m=\frac{m_0}{\sqrt{1-\left(\frac{v}{c}\right)^2}}$$

可解得

$$\lambda-\lambda_0=\frac{h}{m_0c}(1-\cos\theta)$$

式中，θ 为光子的散射角；$\frac{h}{m_0c}=\lambda_c=0.002\ 43$ nm 为康普顿波长. 这是与实验相符合的关系式.

② 与原子中束缚得很紧的电子发生碰撞，这样的碰撞可视作光子与整个原子发生完全弹性碰撞，光子不会失去能量，因而散射光中有和入射光波长相同的 X 光.

5. 氢原子光谱规律及玻尔的氢原子理论

(1) 氢原子光谱规律　在研究氢原子的发射光谱时发现了几个系列谱线，总结归纳为下列关系式：

$$\frac{1}{\lambda}=R\left(\frac{1}{n_f^2}-\frac{1}{n_i^2}\right)$$

式中，λ 为谱线波长；R 为里德伯常量，$R=1.097\times10^7\ \mathrm{m}^{-1}$；$n_f$ 可取 1，2，3，…；对给定的 n_f，对应 n_i 可取 $n_f+1, n_f+2, n_f+3, \cdots$.

(2) 玻尔的氢原子理论　为了解释氢原子光谱的规律，玻尔作如下三点假设：

① 定态假设　电子在原子中可以在一些特定的圆轨道上运动而不辐射能量，这时原子处于稳定状态，并具有一定能量.

② 量子化假设　电子绕核运动时，只有电子的角动量 L 等于$\frac{h}{2\pi}$的整数倍的那些轨道才是稳定的($L=n\frac{h}{2\pi}$).

③ 辐射假设　当电子从高能态 E_i 跃迁到低能态 E_f 的轨道上要发射能量 $h\nu$ 的光子，且 $h\nu=E_i-E_f$.

玻尔的氢原子理论比较圆满地解释了氢原子和类氢原子的光谱，而不能解释多电子原子的光谱，故它是一个过渡性理论.

6. 德布罗意波(波函数)及统计解释

(1) 德布罗意假设　实物粒子具有波动性，此波称德布罗意波. 它的能量 E 与频率 ν、动量 p 与波长 λ 之间关系如下：

$$E=h\nu,\quad p=\frac{h}{\lambda}$$

与光子能量、动量公式类似.

(2) 德布罗意波的统计解释　在空间某处德布罗意波的振幅平方与粒子在该处出现的概率成正比.

德布罗意波应满足有限、单值、连续、归一化条件.

7. 不确定关系

光和实物粒子都具有波粒二象性，在任何时刻微观粒子的位置与动量都有不确定量 Δx，Δp_x，且 $\Delta x\Delta p_x \geqslant h$，即微观粒子不能同时用确定的位置和确定的动量来描述.

8. 薛定谔方程

在量子力学中，微观粒子的状态是由波函数描述的. 波函数所遵循的运动方程为薛定谔方程. 其中如粒子所在势场不随时间而变，则微观粒子的空间分布与时间无关，这称之为定态. 在恒定势场中一维运动粒子的定态薛定谔方程为

$$\frac{\mathrm{d}^2\psi(x)}{\mathrm{d}x^2}+\frac{8\pi^2 m}{h^2}(E-E_{\mathrm{p}})\psi(x)=0$$

其中 m 为粒子质量，E_{p} 仅是位置函数而与时间无关.

9. 四个量子数

描写原子中电子的运动状态要四个量子数：

(1) 主量子数 n　原子能级主要由主量子数决定，其中 $n=1,2,3,\cdots$.

(2) 角量子数 l　电子绕核运动角动量是量子化的，有

$$L=\sqrt{l(l+1)}\frac{h}{2\pi}\quad l=0,\ 1,2,\cdots,n-1$$

(3) 磁量子数 m_l　电子角动量在特定方向的分量是量子化的，有

$$L_z=m_l\frac{h}{2\pi}\quad m_l=0,\ \pm1,\ \pm2,\cdots,\ \pm l$$

(4) 自旋磁量子数 m_s　电子自旋角动量

$$S=\sqrt{s(s+1)}\frac{h}{2\pi}\qquad s=\frac{1}{2}$$

所以电子自旋角动量 S 为一确定值. 电子自旋角动量在外磁场方向分量 S_m 也是量子化的，有

$$S_m=m_s\frac{h}{2\pi}\qquad m_s=\pm\frac{1}{2}$$

10. 多电子原子中电子的排列

多电子原子中电子的排列必须遵循两个原则：

(1) 泡利不相容原理　即一个原子中不可能有两个或两个以上的电子处在完全相同的量子态.

(2) 能量最小原理　在原子系统内，每一个电子趋向于占有最低能级（除非该能级已被其他电子占有），当原子中电子的能量最小时，整个原子的能级最低，最稳定，即原子处于基态.

11. 本单元要求

要求了解爱因斯坦狭义相对论的两个基本原理；了解洛伦兹坐标变换、速度变换；了解狭义相对论中的同时性的相对性、长度收缩、时间延缓等概念；了解狭义相对论中，质量和速度、动量与速度、质量和能量、动量和能量关系.

了解黑体辐射实验规律及普朗克能量子假设；在光电效应实验中理解电子的初动能与遏止电压的关系，逸出功与红限的关系，饱和光电流与入射光强的关系，会利用爱因斯坦能量方程计算有关物理量；理解康普顿效应的实验规律以及用光子理论解释这个效应；理解光的波粒二象性，要求会计算散射光波长、能量、动量及反冲电子能量、动量；理解氢原子光谱的实验规律及玻尔的氢原子理论，能应用玻尔理论解释氢原子光谱的形成，并计算氢原子的光谱问题；能够了解玻尔的角动量量子化与物质波的驻波条件之间的关系；了解德布罗意的物质波假设，了解实物粒子的波粒二象性；理解描写物质波动性的物理量（波长、频率）和粒子性的物理量（动量、能量）间的关系；会计算光子的能量、动量及实物粒子波长、频率；了解波函数及统计解释，要求能理解归一化条件，并能由波函数确定粒子在空间范围内出现的概率；了解一维坐标、动量不确定关系；了解一维薛定谔方程；了解原子中电子能量是量子化的，角动量是量子化的及空间是量子化的，电子自旋也是量子化的（自旋在外磁场方向分量也是量子化的）；理解描述原子中电子运动状态的四个量子数的物理意义及取值范围；了解泡利不相容原理和原子的壳层结构，能够利用泡利不相容原理及能量最小原理对多电子原子基态的电子的态进行排列.

二、解题指导

【例7-1】 设 S 系、S'系为两惯性系，S'系相对 S 系以速率 $v=0.6c$ 沿 xx'轴正方向运动，在 $t=t'=0$ 时 S 系与 S'系重合.

(1) 若有一事件，在 S 系内发生在 $t_1=2.0\times10^{-7}\,\text{s}$，$x_1=50\ \text{m}$ 处，则事件在 S'系中发生在何时？何地？

(2) 若有另一事件，在 S 系内发生在 $t_2=3.0\times10^{-7}\,\text{s}$，$x_2=10\ \text{m}$ 处，该事件在 S'系中发生在何时？何地？

(3) 在 S'系中，这两事件的时空间隔为多少？

分析：因为 S'系相对于 S 系运动速率 $v=0.6c$，它不是远小于光速，不能应用伽利略坐标变换，必须应用洛伦兹坐标变换

$$x'=\frac{x-vt}{\sqrt{1-\frac{v^2}{c^2}}}\qquad t'=\frac{t-\frac{v}{c^2}x}{\sqrt{1-\frac{v^2}{c^2}}}$$

解：(1) 对第一事件应用洛伦兹坐标变换

$$x_1'=\frac{x_1-vt_1}{\sqrt{1-\frac{v^2}{c^2}}}=\frac{50-0.6\times3\times10^8\times2\times10^{-7}}{\sqrt{1-0.6^2}}=17.5\ \text{m}$$

$$t_1' = \frac{t_1 - \frac{v}{c^2}x_1}{\sqrt{1 - \frac{v^2}{c^2}}} = \frac{2.0 \times 10^{-7} - \frac{0.6}{3 \times 10^8} \times 50}{\sqrt{1 - 0.6^2}} = 1.25 \times 10^{-7}\,\text{s}$$

（2）对第二事件作相同变换

$$x_2' = \frac{x_2 - vt_2}{\sqrt{1 - \frac{v^2}{c^2}}} = \frac{10 - 0.6 \times 3 \times 10^8 \times 3.0 \times 10^{-7}}{\sqrt{1 - 0.6^2}} = -55\ \text{m}$$

$$t_2' = \frac{t_2 - \frac{v}{c^2}t_1}{\sqrt{1 - \frac{v^2}{c^2}}} = \frac{3 \times 10^{-7} - \frac{0.6}{3 \times 10^8} \times 10}{\sqrt{1 - 0.6^2}} = 3.5 \times 10^{-7}\,\text{s}$$

（3）时间间隔

$$\Delta t' = |3.5 \times 10^{-7} - 1.25 \times 10^{-7}| = 2.25 \times 10^{-7}\,\text{s}$$

空间间隔

$$\Delta x' = |x_2 - x_1| = |-55 - 17.5| = 72.5\ \text{m}$$

时间间隔及空间间隔是相对的量，它与惯性系选取有关.

*【**例 7-2**】 某宇航员坐飞船以 $0.6c$ 速度飞过地球，校准两处的时钟都指向 12:00，在飞船时间 12:30，宇航员遇到一个与地球相对静止的空间站，他马上用无线电向地球报告. 问：（1）飞船、空间站相遇时地球时间是多少？（2）地球观察站什么时间收到飞船发回的信号？（3）地球接到信号马上回电，飞船又在什么时候收到答复？

分析：狭义相对论的时空观告诉我们，时间间隔不是绝对的，而是与惯性系有关. 其定量关系由满足狭义相对论基本原理的洛伦兹坐标变换推导，即

$$\Delta t' = \frac{\Delta t - \frac{v}{c^2}\Delta x}{\sqrt{1 - \frac{v^2}{c^2}}}; \quad \Delta t = \frac{\Delta t' + \frac{v}{c^2}\Delta x'}{\sqrt{1 - \frac{v^2}{c^2}}}$$

即在一个惯性系内测出的时间间隔，不仅与另一惯性系内时间间隔有关，还和在另一惯性系内空间间隔有关.

解：设地球坐标系为 S 系，飞船为 S' 系，角码 0 为校正时间 12:00，角码 1 表示飞船与空间站相遇这件事，角码 2 表示地球观察站收到飞船发回的信号这件事，角码 3 表示飞船收到答复这件事.

（1）若取 $\beta = \frac{v}{c}$，据洛伦兹变换，在 S 系内时间间隔与在 S' 系内时间间隔关系有

$$t_1 - t_0 = \frac{(t_1' - t_0') + \frac{v}{c^2}(x_1' - x_0')}{\sqrt{1 - \beta^2}}$$

在飞船上 $x_1' = x_0'$，故

$$t_1=t_0+\frac{(t'_1-t'_0)}{\sqrt{1-\beta^2}}=12:00+\frac{30}{\sqrt{1-\beta^2}}=12:37:30$$

即在地球上时间为 12:37:30 时，飞船、空间站相遇.

（2）此时地球观察站认为飞船距地球 $0.6c(t_1-t_0)$，故无线电波到达地球时间

$$t_2-t_1=\frac{0.6c(t_1-t_0)}{c}=0.6(t_1-t_0)$$

$$t_2=t_1+0.6(t_1-t_0)=12:37:30+0.6\times 37.5'=13:00$$

即地面观察站 13:00 收到信号.

（3）地面上时间间隔为 60′在飞船上时间间隔为

$$t'_2-t'_0=\frac{(t_2-t_0)-\frac{v}{c^2}(x_2-x_0)}{\sqrt{1-\beta^2}}$$

在地面观察站 $x_2=x_0$，故

$$t'_2=t'_0+\frac{t_2-t_0}{\sqrt{1-\beta^2}}=12:00+\frac{60'}{0.8}=13:15$$

飞船观察者认为地球与它相距 $0.6c(t'_2-t'_0)$，信号从地球达飞船需时间间隔为

$$t'_3-t'_2=\frac{(t'_2-t'_0)0.6c}{c}=75'\times 0.6=45'$$

$$t'_3=t'_2+45'=13:15+45'=14:00$$

即飞船在 14:00 收到答复.

*【例 7-3】 S'系相对于 S 系沿 xx'轴正方向以速率 v 运动（$v=0.5c$），当 $t=t'=0$ 时，S'系与 S 系重合：

（1）$t=0$ 时，从原点发出一闪光，相对于 S 系沿 x 轴正方向运动，利用洛伦兹速度变换求该闪光在 S'系内速度.

（2）若该闪光相对于 S 系沿与 x 轴正向夹角为 θ 的方向运动（$\theta=45°$），在 S'系内该闪光速度又如何？

分析：显然这属于速度在不同惯性系内描绘的问题.

S 系 S'系均为惯性系，S'系相对于 S 系以 v 沿 x 轴正方向运动. 质点对 S 系速度为 u_x，u_y，…；对 S'系速度为 u'_x，u'_y，…. 速度之间满足洛伦兹速度变换式

$$u'_x=\frac{u_x-v}{1-\frac{v}{c^2}u_x},\quad u'_y=\frac{u_y}{1-\frac{v}{c^2}u_x}\sqrt{1-\frac{v^2}{c^2}},\quad \cdots$$

应用洛伦兹速度变换式时，注意沿相对运动方向（即 x 方向）与沿另二个方向（即 y，z 方向）变换式是不相同.

对于第一问，已知为 $u_x=c$，$u_y=u_z=0$，求 u'_x，u'_y，u'_z.

对于第二问，在 S 系内，闪光沿与 x 轴夹角为 θ（$\theta=45°$）运动，若选 xOy 面为光子运动

的平面，z 轴与 xOy 垂直，有 $u_x = c\cos\theta, u_y = c\sin\theta, u_z = 0$.

利用上述速度变换，分别求出闪光相对于 S' 系中速度 u'_x、u'_y 及合速度大小、方向.

解：(1) 若闪光相对于 S 系沿 x 轴正方向运动，据题意有

$$u_x = c,\quad u_y = 0,\quad u_z = 0$$

据洛伦兹速度变换，闪光在 S' 系内速度

$$u'_x = \frac{u_x - v}{1 - \frac{v}{c^2}u_x} = \frac{c - v}{1 - \frac{v}{c^2}c} = c$$

$$u'_y = \frac{u_y}{1 - \frac{v}{c^2}u_x}\sqrt{1 - \frac{v^2}{c^2}} = 0$$

$$u'_z = \frac{u_z}{1 - \frac{v}{c^2}u_x}\sqrt{1 - \frac{v^2}{c^2}} = 0$$

故在 S' 系内该闪光沿 x' 轴正方向，大小为 c，与 S' 系相对于 S 系的速度无关.

(2) 若闪光相对于 S 系沿与 x 轴正向夹角为 θ 方向运动，有 $u_x = c\cos\theta, u_y = c\sin\theta, u_z = 0$.
据洛伦兹速度变换

$$u'_x = \frac{u_x - v}{1 - \frac{v}{c^2}u_x} = \frac{c\cos\theta - v}{1 - \frac{v}{c^2}c\cos\theta} = \frac{c(c\cos\theta - v)}{c - v\cos\theta}$$

$$u'_y = \frac{u_y}{1 - \frac{v}{c^2}u_x}\sqrt{1 - \frac{v^2}{c^2}} = \frac{c^2\sin\theta}{c - v\cos\theta}\sqrt{1 - \frac{v^2}{c^2}}$$

$$u'_z = \frac{u_z}{1 - \frac{v}{c^2}u_x}\sqrt{1 - \frac{v^2}{c^2}} = 0$$

合速度大小为

$$u' = \sqrt{u'^2_x + u'^2_y} = \left\{\left[\frac{c(c\cos\theta - v)}{c - v\cos\theta}\right]^2 + \left(\frac{c^2\sin\theta}{c - v\cos\theta}\sqrt{1 - \frac{v^2}{c^2}}\right)^2\right\}^{\frac{1}{2}} = c$$

合速度的方向与 x' 轴的夹角 θ' 由下式决定：

$$\tan\theta' = \frac{u'_y}{u'_x} = \frac{c\sin\theta}{c\cos\theta - v}\sqrt{1 - \frac{v^2}{c^2}}$$

代入数据 $\theta = 45°, v = 0.5c$，得

$$\tan\theta' = \frac{\frac{\sqrt{2}}{2}c}{\frac{\sqrt{2}}{2}c - \frac{1}{2}c}\cdot\frac{\sqrt{3}}{2} = 2.957$$

$$\theta' = 71.3°$$

综上所述,光子对任何惯性系在真空中具有相同速率,但它与 xx' 轴夹角可有所不同,它与坐标系间的相对运动有关,也与 θ 角有关.

以洛伦兹坐标变换为基础的速度变换,满足爱因斯坦光速不变原理.

【例 7-4】 在 S 系中有一原长为 l_0 的棒沿 x 轴放置,此棒以速率 u 沿 xx' 轴运动,若有一 S' 系以速率 v 相对 S 系沿 xx' 轴运动,试问从 S' 系测得此棒的长度为多少?

分析:狭义相对论时空观中,空间间隔不是绝对的,它与惯性系有关,其定量关系由洛伦兹坐标变换推导,在特殊情况下(在一个惯性系内必须同时发生的两件事而在另一个惯性系内可不同时发生),有长度收缩公式 $l = l_0\sqrt{1-\frac{u'^2}{c^2}}$. 使用该公式必须注意:长度是发生在相对运动的方向;l_0 是在相对静止惯性系内的长度,称为静止长度;u' 是运动惯性系相对静止惯性系的速度(或运动惯性系相对棒的速度);l 是运动惯性系中测量的长度.

本题欲问的是在 S' 系内测得棒的长度,必须寻找 S' 系相对棒的速度或棒相对于 S' 系的速度. 据洛伦兹速度变换

$$u' = \frac{u-v}{1-\frac{uv}{c^2}}$$

可以求得,然后再应用上述长度收缩公式.

解:设棒相对于 S' 系速率为 u',据洛伦兹速度变换

$$u' = \frac{u-v}{1-\frac{uv}{c^2}} \tag{1}$$

由洛伦兹长度收缩可得在 S' 系中棒长为

$$l' = l_0\sqrt{1-\left(\frac{u'}{c}\right)^2} \tag{2}$$

将式(1)代入式(2),有

$$l' = \frac{l_0}{c^2-uv}\sqrt{(c^2-u^2)(c^2-v^2)}$$

【例 7-5】 有一静止质量为 m_0,带电量为 q 的粒子,其初速度为零,在均匀电场 $\boldsymbol{E}$ 中加速,在 t 时它所获得的速度是多少? 如果不考虑相对论效应,它的速度又是多少?

分析:在相对论力学中,动量原理在所有的惯性系中具有相同形式;动量对时间的变化率等于粒子受之外力,即 $\frac{\mathrm{d}\boldsymbol{p}}{\mathrm{d}t} = \boldsymbol{F}$.

与经典力学不同的是动量 $\boldsymbol{p} = \frac{m\boldsymbol{v}}{\sqrt{1-\frac{v^2}{c^2}}}$,质量 $m = \frac{m_0}{\sqrt{1-\frac{v^2}{c^2}}}$,它们都是与运动有关的量. 代入动量定理式有

$$\frac{\mathrm{d}}{\mathrm{d}t}\left(\frac{m_0\boldsymbol{v}}{\sqrt{1-\frac{v^2}{c^2}}}\right) = \boldsymbol{F}$$

对于本题,粒子仅受电场力 $\boldsymbol{F}$,其中 $\boldsymbol{F}=q\boldsymbol{E}$ 是常量,可分离变量直接积分.

解:(1) 考虑相对论效应

据运动定律

$$\frac{\mathrm{d}\boldsymbol{p}}{\mathrm{d}t}=\boldsymbol{F} \tag{1}$$

或

$$\frac{\mathrm{d}}{\mathrm{d}t}\left(\frac{m_0\boldsymbol{v}}{\sqrt{1-\frac{v^2}{c^2}}}\right)=q\boldsymbol{E} \tag{2}$$

分离变量进行积分,有

$$\left.\frac{m_0 v}{\sqrt{1-\frac{v^2}{c^2}}}\right|_0^v=qEt\Big|_0^t$$

$$\frac{m_0 v}{\sqrt{1-\frac{v^2}{c^2}}}=qEt \tag{3}$$

可解得

$$v=\frac{qEct}{\sqrt{m_0^2c^2+q^2E^2t^2}}=\frac{qEt}{\sqrt{m_0^2+\frac{q^2E^2t^2}{c^2}}} \tag{4}$$

从运算结果,可以注意到即使粒子质量没有转移,F 虽为常量,加速度$\frac{\mathrm{d}v}{\mathrm{d}t}$却不是一常量,因为随着速度增大,质量 $m=\frac{m_0}{\sqrt{1-\frac{v^2}{c^2}}}$也变大,加速度变小,当 $t\to\infty$,$a\to 0$,$v\to c$.

(2) 不考虑相对论效应

$$\frac{v^2}{c^2}\ll 1$$

式(3)退化为

$$m_0 v=qEt$$

$$v=\frac{qEt}{m_0} \tag{5}$$

讨论:考虑相对论效应时的速率 v 比不考虑相对论效应时的速率 v 要小,若 t 较小、E 较小,考虑与不考虑相对论效应近似相等.

【例 7-6】 设有一 π^+ 介子,在静止下来后衰变为 μ^+ 子和中微子 γ,三者的静止质量分别为 m_π,m_μ 和零. 求 μ^+ 子和中微子 γ 的动能.

分析:在相对论力学中,一个粒子的总能量 $E=mc^2$,静止能量为 m_0c^2,动能 $E_\mathrm{k}=E-m_0c^2$,并且粒子动量、总能量、静止能量有相对论关系:$(mc^2)^2=(m_0c^2)^2+(pc)^2$.

π^+ 介子在衰变过程中无外力作用,故应满足动量守恒定律,无外力作功,应满足总能量守恒.

在衰变前 π^+ 介子是静止的,它的总能量 E_π 与静止能量相等,$E_\pi = m_\pi c^2$,衰变后成为 μ^+ 子和中微子 γ,若 E_μ 和 E_γ 分别表示它们的总能量,据能量守恒有

$$E_\mu + E_\gamma = E_\pi = m_\pi c^2$$

对于 μ^+ 介子和中微子 γ,它们也有对应的动量、能量关系:

$$E_\mu^2 = (m_\mu c^2)^2 + (p_\mu c)^2$$

$$E_\gamma^2 = (m_\gamma c^2)^2 + (p_\gamma c)^2 \to (p_\gamma c)^2 \quad (m_\gamma = 0)$$

在衰变前 π^+ 介子是静止的,它的动量为零,故衰变后 μ^+ 子及中微子 γ 动量的矢量和为零,即

$$\boldsymbol{p}_\mu + \boldsymbol{p}_\gamma = 0$$

$\boldsymbol{p}_\mu$ 与 $\boldsymbol{p}_\gamma$ 大小相等,方向相反,即 $p_\mu = -p_\gamma, p_\mu^2 = p_\gamma^2$.

几个方程联立求解可求出 μ^+ 子及中微子总能量,再利用动能 $E_k = E - m_0 c^2$,可以求出它们的动能.

解:衰变前 π^+ 介子是静止的,故总能量为 $m_\pi c^2$,衰变后成为 μ^+ 子和中微子 γ,衰变过程中能量守恒,故有

$$E_\mu + E_\gamma = m_\pi c^2 \tag{1}$$

式中,E_μ 为 μ^+ 子的总能量;E_γ 为中微子 γ 的总能量.

又对 μ^+ 子,有

$$E_\mu^2 = (m_\mu c^2)^2 + p_\mu^2 c^2 \tag{2}$$

对 γ 子,有

$$E_\gamma^2 = p_\gamma^2 c^2 \tag{3}$$

在衰变过程中动量守恒,故有

$$\boldsymbol{p}_\mu + \boldsymbol{p}_\gamma = 0, \quad p_\mu^2 = p_\gamma^2 \tag{4}$$

将式(2) - 式(3),再将式(4)代入有

$$E_\mu^2 - E_\gamma^2 = (m_\mu c^2)^2 \tag{5}$$

式(5) ÷ 式(1),得

$$E_\mu - E_\gamma = \frac{m_\mu^2 c^2}{m_\pi} \tag{6}$$

[式(1) + 式(6)] ÷ 2,得

$$E_\mu = \frac{(m_\pi^2 + m_\mu^2)c^2}{2m_\pi}$$

[式(1) - 式(6)] ÷ 2,得

$$E_\gamma = \frac{(m_\pi^2 - m_\mu^2)c^2}{2m_\pi}$$

而它们对应的动能是

$$E_{\mu k}=E_{\mu}-m_{\mu}c^2=\frac{(m_{\pi}-m_{\mu})^2c^2}{2m_{\pi}}$$

$$E_{\gamma k}=E_{\gamma}-0=\frac{(m_{\pi}^2-m_{\mu}^2)c^2}{2m_{\pi}}$$

【例 7-7】 垂直射到地球表面每平方米的日光功率(称为太阳常数)等于 1.37×10^3 $W\cdot m^{-2}$,试求:

(1) 地球与太阳的距离为 1.49×10^{11} m,求太阳辐射的总功率 P;

(2) 若太阳是个黑体,半径为 6.76×10^8 m,试由斯特藩-玻耳兹曼定律计算太阳表面的温度 T.

分析:求解本题必须对几个概念加以明确.

(1) 日光功率为地球表面在垂直照射下每平方米接受的太阳辐射的功率 I,即在垂直照射下到达地球表面的能流密度;

(2) 太阳辐射的总功率 P,为太阳表面在单位时间对周围空间辐射的能量,即太阳表面的能流(总功率是指所有频率、波长的辐射功率之和);

(3) 太阳总辐出度 $M(T)$ 是太阳表面单位时间单位面积向周围空间辐射的能量,即太阳表面的能流密度.

太阳向周围空间的辐射可视作球面波,根据能量守恒定律,太阳表面辐射的能流应和其外任一同心球面能流相同. 地球处于半径 $R=1.49\times10^{11}$ m 的与太阳表面同心的球面上,对应该球面面积 $S=4\pi R^2$,故该球面能流为 IS,即太阳表面的能流也为 $P=IS=I\cdot4\pi R^2$. 同时,太阳表面能流还可以用太阳表面能流密度乘太阳表面积计算 $P=M(T)S_S$,所以太阳表面的总辐出度 $M(T)=\dfrac{P}{S_S}=\dfrac{P}{4\pi r^2}$,其中 S_S 为太阳表面积,r 为太阳半径.

黑体辐射的实验规律告诉我们,黑体辐射的总辐出度 $M(T)$ 与热力学温度的四次方成正比,$M(T)=\sigma T^4$,比例系数 $\sigma=5.67\times10^{-8}\ W\cdot m^{-2}\cdot K^{-4}$(即斯特藩-玻耳兹曼定律),据此有 $T=\sqrt[4]{\dfrac{M(T)}{\sigma}}$.

解:(1) 辐射总功率

$$\begin{aligned}P&=日光功率\times S=日光功率\times4\pi R^2_{日地}\\&=1.37\times10^3\times4\times3.14\times(1.49\times10^{11})^2\ W\\&=3.82\times10^{26}\ W\end{aligned}$$

(2) 总辐出度 $M(T)$

$$M(T)=\frac{P}{S_{太}}=\frac{3.82\times10^{26}}{4\times3.14\times(6.76\times10^8)^2}W\cdot m^{-2}=6.615\times10^7\ W\cdot m^{-2}$$

又

$$E=\sigma T^4$$

所以

$$T=\sqrt[4]{\frac{M(T)}{\sigma}}=\sqrt[4]{\frac{6.615\times10^7}{5.67\times10^{-8}}}\ K=5.85\times10^3\ K$$

*【例 7-8】 计算动能分别是0.010 MeV,0.511 MeV 和1.000 GeV 的电子的德布罗意波长.($m_0c^2=0.511$ MeV)

分析:据德布罗意波波长公式 $\lambda=\dfrac{h}{p}$,知道了粒子的动量就可以求德布罗意波波长,因而矛盾的焦点就是如何寻找粒子动量.

在相对论力学中,粒子的总能量为 mc^2,静止能量为 m_0c^2,粒子动能为 E_k,有 $mc^2=m_0c^2+E_k$,该式称为质量与能量关系. 在相对论力学中动量与能量还有关系,$p^2c^2=(mc^2)^2-(m_0c^2)^2$,当粒子动能确定了,动量也就确定了.

以上是求德布罗意波波长的一般方法,在一些特殊情况下也可以应用近似,使问题简化. 现对本题提供的三种动能进行分析:对应电子动能 $E_k=0.010$ MeV,它的值较小,比静止能量 $m_0c^2=0.511$ MeV 小很多,此时计算动量时忽略相对论效应,用经典动量、动能关系 $p=\sqrt{2m_0E_k}$ 计算动量;对应电子动能 $E_k=0.511$ MeV,此时动能与静止能量相当,必须考虑相对论效应,按照上面推导的一般方式计算;对应 $E_k=1$ GeV,显然它比静止能量大很多,此时可忽略静止能量认为总能量就是动能 $mc^2=E_k$,据相对论动量与能量关系 $(mc^2)^2=(m_0c^2)^2+(pc)^2$ 退变为 $(mc^2)^2=(pc)^2$,故 $E_k=pc$,$p=\dfrac{E_k}{c}$.

下面的解是从一般的计算方法出发,进行数学上分析讨论得到两种极限情况下德布罗意波波长(或动量)的计算.

解:首先推导德布罗意波长与动能、静止能量的一般关系.

据相对论质量与能量关系

$$mc^2=m_0c^2+E_k \tag{1}$$

和相对论动能与能量关系

$$p^2c^2=(mc^2)^2-(m_0c^2)^2 \tag{2}$$

将式$(1)^2$+式(2),有

$$p^2c^2=E_k^2+2E_km_0c^2 \tag{3}$$

即

$$p=\frac{1}{c}\sqrt{E_k^2+2E_km_0c^2}$$

据德布罗意波长公式

$$\lambda=\frac{h}{p}=\frac{hc}{\sqrt{E_k^2+2E_km_0c^2}}$$

(1) 当 $E_k\ll m_0c^2=0.511$ MeV 时忽略分母中 E_k^2 项,有

$$\lambda=\frac{hc}{\sqrt{2E_km_0c^2}}=\frac{h}{\sqrt{2E_km_0}}=\frac{6.63\times10^{-34}}{\sqrt{2\times0.01\times10^6\times1.6\times10^{-19}\times9.1\times10^{-31}}}\text{ m}$$
$$=1.23\times10^{-11}\text{ m}$$

(2) 当 $E_k=0.511$ MeV $\approx m_0c^2$,应用式(3),有

$$\lambda = \frac{6.63\times10^{-34}\times3\times10^{8}}{\sqrt{(0.511\times10^{6}\times1.6\times10^{-19})^{2}+2(0.511\times10^{6}\times1.6\times10^{-19})^{2}}}\text{ m}$$
$$=1.40\times10^{-12}\text{ m}$$

(3) 当 $E_k = 1.000\ \text{GeV} \gg m_0c^2$，忽略式(3)中 $E_km_0c^2$ 项，认为电子动能就是总能量，故

$$\lambda = \frac{hc}{E_k} = \frac{6.63\times10^{-34}\times3\times10^{8}}{1\times10^{9}\times1.6\times10^{-19}}\text{m} = 1.24\times10^{-15}\text{ m}$$

【例 7-9】 在一维无限深方势阱中，已知势阱宽为 l，试用不确定关系式估计零点能量.

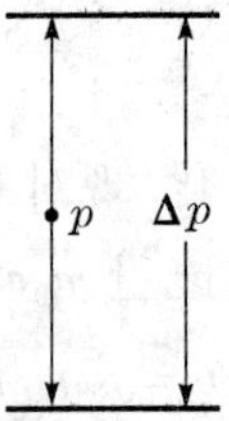

图 7-2

分析：在一维无限深方势阱中，在基态，粒子可能存在的空间范围为势阱宽度，故位置的不确定量是势阱宽为 l，即 $\Delta x = l$. 若粒子的动量值为 p_x，动量是矢量它可以沿 x 正方向，也可以沿 x 负方向，故动量可变化范围即动量不确定量为 $|\Delta \boldsymbol{p}| = |\boldsymbol{p} - (-\boldsymbol{p})| = |2\boldsymbol{p}| = 2p$（如图 7-2 所示）. 据不确定关系式 $\Delta p_x \Delta x \geqslant h$，有 $\Delta p_x \geqslant \frac{h}{l}$，$p_x \geqslant \frac{h}{2l}$.

此时对应零点动能按经典关系 $E_k = \frac{p^2}{2m}$，又势能为零，动能即为总能量 $E = E_k = \frac{p^2}{2m}$.

解：设粒子位置不确定量为 $\Delta x = l$，故粒子动量不确定量 $\Delta p_x = \frac{h}{\Delta x} = \frac{h}{l}$，又因动量为矢量，其动量本身值为动量不确定量的二分之一，所以

$$p_x = \frac{h}{2l}$$

$$E_k = \frac{p_x^2}{2m} = \frac{h^2}{8ml^2} = E$$

【例 7-10】 设一维运动的粒子处于

$$\begin{cases}\psi(x) = Axe^{-\lambda x} & x \geqslant 0\\ \psi(x) = 0 & x \leqslant 0\end{cases}$$

的状态，其中 $\lambda > 0$. 试求：

(1) 系数 A 的值和归一化波函数；

(2) 粒子按坐标分布的概率密度；

(3) 粒子最概然坐标（即何处找到粒子的概率最大）；

*(4) x 和 x^2 的平均值.

分析：描绘微观粒子分布的德布罗意波的波函数的物理意义是：粒子出现在某点附近的概率与该点德布罗意波振幅的平方成正比，即 $dw = \psi^2(x,y,z)dxdydz$，对于一维问题粒子出现在 $x \to x + dx$ 区间的概率应为 $\psi^2(x)dx$，波函数必须满足归一化条件 $\int_{-\infty}^{\infty}\psi^2(x)dx = 1$，波函数必须单值、有界及连续，利用归一化条件可定出积分常量 A. 其中 $\psi^2(x)$ 为在 x 附近单位长度区间的概率，称为概率密度，以 $\rho(x)$ 表示，$\rho(x)$ 的极大值对应坐标为最概然坐标，令 $\frac{d\rho(x)}{dx} = 0$ 可求

出最概然坐标. 最后利用统计方法求物理量统计平均值 $\overline{x}=\int_{-\infty}^{\infty}x\psi^2(x)\mathrm{d}x$.

解:(1) 波函数应为归一化的,故

$$\int_{-\infty}^{\infty}|\psi(x)|^2\mathrm{d}x=1$$

即

$$\int_{-\infty}^{0}|\psi(x)|^2\mathrm{d}x+\int_{0}^{\infty}|\psi(x)|^2\mathrm{d}x=\int_{0}^{\infty}A^2x^2\mathrm{e}^{-2\lambda x}\mathrm{d}x=\frac{A^2}{4\lambda^3}=1$$

所以 $A=2\sqrt{\lambda^3}$. 故归一化波函数为

$$\begin{cases}\psi(x)=2\sqrt{\lambda^3}x\mathrm{e}^{-\lambda x} & x\geqslant 0\\ \psi(x)=0 & x\leqslant 0\end{cases}$$

(2) 粒子按坐标分布的概率密度

$$\begin{cases}\rho(x)=|\psi(x)|^2=4\lambda^3x^2\mathrm{e}^{-2\lambda x} & x\geqslant 0\\ \rho(x)=0 & x\leqslant 0\end{cases}$$

(3) 由 $x\geqslant 0$ 范围内的概率密度极值条件 $\dfrac{\mathrm{d}\rho(x)}{\mathrm{d}x}=0$,可得

$$4\lambda^3[2x\mathrm{e}^{-2\lambda x}+x^2(-2\lambda)\mathrm{e}^{-2\lambda x}]=0$$

即 $x(1-\lambda x)=0$,由此可解得

$$x=0 \quad 和 \quad x=\frac{1}{\lambda}$$

当 $x=0$ 处,$\rho(0)=0$,概率最小;在 $x=\dfrac{1}{\lambda}$ 处,找到粒子的概率最大,概率密度为 $\rho(\dfrac{1}{\lambda})=4\lambda\mathrm{e}^{-2}$.

*(4) x 和 x^2 的平均值分别为

$$\overline{x}=\int_{-\infty}^{\infty}|\psi(x)|^2x\mathrm{d}x=\int_{0}^{\infty}4\lambda^3x^3\mathrm{e}^{-2\lambda x}\mathrm{d}x=\frac{3}{2\lambda}$$

$$\overline{x^2}=\int_{-\infty}^{\infty}|\psi(x)|^2x^2\mathrm{d}x=\int_{0}^{\infty}4\lambda^3x^4\mathrm{e}^{-2\lambda x}\mathrm{d}x=\frac{3}{\lambda^2}$$

***【例 7-11】** 实验证明:超导体具有完全抗磁性,即将其冷却到转变温度以下时,超导体内任意一点都有 $\boldsymbol{B}=0$(称迈斯纳效应). 若将一圆柱形超导体分别经历下列两过程:

(1) 设想先将它从正常态冷却变为超导态,再加上外磁场,此后再撤去外磁场(见图 7-3(a));

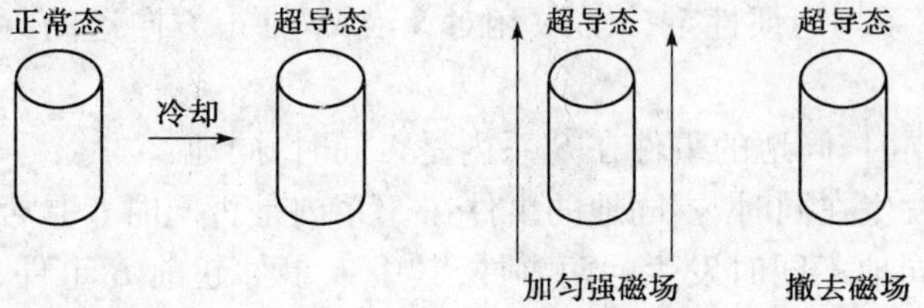

图 7-3(a)

（2）先将它置于外磁场中，再设想将它变为超导态，此后再撤去外磁场（见图 7-3(b)）.

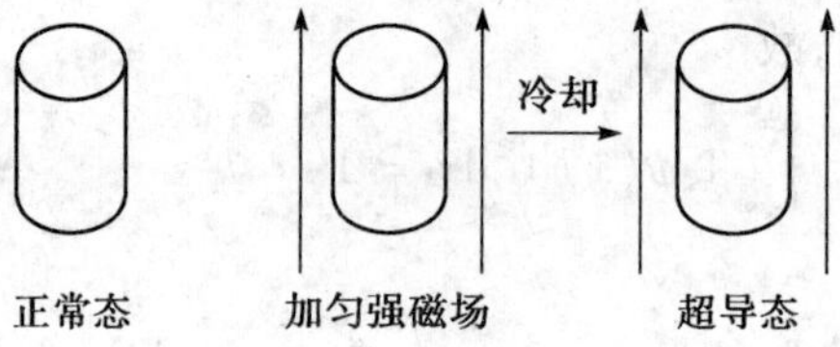

图 7-3(b)

试在图中定性画出磁感线的变化情况.

解:（1）将圆柱形导体从正常态冷却变为超导态，超导态为完全抗磁性，故磁场不变，$\boldsymbol{B}$ 仍为零. 若加上外磁场，超导体内任意一点 $\boldsymbol{B}=0$，而超导体外仍有磁场；撤去外磁场，圆柱体内、外均无磁场（见图 7-3(c)）.

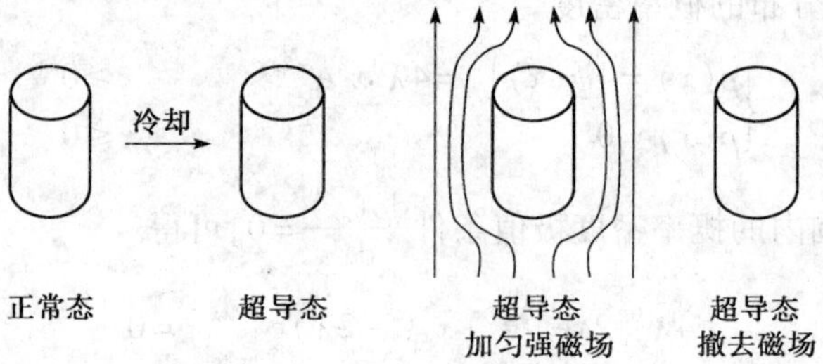

图 7-3(c)

（2）将圆柱体在正常态下加上匀强外磁场，圆柱体内外有磁场（尽管因电磁感应，圆柱体表面有电流，但因电阻存在，电流终究衰减为零），当变为超导状态时，它是完全抗磁体，磁场被挤出超导体，故超导体内无磁场，撤去磁场，超导体内仍无磁场（见图 7-3(d)）.

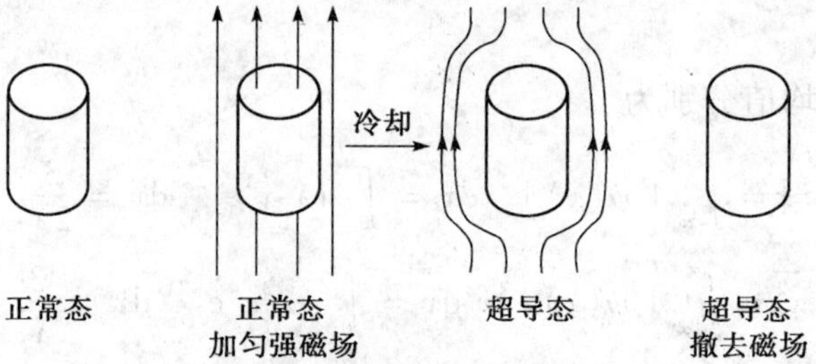

图 7-3(d)

三、讨论题

7-1 S 系与 S' 系均为惯性系，S' 以 v 相对 S 沿 xx' 轴正方向运动，在 $t=t'=0$ 时 OO' 重合，试问：

（1）在 S 系内同时、同地的事件在 S' 系内是否同时、同地？

（2）在 S 系内发生在同时、不同地的事件在 S' 系内是否同时？是否不同地？

（3）在 S 系中同地不同时发生的两事件，其中 A 事件超前 B 事件，在 S' 系中是否仍发生在同一地点？A 事件是否总是超前 B 事件？

7-2 如图 7-4 所示,一中性 π 介子相对实验室的运动速率 $v = 0.5c$,后衰变为两个光子. 两光子的运动径迹与 π 介子原来运动方向夹角为 θ,并相对原来 π 介子运动的坐标系的速率均等于 c,从实验室测量时,两光子的速率分别为多大?

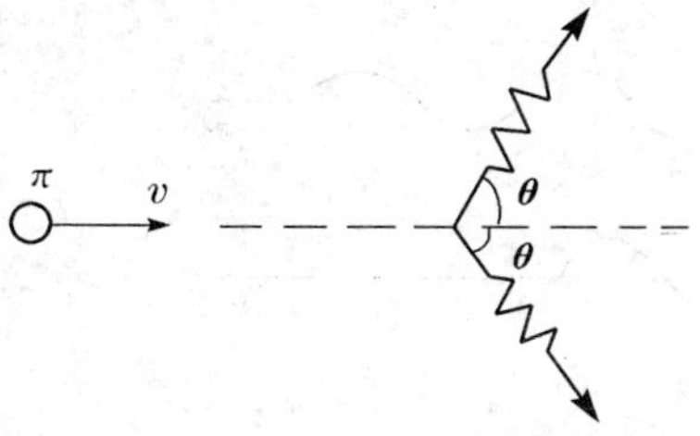

图 7-4

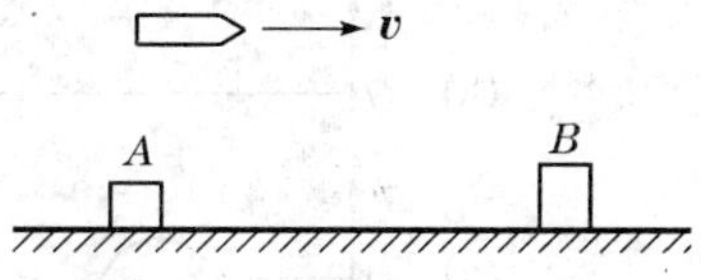

图 7-5

7-3 如图 7-5 所示,地面的观察者认为同时发生的事件 A 和事件 B,则按图示方向高速运动的飞船上观察者认为:(a) 事件 A 比事件 B 晚发生;(b) 事件 A 与事件 B 同时发生;(c) 事件 A 比事件 B 早发生;(d) 上述三种说法都有可能. 以上说法哪个正确?

7-4 超音速飞机的驾驶员相对地球以 $v = 600\ \mathrm{m \cdot s^{-1}}$ 速度飞行. 试问他要飞行多久,才能使他的表比地球上的钟慢 1 s?

7-5 如图 7-6 所示,两根静止长度均为 l_0 的细棒平行于 x 轴方向作相向匀速运动,观察者分别固定在两棒上,当两棒相互接近时,观察者 A 认为

(a) A 棒两端点与 B 棒的两端点同时对齐(相遇);

(b) 左端先对齐,然后右端对齐;

(c) 右端先对齐,然后左端对齐;

(d) 两棒端点永远无法对齐.

以上说法,哪个正确?

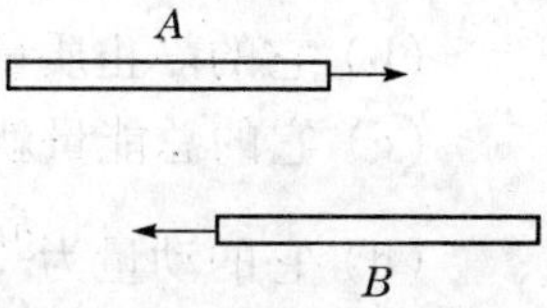

图 7-6

7-6 狭义相对论的质量与速度关系为何? 动量与速度关系为何? 质量与能量关系为何? 动能表达式为何? 动量和能量的关系为何?

已知一静止质量为 m_0 的粒子速率为 $0.6\,c$(c 为真空中的光速),其总能量为多少? 动量为多少? 动能为多少?

7-7 光电效应与康普顿效应都说明光具有粒子性,并且都是光子与电子相互作用,它们之间有什么差别?

7-8 光电效应中,单位时间逸出光电子的多少依赖于(　　)

(a) 入射光的强度和频率

(b) 入射光的强度和相位

(c) 入射光的频率和相位

(d) 入射光的振动方向和频率

7-9 分别以频率为 ν_1 和 ν_2 的光照射光电管,若 $\nu_1 > \nu_2 > \nu_0$(ν_0 为红限频率):当两种频率的入射光强度相同时,所产生的光电子初动能 E_{k_1} =______ E_{k_2};为阻止光电子到达阳极,所加的遏止电压 $|U_1|$______$|U_2|$;所产生的饱和光电流强度 I_{H_1}______I_{H_2}(填“>”,“<”或“=”符号).

7-10　微观粒子满足不确定关系是由于测量仪器精确度不高引起的,对吗?

7-11　设粒子运动的波函数分别如图 7-7(a),(b),(c),(d)所示,那么其中______图确定粒子动量准确度最高,______图确定粒子位置准确度最高.

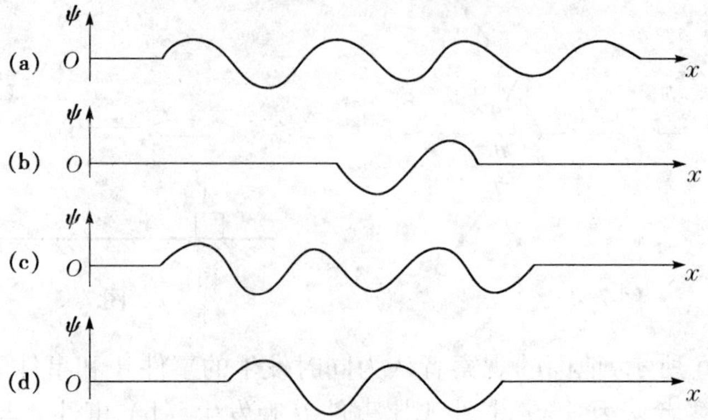

图 7-7

7-12　一般认为光子具有以下性质(　　)

(a) 不论在真空或介质中,它的速率都等于 c

(b) 它的静止质量为零

(c) 它的总能量就是它的动能

(d) 它的动量为$\frac{h\nu}{c^2}$

(e) 它有动量和能量,但没有质量

7-13　由玻尔理论导出的氢原子能级公式及轨道半径公式可得到(　　)

(a) 当 n 越大时,相邻两能级间能量差越大,半径差越大

(b) 当 n 越大时,相邻两能级间能量差越大,半径差越小

(c) 当 n 越大时,相邻两能级间能量差越小,半径差越大

(d) 当 n 越大时,相邻两能级间能量差越小,半径差越小

7-14　试问玻尔的氢原子系统被激发到第 n 个能级时,可能放射出多少条不同的谱线?

7-15　普朗克、爱因斯坦、玻尔分别都提出过能量量子化的假设,它们的区别是什么?

7-16　原子内电子的量子态由 n、l、m_l、m_s 表征,当 n、l、m_l 一定时,不同的量子态的数目为________;当 n、l 一定时,不同的量子态数目为________;当 n 一定时,不同的量子态数目为________.

7-17　由量子力学确定的氢原子角动量量子化条件与玻尔的角动量量子化条件有什么不同?

若 $n=4$,在玻尔的理论中角动量可取值是什么?在量子力学中角动量可取值是什么?

7-18　在近代物理实验中说明光具有粒子性的实验有哪些?证明原子具有能级的实验有哪些?证明原子具有磁矩或电子具有自旋磁矩的实验是什么?证明电子具有波动性的实验有哪些?

综 合 习 题

7-1 一把米尺相对 S 系静止,与 x 轴夹角为 30°,一观察者以 0.5c 沿 x 轴运动,他观察此米尺与 x'轴夹角 θ'是多少?长度 L'是多少?

7-2 一列长 1 km 的火车以每小时 150 km 的速度行驶,按地面上的一个观察者测定,有两个闪电同时击中火车的前后两端,那么在列车上的观察者测定这两个闪电的时间间隔是多少?

7-3 在实验室里测得电子速度为 0.8c,设一观察者相对实验室以 0.6c 运动,方向与电子运动方向相同,则观察者测出的电子速度、总能量、动能、动量各是多少?

7-4 一束光在 S'系里以速度 c 沿 y'轴正向运动,而 S'系以速度 v 相对于 S 系沿 x 轴正向运动.

(1) 求出光速在 S 系里的 x 分量、y 分量和 z 分量;

(2) 证明在 S 系里光速之值仍为 c;

(3) 求光在 S 系中传播的方向.

7-5 一个静止能量 $m_0c^2=0.511$ MeV 的电子以速度 0.6c 运动,求:

(1) 动量 p;(2) 能量 E;(3) 动能 E_k.

*__7-6__ 静止质量为 M_0 的粒子,在静止时衰变为静止质量为 m_{10}和 m_{20}的两个粒子,求静止质量为 m_{10}的粒子的能量 E_1 和速度 v_1.

7-7 一绝对黑体,在温度 $T_1=1\,450$ K 时,辐射所对应的峰值波长 $\lambda_1=2$ μm,当温度降低到 $T_2=967$ K 时,辐射所对应峰值波长为多大?在这两种温度下,对应总辐出度 M_1 与 M_2 的比值为多大?

7-8 一空腔处于某一温度 T 时,辐射所对应的峰值波长 $\lambda_m=720$ nm,今由于温度增加,空腔总辐出度加倍,辐射所对应的峰值波长 λ_m 将是多少?

7-9 设有一功率为 1 W 的点光源,离光源 1 m 处有一钾薄板(片),设被射出的光子可以被它收集,其收集的面积可以看成一个半径 $r\approx0.5\times10^{-10}$ m 的圆面积,钾的逸出功为 $1.8\ \text{eV}=2.88\times10^{-19}$J,那么从吸收入射光而使电子逸出按经典理论需多少时间?(设能量是均匀分布在波阵面上的)

7-10 波长 $\lambda=589.3$ nm 的光照射到钾金属表面,钾的遏止电压为 0.36 V,计算光电子的最大动能、钾的逸出功与截止频率.

7-11 康普顿使用 $\lambda=0.071\,1$ nm 的光子,这光子能量多大?动量多大?在 $\theta=180°$ 时,散射光波长多大?反冲电子动能多大?

7-12 入射光子波长为 0.003 nm,康普顿散射反冲电子的最大动能为多少电子伏特?

7-13 若一维自由粒子能量可以写成 $E=\dfrac{1}{2}mv^2$,试利用不确定关系 $\Delta x\Delta p\geqslant h$,证明 $\Delta E\Delta t\geqslant h$.

7-14 试证:如果粒子位置不确定量等于其德布罗意波的波长,则此粒子速度不确定量大于或等于其速度.

7-15 若电子和中子的德布罗意波长均为 0.1 nm,则电子、中子的速度及动能各为多少?

7-16 计算巴耳末系氢光谱的频率范围及波长范围.

7-17 质量为 m 的粒子,在无限深一维方势阱中,势阱宽为 l,试用驻波理论确定其能量允许值.

7-18 处于宽度为 l 的无限深方势阱中的基态粒子,求粒子被发现的几率(已知波函数 $\psi_n(x)=\sqrt{\frac{2}{l}\sin\frac{n\pi x}{l}}$):

(1) 处于 $x=0$ 和 $x=0.5l$ 之间;

(2) 处于 $x=0.5l$ 和 $x=l$ 之间;

(3) 处于 $x=0.25l$ 和 $x=0.75l$ 之间.

第七单元自测卷

一、选择题(共 27 分)

1. (本题 3 分)有一直尺固定在 S' 系中,它与 Ox' 轴的夹角 $\theta' = 45°$,如果 S' 系以速度 v 沿 x 轴方向相对于 S 系运动,S 系中观察者测得该尺与 Ox 轴的夹角(　　)

(A) 大于 45°

(B) 小于 45°

(C) 等于 45°

(D) 当 S' 系沿 Ox 正方向运动时大于 45°,而当 S' 系沿 Ox 负方向运动时小于 45°

2. (本题 3 分)某金属的逸出电势差是 U_0(使电子从金属表面逸出需做功 eU_0),若让单色光照射到该金属能产生光电效应,则此单色光的波长 λ 必须满足(　　)

(A) $\lambda \leqslant hc/(eU_0)$　　(B) $\lambda \geqslant hc/(eU_0)$

(C) $\lambda \leqslant eU_0/(hc)$　　(D) $\lambda \geqslant eU_0/(hc)$

3. (本题 3 分)以一定频率的单色光照射在某种金属上,测出其光电流的大小(光电流的曲线)如图中实线所示,然后在光强度不变的条件下增大照射光的频率,测出其光电流的大小(光电流的曲线)如图中虚线所示. 满足题意的图是(　　)

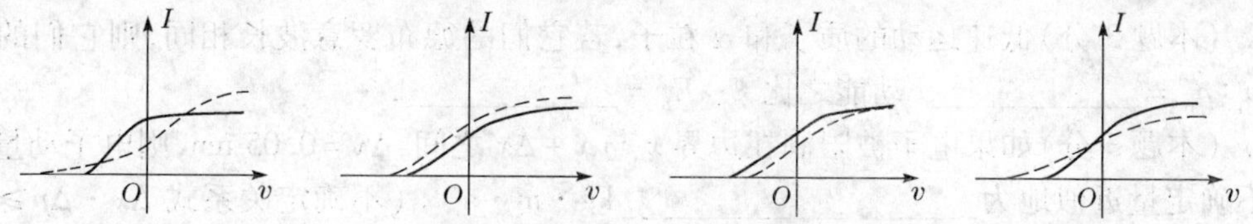

(A)　(B)　(C)　(D)

4. (本题 3 分)如果两种不同质量的粒子,其德布罗意波长相同,则这两种粒子的(　　)

(A) 动量相同　(B) 能量相同　(C) 速度相同　(D) 动能相同

5. (本题 3 分)若 α 粒子(电量为 $2e$)在磁感强度为 B 均匀磁场中沿半径为 R 的圆形轨道运动,则 α 粒子的德布罗意波长是(　　)

(A) $h/(2eRB)$　(B) $h/(eRB)$　(C) $1/(2eRBh)$　(D) $1/(eRBh)$

6. (本题 3 分)关于不确定关系 $\Delta p_x \Delta x \geqslant h$,有以下几种理解:

(1) 粒子的动量不可能确定;

(2) 粒子的坐标不可能确定;

(3) 粒子的动量和坐标不可能同时准确地确定;

(4) 不确定关系不仅适用于电子和光子,也适用于其他粒子.

其中正确的是(　　)

(A) (1),(2)　(B) (2),(4)　(C) (3),(4)　(D) (1),(4)

7. (本题 3 分)若取 $\hbar=\dfrac{h}{2\pi}$,氢原子中的电子处于主量子数 $n=3$ 的能级,则电子轨道角动量 L 和轨道角动量在外磁场方向的分量 L_z 可能取的值分别为(　　)

(A) $L=\hbar,2\hbar,3\hbar$; $L_z=0,\pm\hbar,\pm2\hbar,\pm3\hbar$

(B) $L=0,\sqrt{2}\hbar,\sqrt{6}\hbar$; $L_z=0,\pm\hbar,\pm2\hbar$

(C) $L=0,\hbar,2\hbar$; $L_z=0,\pm\hbar,\pm2\hbar$

(D) $L=\sqrt{2}\hbar,\sqrt{6}\hbar,\sqrt{12}\hbar$; $L_z=0,\pm\hbar,\pm2\hbar,\pm3\hbar$

8. (本题 3 分)将波函数在空间各点的振幅同时增大 D 倍,则粒子在空间的分布几率将(　　)

(A) 增大 D^2 倍　　(B) 增大 $2D$ 倍　　(C) 增大 D 倍　　(D)不变

9. (本题 3 分)氩($Z=18$)原子基态的电子组态是(　　)

(A) $1s^22s^83p^8$　　(B) $1s^22s^22p^63d^8$

(C) $1s^22s^22p^63s^23p^6$　　(D) $1s^22s^22p^63s^23p^43d^2$

二、填空题(共 33 分)

1. (本题 3 分)观察者甲以 $0.8c$(c 为真空中的光速)的速度相对于静止在地面的观察者乙运动,甲携带一长为 1m、质量为 1 kg 的棒沿相对运动方向放置,乙观察者测得此棒的质量密度为____________.

2. (本题 3 分)在光电效应实验中,对同一金属,当照射光的波长从 400 nm 变到 300 nm 时($1\ \text{nm}=10^{-9}\ \text{m}$)测得的遏止电压将增大________ V.(普朗克常量 $h=6.63\times10^{-34}\ \text{J}\cdot\text{s}$,基本电荷 $e=1.60\times10^{-19}\ \text{C}$)

3. (本题 3 分)低速运动的质子和 α 粒子,若它们的德布罗意波长相同,则它们的动量之比 $p_p:p_\alpha=$________,动能之比 $E_p:E_\alpha=$________.

4. (本题 3 分)如果电子被限制在边界 x 与 $x+\Delta x$ 之间,$\Delta x=0.05$ nm,则电子动量 x 分量的不确定量近似地为____________ $\text{kg}\cdot\text{m}\cdot\text{s}^{-1}$.(不确定关系式 $\Delta x\cdot\Delta p\geqslant h$,普朗克常量 $h=6.63\times10^{-34}\ \text{J}\cdot\text{s}$)

5. (本题 3 分)玻尔的氢原子理论的三个基本假设是:

(1) ____________________;

(2) ____________________;

(3) ____________________.

6. (本题 3 分)氢原子由定态 l 跃迁到定态 k 可发射一个光子,已知定态 l 的电离能为 0.85 eV,又知从基态使氢原子激发到定态 k 所需能量为 10.2 eV,则在上述跃迁中氢原子所发射的光子的能量为________ eV.

7. (本题 3 分)已知基态氢原子的能量为 −13.6 eV,当基态氢原子被 12.09 eV 的光子激发后,其电子的轨道半径将增加到玻尔半径的______倍.

8. (本题 4 分)氢原子的部分能级跃迁示意如图,在这些能级跃迁中:

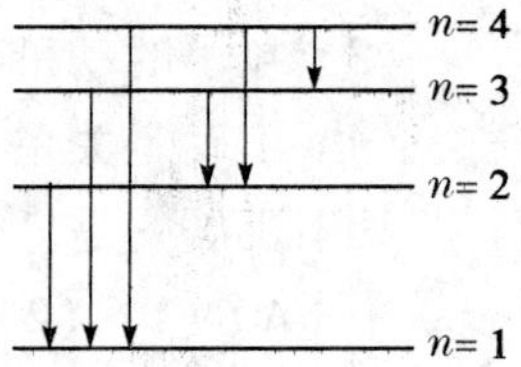

(1) 从 $n=$________的能级跃迁到 $n=$________的能级时所发射的光子的波长最短;

(2) 从 $n=$________的能级跃迁到 $n=$________的能

级时所发射的光子的频率最小.

9. (本题3分)原子内电子的量子态由 n、l、m_l 及 m_s 四个量子数表征，当 n、l、m_l 一定时，不同的量子态数目为________；当 n、l 一定时，不同的量子态数目为________；当 n 一定时，不同的量子态数目为________.

10. (本题2分)电子的自旋磁量子数 m_s 只能取____________和____________两个值.

11. (本题3分)多电子原子中，电子的排列遵循______________________________原理和______________________________原理.

三、计算题(共40分)

1. (本题5分)有一静止质量为 m_0、带电量为 q 的粒子，其初速度为零，在均匀电场中加速，在考虑相对论效应时，在 t 时刻，它所获得的速度是多大?

2. (本题 8 分)恒星表面可看作黑体,测得北极星辐射波谱的峰值波长 $\lambda_m = 350$ nm ($1\ \text{nm} = 10^{-9}\ \text{m}$),试估算它的表面温度及单位面积的辐射功率.

($b = 2.897 \times 10^{-3}\ \text{m} \cdot \text{K}, \sigma = 5.67 \times 10^{-8}\ \text{W} \cdot \text{m}^{-2} \cdot \text{K}^{-4}$)

3. (本题 10 分)光电管的阴极用逸出功为 $W = 2.2$ eV 的金属制成,今用一单色光照射此光电管,阴极发射出光电子,测得遏止电势差为 $|U_0| = 5.0$ V,试求:

(1) 光电管阴极金属的光电效应红限波长;

(2) 入射光波长.

(普朗克常量 $h = 6.63 \times 10^{-34}\ \text{J} \cdot \text{s}$,基本电荷 $e = 1.6 \times 10^{-19}$ C)

4. (本题 10 分)用波长 $\lambda_0 = 1$ Å(1 Å = 0.1 nm)的光子做康普顿实验.

(1) 散射角 $\theta = 90°$的康普顿散射波长是多少?

(2) 反冲电子获得的动能有多大?

(普朗克常量 $h = 6.63 \times 10^{-34}$ J·s,电子静止质量 $m_e = 9.11 \times 10^{-31}$ kg)

5. (本题 7 分)粒子在一维矩形无限深势阱中运动,其波函数为

$$\psi_n(x) = \sqrt{\frac{2}{a}}\sin\left(\frac{n\pi x}{a}\right) \qquad (0 < x < a),$$

若粒子处于 $n = 1$ 的状态,它在 $0 \sim \frac{a}{4}$区间内的概率是多少?

附录1　综合习题参考答案及提示

第一单元综合习题参考答案及提示

1-1　$r = 5\sqrt{5}$ m; $v = 10\sqrt{2}$ m·s^{-1}; $a = 10$ m·s^{-2}

1-2　匀变速直线运动

1-3　$t \to \infty$；10 m(利用积分关系)

1-4　$\boldsymbol{r} = \frac{bv_0}{2}t^2\boldsymbol{i} + v_0t\boldsymbol{j}$; $x = \frac{b}{2v_0}y^2$; $a_t = \frac{v_0b^2t}{\sqrt{1+b^2t^2}}$, $a_n = \frac{bv_0}{\sqrt{1+b^2t^2}}$; $\rho = \frac{(b^2y^2+v_0^2)^{\frac{3}{2}}}{bv_0^2}$

1-5　$a_n = \frac{(v_0-bt)^2}{R}$, $a_t = -b$,　$a = \frac{1}{R}\sqrt{R^2b^2+(v_0-bt)^4}$; $t = \frac{v_0}{b}$, $N = \frac{v_0^2}{4\pi Rb}$

1-6　$a_\tau = 20$ m·s^{-1}, $a_n = 102.9$ m·s^{-1}; $s = 1\,710$ m

1-7　$\boldsymbol{r} = (2+3t+t^2)\boldsymbol{i} + (6+4t-6t^4)\boldsymbol{j}$; $F_t = 4$ N; $F_n = 24$ N

1-8　$v = \sqrt{2g(y_0-y)}$

(提示:应用牛顿运动定律及能量守恒两种方法)

1-9　$v_D = v_0e^{-\pi\mu}$(提示:建议质点在半圆弧段的运动用角坐标描绘,沿切向、法向列运动方程再联立求解)

1-10　$v = v_0e^{-\frac{b}{m}t}$; $x = v_0\frac{m}{b}(1-e^{-\frac{b}{m}t})$; $W = \frac{b^2}{2m}x^2 - bv_0x$

(提示:正确列出运动方程是关键)

1-11　$W = Fl$; $v = \sqrt{\frac{2Fl}{m}+v_0^2}$; $AD = 2\sqrt{3}l$

(提示:(2)(3)小题应用能量关系处理较为简单)

1-12　$l_0 = \frac{\mu}{\mu+1}l$; $v = \sqrt{\frac{gl}{\mu+1}}$

(提示:利用平衡条件及功能原理)

*1-13　$F = x\lambda g + \lambda v^2$

(提示:对整个链条应用质点系动量定理)

1-14　$v_B = \sqrt{4gl_0\sin^2\theta + 4l_0^2\frac{k}{m}\cos\theta(\cos\theta-1)}$;

$N = mg - kl_0 + 4mg\sin^2\theta + 4kl_0\cos\theta(\cos\theta-1)$

(提示:过程机械能守恒)

1-15　$v' = v + \frac{\sqrt{2}}{2}\frac{mv_0}{M}$; $F = (M+m)g + (1+\frac{\sqrt{2}}{2})\frac{mv_0}{\Delta t}$

(提示:对两球构成的系统,应用动量守恒定律及动量定理)

1-16　$t = \dfrac{m_2 v}{m_1 g\mu}$; $\theta = \dfrac{3m_2^2 v^2}{4m_1^2 gl\mu}$

（提示:有两个物理过程:子弹穿入至穿出为碰撞过程,该过程忽略摩擦力矩,角动量守恒;棒在摩擦力作用下停止,为一般定轴转动,满足转动定律(或角动量定理)）

1-17　$v = 3\ \mathrm{m \cdot s^{-1}}$

（提示:注意弹性力及弹性势能的存在）

1-18　$v' = \dfrac{Mv - 3mv}{3m + M}$; $\omega = \dfrac{6mv}{(3m + M)l}$

（提示:含定轴转动的完全弹性碰撞,碰撞前后角动量守恒、动能守恒）

*1-19　$\alpha = \dfrac{2F(R+l)}{3mR^2}$; $a_C = \dfrac{2F(R+l)}{3mR}$; $F_f = \dfrac{R-2l}{3R}F$; $l < \dfrac{R}{2}$, F_f 向后, $l > \dfrac{R}{2}$, F_f 向前; $\mu \geqslant \dfrac{|R-2l|}{3mgR}F$

（提示:解刚体平面运动问题,至少列三个方程:(1) 质心运动方程(即平动方程);(2) 绕过质心轴的转动方程;(3) 平动、转动关系方程）

*1-20　$a = \dfrac{3[F - (M+m)g\mu]}{3M + m}$

（提示:$a_C = a - \alpha R$,其中 a_C 为圆柱体质心向右加速度;a 为木板向右加速度;α 为圆柱体逆时针转动的角加速度）

*1-21　$a_C = \dfrac{4mg}{8m + 3M}$, $a = \dfrac{8mg}{8m + 3M}$, $T = \dfrac{3Mmg}{8m + 3M}$, $\omega = \dfrac{1}{R}\sqrt{\dfrac{4mgh}{8m + 3M}}$

（提示: $a = 2a_C$ ）

第二单元综合习题参考解答

2-1　(A)

（提示:利用半无限长带电直线在(0, a)处产生的电场计算公式）

2-2　(C)

（提示: $E_{S_2} > E_{S_1}$ ）

2-3　(B)

（提示:用 8 个同样的立方体垒叠成大立方体,使 A 点成为大立方体中心,用高斯定理求解）

2-4　(D)

（提示:用高斯定理求 E）

2-5　(A)

（提示:利用 $V = \int_{P'}^{P} \boldsymbol{E} \cdot \mathrm{d}\boldsymbol{l} = \int_{r}^{R} \dfrac{q \cdot \mathrm{d}r}{4\pi\varepsilon_0 r^2}$ ）

2-6　(C)

（提示:利用无限长带电直线外的电场强度公式求出 $\boldsymbol{E}$. 由 $V = \int_{r}^{b} \boldsymbol{E} \cdot \mathrm{d}\boldsymbol{l}$ ）

2-7　(A)

（提示：$V_1 = \frac{q_1}{4\pi\varepsilon_0 R_1} + \frac{q_2}{4\pi\varepsilon_0 R_2}$，$V_2 = \frac{q_1 + q_2}{4\pi\varepsilon_0 R_2}$，连接以后 $V_0 = \frac{q_1 + q_2}{4\pi\varepsilon_0 R_2} = V_2$）

2-8 （B）

（提示：与电源断开后，极板电荷不变，故 E 不变，$U = Ed$，U 将随 d 拉大而变大，能量 $W = \frac{q^2}{2C}$，W 因 C 变小而变大）

2-9 （B）

（提示：内、外球之间电势差 $U = \int_R^{2R} \boldsymbol{E} \cdot \mathrm{d}\boldsymbol{l} = \frac{q}{4\pi\varepsilon_0} \cdot \int_R^{2R} \frac{\mathrm{d}r}{r^2}$，带电粒子动能 $E_\mathrm{k} = QU$）

2-10 $\frac{q}{\varepsilon_0}$；0；$-\frac{q}{\varepsilon_0}$

2-11 0

（提示：$V_0 = \int \boldsymbol{E} \cdot \mathrm{d}\boldsymbol{l} = 0$，$BP$ 直线上电场 $\boldsymbol{E}$ 与 $\mathrm{d}\boldsymbol{l}$ 垂直）

2-12 $r = -\frac{q_1}{q_2} r_2 = 0.1\ \mathrm{m}$

（提示：离球心 r 处的电势 $V = \frac{q_1}{4\pi\varepsilon_0 r} + \frac{q_2}{4\pi\varepsilon_0 r_2} = 0$）

2-13 $\frac{2\varepsilon_0 A}{qd}$

（提示：由 $E = \frac{\sigma}{2\varepsilon_0}$，$A = \int_0^d q \cdot \boldsymbol{E} \cdot \mathrm{d}\boldsymbol{l} = \frac{\sigma q}{2\varepsilon_0} \cdot d$）

2-14 $\oint \frac{1}{\varepsilon_0}(q_2 + q_4)$；点电荷 q_1、q_2、q_3、q_4

2-15 $\frac{q}{4\pi\varepsilon_0 R_2}$

2-16 $4.55 \times 10^3\ \mathrm{C}$

（提示：$E = \frac{\sigma}{\varepsilon_0}$，$Q = 4\pi R^2 \cdot \sigma = 4\pi\varepsilon_0 R^2 \cdot E$）

2-17 $\frac{q_A - q_B}{2}$；$\frac{(q_A - q_B)d}{2\varepsilon_0 S}$

（提示：金属平板表面的电荷密度依次为 σ_1、σ_2、σ_3、σ_4，则由 $\sigma_1 = \sigma_4$，$\sigma_2 = -\sigma_3$，$(\sigma_1 + \sigma_2)S = q_A$，$(\sigma_3 + \sigma_4) \cdot S = q_B$，得 $\sigma_2 = \frac{q_A - q_B}{2S}$，由 $E = \frac{\sigma_2}{\varepsilon_0}$，得 $U = E \cdot d = \frac{\sigma_2}{\varepsilon_0} \cdot d$）

2-18 $C = \frac{\pi\varepsilon_0}{\ln \frac{d - R}{R}} = 5.52 \times 10^{-12}\mathrm{F}$

（提示：先设两导线分别带等量异号电荷，求出电场分布及电势差，再根据电容定义计算电容）

2-19 $\sigma_\mathrm{m} = \varepsilon_0 E_b = 2.66 \times 10^{-5}\ \mathrm{C \cdot m^{-2}}$

$W_{\mathrm{e,m}} = \frac{q_\mathrm{m}^2}{2C} = 5.76 \times 10^{-4}\ \mathrm{J \cdot m^{-1}}$

（提示:根据导体表面场强与表面电荷密度关系,及电容器贮存的能量计算）

2-20　不会击穿;会击穿

（提示:根据介质击穿条件分析计算）

2-21　$F=\dfrac{(C_0U_0)^2}{2\varepsilon_0 S}$　引力

（提示:先根据极板带电量与电容、电势差关系;电场与电量关系,再根据电荷在电场中受力计算）

2-22　$\sigma=8.85\times10^{-9}\ \mathrm{C\cdot m^{-2}}$; $\Delta q=6.67\times10^{-9}\ \mathrm{C}$

（提示:根据带电球面空间电势及叠加原理计算）

第三单元综合习题参考答案及提示

3-1　$B=\dfrac{\mu_0\lambda\omega}{4\pi}\ln2$

（提示:将棒切割成点电荷,研究它们等效圆电流的磁场,再叠加）

3-2　$B=\dfrac{\mu_0\omega\lambda R^3}{2(R^2+x^2)^{\frac{3}{2}}}$;$M=\omega\lambda\pi R^3$

（提示:先求等效圆电流,再求圆电流的磁场、磁矩）

3-3　$B_x=\dfrac{\mu_0 I}{2\pi a}\arctan\dfrac{a}{b}$

（提示:将扁平铜片沿长度方向剖切成直线电流,再对这些直线电流磁场进行矢量叠加）

3-4　（略）

（提示:将半球电流分割成西瓜皮状电流（视作半圆电流）,再对这些半圆电流进行矢量叠加）

3-5　$B=\dfrac{\mu_0 In}{2}\left\{\ln\dfrac{\sqrt{x^2+R^2}+R}{\sqrt{x^2+r^2}+r}-\dfrac{R}{\sqrt{x^2+R^2}}+\dfrac{r}{\sqrt{x^2+r^2}}\right\}$

（提示:将圆环沿径向分割成圆电流,将这些圆电流磁场叠加）

3-6　$I=\dfrac{mg}{2NlB}$

（提示:线圈受到的磁力矩与重力矩平衡）

3-7　$\dfrac{\mu_0 I}{4\pi}$

（提示:将它切割成电流元,将每个电流元受到的力叠加）

*3-8　$M=\dfrac{\mu_0 I'I}{2\pi}\left(1-\dfrac{\sqrt{3}}{6}\pi\right)a$

（提示:直线部分切割成电流元,每一电流元受之力矩叠加）

3-9　$\mathscr{E}_{OA}=\dfrac{1}{2}\omega Bl^2\sin^2\theta$;$A$ 端高

（提示:非静电场强路径积分）

3-10　$\mathscr{E}=\frac{2\mu_0 Nht}{\pi}\ln\frac{b}{a}$；$\mathscr{E}=\frac{2\mu_0 Nh}{\pi}\ln\frac{b}{a}$

（提示：关键是寻找 $\Phi(t)$）

3-11　$v=\frac{\pi^2 mgR}{\mu_0^2 I^2\ln^2\frac{b+L}{b-L}}$

（提示：安培力与重力平衡时 de 的速度最大）

*3-12　$\mathscr{E}=\frac{R^2\mu_0\lambda}{2\pi}\alpha\arctan\frac{L}{2R}$

（提示：均匀带电圆柱体匀加速转动，圆柱体内产生均匀变化磁场）

3-13　$M=\frac{\mu_0 a}{2\pi}(2\ln2-1)$；$\mathscr{E}=\frac{\mu_0 ab}{2\pi}(2\ln2-1)$；$\mathscr{E}=\frac{\mu_0 iv}{2\pi}(1-\ln2)$

（提示：从互感系数定义及电磁感应定律出发）

3-14　8.85×10^{-6} A；8.85×10^{-6} A；$10^6\cos\omega t$，10^6 V·m^{-1}·s^{-1}；0.56×10^{-11} T，0.35×10^{-11} T

（提示：全电流是连续的）

*3-15　$\mathscr{E}_{abc}=\frac{1}{2}r^2\frac{\mathrm{d}B}{\mathrm{d}t}$，$\mathscr{E}_{Oa}=0$，$\mathscr{E}_{Oc}=0$；$c$ 点；不能

（提示：应用感应电场路径积分；感应电场为非保守场）

*3-16　$I=4.5\times10^3$ A；$P=2.25\times10^9$ J·s^{-1}

第四单元综合习题参考解答及提示

4-1　(A)

（提示：由 $p_aV_a=p_bV_b$，故 $T_a=T_b$，过程 acb 内能不变，吸热等于 acb 曲线下的面积，等于 500 J，ad 直线下的面积为 1 200 J，所以 $acbda$ 的面积为 700 J，循环过程内能不变，$Q_{acbda}=W_{acbda}$，因循环为负循环，故吸热为 −700 J）

4-2　(A)

4-3　(D)

（提示：因 $E=\frac{m}{M}C_{V,\mathrm{m}}T$，可将 E 轴转换成温度 T 轴，再将其转换至 $p-V$ 图

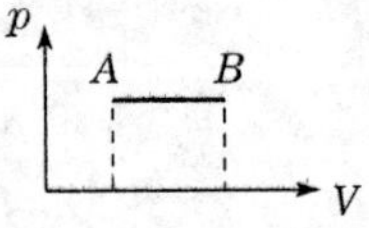

中）

4-4　(A)

（提示：总平动动能 $E_\mathrm{k}=N\cdot\frac{3}{2}kT=\frac{m}{M}N_0\cdot\frac{3}{2}kT=\frac{3}{2}(\frac{m}{M}RT)=\frac{3}{2}pV$）

4-5　(C)

4-6　(C)

（提示：绝热自由膨胀，$Q=0$，$W=0$，故 $\Delta E=0$，$T_1=T_2$，因膨胀后的体积 $V_2=2V_1$，故 $n_2=\frac{1}{2}n_1$，$\overline{\lambda_2}=2\,\overline{\lambda_1}$）

4-7 (B)

4-8 1∶1∶1

(提示:平均平动动能 $\varepsilon_k = \frac{3}{2}kT$,故 $T_A : T_B : T_C = 1 : 2 : 4$,由 $p = nkT$ 可得)

4-9 1 000 $m \cdot s^{-1}$;1 414 $m \cdot s^{-1}$

(提示:$\bar{v}_p = \sqrt{\frac{2RT}{M}}$,而 $M_{(He)} = 2M_{(H_2)}$)

4-10 $\frac{5}{3}$

(提示:内能 $E = \frac{m}{M}C_{V,m}T = \frac{i}{2}\left(\frac{m}{M}RT\right)$,$p$、$V$、$T$ 均相同时$\left(\frac{m}{M}\right)$也相同,所以内能 E 正比于自由度 i)

4-11 1; 4

4-12 $5.42 \times 10^7\ s^{-1}$; 6×10^{-5} cm

(提示:平均碰撞频率 $\bar{Z} = \sqrt{2}\pi d^2 \cdot n \cdot \bar{v} = \sqrt{2}\pi d^2 \cdot \frac{p}{kT} \cdot \bar{v}$,温度不变,$\bar{v}$ 不变,$\bar{Z} \propto p$;平均自由程 $\bar{\lambda} = \frac{1}{\sqrt{2}\pi d^2 n} = \frac{kT}{\sqrt{2}\pi d^2 \cdot p}$,$T$ 不变时,$\bar{\lambda} \propto p^{-1}$)

4-13 8 640

(提示:等温过程 $Q = W = \frac{m}{M}RT\ln(\frac{V_2}{V_1})$,而$\frac{V_2}{V_1} = \frac{p_1}{p_2}$)

4-14 $-|A_1|$; $-|A_2|$

4-15 $Q_p = 3\ 181$ J; $W = 908.9$ J

(提示:根据吸热与过程有关及热力学第一定律计算)

4-16 $p_2 = 3.15 \times 10^5$ Pa; $T_2 = 189$ K

(提示:利用绝热方程处理)

4-17 $\eta = 25\%$; $W = 1\ 337.4$ J; $Q_2 = 4\ 013$ J

(提示:利用卡诺循环效率公式及等温过程对外做功的公式等)

4-18 热机; $\eta = 12.3\%$

(提示:先将变化过程转换为 p-V 图上的变化过程,再计算各过程吸热做功)

4-19 $\frac{m(H_2)}{m(He)} = \frac{1}{2}$; $\frac{E(H_2)}{E(He)} = \frac{5}{3}$

(提示:从相对分子质量及能量按自由度均分考虑)

第五单元综合习题参考答案及提示

5-1 0, 3.0 $m \cdot s^{-1}$; 2.6 $m \cdot s^{-1}$, 7.5 $m \cdot s^{-2}$, -1.5 N; ±0.42 m

(提示:第(2)问由旋矢法或解析法求得,此时质点相位为 $2k\pi - \frac{\pi}{3}$,再由此求解较为简便;第(3)问令$\frac{1}{2}kx^2 = \frac{1}{2}mv^2 = \frac{1}{2} \cdot \frac{1}{2}kA^2$ 即可)

5-2 $x_1 = 0.1\cos\left(\pi t - \frac{\pi}{2}\right)$（SI 制），$x_2 = 0.1\cos\left(\pi t + \frac{\pi}{3}\right)$（SI 制）；由图知振动 2 超前振动 1 的相位为$\frac{5}{6}\pi$；$x = 0.052\cos\left(\pi t - \frac{\pi}{12}\right)$（SI 制）

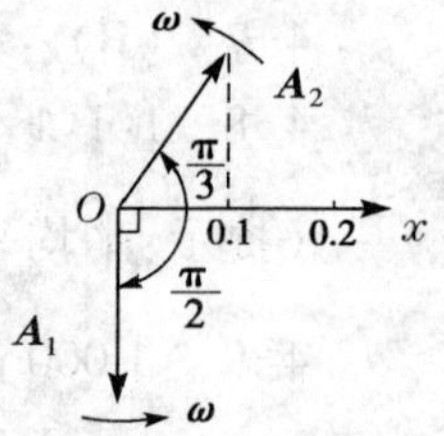

（提示：第(3)问既可用解析法求合振动的 A 和 φ，也可由右图所示关系用几何法求）

5-3 $T = 2\pi\sqrt{\frac{2L}{g}}$，$A = \sqrt{L(L+h)}$，仍为简谐运动；$x = A\cos(\omega t + \varphi)$，式中 $\omega = \sqrt{\frac{g}{2L}}$，$\varphi = \pi + \arctan\sqrt{\frac{h}{L}}$ 或 $\varphi = \pi + \arccos\sqrt{\frac{L}{L+h}}$

（提示：求解本题的关键问题：一是确定系统的静平衡位置，并将其设为坐标轴原点，砂袋与盘碰撞时的图示位置则为振动的初始位置 x_0；二是由 x_0 和 v_0 求振幅 A 和初相 φ，其中 v_0 可用动量守恒定律求得）

5-4 $T = 2\pi\sqrt{\frac{J + mR^2}{kR^2}}$，为简谐运动

（提示：本题有两种方法求解（参考例 5-3 解题指导），求解时先确定静平衡位置并设为坐标轴原点，向下为 y 轴正向. 令物体偏离平衡位置的位移为 y，对振动物体进行分析，用动力学方法求解时应将 m 与定滑轮隔离，用能量法求解时弹簧弹性势能为$\frac{1}{2}k(y+y_0)$，式中 y_0 为系统静平衡时弹簧的伸长量，并有 $mg = ky_0$ 这一关系）

*5-5 $\theta = \frac{v}{17}\sqrt{\frac{6}{gL}}\cos\left(\sqrt{\frac{3g}{2L}}t - \frac{\pi}{2}\right)$

（提示：本题应视为复摆，则 $\omega = \sqrt{\frac{J_0}{mgl}}$，式中 J_0 和 l 应考虑子弹嵌入杆中产生的影响，振幅 θ_m 可由摆动过程中的机械能守恒求解，其中杆开始摆动的角速度可用角动量守恒求，设子弹击中杆时作为计时零点，细杆转动方向为正方向，则由初始状态 $\theta_0 = 0$、$\omega_0 > 0$ 可得初相 $\varphi = -\frac{\pi}{2}$. 本题也可按照对角谐振动一般判别方法求解）

*5-6 $2\pi\sqrt{\frac{L}{2g}}$

（提示：设圆盘在水平面内绕点 O 转过一微小角度 θ，则细线偏离竖直方向的角度为 φ，此时细线拉力将对圆盘中心轴 O 产生一个恢复力矩，关键是正确写出此力矩表达式，结合转动定律证明 θ 满足$\frac{d^2\theta}{dt^2} + \omega^2\theta = 0$ 这一关系式，即可求得角频率 ω. 求解时注意有 $L\varphi = R\theta$ 这一关系式）

5-7 （1）（略） （2）42 min

（提示：当物体处于地道中任一位置 r 处时，所受合外力应为物体所受万有引力沿地道方向的分量，而物体所受万有引力仅与半径小于等于 r 的那部分地球质量有关. 如能证明物

体作简谐运动并求得周期 T，则 $\Delta t_{AB}=\frac{T}{2}$)

*5-8　$\left(\frac{a^2+b^2}{12}\right)^{\frac{1}{2}}$；$\frac{1}{2\pi}\left(\frac{3g^2}{a^2+b^2}\right)^{\frac{1}{4}}$

（提示：均匀矩形薄板绕质心轴转动惯量为 $\frac{m}{12}(a^2+b^2)$，由平行轴定理可求得该板绕 P 轴的转动惯量 J，代入公式 $\omega=\sqrt{\frac{J}{mgl}}$ 可得到角频率的表达式 $\omega(x)$，令 $\frac{\mathrm{d}\omega(x)}{\mathrm{d}x}=0$，可解出令 ω 取得极大值的 x 值）

5-9　$0.16\cos\left(314t+\frac{\pi}{2}\right)$（SI 制）；$1.25\times10^{-2}$ s

（提示：建议用旋转矢量法求解）

5-10　$0.02\cos\left(\frac{\pi}{2}t-\frac{\pi}{2}\right)$（SI 制）；$0.02\cos\left(\frac{\pi}{2}t-\pi\right)$（SI 制）

（提示：对(2)(3) 两问，建议先求出波函数，再将 $x=\frac{5}{4}\lambda$ 和 $t=3$ s 分别代入即可）

5-11　$y=A\cos\left[\frac{2\pi}{\lambda}(ut+x)-\frac{\pi}{2}\right]$；$y=A\cos\left(\frac{2\pi}{\lambda}ut+\frac{\pi}{4}\right)$；$v=\frac{\sqrt{2}A\pi u}{\lambda}$

（提示：波函数求解方法可参考例 5-5(2)解题指导，求得波函数后，(2)(3)两问也就不难求解了）

*5-12　40 m；$y=0.08\cos\left(4\pi t+\frac{3}{4}\pi\right)$（SI 制）

（提示：设满足题意的波函数为 $y=A\cos\omega(t-\frac{x}{u})=A\cos[2\pi(\frac{t}{T}-\frac{x}{\lambda})]$，用比较法可求得 λ、ω、u 等特征量，对球面波来说式中 A 是位置 r 的函数，由能流关系求，即 $\frac{1}{2}\rho A_a^2\omega^2\cdot4\pi r_a^2=\frac{1}{2}\rho A_b^2\omega^2\cdot4\pi r_b^2$）

5-13　0.12 m；π

（提示：可分别用 $\Delta\varphi=\frac{2\pi}{\lambda}\Delta x$ 和 $\Delta\varphi=\omega\Delta t$ 求解）

5-14　$y_2=A\cos[\omega(t-\frac{x}{u})+\pi]$；$y=2A\cos\left(\frac{\omega x}{u}-\frac{\pi}{2}\right)\cos\left(\omega t+\frac{\pi}{2}\right)$；波节：$x=n\frac{\lambda}{2}$ $(n=0,1,2,\cdots)$；波腹：$x=\left(n+\frac{1}{2}\right)\frac{\lambda}{2}(n=0,1,2,3,\cdots)$

（提示：(1) 由于反射端恒为固定端，故在 $x=0$ 处反射波有相位跃变；(2) 利用和差化积公式可求得驻波方程，令 $\left|\cos(\frac{2\pi}{\lambda}x-\frac{\pi}{2})\right|=\begin{cases}1,\\0,\end{cases}$可求得波节和波腹点的坐标值）

5-15　$0.25\ \mathrm{m\cdot s^{-1}}$；3 398 Hz

（提示：题中墙壁有两个作用，它一方面作为观察者接受声波，同时它又作为反射波源发射声波，而观察者 R 在接受振源 S 的直射波的同时，又接受来自墙壁的反射波，两声波在

R 处形成“拍”,题中要多次用到频移公式进行计算)

*5-16　0.32 m · s^{-1}

(提示:当电离层上下作垂直运动时,直射信号和经电离层反射的信号在收音机处的光程差随电离层高度 y 变化而变化,从而使组合信号的强度出现周期性变化. 首先应正确光程差的表达式 $\Delta(y)$,按题意$\frac{d\Delta(y)}{dt} = 8\lambda \min^{-1} = \frac{8\lambda}{60} s^{-1}$,求导过程中出现的$\frac{dy}{dt}$,即为电离层垂直运动的速率 v)

*5-17　248.5 Hz;343 m · s^{-1}

(提示:由拍频公式可知音叉固有频率为(250 ± 1.5) Hz,再由题意判断音叉频率为其中哪一个值. 本题第二部分属于简正模式问题,声波在水管内形成一维驻波,水面处为波节、管口处为波腹,因此有 $L = (2n+1)\frac{\lambda}{4}$, $n = 0, 1, 2, \cdots$ 由题意可求得声速)

5-18　34 m · s^{-1}, 4 950 Hz; 331.3 m

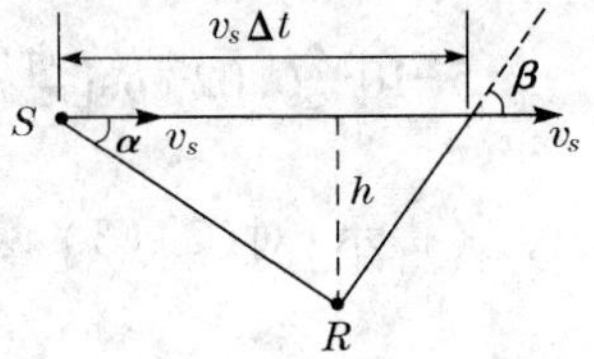

(提示:对于第(2)问,由于多普勒效应只发生在连线方向上,故频移公式中的 v_s 应分别用 $v_s\cos\alpha$ 和 $v_s\cos\beta$ 代之,结合频移公式和右图中所示几何关系求解 h)

第六单元综合习题参考答案及提示

6-1　$\frac{\lambda}{2}$; $\frac{\lambda}{2n}$

(提示:考虑 $\Delta\varphi = \frac{2\pi}{\lambda}\Delta$ 和 $\Delta = nL$ 这两个关系式即可)

6-2　$2(d+d_0)+\frac{\lambda}{2}$; $2(d+d_0)$; $\sqrt{\left[\left(k-\frac{1}{2}\right)\lambda - 2d_0\right]R}$　$k \geqslant \left(\frac{2d_0}{\lambda}+\frac{1}{2}\right)$的整数值;$\left(k-\frac{1}{2}\right)\frac{\lambda}{2}$　$k = 1, 2, 3, \cdots$(由于相干性限制,k 不能取较大值)

(提示:考虑半波损失和 d_0 对光程差的影响,其中半波损失对反射光的光程差有影响,对透射光则没有影响,对(3)(4)两问主要运用干涉相长条件和 $r^2 \approx 2dR$ 这一几何关系式求解)

6-3　向上;下缝;4.06×10^{-6} m

(提示:参考例 6-1 解题指导)

6-4　$\frac{39}{4n}\lambda$;变密且条纹数增加,反之变疏和减少

(提示:对第(1)问,可参考例 6-2 解题指导;对第(2)问,当 θ 增加时,如图所示,根据等厚原理 k 和 $k+1$ 级条纹平移至 k' 和 $k'+1$ 处,由此可判断条纹变化情况)

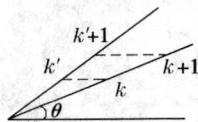

6-5　673 nm; 700 nm(红光)和 500 nm(蓝绿光)两种光的混合色

(提示:对第(1)问,注意两次反射光相消所对应 k 值相差 1;对第(2)问,在反射中相消的 500 nm 和 700 nm 两种光在透射中反而得到加强,背面呈现的颜色由这两种光决定)

6-6　$\lambda_1 = 2\lambda_2$;满足 $k_2 = 2k_1$ 处均重合

（提示：令 $\theta_1 = \theta_2$ 以及暗纹条件可得 $\lambda_1 = 2\lambda_2$，进而可得 $k_2 = 2k_1$）

6-7　2.4×10^{-3} m；9 条，较亮

（提示：由于本题给出透光缝宽度 b 值且较小，所以本题应按双缝衍射求解，中央包络线内条纹数可参考例 6-5(3) 解题指导）

6-8　6.0×10^{-6} m；1.5×10^{-6} m；0，±1，±2，±3，±5，±6，±7，±9；0，±1，±2，±3，5，6，7，9，11，13，14

（提示：参考例 6-5 和例 6-6(1) 解题指导，注意本题中 $\frac{b+b'}{b} = 4$，且在 $k = 4$、8、12、… 处缺级）

6-9　3.36×10^{-6} m；420 nm

6-10　2.684×10^{-7} rad；833；能分辨

6-11　0.276 nm；0.166 nm

6-12　$n_2 = \tan 58°$；光振动平行于入射面；不为零

（提示：如入射线偏振光的光振动平行于入射面，则在起偏时（$i = i_0$），该光振动全部进入折射光致使反射光强度为零，同时也说明布儒斯特角 $i_0 = 58°$）

6-13　1

（提示：设混合光中的自然光光强为 I_0，线偏振光光强为 I_1，在偏振片转动过程中，自然光透射的光强恒为 $\frac{I_0}{2}$，而线偏振光透射光强则在 $0 \sim I_1$ 区间变化）

6-14　均为线偏振光，光强依次为 $\frac{I_0}{2}$，$\frac{I_0}{4}$，$\frac{I_0}{8}$；$\frac{I_0}{2}$，0

6-15　2.11×10^{-6} m

（提示：膜厚每增加 $\frac{\lambda}{2n_2}$ 的厚度，两反射光的光程差就变化一个 λ，使干涉相消（或相长）经历由暗→亮→暗一个周期性变化，由此可估算膜的厚度）

*6-16　$\Delta x \approx \frac{2\lambda D}{a}$，$\Delta y \approx \frac{2\lambda D}{b}$

（提示：本题叫小矩孔衍射，可近似看成在 x，y 两个方向上单缝衍射的组合，屏上中央明纹的范围近似为一矩形. Δx，Δy 可分别用单缝衍射规律计算）

*6-17　矩形，$a = 0.20$ m，$b = 1.0$ m

（提示：声波同样有衍射效应，声呐发射的信号主要集中在中央主明纹范围内，按题意可将声呐的喇叭口设计为矩孔，其信号覆盖范围如题 6-16 图所示）

*6-18　$H[\cot(\varphi - \theta_1) - \cot(\varphi + \theta_1)]$，式中 $\theta_1 = \arcsin \frac{\lambda}{b}$；99 m

（提示：对第(1)问，关键是根据题图中的几何关系求出中央明纹的边界与观察屏的两个夹角；对第(2)问，雷达测速计相当单缝衍射. 一般进入到中央主明纹范围的车辆才能被检测到，所谓天线宽度相当于单缝的宽度，本问可由第(1)问所得结果计算）

第七单元综合习题参考答案及提示

7-1　$\theta' = 33.69°$；$L' = 0.90$ m

（提示：物体沿相对运动方向发生长度收缩，而沿与运动垂直方向长度不发生变化）

7-2　$\Delta t \approx 4.63 \times 10^{-13}$ s

（提示：列车上测定时间间隔不仅与地面测定时间间隔有关，还与地面测定空间间隔有关）

7-3　$u' = 0.385c$；$E = 5.55 \times 10^{-1}$ MeV；$E_k = 4.28 \times 10^{-2}$ MeV；$p = 1.14 \times 10^{-22}$ kg · m · s^{-1}

（提示：首先应用洛伦兹速度变换式求出电子相对观察者速度，再利用相对论关系式求总能量、动能、动量）

7-4　$u_x = v,\ u_y = c\sqrt{1 - \dfrac{v^2}{c^2}},\ u_z = 0$；（略）；$\tan\theta = \dfrac{c\sqrt{1 - \dfrac{v^2}{c^2}}}{v}$

（提示：应用洛伦兹速度变换式时沿不同方向变换式不相同）

7-5　$p = 0.2044 \times 10^{-21}$ kg · m · s^{-1}；$E = 0.64$ MeV；$E_k = 0.129$ MeV

*7-6　$E_1 = \dfrac{M_0^2 + m_{10}^2 - m_{20}^2}{2M_0}c^2$；$v_1 = c\dfrac{\sqrt{M_0^4 + m_{10}^4 + m_{20}^4 - 2M_0^2m_{10}^2 - 2m_{10}^2m_{20}^2 - 2M_0^2m_{20}^2}}{M_0^2 + m_{10}^2 - m_{20}^2}$

（提示：粒子在衰变时，相对论总能量、总动量守恒）

7-7　$\lambda_2 = 3\ \mu$m；5.06

（提示：应用维恩位移定理及斯特藩关系）

7-8　605.4 nm

（提示：应用斯特藩关系及维恩位移定理）

7-9　461 s

（提示：因光源的功率与其球面波球面上能流相等，可算出收集面上能流，再利用经典能量守恒关系）

7-10　0.36 eV；1.75 eV；4.22×10^{14} Hz

（提示：应用爱因斯坦方程）

7-11　1.75×10^4 eV；9.32×10^{-24} kg · m · s^{-1}；0.07596 nm；1.14×10^3 eV

（提示：应用康普顿散射关系式）

7-12　2.56×10^5 eV

（提示：应用康普顿散射关系式）

7-13　（略）

（提示：$\Delta E = mv\Delta v$，$\Delta x = v \cdot \Delta t$）

7-14　（略）

（提示：从不确定关系 $\Delta p_x \Delta x \geqslant h$ 出发，利用德布罗意波波长公式 $\lambda = \dfrac{h}{p}$）

7-15　$v_e = 7.3 \times 10^6$ m · s^{-1}；$v_o = 4.0 \times 10^3$ m · s^{-1}；$E_{ke} = 150$ eV；$E_{ko} = 8.3 \times 10^{-2}$ eV

（说明：计算动能时可不考虑相对论效应）

7-16　$(0.455 \sim 0.821) \times 10^{15}$ Hz；$(3.656 \sim 6.580) \times 10^{-7}$ m

7-17　$E_n = \dfrac{n^2h^2}{8ml^2}$　　$n = 1, 2, \cdots$

（提示：一维势阱中形成驻波的条件为 $l = \frac{\lambda}{2}n$）

7-18　0.5；0.5；0.818

（提示：应用积分式 $W = \int_{x_1}^{x_2} \psi^2(x)\,\mathrm{d}x$ ）

附录2　自测卷参考解答

第一单元自测卷参考解答

一、选择题

1.（D）

（提示：在质点运动学里，$\boldsymbol{r}$ 是质点的位置矢量，r 及 $|\boldsymbol{r}|$ 为质点到坐标原点的距离，$\frac{\mathrm{d}r}{\mathrm{d}t}$ 及 $\frac{\mathrm{d}|\boldsymbol{r}|}{\mathrm{d}t}$ 为质点的径向速度即质点离开原点的速度，它只是质点运动的一个分速度（另一分速度为横向速度）；$\frac{\mathrm{d}\boldsymbol{r}}{\mathrm{d}t}$ 是质点的速度矢量；$\frac{\mathrm{d}x}{\mathrm{d}t}$、$\frac{\mathrm{d}y}{\mathrm{d}t}$ 分别为速度在 x 方向、y 方向上的分量，故（D）正确）

2.（B）

（提示：质点在 x 方向位移为 $x - x_0 = \int v_x \cdot \mathrm{d}t$，它是速度时间曲线下曲边梯形面积，根据本题图形特点可以不积分而用梯形面积计算）

3.（C）

（提示：从运动方程式 $\frac{\mathrm{d}v}{\mathrm{d}t} = -kv^2 t$，分离变量 $\frac{\mathrm{d}v}{v^2} = -kt\mathrm{d}t$，两边积分 $\left.\frac{1}{v}\right|_{v_0}^{v} = \left.\frac{1}{2}kt^2\right|_0^t$，结果 $\frac{1}{v} = \frac{1}{2}kt^2 + \frac{1}{v_0}$）

4.（C）

（提示：弹性力大小与形变量成正比，并且始终指向平衡位置，$F = -kx$，弹性力所做之功 $W = \int_{x_1}^{x_2} -kx \cdot \mathrm{d}x$，其中 x_1、x_2 为不同时刻的形变量，$x_1 = l_1 - l_0$，$x_2 = l_2 - l_0$，$W = \int_{l_1 - l_0}^{l_2 - l_0}(-kx)\mathrm{d}x$）

5.（A）

（提示：棒在从水平位置下落到竖直位置过程中受重力矩 $M = mg\frac{l}{2}\cos\alpha$，它随角度 α 增大而减小，故角加速度减小，$\alpha < 90°$ 时角加速度虽减小，但仍为正值，故角速度增大）

6.（C）

（提示：对于右边图形，作用在 B 滑轮上的外力矩为 $Fr = Mgr$，对于左边图形，作用在 A 滑轮及物体构成的系统上外力矩 Mgr，作用在 A 滑轮的外力矩小于 Mgr. 所以 $\alpha_A < \alpha_B$.

此外，还可以利用隔离物体，受力分析，列运动方程求解，可以算出 $\alpha_A = \frac{Mgr}{Mr^2 + J}$，$\alpha_B = \frac{Mgr}{J}$，$\alpha_A < \alpha_B$）

7.（C）

（提示：半径相同的均质球体及圆柱体中球体质量分布靠近轴线，故转动惯量相对小些，质心加速度大而先到达.

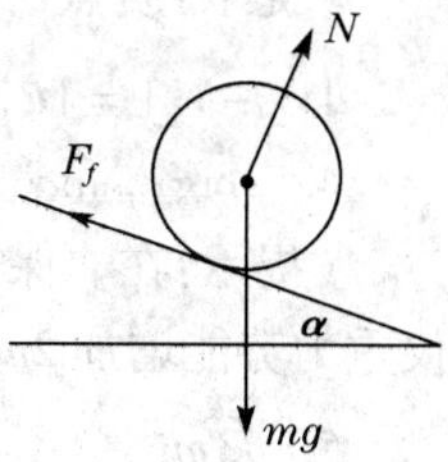

此外，还可以定量计算：对物体进行受力分析，物体受重力，斜面支承力，接触处摩擦力 F_f；列质心运动方程

$$mg\sin\alpha - F_f = ma_C \tag{1}$$

绕质心运动转动方程

$$F_f R = J\alpha \tag{2}$$

纯滚动时运动学关系

$$a_C = R\alpha \tag{3}$$

将式(1) + 式$\frac{(2)}{R}$代入式(3)可解得 $a_C = \dfrac{mg\sin\alpha}{m + \dfrac{J}{R^2}}$，对于球体 $J_{球} = \frac{2}{5}mR^2$，$a_{C球} = \frac{5}{7}g\sin\alpha$，

对圆柱体 $J_{柱} = \frac{1}{2}mR^2$，可得 $a_{C柱} = \frac{2}{3}g\sin\alpha$，$a_{C球} > a_{C柱}$，球先到达）

8. (D)

（提示：双臂收回系统角动量守恒，有 $J\omega = J_0\omega_0$，$\omega = \dfrac{J_0\omega_0}{J} = 3\omega_0$，故

$$\frac{E_k}{E_{k0}} = \frac{\frac{1}{2}J\omega^2}{\frac{1}{2}J_0\omega_0^2} = \frac{1}{3}\cdot 3^2 = 3）$$

9. (B)

（提示：系统在碰撞时是完全非弹性的，动能、机械能都不守恒，在碰撞时系统受轴处外力作用，动量不守恒，系统碰撞时虽受轴处外力作用，但外力矩为零，故角动量守恒）

10. (B)

（提示：由运动方程有 $\boldsymbol{v} = 5t^2\boldsymbol{j}$. 据动能定理

$$W^{ex} = \frac{1}{2}mv^2 - \frac{1}{2}mv_0^2 = \frac{1}{2}\times 0.1\times(5\times 2^2)^2 = 20\ \mathrm{J}$$

其中，$v = 5\times 2^2 = 20\ \mathrm{m\cdot s^{-1}}$，$v_0 = 0$）

二、填空题

1. $0.8\ \mathrm{m\cdot s^{-1}}$；$25.6\ \mathrm{m\cdot s^{-2}}$

（提示：角速度　$\omega = \dfrac{d\theta}{dt} = 8t$　$\omega|_{t=2s} = 16\ \mathrm{rad\cdot s^{-1}}$

角加速度　$\alpha = \dfrac{d\omega}{dt} = 8\ \mathrm{rad\cdot s^{-2}}$；$a_t = r\alpha = 0.8\ \mathrm{m\cdot s^{-1}}$；$a_n = r\omega^2|_{t=2s} = 25.6\ \mathrm{m\cdot s^{-2}}$）

2. $y = (x-3)^2$

（提示：$\begin{cases} x = 2t+3 & (1) \\ y = 4t^2 & (2) \end{cases}$　消去参数 t，有 $y = (x-3)^2$）

3. $\sqrt{v_1^2 + v_2^2 - 2v_1v_2\cos\theta}$

（提示：质点（汽车）间相对速度 $\boldsymbol{u}=\boldsymbol{v}_2-\boldsymbol{v}_1$

$|\boldsymbol{v}_2-\boldsymbol{v}_1|=|\boldsymbol{u}|=\sqrt{v_1^2+v_2^2-2v_1v_2\cos\theta}$）

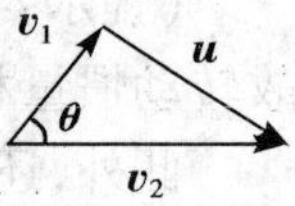

4. $2mgx_0\sin\alpha$

（提示：在非保守内力不做功时，外力做之功应等于系统机械能增加，此时仅重力势能增加 $2mgx_0\sin\alpha$）

5. $\sqrt{3}mv$

（提示：质点受之合外力冲量等于动量增量 $\boldsymbol{I}=m\boldsymbol{v}-m\boldsymbol{v}_0=m\Delta\boldsymbol{v}$，由矢量图 $|\Delta\boldsymbol{v}|=\sqrt{3}v$，故 $I=\sqrt{3}mv$）

6. $4\ \text{m}\cdot\text{s}^{-1}$；$2.5\ \text{m}\cdot\text{s}^{-1}$

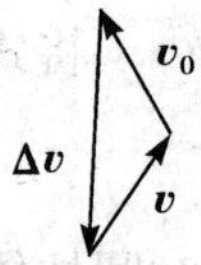

（提示：（1）0 ~4 s 时间段受水平拉力 $F=30$ N，摩擦力 $F_f=\mu mg=20$ N，应用冲量原理 $(F-F_f)\Delta t=mv-mv_0$，$v=\dfrac{(F-F_f)\Delta t}{m}=\dfrac{(30-20)4}{10}\ \text{m}\cdot\text{s}^{-1}=4\ \text{m}\cdot\text{s}^{-1}$

（2）4 s ~7 s 时间段 F 是变化的，F_f 仍为常量 20 N，应用冲量原理 $\int_{4\text{ s}}^{7\text{ s}}F\cdot dt-F_f(7-4)=mv'-mv$，其中 $\int_{4\text{s}}^{7\text{s}}F\cdot dt$ 用 $F-t$ 图形中三角形面积计算有

$$v'=\frac{30\times(7-4)\times\frac{1}{2}-20\times3}{10}\ \text{m}\cdot\text{s}^{-1}+v=2.5\ \text{m}\cdot\text{s}^{-1}$$）

7. $0.5\ \text{rad}\cdot\text{s}^{-2}$；$0.25\ \text{m}\cdot\text{N}$

（提示：因为阻力矩为恒定的，故转动是匀变速的，有

$$\alpha=\frac{|\omega-\omega_0|}{\Delta t}=\frac{|0-10|}{20}\ \text{rad}\cdot\text{s}^{-2}=0.5\ \text{rad}\cdot\text{s}^{-2}$$

据转动定律 $M=J\alpha=\dfrac{1}{12}ml^2\cdot\alpha=\dfrac{1}{12}\times6.0\times1^2\times0.5\ \text{N}\cdot\text{m}=0.25\ \text{N}\cdot\text{m}$）

8. mvl

（提示：质量为 $2m$ 的质点离轴近，故它的速度相应较小为 $\dfrac{v}{2}$，系统的角动量

$$L=m_1v_1r_1+m_2v_2r_2=mv\frac{2}{3}l+2m\frac{v}{2}\cdot\frac{l}{3}=mvl$$）

9. $\dfrac{3mv}{2Ml}$

（提示：碰撞前后角动量守恒

$$mvl=m\frac{v}{2}l+\frac{1}{3}Ml^2\omega$$

$\therefore\ \omega=\dfrac{3mv}{2Ml}$）

三、计算题

1.（1）首先隔离物体进行受力分析，m_1 物体受重力 m_1g 方向向下，绳拉力 T 方向向上，设 m_1 加速度为 a_1，方向向下；环 m_2 受绳给予的摩擦力 F_f 方向向上，环 m_2 受重力 m_2g

方向向下，m_2 对地加速度为 $a_1 - a_2$ 方向向上.

(2) 列运动方程

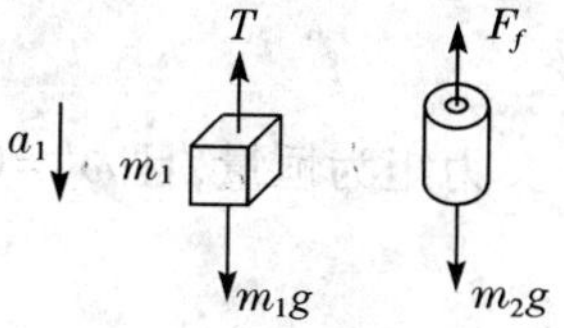

对 m_1　　$m_1 g - T = m_1 a_1$　　(1)

对 m_2　　$F_f - m_2 g = m_2(a_1 - a_2)$　　(2)

不计绳质量　　$T = F_f$　　(3)

式(1) + 式(2)代入式(3)可解得

$$a_1 = \frac{(m_1 - m_2)g + m_2 a_2}{m_1 + m_2}$$

$$a_1 - a_2 = \frac{(m_1 - m_2)g - m_1 a_2}{m_1 + m_2}$$

$$F_f = T = \frac{m_1 m_2(2g - a_2)}{m_1 + m_2}$$

2. 在整个运动过程中，无外力及非保守内力做功，所以系统机械能是守恒的. 滑块速度最大时，应是弹性势能为零时，即弹簧为原长时，列出方程式

$$\frac{1}{2}k(\sqrt{L^2 + l^2} - L)^2 = \frac{1}{2}m_1 v_1^2 + \frac{1}{2}m_2 v_2^2 \qquad (1)$$

设 m_1 运动方向沿 x 正方向，m_2 运动沿 x 负方向，系统在 x 方向不受到外力作用，沿 x 方向动量守恒，即

$$m_1 v_1 - m_2 v_2 = 0 \qquad (2)$$

联立式(1)与式(2)可以解得

$$v_1 = \sqrt{\frac{k m_2}{m_1(m_1 + m_2)}}(\sqrt{L^2 + l^2} - L)$$

$$v_2 = \sqrt{\frac{k m_1}{m_2(m_1 + m_2)}}(\sqrt{L^2 + l^2} - L)$$

3. 将运动分为两时间段

(1) 子弹射入圆盘到子弹与圆盘一道运动时间段

该阶段可视作系统不受外力矩作用，因而系统角动量守恒，即

$$J\omega = J_0\omega_0 = m v_0 R$$

其中 $J = \frac{1}{2}MR^2 + mR^2$，所以

$$\omega = \frac{2 m v_0 R}{MR^2 + 2mR^2} = \frac{2 m v_0}{R(M + 2m)}$$

(2) 子弹射入后与圆盘一道运动，圆盘在摩擦力矩作用下减速至停止

摩擦力矩

$$M = \int_0^R - r\mu(\sigma 2\pi r \mathrm{d}r)g = -\frac{2}{3}\sigma\pi R^3 g\mu = -\frac{2}{3}Mg\mu R$$

据角动量原理

$$\int M\mathrm{d}t = J\omega' - J\omega$$

又力矩为恒量,且 $\omega' = 0$,上述方程为 $Mt = -J\omega$,所以

$$t = \frac{-J\omega}{M} = -\frac{J_0\omega_0}{M} = \frac{-mv_0R}{-\frac{2}{3}Mg\mu R} = \frac{3}{2}\frac{mv_0}{Mg\mu}$$

此外,对第二阶段还可以用转动定律求解.

4. 雨滴下落过程中受重力 mg 及空气阻力,大小为 kv^2 与雨滴运动方向相反. 选竖直向下为 x 轴正方向,依题意列出动力学方程式

$$ma = mg - kv^2 \tag{1}$$

两边除以 m,有

$$a = g - \frac{k}{m}v^2 \tag{2}$$

这是加速度随速率变化关系,速度为0时,加速度为 g. 随着速率的增大,加速度减小.

当 $a = 0$ 时,$v = \sqrt{\frac{mg}{k}} = v_T$,以后速率不再增加,可算出

$$k = \frac{mg}{v_T^2} \tag{3}$$

将式(3)代入式(2)有 $a = g - \frac{v^2}{v_T^2}g$,取 $v_T = 5\ \mathrm{m \cdot s^{-1}}$,$v = 4\ \mathrm{m \cdot s^{-1}}$,$a = [1 - (\frac{4}{5})^2]g = 0.36g$

第二单元自测卷参考解答

一、选择题

1. (C)

(提示:取6个同样的面构成正方体,利用高斯定理求电场强度通量,然后取其六分之一)

2. (B)

3. (C)

(提示:$V = \int_{2a}^{a} \boldsymbol{E} \cdot \mathrm{d}\boldsymbol{l} = \int_{2a}^{a} \frac{q \cdot \mathrm{d}r}{4\pi\varepsilon_0 r^2}$)

4. (A)

5. (C)

6. (B)

7. (B)

8. (C)

9. (B)

(提示:电容极板电压不变,$q = CU$)

10. (D)

（提示：断开电源的电容，极板电荷视为不变，金属板插入后电容变大，利用 $W=\frac{q^2}{2C}$）

二、填空题

1. ε_r；1；ε_r

（提示：与电源连接的电容，极板间电压不变）

2. 0；$\frac{\lambda}{2\varepsilon_0}$

3. $V_A=\frac{5q}{4\pi\varepsilon_0}=45\ \text{V}$；$V_C=-\frac{5q}{12\pi\varepsilon_0}=-15\ \text{V}$

4. $\frac{Q}{4\pi\varepsilon_0}\left(\frac{1}{r}-\frac{1}{R}\right)$

5. $\frac{2}{3}U$

（提示：电源断开后的电容极板 σ 不变，插入 $\frac{1}{3}d$ 的金属板时，电容 $C'=\frac{3}{2}C$，$U'=\frac{q}{C'}=\frac{\sigma S}{\frac{3}{2}C}=\frac{2}{3}\left(\frac{\sigma S}{C}\right)=\frac{2}{3}U$）

6. $\frac{Qd}{2\varepsilon_0 S}$；$\frac{Qd}{\varepsilon_0 S}$

（提示：A，B 板表面的电荷密度自左至右依次为 $\sigma_1,\sigma_2,\sigma_3,\sigma_4$，$\sigma_1=\sigma_4$，$\sigma_2=-\sigma_3$. B 板不接地时有 $(\sigma_1+\sigma_2)S=Q$，$(\sigma_3+\sigma_4)S=0$，得 $\sigma_1=\sigma_2=\frac{Q}{2S}$；$B$ 板接地，$\sigma_1=\sigma_4=0$，$\sigma_2=-\sigma_3=\frac{Q}{S}$，然后利用 $U=Ed=\frac{\sigma_2}{\varepsilon_0}\cdot d$ 计算）

7. $V_A=\frac{1}{4\pi\varepsilon_0}\left(\frac{q_1}{r_1}-\frac{q_1}{r_2}+\frac{q_1+q_2}{r_3}\right)=5\ 400\ \text{V}$；$V_B=\frac{q_1+q_2}{4\pi\varepsilon_0 r_3}=3\ 600\ \text{V}$

（提示：A 球电势由球表面电荷 q_1、球壳内表面电荷 $-q_1$ 和球壳外表面电荷 q_1+q_2 叠加而得）

8. $V=\frac{1}{4\pi\varepsilon_0}\left(\frac{q}{r}-\frac{q}{R_1}+\frac{q+Q}{R_2}\right)$

（提示：球心 O 处电势由点电荷 q、球壳内表面感应电荷 $-q$、球壳外表面感应电荷 q 和自由电荷 Q 叠加而得）

三、计算题

1. $\oint \boldsymbol{E}\cdot \mathrm{d}\boldsymbol{S}=\frac{1}{\varepsilon_0}\sum_i q_i$，$\rho=\frac{q_0}{V_{\text{球}}}=\frac{3q_0}{4\pi R^3}$

当 $r<R$ 时，$E=\frac{1}{4\pi\varepsilon_0 r^2}\int_0^r \rho\cdot 4\pi r'^2\cdot \mathrm{d}r'=\frac{1}{4\pi\varepsilon_0 r^2}\cdot\rho\cdot\frac{4}{3}\pi r^3=\frac{rq_0}{4\pi\varepsilon_0 R^3}$

当 $r\geqslant R$ 时，$E=\frac{q_0}{4\pi\varepsilon_0 r^2}$

2. 矢量关系如图所示.

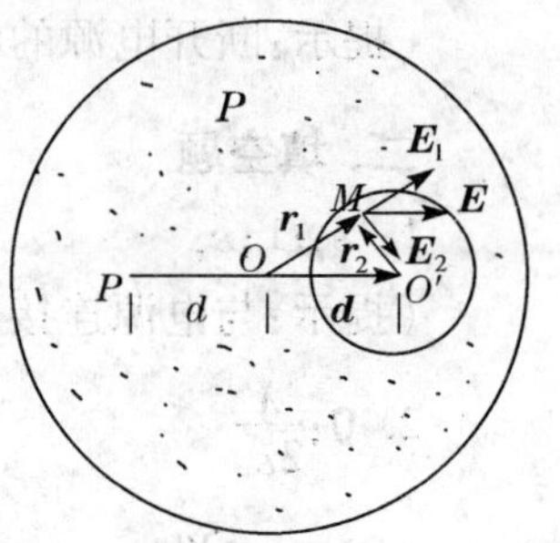

(1) 设 M 为空腔内任一点,则

$$\boldsymbol{E}_1=\frac{\frac{4}{3}\pi r_1^3\cdot\rho}{4\pi\varepsilon_0 r_1^2}\boldsymbol{e}_{r_1}=\frac{\rho}{3\varepsilon_0}\boldsymbol{r}_1$$

同理 $\boldsymbol{E}_2=-\frac{\rho}{3\varepsilon_0}\boldsymbol{r}_2$

$\therefore\ \boldsymbol{E}_M=\boldsymbol{E}_1+\boldsymbol{E}_2=\frac{\rho}{3\varepsilon_0}(\boldsymbol{r}_1-\boldsymbol{r}_2)=\frac{\rho}{3\varepsilon_0}\boldsymbol{d}$($\boldsymbol{d}$ 由 O 指向 O')

$\therefore\ \boldsymbol{E}_0=\boldsymbol{E}_M=\frac{\rho}{3\varepsilon_0}\boldsymbol{d}$

(2)
$$\boldsymbol{E}_{PO}=-\frac{\rho}{3\varepsilon_0}\boldsymbol{d}$$

$$\boldsymbol{E}_{PO'}=\frac{\frac{4}{3}\pi r^3\cdot\rho}{4\pi\varepsilon_0(2d)^2}\cdot\boldsymbol{e}_d=\frac{\rho r^3}{12\varepsilon_0 d^2}\boldsymbol{e}_d=\frac{\rho r^3}{12\varepsilon_0 d^3}\boldsymbol{d}$$

$\therefore\ \boldsymbol{E}_P=\boldsymbol{E}_{PO}+\boldsymbol{E}_{PO'}=\frac{\rho}{3\varepsilon_0}\left(\frac{r^3}{4d^3}-1\right)\boldsymbol{d}$

3. 取 $\theta\to\theta+\mathrm{d}\theta$ 的电荷元

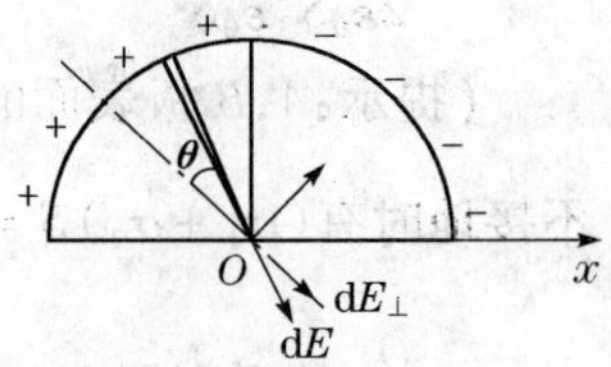

$$\mathrm{d}q=\lambda\cdot R\cdot\mathrm{d}\theta$$

$$\mathrm{d}E=\frac{\mathrm{d}q}{4\pi\varepsilon_0 R^2}=\frac{\lambda}{4\pi\varepsilon_0 R}\mathrm{d}\theta$$

在对称轴上的电场分量

$$\mathrm{d}E_\perp=\mathrm{d}E\cdot\cos\theta=\frac{\lambda}{4\pi\varepsilon_0 R}\cos\theta\cdot\mathrm{d}\theta$$

$$E_\perp=\frac{\lambda}{4\pi\varepsilon_0 R}\int_{-\frac{\pi}{4}}^{\frac{\pi}{4}}\cos\theta\cdot\mathrm{d}\theta=\frac{\sqrt{2}\lambda}{4\pi\varepsilon_0 R}$$

$$E_{/\!/}=0$$

所以 $E_+=\frac{\sqrt{2}\lambda}{4\pi\varepsilon_0 R}$

同理得 $E_-=\frac{\sqrt{2}\lambda}{4\pi\varepsilon_0 R}$

合场强 $\boldsymbol{E}=\boldsymbol{E}_++\boldsymbol{E}_-=\frac{\lambda}{2\pi\varepsilon_0 R}\boldsymbol{i}$

4. 设内球上带电为 q_0

由高斯定理

$$E_1 = \frac{q_0}{4\pi\varepsilon_0 r^2} \quad (R_1 < r < R_2)$$

$$E_2 = \frac{q_0 + q}{4\pi\varepsilon_0 r^2}$$

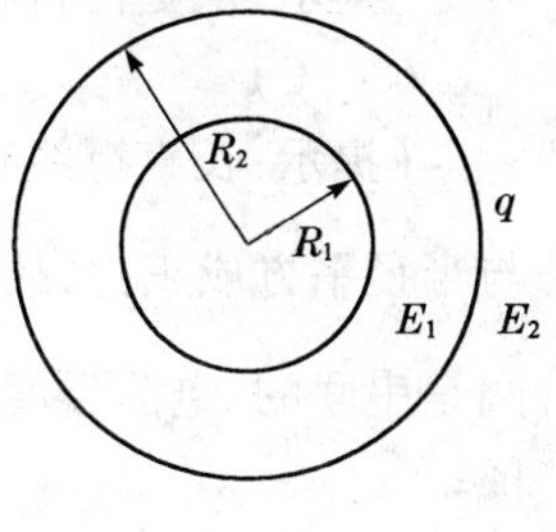

$$V_0 = \int_{R_1}^{\infty} \boldsymbol{E} \cdot \mathrm{d}\boldsymbol{r} = \int_{R_1}^{R_2} \boldsymbol{E}_1 \cdot \mathrm{d}r + \int_{R_2}^{\infty} \boldsymbol{E}_2 \cdot \mathrm{d}r$$

$$= \frac{q_0}{4\pi\varepsilon_0}\left(\frac{1}{R_1} - \frac{1}{R_2}\right) + \frac{q_0 + q}{4\pi\varepsilon_0 R_2}$$

解得 $q_0 = R_1\left[4\pi\varepsilon_0 V_0 - \dfrac{q}{R_2}\right]$

球壳外任一点的电势

$$V = \frac{q_0 + q}{4\pi\varepsilon_0 r} = \frac{R_1}{r}V_0 + \frac{q}{4\pi\varepsilon_0 r}\left(1 - \frac{R_1}{R_2}\right)$$

第三单元自测卷参考解答

一、选择题

1. (D)

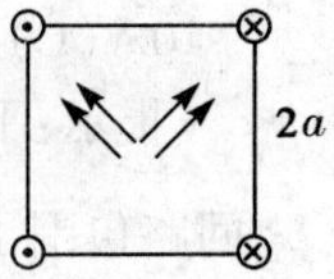

(提示:一无限长直载流导线于空间某点磁感强度为$\dfrac{\mu_0 I}{2\pi r}$,方向由右手法则判断,本题中正方形中心 O 到载流直线距离均为$\sqrt{2}a$,四电流于 O 点磁感强度大小均为$\dfrac{\mu_0 I}{2\pi\sqrt{2}a}$,方向如图,四矢量叠加,大小为$\dfrac{\mu_0 I}{\pi a}$)

2. (A)

(提示:电荷在磁场中运动要受到洛伦兹力作用,即 $\boldsymbol{F} = q\boldsymbol{v} \times \boldsymbol{B}$. 本题是电子运动,$q = -e$,故受力的方向向右,因而在铜条 b 侧积累了电子带负电,a 侧失去电子带正电,a、b 间存在一小电势差,且 $V_a > V_b$)

3. (B)

(提示:载流导线在均匀磁场中受力 $F = lIB\sin\alpha$,l 为起、终点距离,α 为起点、终点连线与磁感强度间夹角,针对本题 $\alpha = 90°$,$l = \sqrt{2}R$,故 $F = \sqrt{2}IBR$,电流受力方向用右手法则判断沿 y 轴正向)

4. (B)

(提示:线圈在均匀磁场中受磁力矩 $\boldsymbol{M} = \boldsymbol{m} \times \boldsymbol{B}$,磁力矩的大小 $M = mB\sin\alpha$,其中 m 为线圈磁矩且 $m = NIS$,α 为磁矩与磁感强度间夹角. 针对本题 $S = \dfrac{1}{2}\pi R^2$,$\alpha = 90°$,$N = 1$,所以 $M = \dfrac{1}{2}\pi R^2 IB$. 线圈所受磁力矩总是使线圈磁矩转向外磁场方向,从俯视图上看为逆时针向)

5. (C)

（提示：从磁性材料分类看 $\mu_r>1$ 为顺磁质，$\mu_r<1$ 为抗磁质，$\mu_r\gg 1$ 为铁磁质）

6.（C）

（提示：长直螺线管自感系数 $L=n^2\mu V$，本题中长度及线圈匝数相同，L 仅与 μ 成正比、与半径平方成正比，故 $L_1:L_2=\mu_1 r_1^2:\mu_2 r_2^2=1:2$；自感线圈贮存的能量 $W_m=\frac{1}{2}LI^2$，本题中两线圈是串联的，电流强度相同，自感线圈贮存的能量仅与自感系数成正比 $W_{m1}:W_{m2}=L_1:L_2=1:2$）

7.（B）

（提示：Ⅰ中线圈内磁通量无变化，所以无感应电流；Ⅱ中磁通量对时间变化率最大；Ⅲ中磁通量对时间有变化，但比Ⅱ中小）

8.（A）

（提示：导体棒在磁场中切割磁力线运动时感应电动势 $\mathscr{E}_{AB}=\int_A^B(\boldsymbol{v}\times\boldsymbol{B})\mathrm{d}\boldsymbol{l}$，针对本题，取 C 点为坐标原点，CB 为 x 轴正方向，方向沿 x 轴正方向，$\mathscr{E}_{AB}=\int_{-\frac{2}{3}l}^{\frac{1}{3}l}\omega xB\mathrm{d}x=\frac{1}{2}\omega Bx^2\Big|_{-\frac{2}{3}l}^{\frac{1}{3}l}=-\frac{1}{6}\omega Bl^2<0$，$U_{AB}=-\mathscr{E}_{AB}=\frac{1}{6}\omega Bl^2>0$．$A$ 点电势比 B 点电势高）

9.（D）

（提示：$\oint_L\boldsymbol{E}_k\cdot\mathrm{d}\boldsymbol{l}=-\frac{\mathrm{d}\Phi}{\mathrm{d}t}\neq 0$ 说明 $\boldsymbol{E}_k$ 不是保守场（是涡旋场），不能引入电势的概念）

10.（C）

（提示：平行板电容器充电时，极板间的位移电流与线路中的传导电流连续，故 $I_d=I_c$，L_2 回路包围了全部传导电流，即 $\oint_{L_2}\boldsymbol{H}\cdot\mathrm{d}\boldsymbol{l}=I_c$，而 L_1 回路并未包围全部位移电流，即 $\oint_{L_1}\boldsymbol{H}\cdot\mathrm{d}\boldsymbol{l}=Sj_d<I_d$，故 $\oint_{L_1}\boldsymbol{H}\cdot\mathrm{d}\boldsymbol{l}<\oint_{L_2}\boldsymbol{H}\cdot\mathrm{d}\boldsymbol{l}$）

二、填空题

1. $\frac{\mu_0 ih}{2\pi R}$

（提示：较为简单的是应用补偿法，在无限长狭缝部分补进电流密度为 i、宽度为 h 的等量异号电流 ih 及 $-ih$，其中 ih 电流与薄壁中电流合起来构成薄圆筒，它们于轴线上磁感强度为零，$-ih$ 电流可以近似看作无限长载流导线，它于轴线上磁场可以用公式 $B=\frac{\mu_0 I}{2\pi R}=\frac{\mu_0 ih}{2\pi R}$）

2. $-\pi R^2B\cos\alpha$

（提示：对于半径为 R 的圆平面，它在均匀磁场 B 中 $\Phi_{圆}=\int_{圆}\boldsymbol{B}\cdot\mathrm{d}\boldsymbol{S}=\pi R^2B\cos\alpha$，而圆面与半球面组成封闭曲面，据磁场中高斯定理 $\oint\boldsymbol{B}\cdot\mathrm{d}\boldsymbol{S}=0$，即 $\int_{圆}\boldsymbol{B}\cdot\mathrm{d}\boldsymbol{S}+\int_{半球}\boldsymbol{B}\cdot\mathrm{d}\boldsymbol{S}=0$，$\int_{半球}\boldsymbol{B}\cdot\mathrm{d}\boldsymbol{S}=-\int_{圆}\boldsymbol{B}\cdot\mathrm{d}\boldsymbol{S}=-\pi R^2B\cos\alpha$）

3. $\mu_0(I_2-2I_1)$

（提示：据安培环路定理，磁感强度沿闭合回路的环流等于闭合回路所包围的面上穿过电流的代数和乘以真空的磁导率. 本题中 I_1 反穿闭合回路包围面3次,正穿过1次,而 I_2 正穿过1次,$\oint \boldsymbol{B} \cdot d\boldsymbol{l} = \mu_0(I_2 - 2I_1)$)

4. $\frac{1}{2}\pi(R_2^2 - R_1^2)I$;$\frac{1}{2}\pi(R_2^2 - R_1^2)IB$

(提示:线圈的磁矩 $m = NIS = \frac{1}{2}\pi(R_2^2 - R_1^2)I$;在均匀磁场中线圈受到磁场矩大小 $M = mB \cdot \sin\alpha$,本题中 $\alpha = 90°$,$M = \frac{1}{2}\pi(R_2^2 - R_1^2)IB$)

5. 1∶2

(提示:自感线圈贮存的能量 $W = \frac{1}{2}Li^2 = \frac{1}{2}L(\frac{U}{R})^2$,与自感系数成正比,与电阻的平方成反比,故 $\frac{W_P}{W_Q} = \frac{L_P R_Q^2}{L_Q R_P^2} = 2(\frac{1}{2})^2 = \frac{1}{2}$)

6. $\frac{NI}{l}$; $\frac{\mu_0\mu_r NI}{l}$

7. 铁磁质;顺磁质;抗磁质

8. $-0.000\,008\,8$;抗磁质

(提示:$\kappa = \mu_r - 1 = 0.999\,991\,2 - 1 = -0.000\,008\,8 < 0$)

9. $\frac{\mu_0 Igt}{2\pi}\ln\frac{a+l}{a}$;$N$ 端

(提示:延长 NM 与电流交点为坐标原点 O,ON 方向为 x 轴正向,在棒位于 x 的点 $v = gt$,所在处的 $B = \frac{\mu_0 I}{2\pi x}$,方向向里,$\boldsymbol{E}_k = \boldsymbol{v} \times \boldsymbol{B}$,$E_k = vB$ 沿 x 轴正向,$\mathscr{E} = \int_a^{a+l} \boldsymbol{E}_k \cdot d\boldsymbol{x} = \int_a^{a+l} \frac{\mu_0 Igt}{2\pi x} \cdot dx = \frac{\mu_0 Igt}{2\pi}\ln\frac{a+l}{a}$)

三、计算题

1. O 点的磁感强度由四部分电流产生的磁场叠加而成:

(1) L_1 段 O 点在 L_1 的延长线上,故 L_1 电流于 O 点磁感强度为零,即 $B_1 = 0$.

(2) L_2 段 对于 O 点,L_2 相当于半无限长载流导线,它于 O 点磁感强度 $B_2 = \frac{\mu_0 I}{4\pi R}$,方向垂直于纸面向外.

(3) 圆环部分由从 $a \to b$ 的 $\frac{3}{4}$ 圆弧电流及 $\frac{1}{4}$ 圆弧电流构成,该两段圆弧电压相等,$\frac{3}{4}$ 圆弧电阻是 $\frac{1}{4}$ 圆弧电阻的3倍,故 $\frac{3}{4}$ 圆弧电流是 $\frac{1}{4}$ 圆弧电流的 $\frac{1}{3}$,该两圆弧于 O 点磁场大小相等方向相反,合矢量为零,即 $B_3 + B_4 = 0$.

所以总磁感强度 $B = B_2 = \frac{\mu_0 I}{4\pi R}$,方向垂直于纸面向外.

2. 本题应用补偿法. 在挖去圆柱形空洞部分补入电流密度为 $\boldsymbol{j}$ 与 $-\boldsymbol{j}$ 的等量异号电流. 其中电流密度与导体中电流密度相同的那部分合起来成为无空洞圆柱形电流,因柱对称可

应用安培环路定理.

求空间某点磁感强度,有

$$\oint \boldsymbol{B}_1 \cdot \mathrm{d}\boldsymbol{l} = \mu_0 \pi r^2 j$$

即

$$2\pi 3 r B_1 = \mu_0 \pi r^2 j$$

解得 $B_1 = \frac{1}{6}\mu_0 rj$,方向垂直于矢径(在题图上垂直于纸面向里,在俯视图上平行于纸面向上).

其中电流密度为 $-\boldsymbol{j}$ 的那部分也可以应用安培环路定理,不过此时电流半径为$\frac{r}{4}$,P 点距轴为$\frac{11}{4}r$,故

$$\oint \boldsymbol{B}_2 \cdot \mathrm{d}\boldsymbol{l} = \mu_0 \pi \left(\frac{r}{4}\right)^2 j \quad 即 \quad 2\pi \frac{11}{4} r B_2 = \frac{1}{16}\mu_0 \pi r^2 j$$

解得 $B_2 = \frac{1}{88}\mu_0 rj$,方向与 B_1 方向相反.

合磁场 $B = B_1 - B_2 = \frac{41}{264}\mu_0 rj$,方向与 B_1 相同(在题目图中垂直于纸面向里,在俯视图方向向上).

电子受洛伦兹力

$$\boldsymbol{F}_L = q\boldsymbol{v} \times \boldsymbol{B} = -e\boldsymbol{v} \times \boldsymbol{B}$$

解得 $F_L = \frac{41}{264}\mu_0 rjev$,方向向左.

3. (1) AB 段受之力可视作在均匀磁场中恒定电流受之力

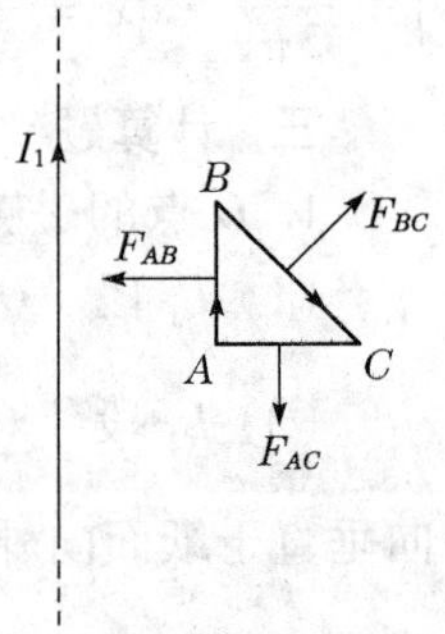

$$F_{AB} = I_2 l B \sin\alpha = I_2 a \frac{\mu_0 I_1}{2\pi a}\sin 90° = \frac{\mu_0 I_1 I_2}{2\pi} \quad 方向向左$$

(2) AC 段受之力必须积分

$$F_{AC} = \int |\mathrm{d}\boldsymbol{F}| = \int |I_2 \mathrm{d}\boldsymbol{l} \times \boldsymbol{B}| = \int_a^{2a} I_2 \mathrm{d}x \frac{\mu_0 I_1}{2\pi x} = \frac{\mu_0 I_1 I_2}{2\pi}\ln 2 \quad 方向向下$$

(3) BC 段受之力

$$\mathrm{d}F_{BC} = I_2 \mathrm{d}l \cdot B = I_2 \sqrt{2}\mathrm{d}x \frac{\mu_0 I_1}{2\pi x}$$

$$F_{BC} = \int_a^{2a} I_2 \sqrt{2}\mathrm{d}x \frac{\mu_0 I_1}{2\pi x} = \sqrt{2}\frac{\mu_0 I_1 I_2}{2\pi}\ln 2 \quad 方向垂直于 BC 向上$$

4. 选顺时针方向为绕行正方向,有

$$\Phi = \frac{\mu_0 I d}{2\pi}\ln\frac{a+b}{a}$$

其中电流 $I=I_0e^{-\lambda t}$，$d=vt$，所以

$$\Phi=\frac{\mu_0 I_0 e^{-\lambda t}vt}{2\pi}\ln\frac{a+b}{a}$$

据法拉第电磁感应定律知

$$\mathscr{E}=-\frac{d\Phi}{dt}=-\frac{\mu_0 v I_0}{2\pi}\ln\frac{a+b}{a}e^{-\lambda t}(1-\lambda t)$$

当 $t>\frac{1}{\lambda}$ 时，$\mathscr{E}>0$ 为顺时针方向；当 $t<\frac{1}{\lambda}$ 时，为逆时针方向.

第四单元自测卷参考解答

一、选择题

1. (B)
2. (D)
3. (D)

(提示：p、V、T 都相同的理想气体，摩尔数相同，等体过程中吸热 $Q=\frac{m}{M}C_{V,m}\cdot\Delta T$，而 $C_{V,m}(H_2)=\frac{5}{2}R$，$C_{V,m}(NH_3)=3R$，当 ΔT 相同时，$\frac{Q(H_2)}{Q(NH_3)}=\frac{\frac{5}{2}}{3}=\frac{5}{6}$)

4. (B)

(提示：1→2 为等压过程，2→3 为等体过程，3→1 为等温过程，转换到 $p-V$ 图为

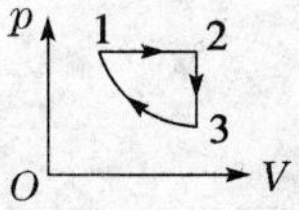

)

5. (C)

(提示：$\eta=1-\frac{T_2}{T_1}=25\%$，$W=\eta Q=1\,800\times\frac{1}{4}=450$ J)

6. (B)

(提示：$\sqrt{\overline{v^2}}=\sqrt{\frac{3RT}{M}}$，$p=nkT$，当 n 相同时，$p\propto T\propto\overline{v^2}$)

7. (B)
8. (D)

(提示：画出 $p-V$ 图中的过程曲线为

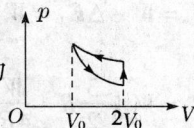

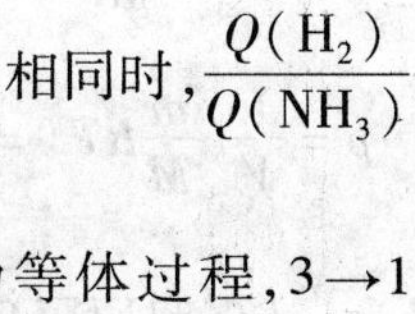

，此为负循环)

9. (D)

(提示：$pV=\frac{m}{M}RT$，$E=\frac{m}{M}C_{V,m}T=\frac{m}{M}\cdot\frac{5}{2}RT$)

10. (D)

（提示：$\overline{\lambda}=\frac{1}{\sqrt{2}\pi d^2 n}$，体积不变时，$n$ 不变，$\overline{Z}=\sqrt{2}\pi d^2 \cdot n\overline{v}$，$\overline{v}\propto\sqrt{\frac{T}{M}}$）

二、填空题

1. 等压；等压；等压

2. 124.65 J；−84.35 J

3. 500；700

（提示：等压过程 $p\Delta V=\frac{m}{M}R\cdot\Delta T=200\ \text{J}$，$Q=\frac{m}{M}C_{p,\text{m}}\cdot\Delta T=\frac{m}{M}\frac{i+2}{2}R\cdot\Delta T=\frac{i+2}{2}p\cdot\Delta V=(i+2)100\ \text{J}$）

4. 500；100

5. 16.2×10^3 J

（提示：循环过程内能不变，即 $Q=W$）

6. 1 mol 单原子理想气体的平均平动动能；单原子理想气体的定体摩尔热容；单原子理想气体的定压摩尔热容

7. 氩；氦

三、计算题

1. （1）由 $E=\frac{m}{M}C_{V,\text{m}}\cdot T=\frac{m}{M}\frac{5}{2}RT$，$pV=\frac{m}{M}RT$，故

$$p=\frac{1}{V}\left(\frac{m}{M}RT\right)=\frac{2E}{5V}$$

（2）由于每个分子的平均能量为$\frac{i}{2}kT$，双原子理想气体 $i=5$，所以

$$E=N_0\cdot\frac{5}{2}kT\quad\text{故}\quad T=\frac{2E}{5kN_0}$$

气体分子平均平动动能

$$\overline{\varepsilon}_\text{k}=\frac{3}{2}kT=\frac{3E}{5N_0}$$

2. A、B 两部分气体由于导热隔板 C，所以 A、B 两部分温度相同，系统绝热，即 $\Delta E+W=0$. 而 $\Delta E=\Delta E_A+\Delta E_B$，故 $\Delta E_B+\Delta E_A=W$，即 $\frac{5}{2}RT+\frac{3}{2}RT=W$，得 $T=\frac{W}{4R}$，故

$$\Delta E_B=W-\Delta E_A=W-\frac{3}{2}R\cdot T$$

$$=W-\frac{3}{2}R\cdot\frac{W}{4R}=\frac{5}{8}W$$

3. 根据题意画出示意图（如图所示），因过程 3→1 为等温过程，故

$$Q_{31}=W=\frac{m}{M}RT_1\ln\left(\frac{V_1}{V_3}\right)=p_1V_1\ln\left(\frac{V_1}{V_3}\right)$$

由 $V_2^{\gamma-1}T_2 = V_3^{\gamma-1}T_3, T_1 = T_3$，得

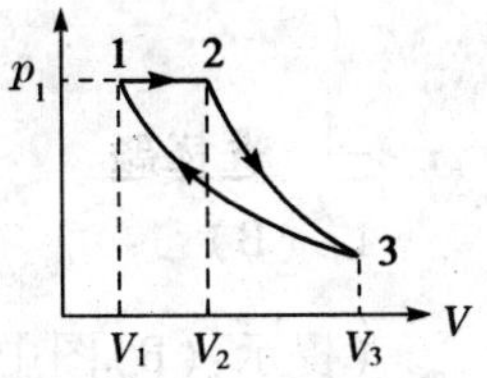

$$V_3 = \left(\frac{T_2}{T_1}\right)^{\frac{1}{\gamma-1}} V_2$$

又由等压过程 $\frac{V_1}{V_2} = \frac{T_1}{T_2}$，得 $V_3 = \left(\frac{V_2}{V_1}\right)^{\frac{1}{\gamma-1}} V_2$，故

$$Q_{31} = p_1 V_1 \ln\left(\frac{V_1}{V_2}\right)^{\frac{\gamma}{\gamma-1}} = \frac{\gamma}{\gamma-1} p_1 V_1 \ln\left(\frac{V_1}{V_2}\right)$$

$$Q_{12} = \frac{m}{M} C_{p,\mathrm{m}}(T_2 - T_1)$$

由 $T_2 - T_1 = \dfrac{p_2 V_2 - p_1 V_1}{\dfrac{m}{M}R}$ 得

$$Q_{12} = \frac{C_{p,\mathrm{m}}}{R}(V_2 - V_1)p_1 = \frac{C_{p,\mathrm{m}}}{C_{p,\mathrm{m}} - C_{V,\mathrm{m}}} p_1(V_2 - V_1) = \frac{\gamma}{\gamma-1} p_1(V_2 - V_1)$$

效率 $\eta = 1 + \frac{Q_{31}}{Q_{12}} = 1 - \frac{V_1}{V_2 - V_1}\ln\left(\frac{V_2}{V_1}\right)$

4. 将循环过程转换至 $p-V$ 图中.

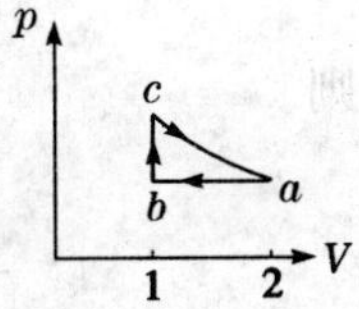

因 $T_a = T_c = 600\ \mathrm{K}, \frac{m}{M} = 1$，故

$$W_{ca} = \frac{m}{M} R T_a \cdot \ln\left(\frac{V_a}{V_c}\right) = 600R \cdot \ln 2$$

由 ab 等压过程 $\frac{V_a}{V_b} = \frac{T_a}{T_b}$ 得 $T_b = \left(\frac{V_b}{V_a}\right) T_a = \frac{1}{2} T_a = 300\ \mathrm{K}$，故

$$W_{ab} = p_a(V_b - V_a) = \frac{m}{M} R(T_b - T_a) = -\frac{R}{2} T_a = -300R$$

$$W = W_{ca} + W_{ab} = 300R(2\ln 2 - 1)$$

由

$$Q_{bc} = \frac{m}{M} C_{V,\mathrm{m}}(T_c - T_b) = \frac{3}{2} R \times 300$$

$$Q = Q_{bc} + Q_{ca} = Q_{bc} + W_{ca} = 300R\left(\frac{3}{2} + 2\ln 2\right)$$

所以

$$\eta = \frac{W}{Q} = \frac{300R(2\ln 2 - 1)}{300R\left(2\ln 2 + \frac{3}{2}\right)} = 13.39\%$$

第五单元自测卷参考解答

一、选择题

1. (B)

(提示:(B)图中旋矢矢端在 x 轴上投影点 P 的位移为$\frac{A}{2}$,且其速度的 x 分量大于零,满足题意)

2. (B)

(提示:由题意知初始时刻单摆摆球处于正最大角位移处(相当于 $+A$ 处),其初相为 0,故选(B). 此处切勿将摆球角位移 θ 理解为初相)

3. (C)

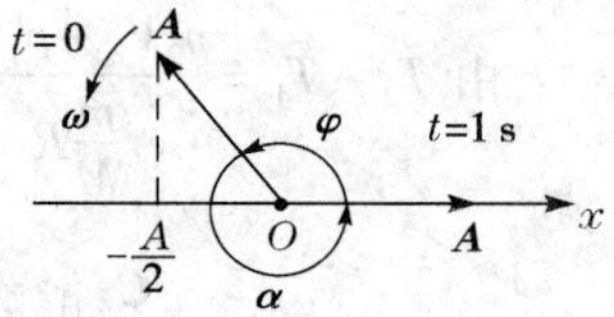

(提示:关键是确定 ω 和 φ 这两个量,由振动曲线知:$t=0$ 时,$x_0=-\frac{A}{2}$且 $v_0<0$;$t=1$ s 时,$x=A$ 和这两个时刻对应的旋转矢量如右图所示:由图可得

$$\varphi=\pi-\arccos\left|-\frac{1}{2}\right|=\frac{2}{3}\pi$$

$$\omega t=\alpha=2\pi-\frac{2}{3}\pi=\frac{4}{3}\pi$$

则

$$\omega=\frac{\alpha}{t}=\frac{4}{3}\pi\ \mathrm{rad}\cdot\mathrm{s}^{-1}$$

满足要求的运动方程应为(C). 此外,ω 和 φ 也可由解析法求得,但较繁)

4. (B)

(提示:简谐运动质点的动能 $E_k=\frac{1}{2}mv^2\propto\sin^2(2\pi\nu t+\varphi)$,故振动频率为 ν 时,动能变化频率应为 2ν)

5. (B)

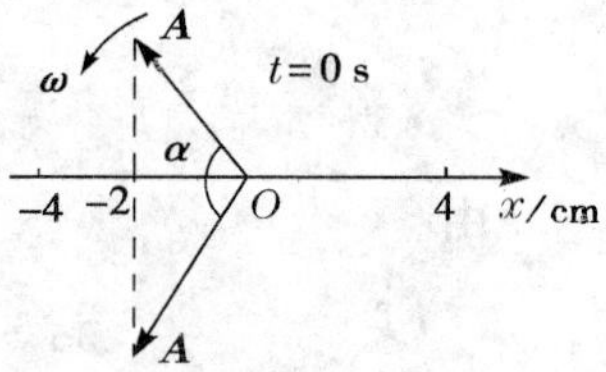

(提示:依题意和质点两次通过 $x=-2$ cm 处对应旋转矢量,如右图所示,由图知在此期间旋矢转过的角度 $\alpha=\frac{2}{3}\pi$,则所需时间为 $t=\frac{\alpha}{\omega}=\frac{2\pi\cdot T}{3\cdot 2\pi}=\frac{2}{3}$ s,故选(B))

6. (D)

(提示:由图①知,$x=0$ 处质点的振动初始状态为 $y_0=0$,$v_0<0$,由此判断其初相为$\frac{\pi}{2}$. 由图②知该质点初始状态为 $y_0=0$,$v_0>0$,故其初相为 $-\frac{\pi}{2}$. 综上所述应选(D))

7. (A)

(提示:波动中波速取决于介质的弹性性质,当振动频率变化时,波速应不变,但波长与

波速和频率均有关,其关系为 $\lambda=\frac{u}{\nu}$,故频率越低,波速不变时,波长越长,故选(A))

8. (D)

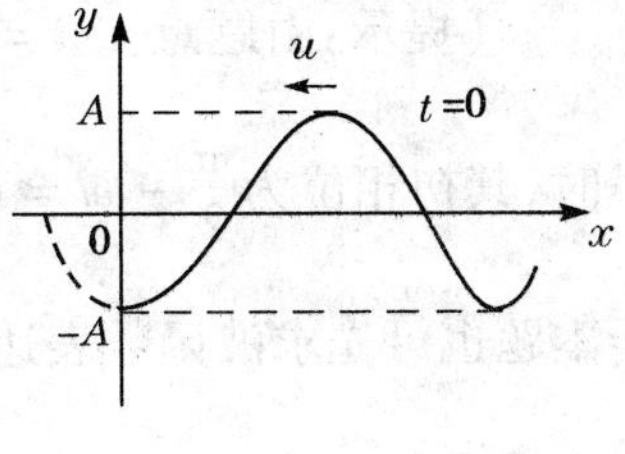

(提示:设满足题意的波函数应为 $y=A\cos[\omega(t+\frac{x}{u})+\varphi]$,式中 φ 可由下法确定:将题中波形图沿波传播的反方向(x 轴正向)平移 $\Delta x=u\Delta t=u\frac{T}{4}=\frac{\lambda}{4}$ 的距离,相当于 $\frac{1}{4}$ 个完整波形,可得 $t=0$ 时波形图,如右图所示,由图知 $x=0$ 处质元初始状态为 $y_0=-A$,由此知 $\varphi=\pi$,故选(D))

9. (B)

(提示:在波动中任一质元任一时刻动势能相等,变化规律相同,图中 a、c、e、g 四个质元正处于平衡位置,其动能最大,势能亦最大(由相对形变引起的),则能量为最大值,故选(B))

10. (C)

(提示:两相干波在 P 点的相位差为 $\Delta\varphi_{21}=(\omega t-\frac{2\pi}{\lambda}r_2+\varphi_2)-(\omega t-\frac{2\pi}{\lambda}r_1+\varphi_1)=(\varphi_2-\varphi_1)+\frac{2\pi}{\lambda}(r_1-r_2)$,故应选(C))

二、填空题

1. 0;9.42×10^{-2}

(提示:由振动曲线知 $t=2$ s 时,质点过平衡位置($x=0$),向正方向运动,此时质点速度最大,即 $v=A\omega=A\frac{2\pi}{T}=9.42\times10^{-2}\ \mathrm{m\cdot s^{-1}}$)

2. $\frac{3}{4}$;$2\pi\sqrt{\frac{\Delta l}{g}}$

(提示:在 $\frac{A}{2}$ 处,振动势能 $E_p=\frac{1}{2}k(\frac{A}{2})^2=\frac{1}{4}\frac{1}{2}kA^2=\frac{1}{4}E$,则其动能 $E_k=E-E_p=\frac{3}{4}E$,在平衡位置处,$mg=k\Delta l$,则 $k=\frac{mg}{\Delta l}$,该振动系统的周期 $T=2\pi\sqrt{\frac{m}{k}}=2\pi\sqrt{\frac{\Delta l}{g}}$)

3. A_2-A_1;$(A_2-A_1)\cos(\frac{2\pi}{T}t+\frac{\pi}{2})$

(提示:由振动曲线知,两谐振动为反相合成,合振动振幅应为两谐振动振幅之差,即 $A=|A_1-A_2|=A_2-A_1$,合振动的初相 φ 应与振幅较大的谐振动 2 相同,即 $\varphi=\frac{\pi}{2}$,故合振动方程应为 $(A_2-A_1)\cos(\frac{2\pi}{T}t+\frac{\pi}{2})$)

4. 0.3;30

(提示:与标准波函数 $y=A\cos[2\pi(\frac{t}{T}-\frac{x}{\lambda})+\varphi]$ 比较可得 $\lambda=30\ \mathrm{cm}=0.3\ \mathrm{m}$,$T=0.01$ s,则波速 $u=\frac{\lambda}{T}=30\ \mathrm{m\cdot s^{-1}}$)

5. $0.2\cos(\frac{\pi}{2}t-\frac{\pi}{2})$(SI 制)

（提示：由题意知 $A=0.2$ m，$T=4$ s，$\omega=\frac{2\pi}{T}=\frac{\pi}{2}$，$t=2$ s 时质点 P 的相位为$\frac{\pi}{2}$，则$t=0$ s 时，其初相位为$\frac{\pi}{2}-\omega t=-\frac{\pi}{2}$. 综上所述，$P$ 处质点振动方程为 $y=0.2\cos(\frac{\pi}{2}t-\frac{\pi}{2})$(SI 制). 本题也可先求波函数表达式，再将 P 点的坐标值 $x=\frac{\lambda}{2}$代入）

6. $\frac{\pi}{2}$

（提示：波动中任一质元的势能与动能的变化规律相同，即同相位）

7.

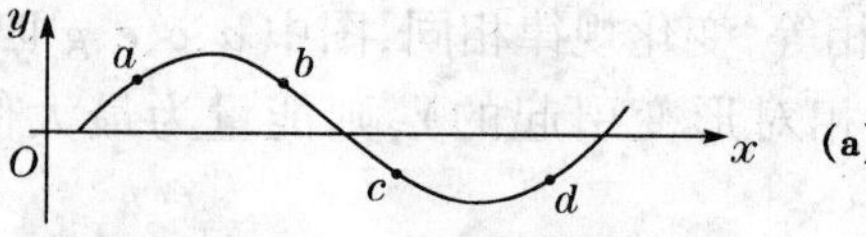

不画四点速度方向，或注明四点速度为零

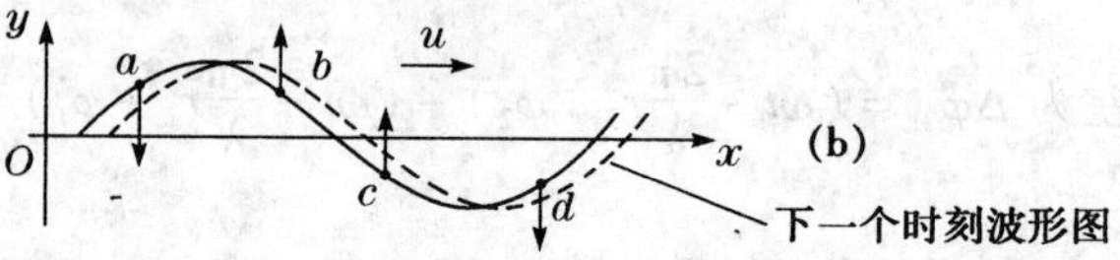

（提示：图(a)为驻波，正处于最大位移处，此时各个质点的瞬时速度均为零，图(b)为行波，由下一个时刻波形图可得如上图所示的振动方向）

8. $\frac{\omega\lambda}{2\pi}S\,\overline{w}$

（提示：该波波速 $u=\frac{\lambda}{T}=\frac{\omega\lambda}{2\pi}$，则平均能流 $\overline{P}=\overline{w}uS=\frac{\omega\lambda}{2\pi}S\,\overline{w}$）

9. $2A$

（提示：两相干波在 P 点的相位差为$[\frac{\pi}{2}-(-\frac{\pi}{2})]-\frac{2\pi}{\lambda}(2\lambda-\frac{7}{2}\lambda)=4\pi$，满足相长条件，故 P 点合振动振幅为 $2A$）

10. $A\cos[\omega t+\frac{2\pi x}{\lambda}-\frac{4\pi L}{\lambda}]$

（提示：设在图示坐标系中满足题意的反射波的波函数为 $y_2=A\cos(\omega t+\frac{2\pi x}{\lambda}+\varphi_2)$，由于反射波是由入射波引起，故反射波在原点 O 处产生分振动初相位 φ_2 较入射波在 O 处初相位 φ_1（本题中 $\varphi_1=0$）滞后一个相位差，故 $\varphi_2=\varphi_1-2\frac{2\pi}{\lambda}\overline{OB}=-\frac{4\pi L}{\lambda}$，将 φ_2 代入上式即为所求.

注意：由于此题中反射端为自由端，无相位跃变，如为固定端则有相位跃变，在 φ_2 的表达式中还应加上 π 一项）

三、计算题

1. 将弹簧振子竖直悬挂振动时，仍为简谐运动，频率不变.

由题意知 $k=\dfrac{m_0 g}{\Delta l}$，则 $\omega=\sqrt{\dfrac{k}{m}}=7\ \text{rad}\cdot\text{s}^{-1}$

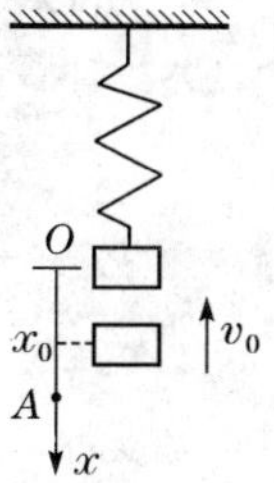

以平衡位置为坐标原点，向下为 x 轴正向建立如图所示坐标系

该振动振幅 $A=\sqrt{x_0^2+\dfrac{v_0^2}{\omega^2}}=0.05\ \text{m}$

初相位 $\varphi=\arctan\left(\dfrac{-v_0}{x_0\omega}\right)=0.64\ \text{rad}$

初相位 φ 也可由 $x_0=0.04\ \text{m}$，$v_0>0$ 用旋矢法求得.

综上所述该简谐运动方程为

$$x=0.05\cos(7t+0.64)\ (\text{SI 制})$$

2. (1) 由 $v_m=\omega A$，得 $\omega=1.5\ \text{s}^{-1}$，则 $T=\dfrac{2\pi}{\omega}=4.19\ \text{s}$

(2) $a_m=\omega^2 A=\omega v_m=4.5\times10^{-2}\ \text{m}\cdot\text{s}^{-2}$

(3) 由初始条件可求得该简谐运动初相 $\varphi=\dfrac{\pi}{2}$，

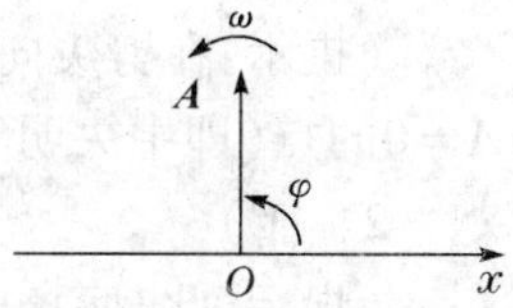

其中解析法为：由 $x_0=A\cos\varphi=0$ 知 $\varphi=\pm\dfrac{\pi}{2}$，再由 $v_0=-A\omega\sin\varphi<0$，

即 $\sin\varphi>0$ 知 $\varphi=\dfrac{\pi}{2}$.

另旋矢法为：作出初始时刻的旋矢图（如图），

由图知 $\varphi=\dfrac{\pi}{2}$，则运动方程为

$$x=0.02\cos\left(1.5t+\frac{\pi}{2}\right)\ (\text{SI})$$

3. 由题意知该纵波特征量为

$$u=\lambda\nu=6\ \text{m}\cdot\text{s}^{-1},\quad A=3\ \text{cm}=0.03\ \text{m},\quad \omega=2\pi\nu=50\pi\ \text{rad}\cdot\text{s}^{-1}$$

由初始条件知 $y_0=A\cos\varphi=0$，$v_0=-A\omega\sin\varphi>0$，可得 $\varphi=-\dfrac{\pi}{2}$，也可由旋矢法得到同样的结果.

综上所述该波的波函数为

$$y=0.03\cos\left[50\pi\left(t-\frac{x}{6}\right)-\frac{\pi}{2}\right]\ (\text{SI 制})$$

4. (1) 设 $x=0$ 处质点振动方程为

$$y=A\cos(2\pi\nu t+\varphi)$$

由图可知，$t=t'$ 时，$y=A\cos(2\pi\nu t'+\varphi)=0$. 另

$$v=\frac{dy}{dt}=-2\pi\nu A\sin(2\pi\nu t'+\varphi)<0$$

所以

$$2\pi\nu t' + \varphi = \frac{\pi}{2} \quad 即 \quad \varphi = \frac{1}{2}\pi - 2\pi\nu t'$$

故 $x=0$ 处的振动方程为

$$y = A\cos\left[2\pi\nu(t-t') + \frac{1}{2}\pi\right]$$

（2）该波的波函数为

$$y = A\cos\left[2\pi\nu\left(t-t'-\frac{x}{u}\right) + \frac{1}{2}\pi\right]$$

第六单元自测卷参考解答

一、选择题

1.（B）

（提示：在劈尖向上移动过程中，光在劈尖中的光程逐渐增大，屏上两相干光的光程差 $\Delta=0$ 的点（即中央明纹）向下移动，整个条纹随之下移，但条纹间距不变，应选（B））

2.（C）

（提示：此时两出射光为振动方向相同的线偏振光，强度减半，但仍为相干光，故仍能产生与前分布相同的双缝干涉条纹，但明纹强度减弱，故选（C））

3.（D）

（提示：在 L 变小过程中，上面一块平晶与两滚柱接触点之间空气膜的厚度差不变，根据等厚干涉原理知条纹数目不变，但由于 L 变小使相邻条纹间距变小，故选（D））

4.（A）

（提示：因 $n_1<n_2<n_3$，则半波损失对光程差的影响为零，只需考虑因传播路径不同引起的光程差，应选（A））

5.（C）

（提示：因 $n_1>n_2<n_3$ 关系不变，故中心仍为暗斑，但因 n_2 增大，波长 λ 变小，牛顿环任一级圆环半径变小，故条纹变密，故选（C））

6.（C）

（提示：设膜厚为 d，则光程差的改变量 $\Delta_1-\Delta_2=2(n-1)d$，令其等于 λ 可得 $d=\dfrac{\lambda}{2(n-1)}$，应选（C））

7.（D）

（提示：波阵面上所有面积元发出的子波均为相干波，故在 P 点处的叠加属于相干叠加，故选（D））

8.（B）

（提示：由半波带法知：与第一级暗纹对应的半波带数目应为 2，故 $\overline{BC}=2\cdot\dfrac{\lambda}{2}=\lambda$，应选（B））

9. (B)

(提示:如$\frac{b+b'}{b}=\frac{k}{k'}=3$,则当$k'=1,2,3,\cdots$时,在$k=3,6,9,\cdots$级次的主明纹缺级,故选(B))

10. (B)

(提示:转动之前光强为零说明两偏振片的偏振化方向相互垂直,由马吕斯定律知转动180°过程中光强先增大到最强(两偏振化方向相互平行),再减小至零(两偏振化方向又相互垂直),故选(B))

二、填空题

1. 3λ;1.33

(提示:由题意知P点处的$\Delta=r_2-r_1=3\lambda$,放入液体中后P点处的$\Delta=n(r_2-r_1)=4\lambda$,由上面两式可得$n=\frac{4\lambda}{r_2-r_1}=\frac{4}{3}=1.33$)

2. $(\frac{4n_2d}{\lambda}-1)\pi$或$(\frac{4n_2d}{\lambda}+1)\pi$

(提示:两相干光在相遇处的光程差$\Delta=2n_2d\pm\frac{\lambda}{2}$,式中$\pm\frac{\lambda}{2}$为半波损失产生的附加光程差,则相位差$\Delta\varphi=\frac{2\pi}{\lambda}\Delta=(\frac{4n_2d}{\lambda}\pm1)\pi$)

3. $\frac{3\lambda}{2n}$

(提示:因相邻明纹间膜的厚度差$\Delta d=\frac{\lambda}{2n}$,故第2条与第5条明纹间薄膜厚度之差为$(5-2)\frac{\lambda}{2n}=\frac{3\lambda}{2n}$)

4. $\frac{5\lambda}{2n\theta}$

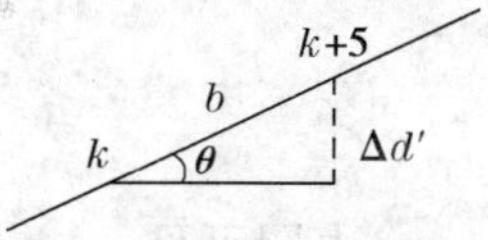

(提示:k与$k+5$级明纹之间膜的厚度差$\Delta d'=\frac{5\lambda}{2n}$,由图知$b=\frac{\Delta d'}{\sin\theta}\approx\frac{\Delta d'}{\theta}=\frac{5\lambda}{2n\theta}$)

5. $\frac{2d}{N}$

(提示:移动时光程差的变化量$\Delta_1-\Delta_2=2d=N\lambda$,则$\lambda=\frac{2d}{N}$)

6. 4;第1;暗

(提示:由半波带法知和第2级暗纹相对位半波带数目为$2k=4$,若将宽度缩小一半,对P点而言,半波带数目减为一半为2,因而在P点应为第1级暗纹)

7. 2.24×10^{-4}

(提示:$\theta_0=1.22\frac{\lambda}{D}=1.22\times\frac{550\times10^{-9}}{3\times10^{-3}}\text{ rad}=2.24\times10^{-4}\text{ rad}$)

8. $\frac{\pi}{3}$;$\frac{9}{32}I_0$

（提示：对两块偏振片，有 $I=\frac{I_0}{2}\cos^2\alpha=\frac{I_0}{8}$，得 $\alpha=\frac{\pi}{3}$. 再插入一块偏振片后，$I'=(\frac{I_0}{2}\cos^2\frac{\pi}{6})\cos^2\frac{\pi}{6}=\frac{9}{32}I_0$）

9. 线偏振光；垂直于入射面；部分偏振光

三、计算题

1. (1) $\Delta x=20\frac{d'}{d}\lambda=0.11\ \text{m}$

(2) 覆盖玻璃片后，零级明纹应满足

$$(n-1)L+r_1=r_2$$

设不盖玻璃片时，此点为第 k 级明纹，则应有

$$r_2-r_1=k\lambda$$

所以

$$(n-1)L=k\lambda$$

$$k=(n-1)L/\lambda=6.96\approx 7$$

即零级明纹移到原第 7 级明纹处

2. 设第 k 个暗环半径为 r_k，第 $(k+5)$ 个暗环半径为 r_{k+5}，据牛顿环公式有

$$r_k^2=k\lambda R$$

$$r_{k+5}^2=(k+5)\lambda R$$

$$r_{k+5}^2-r_k^2=5\lambda R$$

$$R=\frac{r_{k+5}^2-r_k^2}{5\lambda} \tag{1}$$

由图可见

$$r_k^2=d^2+\left(\frac{1}{2}l_k\right)^2$$

$$r_{k+5}^2=d^2+\left(\frac{1}{2}l_{k+5}\right)^2$$

$$\therefore\ r_{k+5}^2-r_k^2=\left(\frac{1}{2}l_{k+5}\right)^2-\left(\frac{1}{2}l_k\right)^2 \tag{2}$$

由(1)、(2)两式得

$$R=\frac{l_{k+5}^2-l_k^2}{20\lambda}=1.03\ \text{m}$$

3. (1) 对于第 1 级暗纹，有 $b\sin\theta_1=\lambda$

因 θ_1 较小　　$\tan\theta\approx\sin\theta$

故中央明纹宽度 $$\Delta x_0 = 2f\tan\theta_1 \approx 2f\frac{\lambda}{b} = 1.2\ \text{cm}$$

(2) 对于第2级暗纹,有 $b\sin\theta_2 = 2\lambda$

则 $$x_2 = f\tan\theta_2 \approx 2f\frac{\lambda}{b} = 1.2\ \text{cm}$$

(3) 对于明纹满足 $$b\sin\theta = (2k+1)\frac{\lambda}{2}$$

由题意知 $$(2k_1+1)\frac{\lambda_1}{2} = (2k_2+1)\frac{\lambda_2}{2}$$

则 $$\lambda_2 = \frac{5}{7}\lambda_1 = 428.6\ \text{nm}$$

4. (1) $b\sin\theta_1 = k'\lambda$, $\tan\theta_1 = \frac{x}{f}$,

当 $x \ll f$ 时, $\tan\theta_1 \approx \sin\theta_1 \approx \theta_1$,

$\frac{bx}{f} = k'\lambda$, 取 $k' = 1$, 则

$$x = \frac{f\lambda}{b} = 0.03\ \text{m}$$

所以,单缝中央明纹宽度为 $l_0 = 2x = 0.06$ m.

(2) **法一** 由 $(b+b')\sin\theta_1 = k\lambda$ 得式中 θ_1 为(1)问中单缝衍射第1极小对应的衍射角. 且 $\sin\theta_1 = \frac{x}{5}$, 得 $k = \frac{(b+b')x}{f\lambda} = 2.5$, 式中

$$(b+b') = \frac{1\times10^{-2}}{200}\ \text{m} = 5\times10^{-5}\ \text{m}$$

取 $k=2$, ∴ 共有 $k = 0, \pm1, \pm2$ 等5个主明纹.

法二 因 $\frac{k}{k'} = \frac{b+b'}{b} = \frac{5}{2}$. 令 $k'=1$, 则 $k=2.5$, 此处并无缺级,但由此可判断中央包络线范围内主明纹为 $0, \pm1, \pm2$, 本问中也有缺级现象,当 $k' = 2, 4, 6, \cdots$ 时 $k = 5, 10, 15, \cdots$ 处缺级,称为不规则缺级.

(3) 令 $\sin\theta = 1$, $k = \frac{b+b'}{\lambda} = 83.3$, 取整后 $k_m = 83$, 故在 $-\frac{\pi}{2} < \theta < \frac{\pi}{2}$ 范围内光栅主明纹最高级次为83.

第七单元自测卷参考解答

一、选择题

1. (A)

(提示:据题意,坐标系的相对运动是沿 x 轴,从狭义相对论时空观,长度收缩发生在 x 方向, $\Delta x < \Delta x'$, y 方向无长度收缩, $\Delta y = \Delta y'$, 尺与 x 轴夹角正切 $\tan\alpha = \frac{\Delta y}{\Delta x} > \frac{\Delta y'}{\Delta x'} = \tan\alpha'$, 故 $\alpha > \alpha'$, 即大于45°)

2. (A)

（提示：据光电效应实验规律，入射光的光子能量必须大于电子逸出金属表面所做的逸出功 W 才能发生光电效应，即 $h\nu \geqslant W = eU_0$，$\nu = \frac{c}{\lambda}$，$\lambda \leqslant \frac{hc}{eU_0}$）

3. (D)

（提示：在光电效应实验中增大照射光频率，入射光子能量增加，光电子初动能增大，反向遏止电压增大；又入射光强不变，入射光频率增大，在单位时间内照射光子数减小，从而打出光电子数减小，故饱和电流减小. (D)图符合）

4. (A)

（提示：德布罗意波波长与动量关系为 $\lambda = \frac{h}{p}$，h 为常量，波长相同，故动量必相同）

5. (A)

（提示：电荷在磁场作圆周运动轨道半径 $R = \frac{mv}{qB}$，将 $\lambda = \frac{h}{p} = \frac{h}{mv}$ 及 $q = 2e$ 代入有 $\lambda = \frac{h}{2eRB}$）

6. (C)

7. (B)

（提示：在氢原子中主量子数为 n 时，轨道量子数 l 可取值为 $0,1,2,\cdots,(n-1)$，轨道角动量 $L = \sqrt{l(l+1)}\frac{h}{2\pi} = \sqrt{l(l+1)}\hbar$，对于轨道量子数为 l 时，磁量子数可取值为 $0, \pm 1, \pm 2, \cdots, \pm l$，角动量在外磁场方向分量为 $0, \pm\hbar, \pm 2\hbar, \cdots, \pm l\hbar$.

针对本题 $n=3$，l 可取 $0,1,2$，$L = 0, \sqrt{2}\hbar, \sqrt{6}\hbar$；当 l 取 2 时 m_s 可取 $0, \pm 1, \pm 2$，角动量在外磁场方向分量为 $0, \pm\hbar, \pm 2\hbar$）

8. (D)

（提示：空间某点德布罗意波振幅的平方应和粒子出现在该点附近几率成正比，而整个空间几率应满足是归一化的，故空间各点的振幅同时增大 D 倍，空间的几率分布不变）

9. (C)

（提示：多电子原子中，电子排列遵循能量最小原理和泡利不相容原理.

对主量子数 $n=1$，l 只可取 0，称 1 s 态，m_l 只能取 0，$m_s = \pm\frac{1}{2}$，即有 2 个量子态，可容纳 2 个电子；对 $n=2$，$l=0$ 称 2 s 态，2 s 态可容纳 2 个电子，$n=2$，$l=1$，称为 2p 态，m_l 可取 0，± 1 及 m_s 可取 $\pm\frac{1}{2}$，它有 6 个量子态，故 2p 态可容纳 6 个电子……3 s 态可容纳 2 个电子，3p 态可容纳 6 个电子. 故(C)正确）

二、填空题

1. 2.78 kg/m

（提示：乙观察者测得此棒长 $\Delta l = \Delta l_0\sqrt{1-\frac{v^2}{c^2}} = 0.6\ \text{m}$

乙观察者测得此棒质量为 $m = \frac{m_0}{\sqrt{1-\frac{v^2}{c^2}}} = \frac{1}{0.6}\ \text{kg}$

乙观察者测得此棒质量线密度$\rho=\dfrac{m}{\Delta l}=\dfrac{1\ \text{kg}}{0.6^2\ \text{m}}=2.78\ \text{kg}\cdot\text{m}^{-1}$)

2. 1.036 V

(提示:据爱因斯坦方程 $h\nu=W+eU_0$,式中金属逸出功不变,当入射光子能量增大,其 $h\Delta\nu=e\Delta U_0$,遏止电压亦将增大

$$\Delta U_0=\frac{h\Delta\nu}{e}=\frac{hc}{e}\left(\frac{1}{\lambda'}-\frac{1}{\lambda}\right)=\frac{hc}{e}\frac{(\lambda-\lambda')}{\lambda'\lambda}$$
$$=\frac{6.63\times10^{-34}\times3\times10^{8}}{1.6\times10^{-19}}\times\frac{100\times10^{-9}}{300\times10^{-9}\times400\times10^{-9}}\ \text{V}=1.036\ \text{V}$$

3. $p_{\text{p}}:p_{\alpha}=1;E_{\text{p}}:E_{\alpha}=4$

(提示:$\lambda=\dfrac{h}{p}$或$p=\dfrac{h}{\lambda}$,$\lambda_{\alpha}=\lambda_{\text{p}}$, 所以,$p_{\text{p}}:p_{\alpha}=1$

低速运动粒子动能$\dfrac{1}{2}mv^2=\dfrac{p^2}{2m}=\dfrac{h^2}{2m\lambda^2}$,与质量成反比,故$\dfrac{E_{\text{p}}}{E_{\alpha}}=\dfrac{m_{\alpha}}{m_{\text{p}}}=4$)

4. 1.33×10^{-23}

(提示:$\Delta p=\dfrac{h}{\Delta x}=\dfrac{6.63\times10^{-34}}{0.5\times10^{-10}}\ \text{kg}\cdot\text{m}\cdot\text{s}^{-1}=1.33\times10^{-23}\ \text{kg}\cdot\text{m}\cdot\text{s}^{-1}$)

5. (略)

6. 2.55

(提示:从题目可知 l 态的能量 $E_l=-0.85\ \text{eV}$,k 态的能量 $E_k=-13.6+10.2=-3.4\ \text{eV}$,从 l 态跃迁至 k 态所发射光子能量为 $E_l-E_k=2.55\ \text{eV}$)

7. 9

(提示:设被激发后为 n 态,显然 $E_n=-13.6\ \text{eV}+12.09\ \text{eV}=-1.51\ \text{eV}$,又 n 态与基态之间的能量关系为 $E_n=\dfrac{1}{n^2}E_1$,$n^2=\dfrac{E_1}{E_n}=\dfrac{-13.6}{-1.51}=9$,解得 $n=3$. 据 n 态与基态轨道半径之间关系为 $r_n=n^2r_1=9r_1$)

8. 4,1;4,3

(提示:氢原子从高能级跃迁到低能级发出一光子,该光子能量 $h\nu=E_i-E_f$,当跃迁前后两能级级差越大,频率越大,波长越小. 4→1 级差最大,波长最小,4→3 级差最小,频率最小)

9. $2;2(2l+1);2n^2$

(提示:当 n,l,m_l 都给定时 m_s 可取$\dfrac{1}{2}$及$-\dfrac{1}{2}$有两个量子态;当 n、l 给定时,m_l 可取 0, ±1,…, ±l 共$(2l+1)$态,每个态还有两种自旋态,故有 $2(2l+1)$态;当 n 给定时,l 可以取 0,1,…$n-1$,故有 $\sum\limits_{i=0}^{n-1}2(2l+1)=2n^2$ 态)

10. $\dfrac{1}{2}$; $-\dfrac{1}{2}$

11. 能量最小;泡利不相容

三、计算题

1. 在相对论力学中,动量对时间的变化率等于质点受到的合外力,在所有惯性系内都

具有相同的形式,即

$$\frac{\mathrm{d}\boldsymbol{p}}{\mathrm{d}t}=\boldsymbol{F}$$

但此时动量为相对论动量 $\boldsymbol{p}=\frac{m_0}{\sqrt{1-\frac{v^2}{c^2}}}\boldsymbol{v}$,选电场方向为 x 轴正方向,在 x 方向有

$$\frac{\mathrm{d}}{\mathrm{d}t}\left(\frac{m_0v}{\sqrt{1-\frac{v^2}{c^2}}}\right)=qE$$

分离变量有

$$\mathrm{d}\left(\frac{m_0v}{\sqrt{1-\frac{v^2}{c^2}}}\right)=qE\mathrm{d}t$$

两边积分(当 $t=0$ 时,$v_0=0$),有

$$\frac{m_0v}{\sqrt{1-\frac{v^2}{c^2}}}=qEt$$

可以解得 $v=\frac{qEct}{\sqrt{m_0^2c^2+q^2E^2t^2}}$

2. 在黑体辐射规律中据维恩的位移定律,当黑体温度升高时,单色辐出度的峰值对应的波长向短波方向移动,即 $\lambda_{\mathrm{m}}T=b$,所以

$$T=\frac{b}{\lambda_{\mathrm{m}}}=\frac{2.897\times10^{-3}}{350\times10^{-9}}\mathrm{K}=8.277\times10^3\ \mathrm{K}$$

黑体总辐出度与温度四次方成正比,即

$$\begin{aligned}M(T)&=\sigma T^4\\&=5.678\times10^{-8}\ \mathrm{W\cdot m^{-2}\cdot K^{-4}}\cdot(8.277\times10^3\ \mathrm{K})^4\\&=2.665\times10^8\ \mathrm{W\cdot m^{-2}}\end{aligned}$$

3. 在光电效应中,据爱因斯坦方程 $h\nu=W+\frac{1}{2}mv^2$,入射光子的能量 $h\nu$ 一部分用于电子逸出表面所做的功 W,另一部分成为光电子的初动能,电子初动能可由反向遏止电压测定,$\frac{1}{2}mv^2=eU_0$。

(1) 当入射光能量小于逸出功时不发生光电效应,有 $h\nu\geqslant W$,即 $h\frac{c}{\lambda}\geqslant W$ 时才发生光电效应,故

$$\lambda\leqslant\frac{hc}{W}=\frac{6.63\times10^{-34}\cdot3\times10^8}{2.2\times1.6\times10^{-19}}\ \mathrm{m}=565\times10^{-9}\ \mathrm{m}$$

(2) 若入射光频率为 ν,波长为 λ,有 $h\nu=W+eU_0$,故

$$\lambda = \frac{hc}{W + eU_0} = \frac{6.63 \times 10^{-34} \times 3 \times 10^8}{2.2 \times 1.6 \times 10^{-19} + 5.0 \times 1.6 \times 10^{-19}} \text{ m} = 173 \times 10^{-9} \text{ m}$$

4. 据康普顿散射公式

$$\lambda = \lambda_0 + \frac{h}{m_0 c}(1 - \cos\theta)$$

当 $\theta = 90°$时，有

$$\lambda = \lambda_0 + \frac{h}{m_0 c} = 1\text{Å} + 0.024\,3\text{Å} = 1.024\,3\text{Å}$$

X 光光子与自由电子碰撞可以视作完全弹性的，碰撞前后能量守恒，反冲电子获得动能即光子损失的能量

$$\begin{aligned} E_k &= h\nu_0 - h\nu = hc\left(\frac{1}{\lambda_0} - \frac{1}{\lambda}\right) = hc\frac{\lambda - \lambda_0}{\lambda_0 \lambda} \\ &= 6.63 \times 10^{-34} \times 3 \times 10^8 \frac{0.024\,3 \times 10^{-10}}{1 \times 10^{-10} \times 1.024\,3 \times 10^{-10}} \text{ J} \\ &= 0.472 \times 10^{-16} \text{ J} = 295 \text{ eV} \end{aligned}$$

5. 据波函数的统计意义，粒子在 $0 \sim \frac{a}{4}$区间概率为

$$\int_0^{\frac{a}{4}} \psi_n^2(x) \cdot \mathrm{d}x \overset{n=1}{=} \int_0^{\frac{a}{4}} \frac{2}{a}\sin^2\frac{\pi x}{a} \cdot \mathrm{d}x. = \frac{2}{a}\int_0^{\frac{a}{4}} \frac{1 - \cos\frac{2\pi x}{a}}{2} \cdot \mathrm{d}x \approx 0.09$$

参 考 文 献

[1] 马文蔚. 物理学. 第四版. 北京:高等教育出版社,1999
[2] 马文蔚. 物理学教程. 第二版. 北京:高等教育出版社,2006. 11
[3] 马文蔚,等. 物理学(第四版)学习指南. 北京:高等教育出版社,2001
[4] 张三慧. 大学物理学. 北京:清华大学出版社,1999
[5] 沈慧君,王虎珠. 习题讨论课指导书. 北京:清华大学出版社,1991
[6] 陈力. 大学物理解题指导与习题课设计. 大连:大连理工大学出版社,1997

大学物理学习与习题辅导作业

编著　陶桂琴　张本袁　殷　实　陈小凤

东南大学出版社
南京

大学物理学习与习题辅导

出版发行 东南大学出版社
出 版 人 江建中
网　　址 http://press.seu.edu.cn
电子邮箱 press@seu.edu.cn
社　　址 南京市四牌楼2号
邮　　编 210096
电　　话 025-83793191(发行)　025-57711295(传真)
经　　销 全国新华书店
排　　版 南京理工大学印刷厂
印　　刷 溧阳市晨明印刷有限公司
开　　本 787mm×1092mm　1/16
印　　张 23.5
字　　数 542千
版　　次 2009年1月第1版
印　　次 2012年1月第3次印刷
书　　号 ISBN 978-7-5641-1045-1
印　　数 6501—9000册
定　　价 44.00元(共2册)

力学单元　习题一(质点运动学一)

班级__________　学号__________　姓名__________　成绩__________

1. 某质点在平面上作一般平面运动,其瞬时速率为 v,瞬时速度为 $\boldsymbol{v}$,某一段时间内的平均速度为 $\bar{\boldsymbol{v}}$,平均速率为 $\bar{v}$. 它们之间的关系有　(　　)

(A) $|\boldsymbol{v}|=v, |\bar{\boldsymbol{v}}|=\bar{v}$　(B) $|\boldsymbol{v}|\neq v, |\bar{\boldsymbol{v}}|=\bar{v}$　(C) $|\boldsymbol{v}|\neq v, |\bar{\boldsymbol{v}}|=\bar{v}$　(D) $|\boldsymbol{v}|=v, |\bar{\boldsymbol{v}}|\neq\bar{v}$

2. 在 xOy 平面内有一运动质点,其运动学方程为 $\boldsymbol{r}=2t\boldsymbol{i}+(2-t^2)\boldsymbol{j}$(SI),则由 $t=0$ 时刻到 $t=1$ s 内质点的位移 $\Delta\boldsymbol{r}=$________________;径向增量 $\Delta r=$________________.

3. 一质点沿直线运动,其运动学方程为 $x=6t-t^2$(SI),则在 t 由 0 到 4 s 的时间间隔内,质点位移的大小为________________;在这段时间内走过的路程为________________.

4. 已知质点的运动方程为 $x=3t, y=t^2$ 式中 t 以秒计,x、y 以米计. 试求:(1) 以时间为变量写出质点位置矢量的表达式;(2) 质点的轨道方程;(3) 质点在第 2 秒内的位移和平均速度;(4) 质点在第 2 秒末的速度和加速度. $\left((1)\ \boldsymbol{r}=3t\boldsymbol{i}+t^2\boldsymbol{j};(2)\ y=\frac{x^2}{9};(3)\ \Delta\boldsymbol{r}=3\boldsymbol{i}+3\boldsymbol{j};\bar{\boldsymbol{v}}=3\boldsymbol{i}+3\boldsymbol{j};(4)\ \boldsymbol{v}=3\boldsymbol{i}+4\boldsymbol{j};\boldsymbol{a}=2\boldsymbol{j}\right)$

5. 质点作直线运动，其运动方程为 $x = 12t - 6t^2$，式中 x 以米计，t 以秒计. 求：(1) $t = 4$ s 时，质点的位置、速度和加速度；(2) 质点通过原点时的速度；(3) 质点速度为零时的位置.

((1) -48 m; $-36\ \mathrm{m\cdot s^{-1}}$; $-12\ \mathrm{m\cdot s^{-2}}$; (2) $v = \pm 12\ \mathrm{m\cdot s^{-1}}$; (3) $x = 6$ m)

6. 质点作直线运动，质点的加速度为 $a = 4 - t^2\ (\mathrm{m/s^2})$，如果当 $t = 3$ s 时质点位于 $x = 9$ m 处，速度大小为 $v = 2\ \mathrm{m\cdot s^{-1}}$，求质点的运动方程. $\left(x = -\frac{1}{12}t^4 + 2t^2 - t + 0.75\right)$

7. 一质点具有恒定的加速度 $\boldsymbol{a} = 6\boldsymbol{i} + 4\boldsymbol{j}$，在 $t = 0$ 时，$\boldsymbol{r}_0 = 10\boldsymbol{i}$，$\boldsymbol{v}_0 = 0$. 求：(1) 任意时刻的速度和位矢；(2) 质点的轨迹方程，并画出轨迹的示意图. 式中各量均采用 SI 制. $\left((1)\ \boldsymbol{v} = 6t\boldsymbol{i} + 4t\boldsymbol{j}; \boldsymbol{r} = (10 + 3t^2)\boldsymbol{i} + 2t^2\boldsymbol{j}; (2)\ x = 10 + \frac{3}{2}y\right)$

力学单元　习题二(质点运动学二)

班级________　学号________　姓名________　成绩________

1. 某人骑自行车以速率 V 向西行驶,今有风以相同的速率从北偏东 30°方向吹来,试问骑车人感到风从哪个方向吹来?　(　　)

(A) 北偏东 30°　(B) 南偏东 30°　(C) 北偏西 30°　(D) 西偏南 30°

2. 一物体做如图所示的斜抛运动,测得其在轨道的 A 点处速度大小为 v,速度方向与水平方向的夹角成 30°. 则该物体在 A 点切向加速度的大小 a_t = ____________,轨道的曲率半径 ρ = ______________.

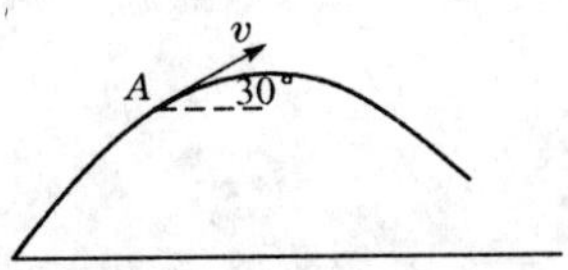

3. 一质点沿 $R = 0.10$ m 的圆周运动,其转动方程为 $\theta = 2 + t^2$ (rad),求:(1) 质点在第一秒末的角速度和角加速度;(2) 质点在第一秒末的速度、切向加速度和法向加速度的大小;(3) 质点在第一秒末的总加速度的大小和方向. ((1) $\omega = 2\ \mathrm{s^{-1}}$;$\alpha = 2\ \mathrm{s^{-2}}$;(2) $v = 0.2\ \mathrm{m \cdot s^{-1}}$;$0.2\ \mathrm{m \cdot s^{-2}}$;$0.4\ \mathrm{m \cdot s^{-2}}$;(3) $0.45\ \mathrm{m \cdot s^{-2}}$;与切向夹角$\theta = 63.4°$)

4. 一质点沿 $R = 1.0$ m 的圆周作匀加速率转动,由静止开始经 3 秒后达到 $v = 6\ \mathrm{m \cdot s^{-1}}$. 求:(1) 该时刻质点的加速度 $\boldsymbol{a}$ 的表示式;(2) 此时质点已绕行的距离. ((1) $\boldsymbol{a} = 2\ \mathrm{m \cdot s^{-2}}\boldsymbol{e}_t + 36\ \mathrm{m \cdot s^{-2}}\boldsymbol{e}_n$;(2) 9 m)

5. 一飞轮以 $n=1\ 500$ 转/分的转速转动，受到制动后均匀地减速，经 $t=50$ 秒后静止. 求：(1) 该飞轮的角加速度；(2) 制动 $t=25$ 秒时飞轮的角速度；(3) 设飞轮的半径为 $R=1.0$ m，求 $t=25$ 秒时，飞轮边缘上的一点的速度和加速度的大小.（(1) $-3.14\ \mathrm{s}^{-2}$；(2) $78.5\ \mathrm{s}^{-1}$；(3) $78.5\ \mathrm{m\cdot s^{-1}}$；$6.16\times10^{3}\ \mathrm{m\cdot s^{-2}}$）

6. 一无风下雨的天气，一列火车以 $v_1=10\ \mathrm{m\cdot s^{-1}}$ 的速率匀速前进，在车内的乘客看见玻璃窗外的雨滴和铅垂线成45°角下落. 求雨滴的下落速度 v_2（假设下降的雨滴做匀速运动）.（$10\ \mathrm{m\cdot s^{-1}}$）

力学单元　习题三(牛顿运动定律)

班级________　学号________　姓名________　成绩________

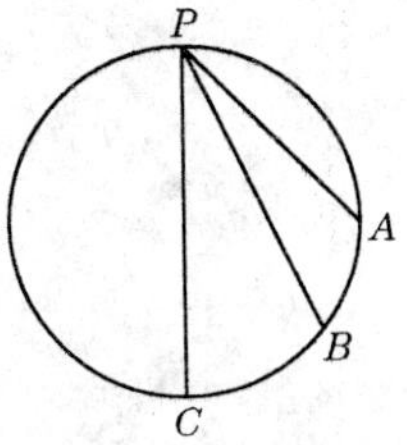

1. 图中,P 点是一个圆的竖直直径 PC 的上端点.有一个质点从 P 点开始分别沿不同的弦无摩擦下滑时,把到达各个弦的下端所花费的时间相比较,有　(　　)

(A) 到达 A 所花费的时间最短

(B) 到达 B 所花费的时间最短

(C) 到达 C 所花费的时间最短

(D) 所花费的时间都一样

2. 质量为 10 kg 的质点在力 $F=120t+40$(N)的作用下沿 x 轴运动.在 $t=0$ 时质点位于 $x_0=5.0$ m 处,速度为 $v_0=6.0\ \mathrm{m\cdot s^{-1}}$.求:质点在任意时刻的速度和位置.($v=(6t^2+4t+6)\ \mathrm{m\cdot s^{-1}}$;$x=(2t^3+2t^2+6t+5)$ m)

3. 轻型飞机连同驾驶员总质量为 1.0×10^3 kg.飞机以 $55.0\ \mathrm{m\cdot s^{-1}}$ 的速率在水平跑道上着陆后,驾驶员开始制动.若阻力与时间成正比,比例系数 $b=5.0\times10^2\ \mathrm{N\cdot s^{-1}}$,求:(1) 10 秒后飞机的速率;(2) 飞机着陆后 10 秒内滑行的距离.((1) $v=30.0\ \mathrm{m\cdot s^{-1}}$;(2) 467 m)

4. 图中,质量为 m 的小球最初位于 A 点,然后沿着半径为 r 的光滑圆形轨道 $ADCB$ 下滑. 试求小球到达 C 点时的角速度及小球对圆轨道的作用力.

$\left((1)\ \omega=\sqrt{\frac{2g\cos\theta}{r}};(2)\ -3mg\cos\theta\right)$

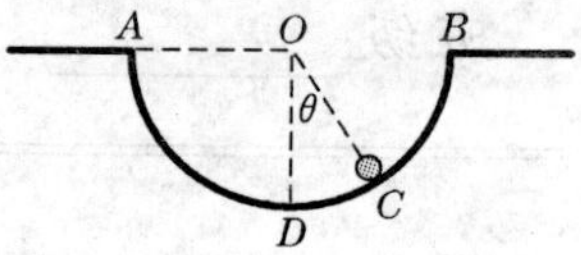

5. 质量为 m、长为 l 的柔软轻绳,一端系着放在光滑桌面上质量为 M 的物体,绳的另一端有一水平力 F 作用在其上,如图所示. 绳被拉紧时虽会略有伸长,但一般甚微,可略去不计. 现假设绳的长度不变,绳的质量分布是均匀的,求:(1) 物体的加速度;(2) 绳作用于物体上的力;(3) 绳上各点的张力. $\left((1)\ a=\frac{F}{m+M};(2)\ \frac{M}{m+M}F;\right.$ $\left.(3)\ \frac{F}{M+m}\left(M+\frac{m}{l}x\right)\right)$

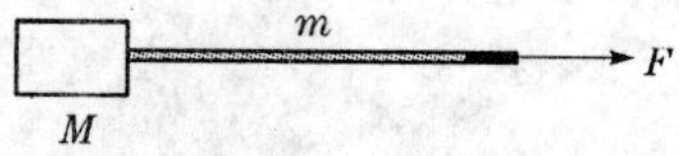

力学单元　习题四(动量定理)

班级________　学号________　姓名________　成绩________

1. 质量为 m 的小球在水平面内作速率为 v_0 的匀速圆周运动. 试求:小球在经过(1) 四分之一圆周;(2) 二分之一圆周;(3) 四分之三圆周;(4) 整个圆周过程中动量变化量的大小. ((1) $\sqrt{2}mv_0$;(2) $2mv_0$;(3) $\sqrt{2}mv_0$;(4) 0)

2. 质量为 2 kg 的质点受到外力 $\boldsymbol{F}=(2+3t)\boldsymbol{i}+4t\boldsymbol{j}$(N)的作用. 求:(1) 此力在开始 2 s 内的冲量;(2) 若质点的初速为 $\boldsymbol{v}_0=1\boldsymbol{i}(\mathrm{m\cdot s^{-1}})$,2 s 末质点的动量 $\boldsymbol{P}$. ((1) $(10\boldsymbol{i}+8\boldsymbol{j})\ \mathrm{N\cdot s}$;(2) $(12\boldsymbol{i}+8\boldsymbol{j})\ \mathrm{kg\cdot m\cdot s^{-1}}$)

3. 质量为 $m=10.0\ \mathrm{kg}$ 的木箱放在地面上，在水平拉力的作用下由静止开始沿直线运动，拉力随时间的变化关系如图所示. 若已知木箱与地面的摩擦因数 $\mu=0.2$，求：(1) 木箱在 $t=4.0\ \mathrm{s}$ 时的速度大小；(2) 木箱在 $t=7.0\ \mathrm{s}$ 时的速度大小. ((1) $4\ \mathrm{m\cdot s^{-1}}$；(2) $2.5\ \mathrm{m\cdot s^{-1}}$)

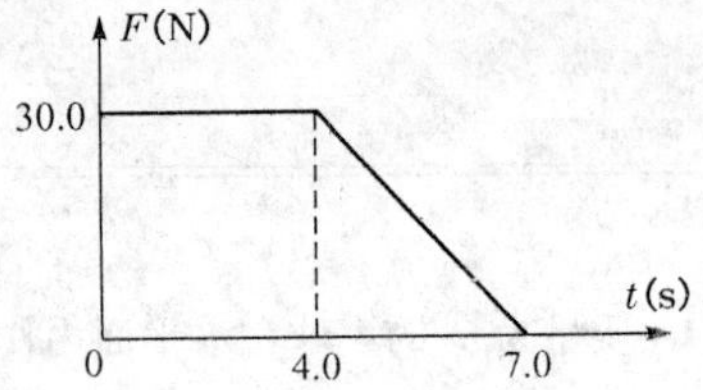

4. 一宇航员正在空间站外面进行维修工作. 起初，他沿着空间站以 $1.00\ \mathrm{m\cdot s^{-1}}$ 的速度运动. 后来，他需要改变运动的方向 90°，并且将速度增加到 $2.00\ \mathrm{m\cdot s^{-1}}$. 求：(1) 使运动作这样的改变宇航员所需要的冲量的大小和方向.（假设宇航员、太空服及推进器的总质量为100 kg）(2) 若推进器提供的推动力为 50 N，宇航员完成这样的运动改变至少需要多少时间？(3) 推进器该如何放置？((1) 224 N·s；116.6°；(2) 4.47 s；(3) −63.4°)

5. 将一空盒放在台秤盘上，并将台秤的读数调整到零. 然后从高出盒底 $h=4.9\ \mathrm{m}$ 处将小石子流以每秒100个的速率注入盒中. 假设每一个小石子的质量都是 0.02 kg，都从同一高度落下，且落到盒内后就停止运动. 求石子从装入盒内到 $t=10\ \mathrm{s}$ 时台秤的读数. (215.6 N)

力学单元　习题五(动能定理)

班级________　学号________　姓名________　成绩________

1. 一质点同时在几个力的作用下的位移为 $\Delta \boldsymbol{r} = 4\boldsymbol{i} - 5\boldsymbol{j} + 6\boldsymbol{k}$(SI),其中有一个力为恒力 $\boldsymbol{F} = -3\boldsymbol{i} - 5\boldsymbol{j} + 9\boldsymbol{k}$(SI),则此力在该位移过程中所做的功为　(　　)

(A) 91 J　(B) 67 J　(C) 17 J　(D) -67 J

2. 在水平冰面上以一定速度向东行驶的炮车,向东南(斜向上)方向发射一枚炮弹,对于炮车和炮弹这一系统,在此过程中(忽略冰面摩擦力及空气阻力)　(　　)

(A) 总动量守恒

(B) 总动量在任何方向的分量均不守恒

(C) 总动量在水平面上任意方向的分量守恒,竖直方向分量不守恒

(D) 总动量在炮身前进方向上的分量守恒,其他方向分量不守恒

3. 质量为 m_1 和 m_2 的两个物体具有相同的动量. 欲使它们停下来,外力对它们做的功之比为 $W_1:W_2 =$ ____________;若它们具有相同的动能,欲使它们停下来,外力的冲量之比为 $I_1:I_2 =$ ____________.

4. 求:把水从底面积为 10 m^2 的池中抽到地面上来所需要做的功. 已知水深为 1.5 m,水面至街道地面的距离为 5 m. (8.45×10^5 J)

5. 高空作业系安全带是非常重要的. 如果工人在操作时不慎从高空竖直掉落下来,由于安全带的保护,最终会使他悬挂起来. 假设工人的质量为 51.0 kg,他不小心从高 2.0 m 的高处落下,安全带弹性缓冲作用时间为 0.50 s. 求安全带对人的平均冲力. (1.14×10^3 N)

6. 一辆小型轿车质量为 $m_A = 1\,300\ \text{kg}$，一辆跑车质量为 $m_B = 1\,000\ \text{kg}$，每辆车都以 $14\ \text{m}\cdot\text{s}^{-1}$ 的速率向一个十字路口开去. 不幸它们互相碰撞缠到了一起，并在 θ 角的方向上驶了出去，如图所示. 求：(1) 碰撞后缠在一起的两辆车的速率；(2) 角度 θ 的值；(3) 碰撞中损耗的能量. ((1) $10\ \text{m}\cdot\text{s}^{-1}$；(2) $37.6°$；(3) 1.1×10^5 J)

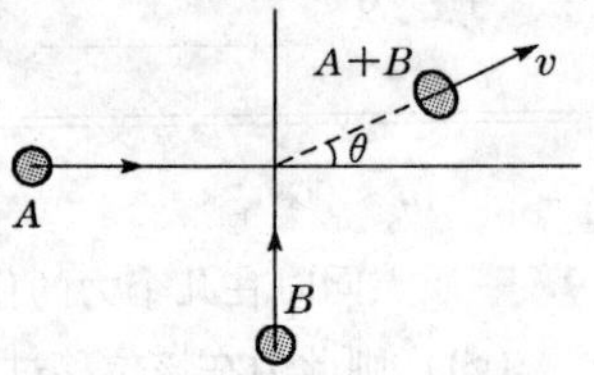

7. 一劲度系数为 k 的轻弹簧水平放置，一端固定，另一端连接一个质量为 m 的物体 A，A 与地面间的摩擦因数为 μ. 在弹簧为原长时，对静止物体 A 施以沿 x 正方向的恒力 $\boldsymbol{F}$(F 大于摩擦力). 求弹簧的最大伸长量. $\left(\frac{2(F-\mu mg)}{k}\right)$

8. 质量为 m 的弹丸 A，穿过如图所示的摆锤 B 后速率由 v 减少了二分之一. 已知摆锤的质量为 m'，摆线长度为 l，如果摆锤能在垂直平面内完成一个完整的圆周运动，弹丸速率 v 的最小值应为多少？$\left(\frac{2m'}{m}\sqrt{5lg}\right)$

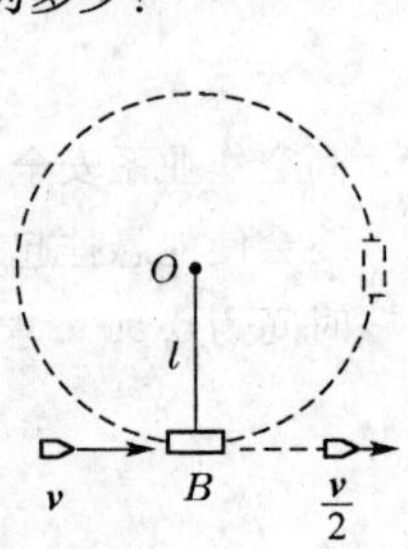

力学单元　习题六(守恒定律)

班级________　学号________　姓名________　成绩________

1. 一半径为 R 的四分之一圆弧垂直固定于地面上,质量为 m 的小物体从最高点 B 由静止下滑至 D 点处的速度为 v_D,求摩擦力所做的功.

$\left(W=\frac{1}{2}mv_D^2-mgR\right)$

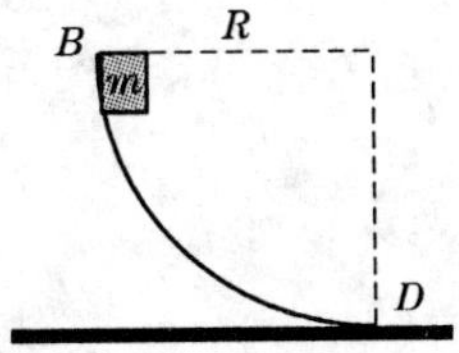

2. 劲度系数为 k 的弹簧(质量可忽略),竖直放置,下端悬挂一质量为 m 的小球. 先使弹簧为原长,而小球恰好与地面接触. 然后将弹簧缓慢地提起,直到小球刚刚脱离地面为止. 求:(1) 在此过程中外力所做的功;(2) 弹簧的弹性势能. $\left((1)\ \frac{m^2g^2}{2k};(2)\ \frac{m^2g^2}{2k}\right)$

3. 一质量为 m 的地球卫星,沿半径为 $4R_E$ 的圆轨道运动(R_E 为地球半径). 已知地球质量为 m_E,求:(1) 卫星的动能;(2) 卫星与地球系统的引力势能;(3) 系统的机械能. (答案略)

4. 质量为 m_1、m_2 的物体静止在光滑水平面上，与劲度系数为 k 的轻弹簧相连，弹簧处于自由伸展状态，一颗质量为 m、速率为 v_0 的子弹水平地射入到质量为 m_1 的物体内. 问：弹簧最多被压缩多长？

$\left(\Delta x_{\max} = mv_0\sqrt{\dfrac{m_2}{(m+m_1+m_2)(m+m_1)k}}\right)$

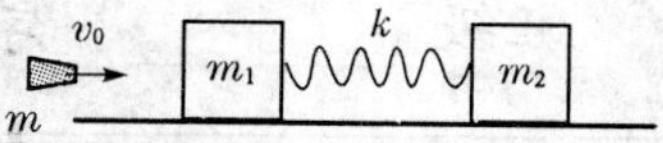

5. 在倾角为 30°的光滑斜面上，质量 $m=1.8$ kg 的物体由静止开始向下滑动，到达底部时将一个沿斜面安置的、劲度系数为 $k=2\ 000\ \text{N}\cdot\text{m}^{-1}$的轻弹簧压缩了 0.2 m 后达到瞬时静止. 求：(1) 物体达到瞬时静止前在斜面上滑行的路程；(2) 它与弹簧开始接触时的速率.

((1) 4.54 m；(2) 6.52 $\text{m}\cdot\text{s}^{-1}$)

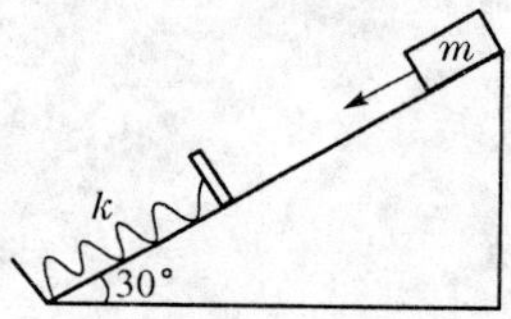

力学单元　习题七(转动定律一)

班级________　学号________　姓名________　成绩________

1. 一汽车发动机曲轴的转速在10秒内由 $1.2\times10^{3}\ \mathrm{r\cdot min^{-1}}$ 均匀增加到 $2.7\times10^{3}\ \mathrm{r\cdot min^{-1}}$. 曲轴转动的角加速度为__________;在此时间内,曲轴转动的圈数为__________.

2. 如图所示,一轻绳绕于半径 $r=0.2\ \mathrm{m}$ 的飞轮边缘,并施以 $F=196\ \mathrm{N}$ 的拉力,若不计轴的摩擦力,飞轮的角加速度等于 $39.2\ \mathrm{rad\cdot s^{-2}}$,此飞轮的转动惯量等于__________.

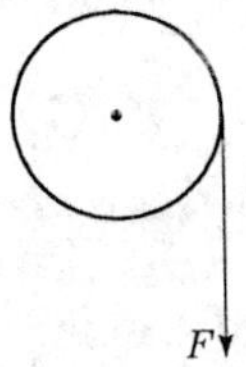

3. 一电唱机的转盘以 $n=78\ \mathrm{r\cdot min^{-1}}$ 的转速匀速转动,求:(1) 在与轴相距 $r=15.0\ \mathrm{cm}$ 的转盘上的一点 P 的线速度;(2) 法向加速度 a_n;(3) 若电唱机断电后,转盘在 $t=15.0\ \mathrm{s}$ 内停止转动,转盘在停止前的角加速度. ((1) $1.23\ \mathrm{m\cdot s^{-1}}$;(2) $10\ \mathrm{m\cdot s^{-2}}$;(3) $-0.544\ \mathrm{s^{-2}}$)

4. 在高速旋转的微型电动机里,有一圆柱形转子可绕垂直其横截面并通过中心的转轴旋转. 开始起动时,角速度为零. 当它启动以后,其转速随时间变化关系为 $\omega=\omega_m(1-e^{-\frac{t}{T}})$,式中 $\omega_m=540\ \mathrm{rad\cdot s^{-1}}$,$T=2.0\ \mathrm{s}$. 求:(1) $t=6\ \mathrm{s}$ 时电动机的转速;(2) 启动后,电动机在 $t=6\ \mathrm{s}$ 时间内转过的圈数;(3) 角加速度随时间变化的规律. $\left((1)\ 513\ \mathrm{r\cdot s^{-1}};(2)\ 352.5\ \mathrm{r};(3)\ \alpha=\frac{\omega_m}{T}e^{-\frac{t}{T}}\right)$

5. 如图所示，一圆盘绕过圆心且与盘面垂直的光滑固定轴 O 以角速度 ω 做顺时针转动. 如果有两个大小相等、方向相反、但在同一条直线上的力 F 沿圆盘面同时作用到圆盘上，则圆盘的角速度 （ ）

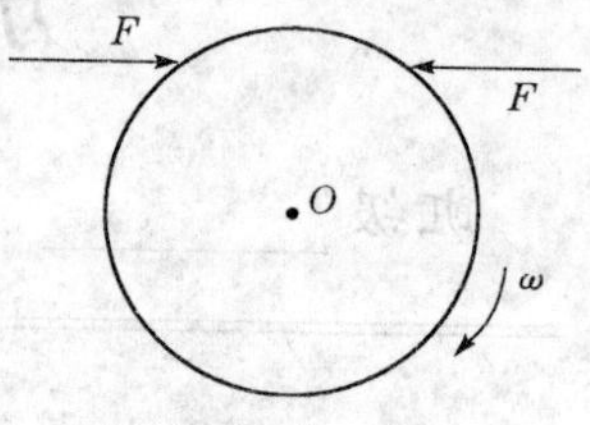

（A）必然增大 （B）必然减小

（C）不会改变 （D）如何变化不能确定

6. 质量为 M、半径为 R 的定滑轮，可绕其光滑水平轴 O 转动，如图所示. 定滑轮的轮缘绕有一轻绳，绳的下端挂一质量为 m 的物体，它由静止开始下降. 设绳与滑轮之间不打滑. 求：（1）滑轮转动的角加速度；（2）t 时刻物体 m 下降的速度. $\left((1)\ \dfrac{mg}{R\left(m+\frac{1}{2}M\right)};(2)\ \dfrac{mgt}{m+\frac{1}{2}M}\right)$

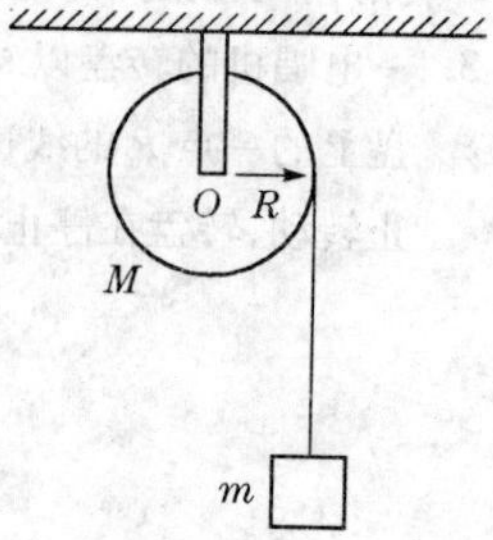

力学单元　习题八(转动定律二)

班级________　学号________　姓名________　成绩________

1. 通风机的转动部分以初速度 ω_0 绕其轴转动，空气的阻力矩与角速度成正比，比例系数 C 为一常量. 若转动部分对其轴的转动惯量为 J，求：(1) 经过多少时间其转动角速度减少为初角速度的一半？(2) 在此期间内转动多少圈？$\left((1)\ \frac{J}{C}\ln 2;(2)\ \frac{\omega_0 J}{4\pi C}\right)$

2. 斜面倾角为 θ，质量分别为 m_1 和 m_2 的物体经细绳绕过定滑轮相联接. 定滑轮的转动惯量为 J，半径为 r（设 m_2 与斜面的摩擦因数为 μ）. 请画出各个物体的受力图，分别列出它们的运动方程，并计算物体 m_1 和 m_2 的加速度及绳的张力.（设绳的质量和伸长均不计，绳与滑轮间无滑动，滑轮轴光滑.）$\left(a=\frac{m_1 g-m_2 g\sin\theta-\mu m_2 g\cos\theta}{m_1+m_2+J/r^2};\right.$

$F_{T_1}=\frac{m_1 m_2 g(1+\sin\theta+\mu\cos\theta)+m_1 gJ/r^2}{m_1+m_2+J/r^2};$

$\left.F_{T_2}=\frac{m_1 m_2 g(1+\sin\theta+\mu\cos\theta)+(\sin\theta+\mu\cos\theta)m_2 gJ/r^2}{m_1+m_2+J/r^2}\right)$

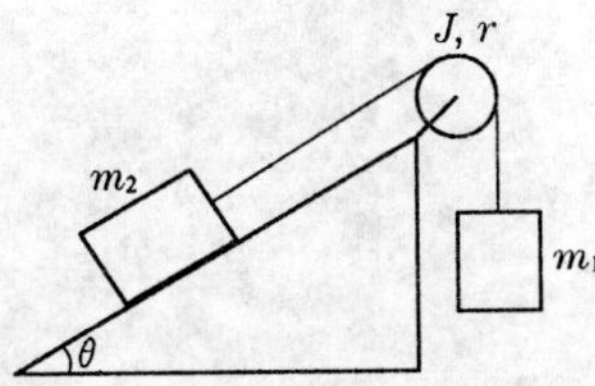

3. 用落体法测定飞轮的转动惯量，是将半径为 R 的飞轮支承在转轴 O 上，然后在绕过飞轮的绳子的一端挂一质量为 m 的重物，当重物从静止释放后下落时，带动飞轮转动，如图所示. 记录下重物在时间 t 内下降的距离 s，试计算飞轮的转动惯量（用 m, R, t 和 s 表示）. $\left(J = mR^2\left(\frac{gt^2}{2s} - 1\right)\right)$

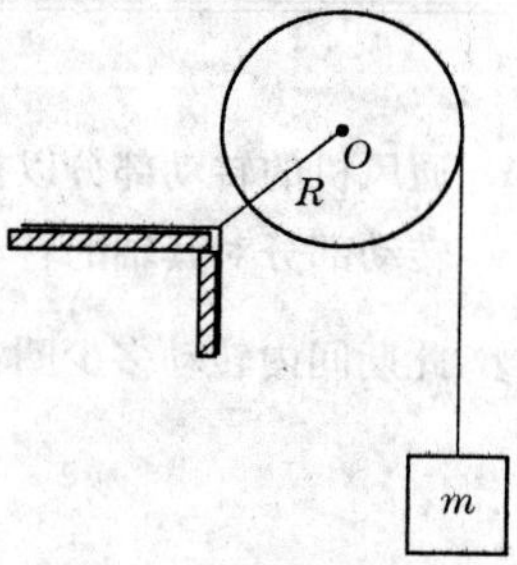

力学单元　习题九（角动量及角动量定理　角动量守恒定律）

班级________　学号________　姓名________　成绩________

1. 一半径为 R 的转台可绕通过其中心的竖直轴转动. 假设转轴固定且光滑，转动惯量为 J. 开始时转台以匀角速度 ω_0 转动，此时有一个质量为 m 的人站在转台的中心. 随后，此人沿半径向外走去. 当人到达转台的边缘时，转台的角速度为　（　）

（A）ω_0　（B）$\dfrac{J}{mR^2}\omega_0$　（C）$\dfrac{J}{(m+J)R^2}\omega_0$　（D）$\dfrac{J}{J+mR^2}\omega_0$

2. 如图所示，A、B 两个飞轮的轴杆在一条直线上，并可用摩擦啮合器 C 使它们连接. 开始时 B 轮静止，A 轮以角速度 ω_A 转动. 设在啮合过程中两飞轮不受其他力矩作用，当两飞轮连接在一起后共同的角速度为 ω. 若 A 轮的转动惯量为 J_A，则 B 轮的转动惯量为 $J_B=$________.

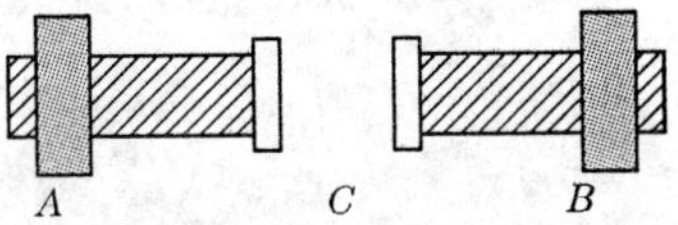

3. 地球绕质心轴自转的周期 $T_1=24$ h. 假定地球在自身引力的作用下不断塌缩，最后成为一个半径减半但质量不变的球体，这时该球体的自转周期 T_2 为________.

（地球的转动惯量按质量均匀的球体的转动惯量计算，$J_0=\dfrac{2}{5}mR^2$）

4. 如图所示，两个完全相同的小球由一根不计质量的长杆连接在一起，可绕 z 轴转动. 长杆的长度为 $2R$，比小球的直径大得多. 假设小球的质量为 m，转动的角速度为 ω，求以下两种情况下系统的转动惯量和角动量.（1）z 轴与长杆垂直，且过长杆的中心；（2）z 轴过长杆的中心，但与长杆的夹角为 φ.（（1）$2mR^2$，$2mR^2\omega$；（2）$2m(R\sin\varphi)^2$，$2mR^2\sin^2\varphi\omega$）

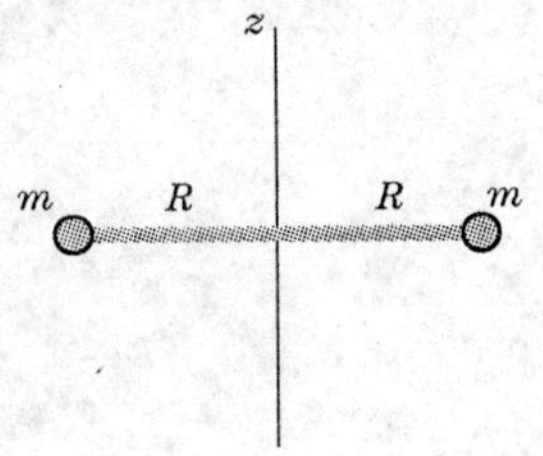

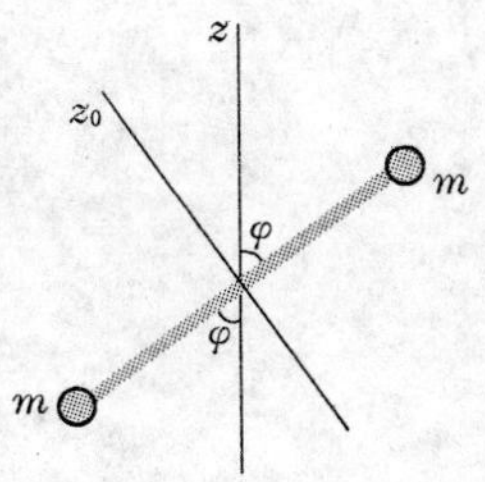

5. 在光滑的水平桌面上开一个小孔. 今有一质量为 $m=4.0\ \text{kg}$ 的小物体用细轻绳系着置于桌面上,绳穿过小孔下垂持稳,如图所示. 小物体开始以速率 $v_0=4.0\ \text{m}\cdot\text{s}^{-1}$ 沿半径 $R_0=0.5\ \text{m}$ 在桌面上回转. 在其转动过程中将绳子缓缓下拖,缩短了物体的回转半径. 问:当绳子拉断时的半径有多大?(设绳子断裂时的张力为 2 000 N)(0.2 m)

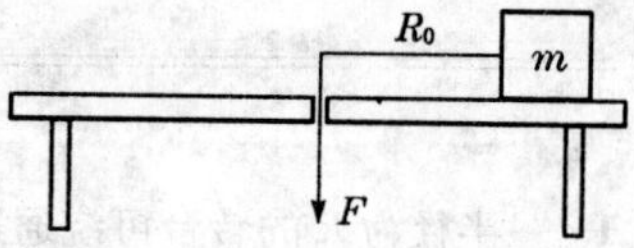

力学单元　习题十(角动量守恒　机械能守恒)

班级________　学号________　姓名________　成绩________

1. 如图所示,一根匀质轻杆可绕通过其上端并与杆垂直的水平光滑固定轴 O 旋转,初始状态为静止悬挂.现有一个小球自左方打击细杆.设小球与细杆之间为非弹性碰撞,则在碰撞过程中对于细杆与小球系统　　(　　)

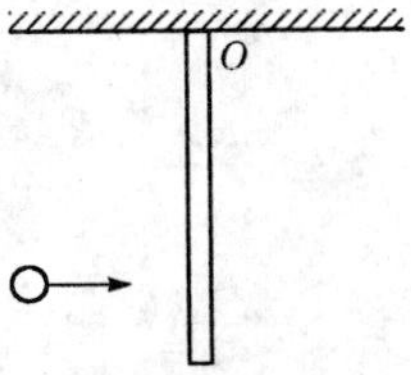

(A) 只有机械能守恒

(B) 只有动量守恒

(C) 只有对旋转轴 O 的角动量守恒

(D) 机械能、动量和角动量均守恒

2. 质量为 0.5 kg、长为 0.40 m 的均匀细棒,可绕过棒的一端且和棒垂直的水平轴在竖直平面内转动.先将棒放在水平位置,然后任其下落.求:(1) 当棒转过 60°时的角加速度;(2) 此过程中重力矩所做的功;(3) 下落到竖直位置时的角速度.((1) 18.4 rad/s^2;(2) 0.85 J;(3) 8.57 rad/s)

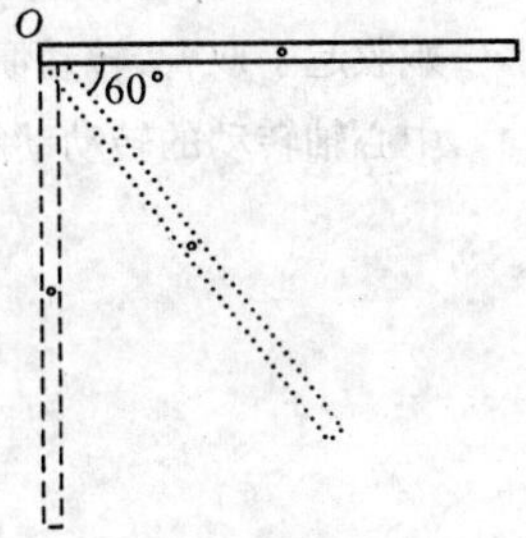

3. 1970 年 4 月 24 日,我国发射了第一颗人造地球卫星.它的近地点为 $r_1 = 4.39 \times 10^5$ m,远地点为 $r_2 = 2.38 \times 10^6$ m,求:卫星在近地点和远地点的速率(地球半径为 6.38×10^6 m,地球质量 $m_E = 5.98 \times 10^{24}$ kg)($8.11 \times 10^3\ m \cdot s^{-1}$;$6.31 \times 10^3\ m \cdot s^{-1}$)

4. 一质量为 1.12 kg、长为 1.0 m 的均匀细棒，可绕过端点且与棒垂直的水平轴转动. 开始时棒自由悬挂，以 100 N 的力打击它的下端点，打击时间为 0.02 s. (1) 若打击前棒是静止的，求打击后其角动量的变化；(2) 此后，棒绕 O 点转动，求棒的最大偏转角. ((1) $2.0\ kg \cdot m^2 \cdot s^{-1}$；(2) 88°38′)

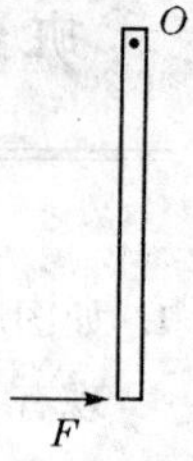

5. 一位溜冰者伸开双臂以 $1.0\ r \cdot s^{-1}$ 绕身体中心轴转动，此时她的转动惯量为 $1.33\ kg \cdot m^2$. 为了增加转速，她收起了双臂，转动惯量变为 $0.48\ kg \cdot m^2$. 求：(1) 她收起双臂后的转速；(2) 她收起双臂前后绕身体中心轴转动的转动动能. ((1) $2.77\ r \cdot s^{-1}$；(2) 26.2 J；72.6 J)

电学单元　习题一(库仑力　场强叠加原理一)

班级________　学号________　姓名________　成绩________

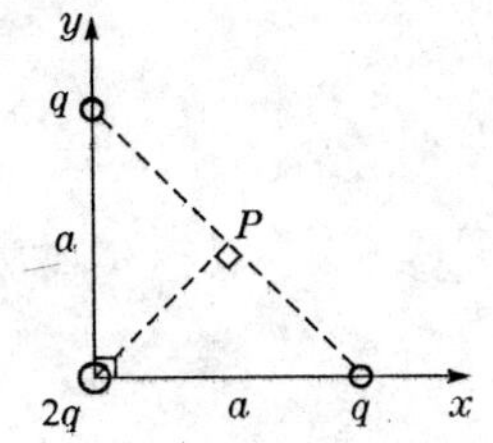

1. 两个点电荷带电分别为 $2q$ 和 q,它们之间的距离为 a,将第三个点电荷放在距 q 点电荷的距离 $x=$ ________处,它受到的合力为零.

2. 点电荷如图分布,设 $q>0$,则 P 点的电场强度 $E=$ ________,$\boldsymbol{E}=$ ________.

3. 若电荷 Q 均匀地分布在长为 l 的细棒上,在棒的延长线上距棒中心为 r $\left(r>\dfrac{l}{2}\right)$处有 P 点,求 P 点的电场强度. $\left(\dfrac{Q}{4\pi\varepsilon_0\left[r^2-\left(\dfrac{l}{2}\right)^2\right]}\right)$

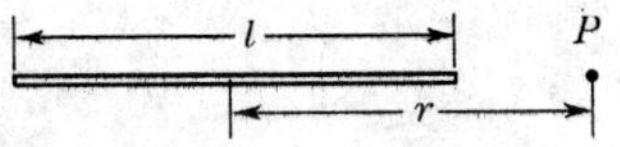

4. 有一半径为 R 的三分之一圆环均匀带电，电荷总量为 $q(q>0)$，求环心处的电场强度的大小与方向. $\left(\frac{3\sqrt{3}q}{8\pi^2\varepsilon_0 R^2}\right.$,方向沿圆弧对称轴向外$\left.\right)$

电学单元　习题二(库仑力　场强叠加原理二)

班级________　学号________　姓名________　成绩________

1. 均匀带电细圆环半径 $R=4.0\ \text{cm}$,带电量 $q=5.0\times10^{-9}\ \text{C}$,求圆环轴线上距环心 $x=3.0\ \text{cm}$ 处的电场强度,何处的电场强度最大?($E=1.08\times10^{4}\ \text{V}\cdot\text{m}^{-1}$, $x=2\sqrt{2}\text{cm}$)

2. 两无限长带电棒 L_1, L_2 平行放置,L_1 上线电荷密度为 λ_1, L_2 上线电荷密度为 $-\lambda_2$.(λ_1、λ_2 均为正的常值),在与 L_1、L_2 垂直面 S 上有一点 P. 位置、尺寸如图,求 P 点电场强度. $\left(\left(\frac{\lambda_1}{0.8\pi\varepsilon_0}-\frac{4\lambda_2}{5\pi\varepsilon_0}\right)i+\frac{3\lambda_2}{5\pi\varepsilon_0}j\right)$

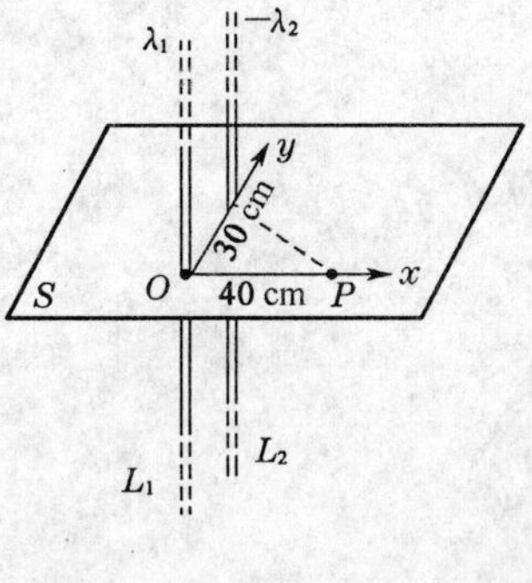

3. 有一半径为 R 的均匀带电半圆环,带电总量为 q_0,在其圆心处有一带电量为 q_0 的点电荷,求它们之间的作用力. $\left(F=\dfrac{q_0^2}{2\pi^2\varepsilon_0 R^2}\text{(表现为斥力)}\right)$

4. 两电荷密度分别为 $\pm\lambda$ 的均匀带电直线,相距为 a. 求单位长度带电直线上受到的作用力.

$\left(F=-\dfrac{\lambda^2}{2\pi\varepsilon_0 a}\ \text{(表现为引力)}\right)$

电学单元　习题三(电场强度通量　高斯定理及应用)

班级________　学号________　姓名________　成绩________

1. 一点电荷电量为 Q,它激发的电场线数为__________,若将它放在一个正立方体的顶点 P 上,则在立方体上通过 P 点的三个表面电场强度通量分别为 $\Phi_m=$__________,另三个表面上,电场强度通量分别为 $\Phi_m=$__________.

2. 在半径为 R 的球面 A 和 B 内各有一个电偶极子于球心. 在球面 B 的旁边另有一个点电荷 q,A' 和 B' 分别为两球面上对应的点,用 Φ_A 和 Φ_B 分别表示两球面的电场强度通量,$E_{A'}$ 和 $E_{B'}$ 表示 A' 和 B' 的电场强度,下列说法正确的是　(　　)

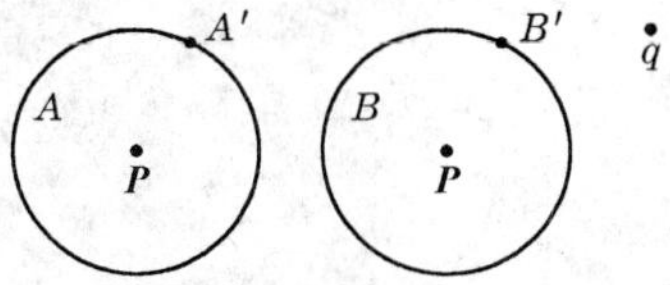

(A) $\Phi_A=\Phi_B, E_{A'}=E_{B'}$　(B) $\Phi_A=\Phi_B, E_{A'}\neq E_{B'}$

(C) $\Phi_A\neq\Phi_B, E_{A'}=E_{B'}$　(D) $\Phi_A\neq\Phi_B, E_{A'}\neq E_{B'}$

3. 半径为 R,均匀带电的薄球壳,其电荷总量为 q. 求球壳内外的电场强度. $\left(r<R\text{ 时}, E=0\quad r>R\text{ 时}, E=\dfrac{q}{4\pi\varepsilon_0 r^2}\right)$

4. 无限长均匀带电圆柱体半径为 R，体电荷密度为 ρ. 求其电场强度的分布.

$\left(r < R \text{ 时}, E = \frac{\rho r}{2\varepsilon_0}; r > R \text{ 时}, E = \frac{\rho R^2}{2\varepsilon_0 r} \right)$

5. 有两个无限大均匀带电薄平板平行放置，面电荷密度分别为 σ_1、σ_2，求被两平板分割的空间电场的分布.（设 σ_1，σ_2 为正电荷）

$\left(\text{左} \quad \boldsymbol{E} = \frac{\sigma_1 + \sigma_2}{2\varepsilon_0}(-\boldsymbol{i}); \text{中} \quad \boldsymbol{E} = \frac{\sigma_1 - \sigma_2}{2\varepsilon_0}\boldsymbol{i}; \text{右} \quad \boldsymbol{E} = \frac{\sigma_1 + \sigma_2}{2\varepsilon_0}\boldsymbol{i} \right)$

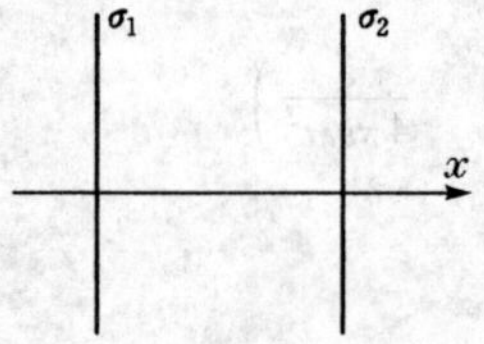

电学单元　习题四(电势能　电势　电势差)

班级________　学号________　姓名________　成绩________

1. 激发电场的点电荷 Q,电量为 1×10^{-6} C,试验电荷 q 电量为 1×10^{-9} C,将试验电荷置于 a 点,它与 Q 相距 $r_a=0.1$ m,取无限远点为势能零点,则系统具有的电势能 $E_{Pa}=$________,a 点的电势 $U_a=$________. 将试验电荷移至 b 点,b 点与 Q 相距 $r_b=0.2$ m,电场力做功 $W=$________.

2. 如图,q、$-q$ 相距为 $2a$,在 q, $-q$ 的延长线上有一点 D,D 到 $-q$ 的距离也为 a. 今将单位正电荷由 O 沿半圆弧移至 D,电场力做功 $W=$________;将单位负电荷沿原路径由 O 移至 D,电场力做功 $W'=$________.

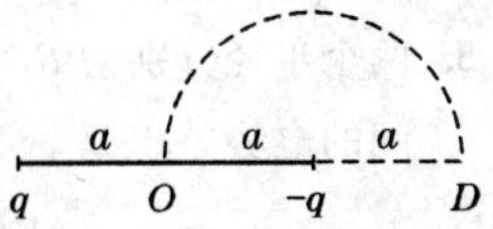

(第 2 题)

3. 均匀带电薄球壳,半径为 R,带电量为 Q,取无限远点为势能零点. 求其内、外一点电势. $\left(r<R \quad U=\dfrac{Q}{4\pi\varepsilon_0 R};\quad r>R \quad U=\dfrac{Q}{4\pi\varepsilon_0 r}\right)$

4. 一无限长、半径为 R 的均匀带电圆柱面,线电荷密度为 λ,以其轴线为电势零点,求其内外任一点的电势. $\left(V=0(r<R);V=\frac{\lambda}{2\pi\varepsilon_0}\ln\frac{R}{r}(r>R)\right)$

5. 两个半径分别为 R_1、$R_2(R_1<R_2)$ 的同心薄球壳各自带电 q_1、q_2,求:(1) 各区域的电势分布;(2) 两球之间的电势差.

$\left((1)\ r\leqslant R_1:V_1=\frac{1}{4\pi\varepsilon_0}\left(\frac{q_1}{R_1}+\frac{q_2}{R_2}\right);R_1<r<R_2:V_2=\frac{1}{4\pi\varepsilon_0}\left(\frac{q_1}{r}+\frac{q_2}{R_2}\right);r\geqslant R_2:V_3=\frac{q_1+q_2}{4\pi\varepsilon_0 r};(2)\ u=\frac{q_1}{4\pi\varepsilon_0}\left(\frac{1}{R_1}-\frac{1}{R_2}\right)\right)$

6. 长 $2l$ 的棒均匀带电,电荷总量为 q,AB 延长线上有一点 P,P 距 B 的长度为 d,以无限远为电势零点,求 P 点的电势. $\left(V=\frac{q}{8\pi\varepsilon_0 l}\ln\left(\frac{2l+d}{d}\right)\right)$

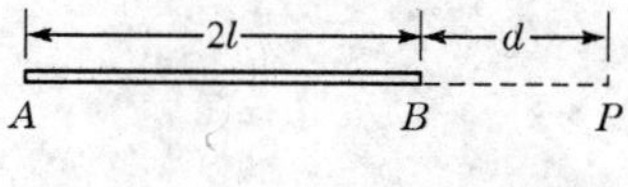

电学单元　习题五(电场与电势的关系)

班级__________　学号__________　姓名__________　成绩__________

1. 图中所示为静电场中的等势线,已知 $u_1-u_2=u_2-u_3$,比较 a、b 两点的电场强度的大小 E_a __________ E_b(填 >、= 或 <).

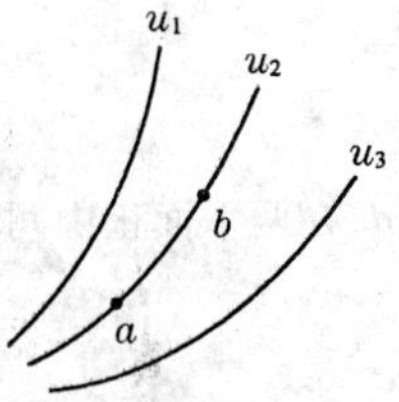

(第 1 题)

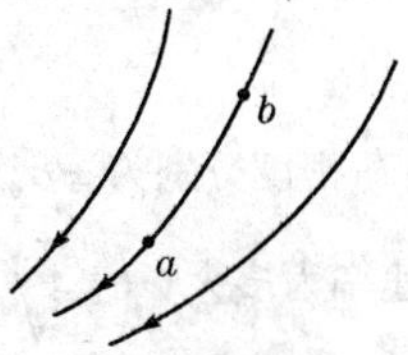

(第 2 题)

2. 图中所示为静电场的电场线,比较 a、b 两点的电势的大小 V_a ____________ V_b(填 >、= 或 <).

3. 设均匀带电圆环的半径为 R. 环上线电荷密度为 λ. 选无限远点为势能零点,求圆环轴线上任一点的电势. $\left(V=\dfrac{\lambda R}{2\varepsilon_0\sqrt{R^2+x^2}}\right)$

4. 设无限大均匀带电平面,其电荷密度为 σ_0. 若以它为电势零点,求其外与它相距为 a 处任意一点 P 的电势. $\left(V_P = -\dfrac{\sigma_0 a}{2\varepsilon_0}\right)$

5. 两无限大均匀带电平面,电荷密度分别为 $\pm\sigma_0$,相距为 d. 在两平面正中间释放一电子,设电子带电量为 e,则它到达带电平面时的速率为多大? $\left(v = \sqrt{-\dfrac{\sigma_0 ed}{\varepsilon_0 m}}\right)$

6. 如图所示,真空二极管由半径分别为 R_1、R_2 的同轴圆柱面构成. 已知 $R_1 = 5\times10^{-4}$(m)、$R_2 = 4.5\times10^{-3}$(m),外阳极比内阴极电势高 300 V. 忽略边缘效应,求电子刚脱离内阴极时所受的电场力($e = 1.6\times10^{-19}$ C).

$\left(F = \dfrac{ue}{R_1\cdot\ln\left(\dfrac{R_2}{R_1}\right)} = 4.37\times10^{-14}(\mathrm{N})\right)$

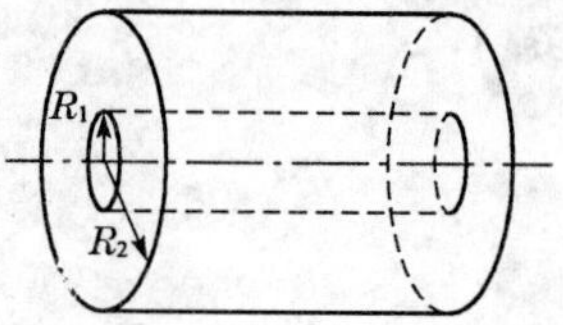

电学单元　习题六(静电场中的导体)

班级＿＿＿＿＿＿　学号＿＿＿＿＿＿　姓名＿＿＿＿＿＿　成绩＿＿＿＿＿＿

1. A、B 为两导体平板,平行放置,面积为 S(可视作无限大),起初 A 板带电量为 q_1,B 板带电量为 q_2. 如果 B 板接地,则 A、B 间的电场强度为＿＿＿＿＿＿.

2. 在内、外半径分别为 R_1、R_2 的导体球壳中心有一点电荷 q,求场强与电势的分布.

$\left(r<R_1: E_1=\dfrac{q}{4\pi\varepsilon_0 r^2}, V_1=\dfrac{q}{4\pi\varepsilon_0}\left(\dfrac{1}{r}-\dfrac{1}{R_1}+\dfrac{1}{R_2}\right); R_1<r<R_2: E_2=0, V_2=\dfrac{q}{4\pi\varepsilon_0 R_2}; r>R_2: E_3=\dfrac{q}{4\pi\varepsilon_0 r^2}, V_3=\dfrac{q}{4\pi\varepsilon_0 r}\right)$

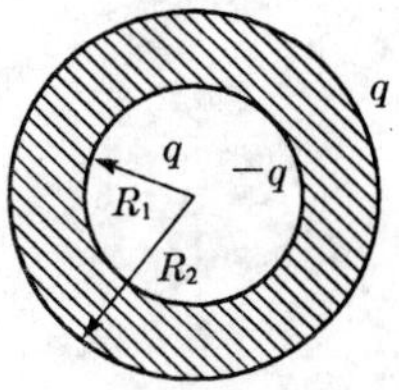

3. 取无限远处为电势零点，半径为 R 的导体球带电后其电势为 u_0，则该导体球带电量 Q 为____________，球外离球心 r 处的电场强度大小为________________.

4. 直径为 16 cm 和 10 cm 的两金属薄球壳同心放置. 外球壳电量 $q = 8.0 \times 10^{-9}$ C，内球相对于无限远处的电势 $V_0 = 2\,700$ V. 则内球壳带电量为多少？今用细导线将两者连接，两球的电势变为多少？(10^{-8} C, 2 025 V)

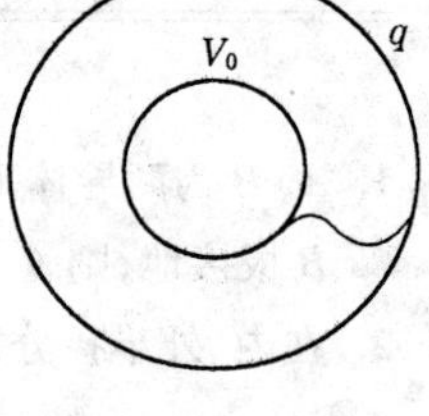

电学单元　习题七(静电场中的介质　电容　电场能)

班级________　学号________　姓名________　成绩________

1. 一平行板电容器面积为 S,相距为 d. 则该空气平行板电容器电容为________,若其间充满相对电容率为 ε_r 的电介质. 则该介质平行板电容器电容为________.

2. 一平行板电容器充电以后,将其中的一半充以各向同性的介质,则Ⅰ、Ⅱ两部分的电场强度__________,电位移矢量________,极板上的自由电荷面密度__________.(填相等或不相等)

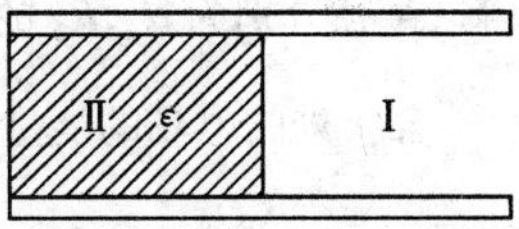

3. 一导体球外充满了相对电容率为 ε_r 的介质,若测得导体表面附近的电场为 E,则导体球面上自由电荷面密度为__________.

4. 一平行板电容器,中间填有相对电容率为 ε_r 的均匀介质. 电容与电源相联,极板间的电压为 u_0. 设极板面积为 S,极板间距为 d. 求:(1) 此电容器的电容 C;(2) 极板上的自由电荷密度 σ_0;(3) 介质中的电场强度 $\boldsymbol{E}$,电位移矢量 $\boldsymbol{D}$ 的大小;(4) 介质表面的极化电荷密度 σ'. $\left((1)\ C=\dfrac{\varepsilon_0\varepsilon_r S}{d};(2)\ \sigma_0=\dfrac{Cu}{S}=\dfrac{\varepsilon_0\varepsilon_r u_0}{d};(3)\ |\boldsymbol{E}|=\dfrac{u_0}{d}\quad |\boldsymbol{D}|=\sigma_0;(4)\ \sigma_1'=\dfrac{\varepsilon_0 u_0}{d}(\varepsilon_r-1)\right)$

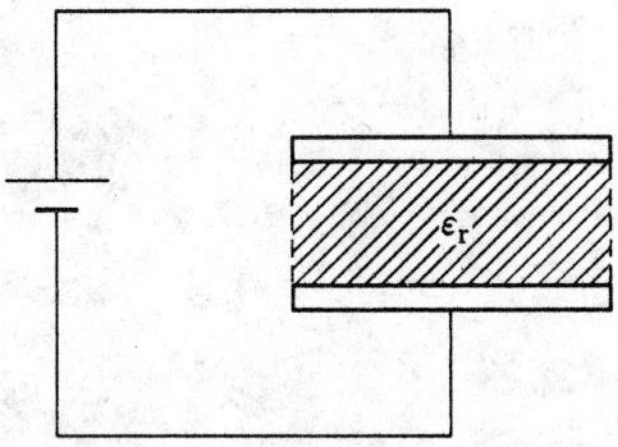

5. 用力 F 将介质板从电容器中拉出. 在如图所示的两种情况下,电容器中储存的电场能将 （　　）

（A）都增加　　（B）都减少　　（C）（a）增加（b）减少　　（D）（a）减少（b）增加

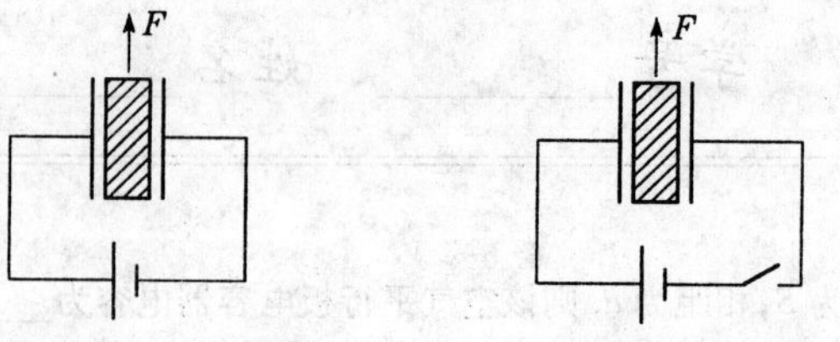

（a）充电后仍与电源连接　　（b）充电后与电源断开

6. 半径分别为 R_1、R_2 的同轴圆柱面,长为 l,分别带电 q、$-q$,充有电容率为 ε 的电介质.（1）求电介质离轴 r 处的电场的能量密度;（2）电容器的电容;（3）电容器储存的总能量. $\left((1)\ \dfrac{q^2}{8\pi^2\varepsilon r^2 l^2};(2)\ \dfrac{2\pi\varepsilon l}{\ln\left(\dfrac{R_2}{R_1}\right)};\right.$ $\left.(3)\ \dfrac{q^2}{4\pi\varepsilon l}\ln\left(\dfrac{R_2}{R_1}\right)\right)$

(电)磁学单元　习题一(电流的磁场)

班级________　学号________　姓名________　成绩________

1. 如图所示,两根长直导线互相平行地放置,导线内电流大小相等均为 $I = 10$ A,方向相同,求图中 M、N 两点的磁感强度 B 的大小和方向(图中 $r_0 = 0.020$ m).($B_M = 0, B_N = 1 \times 10^{-4}$ T、向左)

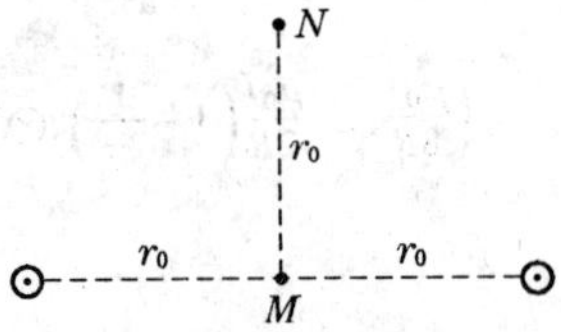

2. 已知地球北极(地理北极可视作地磁南极)地磁场磁感强度 B 的大小为 6.0×10^{-5} T. 如图所示,如设想此地磁场是由地球赤道上一圆电流所激发,此电流有多大? 流向如何? (1.73×10^{9} A、自东向西)

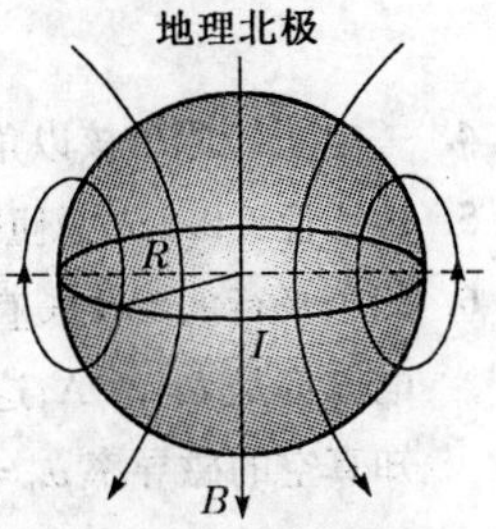

3. 如图所示，几种载流导线在平面内分布，电流均为 I，它们在 O 点的磁感强度各为多少？

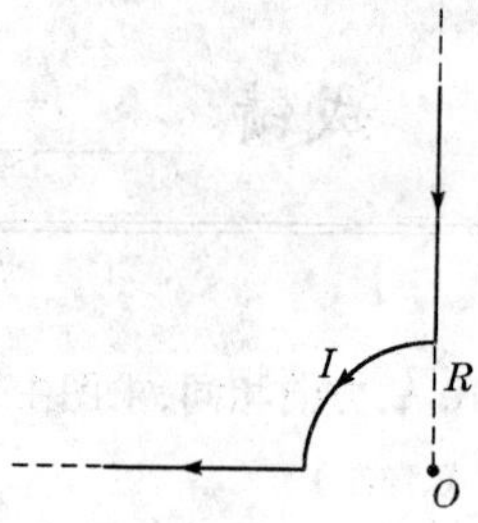

(a)

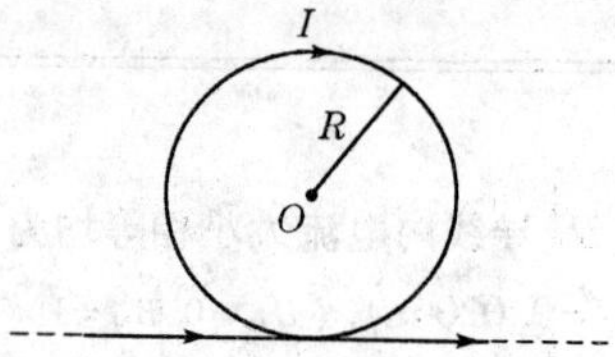

(b)

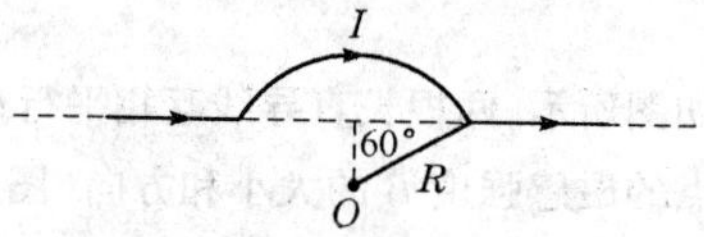

(c)

$\left(\dfrac{\mu_0 I}{8R}、\odot，\dfrac{\mu_0 I}{2R}\left(1-\dfrac{1}{\pi}\right)、\otimes，0.21\dfrac{\mu_0 I}{R}、\otimes\right)$

4. 一电子绕原子核以角速度 ω 作半径为 a_0 的圆周运动，则该电子于核处磁感强度 $\boldsymbol{B}$ 的大小为________.

5. 螺线管长 0.5 m，总匝数 $N=2\,000$，问当通以 1 A 的电流时，管内中央部分的磁感强度 $\boldsymbol{B}$ 的大小为________.

6. 四条平行的无限长直导线，垂直通过边长为 $a=20$ cm 的正方形顶点，每条导线中的电流都是 $I=20$ A，这四条导线在正方形中心 O 点产生的磁感应强度的大小为(已知真空的磁导率 $\mu_0=4\pi\times10^{-7}$ T·m/A)　　(　　)

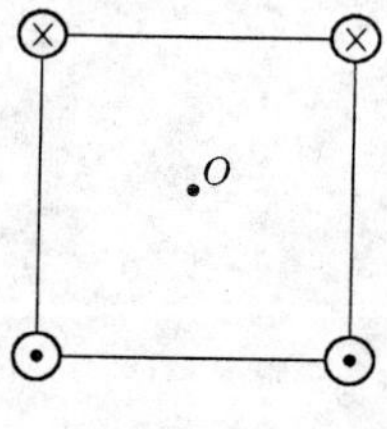

(A) $B=0$

(B) $B=0.4\times10^{-4}$ T

(C) $B=0.8\times10^{-4}$ T

(D) $B=1.6\times10^{-4}$ T

(电)磁学单元　习题二(磁通量)

班级________　学号________　姓名________　成绩________

1. 一个半径为 r 的半球面如图放在均匀磁场中,通过半球面的磁通量为（　　）

（A）$2\pi r^2 B$

（B）$\pi r^2 B$

（C）$2\pi r^2 B\cos\alpha$

（D）$\pi r^2 B\cos\alpha$

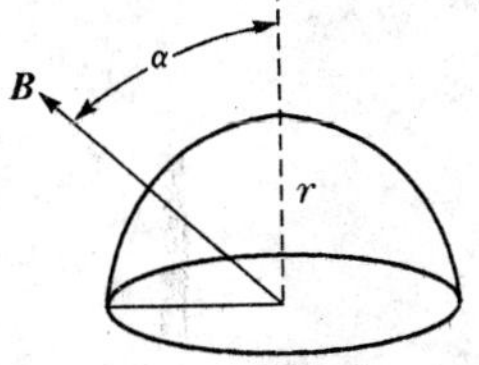

2. 已知一均匀磁场的磁感强度 $B=2$ T,方向沿 x 轴正方向,如图所示 $abefdc$ 为直三棱柱,试求:

（1）通过图中 $abcd$ 表面的磁通量;

（2）通过图中 $befc$ 表面的磁通量;

（3）通过图中 $aefd$ 表面的磁通量.

（（1）$\Phi_{abcd}=-0.24$ Wb;（2）$\Phi_{befc}=0$;（3）$\Phi_{aefd}=0.24$ Wb）

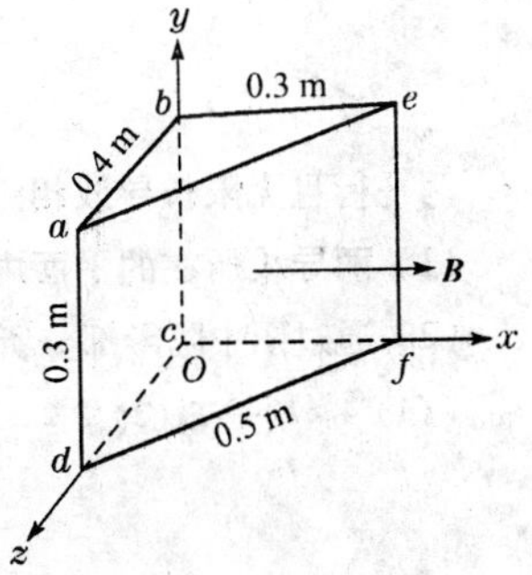

3. 如图所示,载流长直导线的电流为 I,试求通过图示矩形面积的磁通量. $\left(\frac{\mu_0 Il}{2\pi}\ln\frac{d_2}{d_1}\right)$

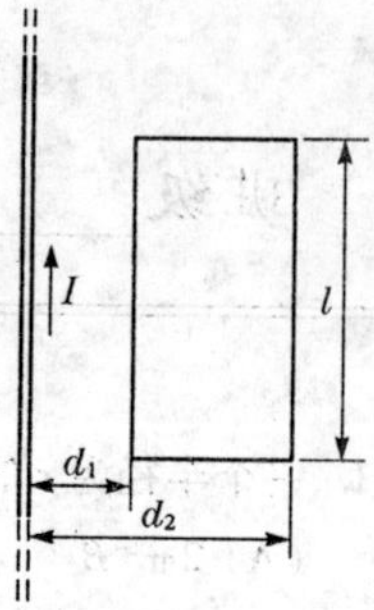

4. 两平行且无限长导线相距 $d = 0.4$ m,每根导线载有电流 $I_1 = I_2 = 20$ A,方向如图所示. 求:

(1) 两导线所在的平面内与该两导线等距离的一点 A 处的磁感强度.

(2) 通过图中阴影部分所示的面的磁通量. ($r_1 = r_3 = 0.1$ m, $l = 0.25$ m)

((1) 4×10^{-5} T;(2) 2.2×10^{-6} Wb)

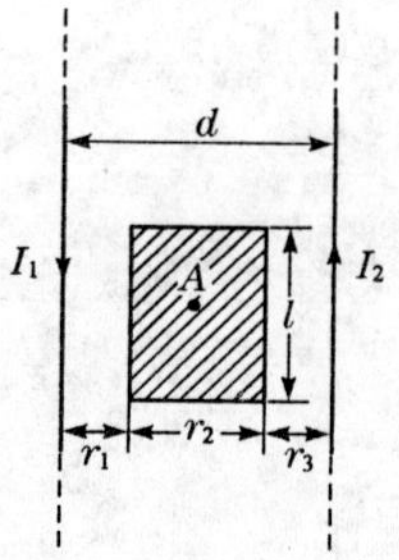

(电)磁学单元　习题三(安培环路定律)

班级＿＿＿＿＿　学号＿＿＿＿＿　姓名＿＿＿＿＿　成绩＿＿＿＿＿

1. 下列说法正确的是　　(　　)

(A) 闭合回路上各点磁感强度都为零时,回路内一定没有电流穿过

(B) 闭合回路上各点磁感强度都为零时,回路内穿过电流的代数和必定为零

(C) 磁感强度沿闭合回路的积分为零时,回路上各点的磁感强度必定为零

(D) 磁感强度沿闭合回路的积分不为零时,回路上任意一点的磁感强度都不可能为零

2. 在图(a)和(b)中各有一半径相同的圆形回路 L_1、L_2,圆周内有电流 I_1、I_2,其分布相同,且均在真空中,但在(b)图中 L_2 回路外有电流 I_3,P_1、P_2 为两圆形回路上的对应点,则　　(　　)

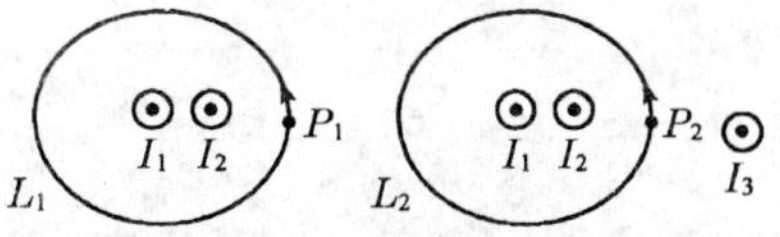

(a)　　(b)

(A) $\oint_{L_1} \boldsymbol{B} \cdot \mathrm{d}\boldsymbol{l} = \oint_{L_2} \boldsymbol{B} \cdot \mathrm{d}\boldsymbol{l}, B_{P_1} = B_{P_2}$

(B) $\oint_{L_1} \boldsymbol{B} \cdot \mathrm{d}\boldsymbol{l} \neq \oint_{L_2} \boldsymbol{B} \cdot \mathrm{d}\boldsymbol{l}, B_{P_1} = B_{P_2}$

(C) $\oint_{L_1} \boldsymbol{B} \cdot \mathrm{d}\boldsymbol{l} = \oint_{L_2} \boldsymbol{B} \cdot \mathrm{d}\boldsymbol{l}, B_{P_1} \neq B_{P_2}$

(D) $\oint_{L_1} \boldsymbol{B} \cdot \mathrm{d}\boldsymbol{l} \neq \oint_{L_2} \boldsymbol{B} \cdot \mathrm{d}\boldsymbol{l}, B_{P_1} \neq B_{P_2}$

3. 两根长度相同的细导线分别密绕在半径为 R 和 r 的两个长直圆筒上形成两个螺线管,两个螺线管的长度相同,$R=2r$,螺线管通过的电流相同都为 I,则螺线管中的磁感强度大小 B_R、B_r 满足　　(　　)

(A) $B_R = 2B_r$　　(B) $B_R = B_r$

(C) $2B_R = B_r$　　(D) $B_R = 4B_r$

4. 已知半径为 $R = 1.8 \times 10^{-3}$ m 的裸铜线允许通过 50 A 电流而不致导电过热,电流在导线横截面上均匀分布.求导线内、外磁感强度的分布.$\left(B = 3.09r\ \mathrm{T \cdot m^{-1}}\ (r<R); B = \frac{10^{-5}}{r}\ \mathrm{T \cdot m}\ (r>R)\right)$

5. 有一同轴电缆,其尺寸如图所示. 两导体中的电流均为 I,但电流的流向相反,导体的磁性可不考虑. 试计算以下各处的磁感强度:(1) $r < R_1$;(2) $R_1 < r < R_2$;(3) $R_2 < r < R_3$;(4) $r > R_3$. 画出 $B-r$ 图线. $\left(\frac{\mu_0 Ir}{2\pi R_1^2};\frac{\mu_0 I}{2\pi r};\frac{\mu_0 I}{2\pi r}\frac{R_3^2 - r^2}{R_3^2 - R_2^2}\right.$; 0, 图线略$\left.\right)$

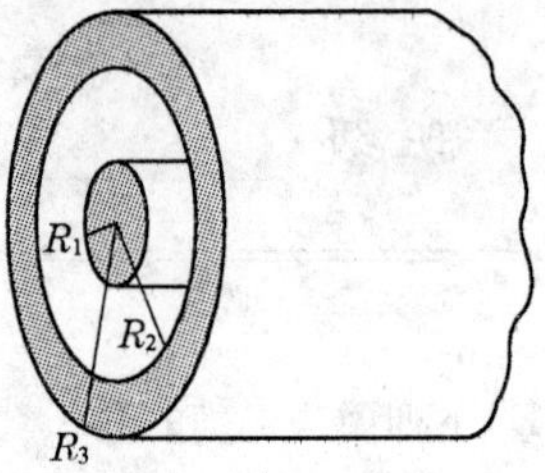

6. 如图所示,N 匝线圈均匀密绕在截面为长方形的中空骨架上,求通入电流 I 后环内外磁场的分布. $\left(r < R_1: B = 0; R_1 < r < R_2: B = \frac{\mu_0 NI}{2\pi r}; r > R_2: B = 0\right)$

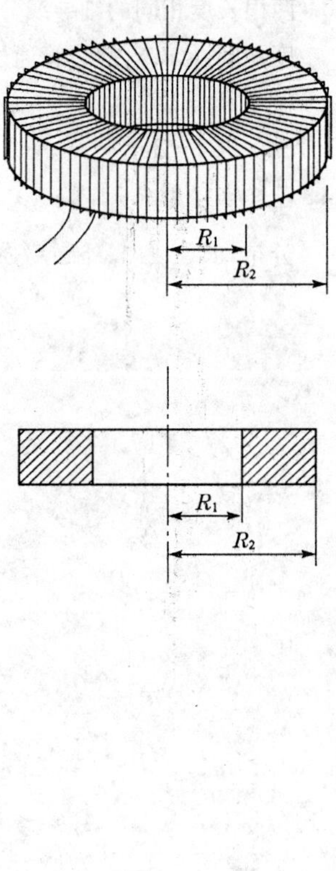

(电)磁学单元　习题四(磁场对电流的作用)

班级________　学号________　姓名________　成绩________

1. 已知地面上空某处地磁场的磁感强度 $B = 0.4 \times 10^{-4}$ T,方向向北. 若宇宙射线中有一速率 $v = 5.0 \times 10^{7}$ $m \cdot s^{-1}$的质子垂直地通过该处,则它受到洛伦兹力的方向为________,洛伦兹力的大小为________.

2. 从太阳射来的速率为 0.80×10^{7} $m \cdot s^{-1}$ 的电子进入地球赤道上空高层范艾伦辐射带中,该处磁场为 4.0×10^{-7} T,此电子回转轨道半径为________,若电子沿地球磁场的磁感线旋进到地磁北极附近,地磁北极附近磁场为 2.0×10^{-5} T,其轨道半径为________.

3. 带电粒子在过饱和液体中运动,会留下一串气泡显示出粒子运动的径迹. 设在气泡室有一质子垂直于磁场飞过,留下一个半径为 3.5 cm 的圆弧径迹,测得磁感强度为 0.20 T,则此质子的动量为________,能量为________.

4. 如图所示,一根长直导线载有电流 $I_1 = 30$ A,矩形回路载有电流 $I_2 = 20$ A. 试计算作用在回路上的合力. 已知 $d = 1.0$ cm,$b = 8.0$ cm,$l = 0.12$ m. (1.28×10^{-3} N)

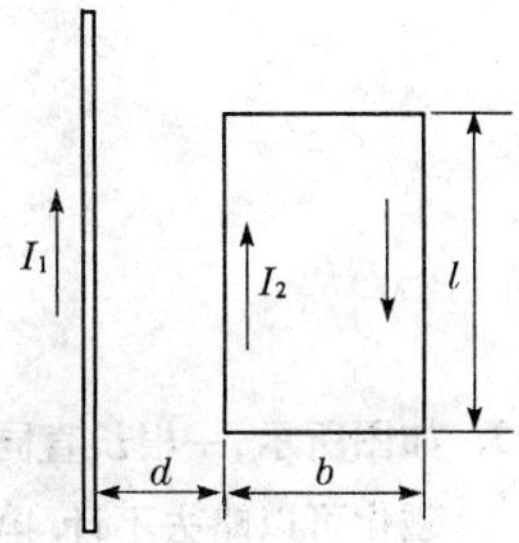

5. 如图，"无限长"直导线通有电流 I_1，在其旁放一载有电流 I_2 的直导线 AB，长为 l，与 I_1 共面且垂直于 I_1，近端与 I_1 相距为 d，试求：AB 导线受到安培力的大小和方向. $\left(\frac{\mu_0 I_1 I_2}{2\pi}\ln\frac{d+l}{d}\right)$

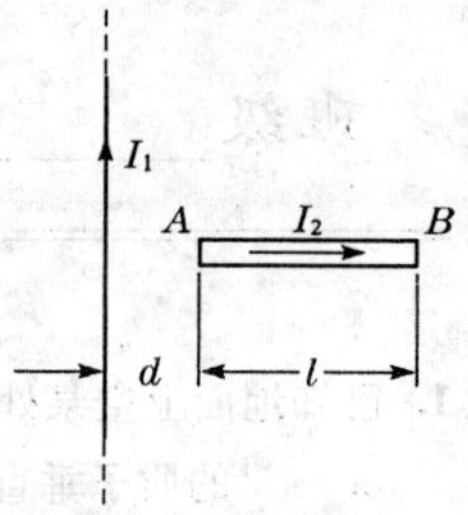

6. 半径为 R 的圆形线圈，可绕 OO' 轴转动，通有电流 I，放在磁感强度为 $\boldsymbol{B}$ 的均匀磁场中，磁场方向与线圈平行，如图所示，求线圈所受到的磁力矩. ($\pi R^2 IB$　沿 OO'方向)

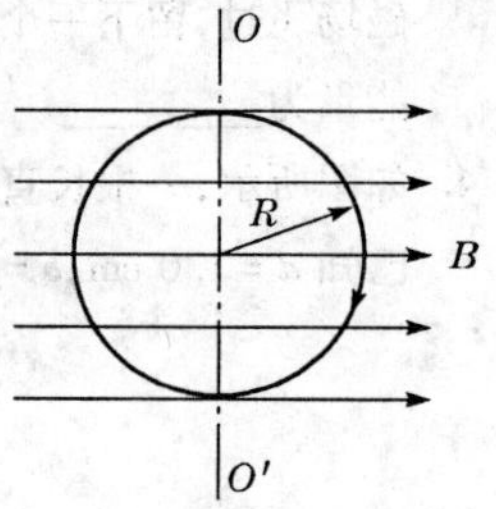

7. 如图所示，一根长直同轴电缆，内、外导体之间充满磁介质，磁介质的相对磁导率为 μ_r ($\mu_r < 1$)，导体的磁化可以略去不计. 电缆沿轴向有稳恒电流 I 通过，内外导体上电流的方向相反. 求空间各区域内的磁感强度.（设导体的相对磁导率为 1）$\left(r<R_1:\frac{\mu_0 Ir}{2\pi R_1^2};R_1<r<R_2:\frac{\mu_0\mu_r I}{2\pi r};R_2<r<R_3:\frac{\mu_0 I}{2\pi r}\frac{R_3^2-r^2}{R_3^2-R_2^2};r>R_3:0\right)$

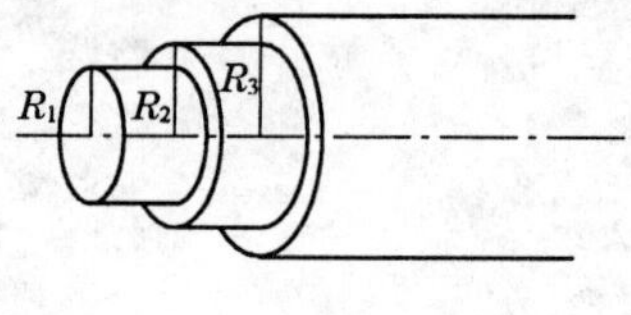

(电)磁学单元　习题五(电磁感应定律)

班级__________　学号__________　姓名__________　成绩__________

1. 一根无限长平行直导线载有电流 I,一矩形线圈位于导线平面内沿垂直于载流导线方向以恒定速率运动(如图),则　(　　)

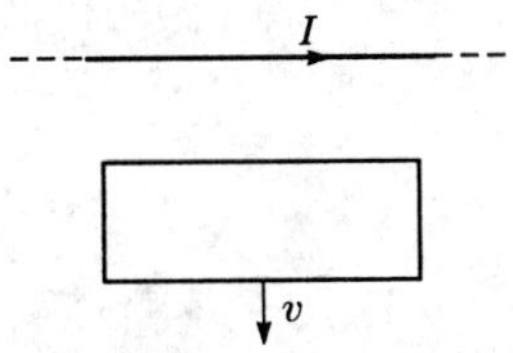

(A) 线圈中无感应电流

(B) 线圈中感应电流为顺时针方向

(C) 线圈中感应电流为逆时针方向

(D) 线圈中感应电流方向无法确定

2. 将形状完全相同的铜环和木环静止放置在交变磁场中,并假设通过两环面的磁通量随时间的变化率相等,不计自感,则　(　　)

(A) 铜环中有感应电流,木环中无感应电流　(B) 铜环中有感应电流,木环中有感应电流

(C) 铜环中感应电场大,木环中感应电场小　(D) 铜环中感应电场小,木环中感应电场大

3. 一铁芯上绕有线圈 100 匝,已知铁芯中磁通量与时间的关系为 $\Phi = 8.0 \times 10^{-5}\sin 100\pi t$,式中 Φ 的单位为 Wb,t 的单位为 s. 在 $t = 1.0 \times 10^{-2}$ s 时,线圈中的感应电动势大小为__________.

4. 一磁场垂直于图示的闭合回路,取顺时针方向为绕行正向,磁通量 $\Phi = (6t^2 + 7t + 1) \times 10^{-3}$ Wb. 试求:(1) $t = 2$ s 时,感应电动势大小如何?(2) $t = 2$ s 时,电流的方向如何?((1) 3.1×10^{-2} V;(2) 逆时针向)

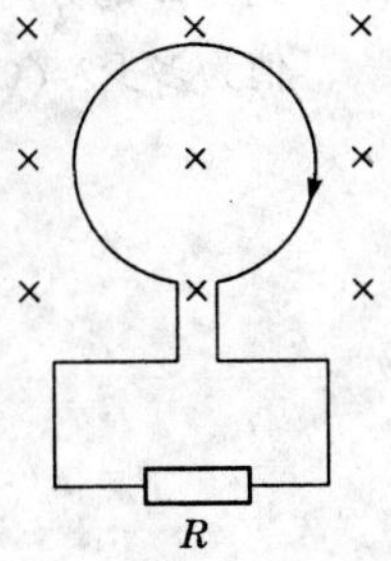

5. 如图所示，一长直导线中通有 $I=5.0$ A 的电流，在距导线 9.0 cm 处，放一面积为0.10 cm^2，10 匝的小圆线圈，线圈中的磁场可看作是均匀的. 今在 1.0×10^{-2} s 内把此线圈移至距长直导线 10.0 cm 处. 求：(1) 线圈中平均感应电动势；(2) 设线圈的电阻为 1.0×10^{-2} Ω，求通过线圈横截面的感应电荷. ((1) 1.11×10^{-8} V　顺时针；(2) 1.11×10^{-8} C)

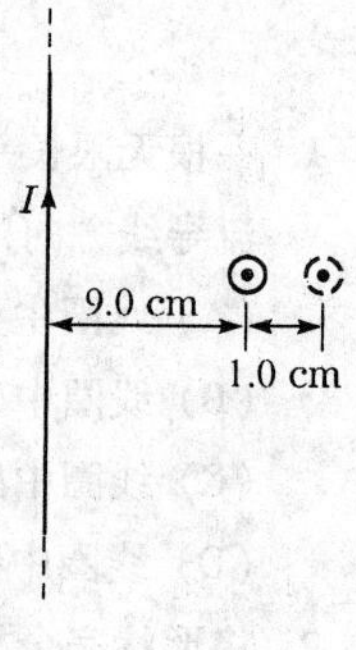

6. 有一测量磁感强度的线圈，其截面积 $S=4.0$ cm^2，匝数 $N=160$ 匝，电阻 $R=50$ Ω. 线圈与一内阻 $R_i=30$ Ω 的冲击电流计相连. 若开始时线圈的平面与均匀磁场的磁感强度 $\boldsymbol{B}$ 相垂直，然后线圈的平面很快地转到与 $\boldsymbol{B}$ 的方向平行. 此时从冲击电流计中测得电荷值 $q=4.0\times10^{-5}$ C. 问此均匀磁场的磁感强度 $\boldsymbol{B}$ 的值为多少？(0.05 T)

(电)磁学单元　习题六(动生电动势)

班级________　学号________　姓名________　成绩________

1. 导线在磁场中切割磁力线运动而产生的电动势为动生电动势,其对应的非静电场强 $\boldsymbol{E}_k=$________,其非静电力是________力.

2. 如图所示,把一半径为 R 的半圆形导线 OP 置于磁感强度为 $\boldsymbol{B}$ 的均匀磁场中,当导线 OP 以匀速率 v 向右移动时,求导线中感应电动势 $\mathscr{E}$ 的大小.哪一端电势较高?($2BvR$,P 端高)

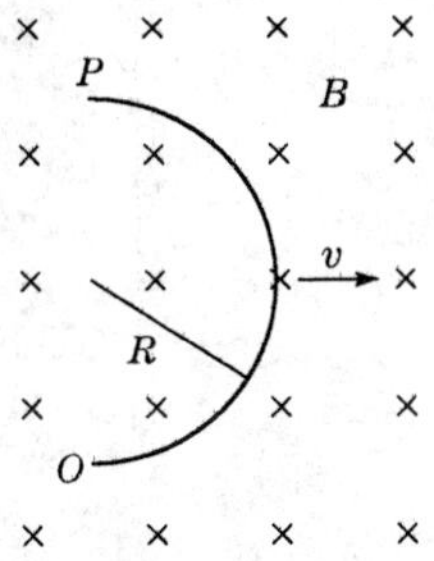

3. 长度为 L 的铜棒,以距端点 r 处为支点,并以角速率 ω 绕通过支点且垂直于铜棒的轴转动(如图所示).设磁感强度为 $\boldsymbol{B}$ 的均匀磁场与轴平行,求棒两端的感应电动势大小.$\left(\frac{1}{2}\omega B(L^2-2Lr)\right)$

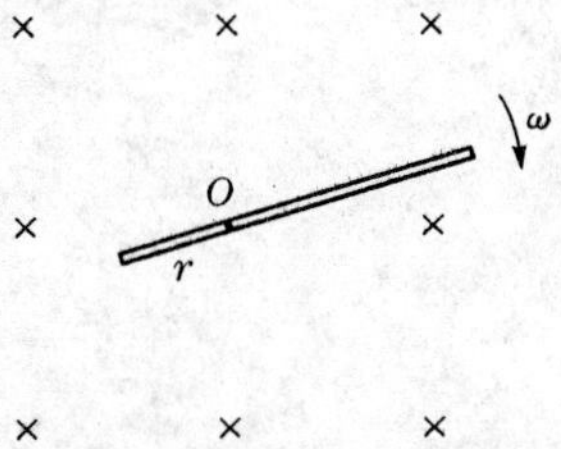

4. 如图所示,金属杆 AB 以匀速率 $v=2.0\ \mathrm{m\cdot s^{-1}}$ 平行于一长直导线移动,此导线通有电流 $I=40$ A. 求杆中的感应电动势,杆的哪一端电势较高?(3.84×10^{-5} V,A 端高)

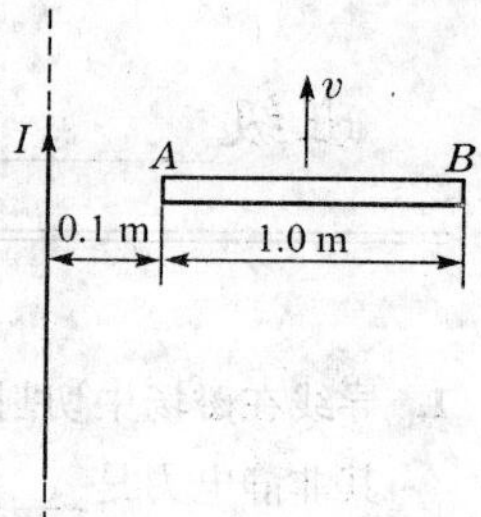

5. 如图所示,在一"无限长"载流直导线的近旁放置一个矩形导体线框,它们共面. 该线框在垂直于导线方向上以匀速率 v 向右移动. 求在图示位置处线框中的感应电动势的大小和方向.

$\left(\frac{\mu_0 I v l_2}{2\pi}\frac{l_1}{d(d+l_1)}\quad 顺时针方向\right)$

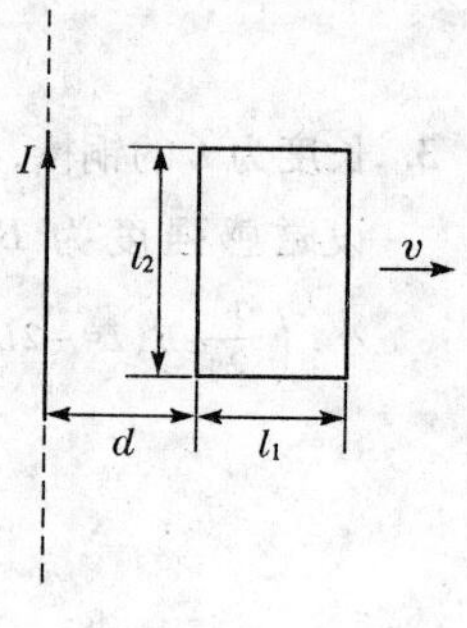

(电)磁学单元　习题七(感生电动势　自感)

班级＿＿＿＿＿　学号＿＿＿＿＿　姓名＿＿＿＿＿　成绩＿＿＿＿＿

1. 下列概念正确的是　（　　）

（A）感应电场是保守场

（B）感应电场的电场线是一组闭合曲线

（C）$\Phi_m = LI$,因而线圈的自感系数与回路的电流成反比

（D）$\Phi_m = LI$,回路的磁通量较大,回路的自感系数也一定大

2. 载流长直导线中的电流以$\frac{dI}{dt}$的变化率增长.若有一边长为 d 的正方形线圈与导线处于同一平面内,如图所示,求线圈中的感应电动势.$\left(\left(\frac{\mu_0 d}{2\pi}\ln 2\right)\frac{dI}{dt}\quad \text{顺时针向}\right)$

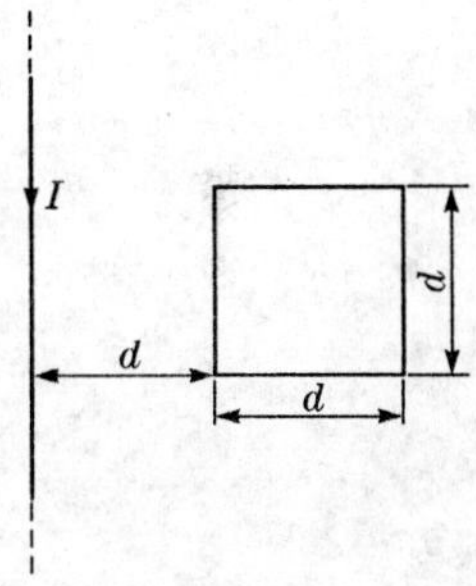

3. 半径为 R 的无限长圆柱形空间存在轴向均匀磁场,某时刻磁场方向如图所示,且以 $1\times10^{-2}\ \mathrm{T\cdot s^{-1}}$ 的速率减小,图中 a、b、c 为三点.试求:(1) 该三点处感应电场的大小及方向;(2) 若电子处在 c 点,受的力的大小和方向.其中 $r = 0.05$ m.$\left((1)\ E_{ka} = 2.5\times10^{-4}\ \mathrm{V\cdot m^{-1}}\quad \text{向左}, E_{kb} = 0, E_{kc} = 2.5\times10^{-4}\ \mathrm{V\cdot m^{-1}}\quad \text{向右};(2)\ F_c = 4\times10^{-23}\ \mathrm{N}\quad \text{向左}\right)$

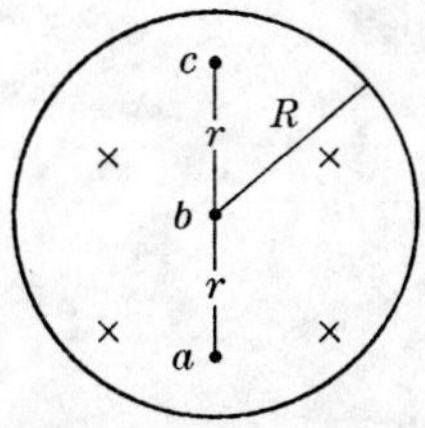

4. 截面积为长方形的环形均匀密绕螺绕环，其尺寸如图所示，共有 N 匝，求该螺绕环的自感 L. $\left(\frac{\mu_0 N^2 h}{2\pi}\ln\frac{R_2}{R_1}\right)$

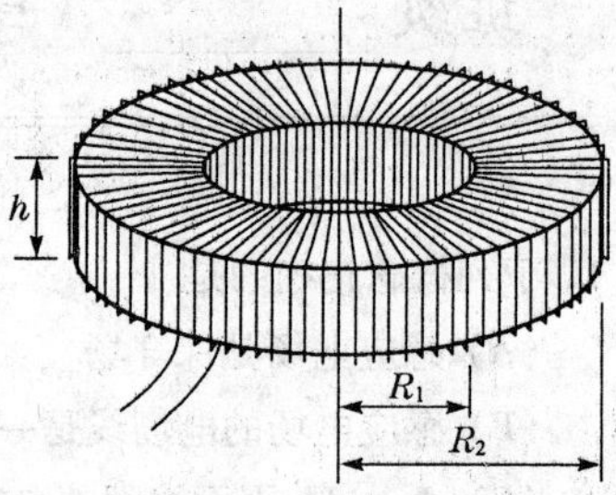

5. 如图所示，螺线管的管心是两个套在一起的同轴圆柱体，其截面积分别为 S_1 和 S_2，磁导率分别为 μ_1 和 μ_2，管长为 l，匝数为 N，求螺线管的自感（设管的截面很小）. $\left(\frac{N^2}{l}(\mu_1 S_1+\mu_2 S_2)\right)$

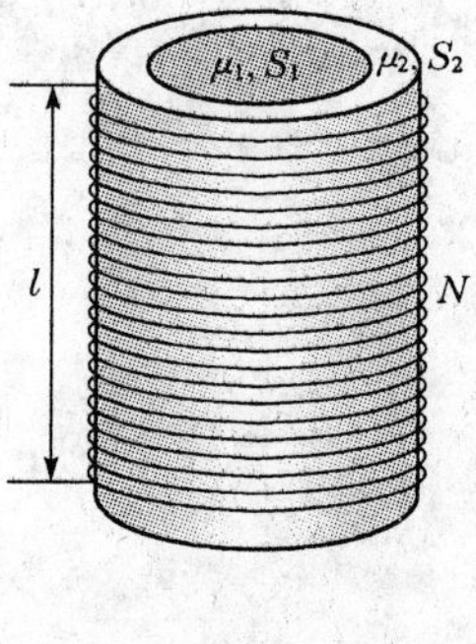

6. 如图所示，在一柱形纸筒上绕有两组相同线圈 AB 和 $A'B'$，每个线圈的自感均为 L，求：(1) A 和 A' 相接时，B 和 B' 间的自感 L_1；(2) A' 和 B 相接时，A 和 B' 间的自感 L_2. ((1) 0；(2) $4L$)

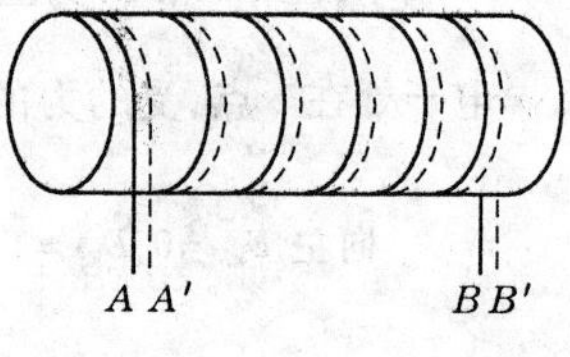

(电)磁学单元　习题八(互感等)

班级________　学号________　姓名________　成绩________

1. 有两个线圈,线圈 1 对线圈 2 的互感系数为 M_{21},而线圈 2 对线圈 1 的互感系数为 M_{12}. 若它们分别流过 i_1 和 i_2 的变化电流且 $\left|\frac{\mathrm{d}i_1}{\mathrm{d}t}\right| < \left|\frac{\mathrm{d}i_2}{\mathrm{d}t}\right|$,并设由 i_2 的变化在线圈 1 中产生的互感电动势为 ε_{12},由 i_1 的变化在线圈 2 中产生的互感电动势为 ε_{21},则下列论断正确的是　(　　)

(A) $M_{12}=M_{21}, \varepsilon_{21}=\varepsilon_{12}$　　(B) $M_{12}\neq M_{21}, \varepsilon_{21}\neq\varepsilon_{12}$

(C) $M_{12}=M_{21}, \varepsilon_{21}>\varepsilon_{12}$　　(D) $M_{12}=M_{21}, \varepsilon_{21}<\varepsilon_{12}$

2. 如图所示,一面积为 4.0 cm^2 共 50 匝的小圆形线圈 A,放在半径为 20 cm 共 100 匝的大圆形线圈 B 的正中央,两线圈同心且同平面. 设线圈 A 内各点的磁感强度可看作是相同的. 求:(1) 两线圈的互感;(2) 当线圈 B 中电流的变化率为 $-50\ \mathrm{A\cdot s^{-1}}$ 时,线圈 A 中感应电动势的大小和方向. ((1) 6.28×10^{-6} H;(2) 3.14×10^{-4} V,与 B 中电流方向相同)

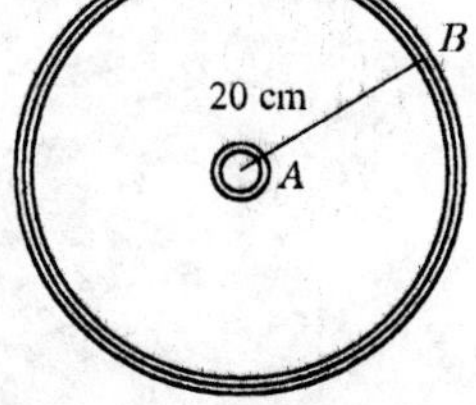

3. 如图所示,两同轴单匝圆线圈 A、C 的半径分别为 R 和 r,两线圈相距为 d. 若 r 很小,可认为线圈 A 在线圈 C 处所产生的磁场是均匀的. 求两线圈的互感. 若线圈 C 的匝数为 N 匝,则互感又为多少? $\left(\frac{\mu_0\pi R^2r^2}{2(R^2+d^2)^{3/2}}, \frac{\mu_0 N\pi R^2r^2}{2(R^2+d^2)^{3/2}}\right)$

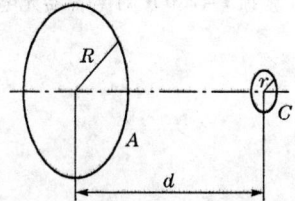

4. 对位移电流,下述说法正确的是　(　　)

(A) 位移电流的实质是变化的电场

(B) 位移电流和传导电流一样是定向运动的电荷

(C) 位移电流服从传导电流遵循的所有定律

(D) 位移电流的磁效应不服从安培环路定理

5. 一个直径为0.01 m，长为0.10 m的长直密绕螺线管，共1 000匝线圈，总电阻为7.76 Ω. 如把线圈接到电动势 $\varepsilon = 2.0$ V 的电池上，电流稳定后，线圈中所储存的磁能有多少？磁能密度是多少？（3.28×10^{-5} J，4.18 J·m^{-3}）

6. 在真空中，若一均匀电场中的电场能量密度与一0.50 T的均匀磁场中的磁场能量密度相等，则该电场的电场强度为多少？（1.5×10^{8} V·m^{-1}）

7. 设有半径 $R=0.20$ m的圆形平板构成的平行板电容器. 两板之间为真空，板间距离 $d=0.50$ cm，以恒定电流 $I=2.0$ A对电容器充电. 求位移电流密度（忽略平板电容器边缘效应，设电场是均匀的）.（15.9 A·m^{-2}）

热学单元　习题一（理想气体状态方程　压力公式等）

班级__________　学号__________　姓名__________　成绩__________

---

1. 在温度不太高、压力不太大的情况下，一定量的理想气体（指分子数 N 一定，质量 m' 一定，物质的量 ν 一定）宏观物理量压力、温度、体积之间存在着一定的关系，我们称之为理想气体状态方程. 用分子数描绘的状态方程为______________，用质量描绘的状态方程为______________，用物质的量描绘的状态方程为______________. 若以 $n=\dfrac{N}{V}$ 代入，n 为分子数密度，则状态方程为______________.

2. 两容器内分别盛有氮气、氦气，如果它们可视为理想气体，且温度和压强相同，则结论能成立的是　（　　）

(A) 单位体积内的分子数相同　　(B) 单位体积内质量相同

(C) 单位体积内分子的平均动能相同　　(D) 单位体积内内能相同

3. 若理想气体的压强为 p，体积为 V，温度为 T. 一个分子质量为 m_0，R 为普适常数，k 为玻耳兹曼常数，该气体的分子数为　（　　）

(A) $\dfrac{pV}{m_0}$　　(B) $\dfrac{pV}{kT}$　　(C) $\dfrac{pV}{RT}$　　(D) $\dfrac{pV}{m_0T}$

4. 三个容器 A、B、C 中装有同种理想气体，其分子数密度相同. 方均根速率之比为 $\sqrt{\overline{v_A^2}}:\sqrt{\overline{v_B^2}}:\sqrt{\overline{v_C^2}}=1:2:4$，则它们的压强之比 $p_A:p_B:p_C=$__________.

5. 一容器内贮有氧气，其压强 $p=2\times10^5$ Pa，温度为 $t=27$℃，求：(1) 分子数密度；(2) 氧气密度；(3) 分子的平均平动能；(4) 分子间的平均距离.

((1) 4.83×10^{24} ($\mathrm{m^{-3}}$)；(2) 2.57 $\mathrm{kg\cdot m^{-3}}$；(3) 6.21×10^{-21} J；(4) 2.7×10^{-7} m)

6. 在湖面下 50.0 m 处(温度为 4℃),有一体积为 1.0×10^{-5} m^3 的空气泡升到湖面上来,若湖面的温度为 17.0℃,求气泡到达湖面的体积.(取大气压强为 $P_0=1.013\times10^5$ Pa)(6.11×10^{-5} m^3)

7. 一篮球的直径为 24 cm,在 -3℃的冬天,用气筒对它打气,气筒长 30 cm,截面半径 1.5 cm,当球内温度为 7℃,压强为 2 atm 时(1 atm = 1.013×10^5 Pa)气筒打了多少次?(66 次)

热学单元　习题二(理想气体内能)

班级________　学号________　姓名________　成绩________

1. 一定量理想气体存放在一容器中,温度为 T. 若气体分子质量为 m,则分子速度在 x 方向的平均值 $\bar{v}_x=$ ____________,$\overline{v_x^2}=$ ____________.

2. 1 mol 刚性双原子分子理想气体,当绝对温度为 T 时其内能为 (　　)

(A) $\frac{3}{2}KT$　(B) $\frac{5}{2}RT$　(C) $\frac{5}{2}KT$　(D) $\frac{3}{2}RT$

3. 可视为理想气体的氢气压强为 P,体积为 V,它的内能为 (　　)

(A) $\frac{3}{2}PV$　(B) PV　(C) $\frac{1}{2}PV$　(D) $\frac{5}{2}PV$

4. 在体积为 $2.0\times10^{-3}\ m^3$ 的容器中,盛放有某种双原子理想气体,其内能 $E_i=6.75\times10^2$(J)

(1) 求气体的压强;

(2) 设分子总数 $N_0=5.4\times10^{22}$,求气体的温度和平均平动能.

((1) $p=1.35\times10^5$ Pa;(2) $T=362$ K,$\bar{\varepsilon}_k=7.49\times10^{-21}$ J)

5. 有 2×10^{-2} kg 的氢气装于 4×10^{-3} m^3 的容器中,其压强 $p=3.9\times10^5$ Pa. 此氢气分子的平均平动能多大? 氢分子的平均动能多大?

($\bar{\varepsilon}_k=3.89\times10^{-22}$ J; $\bar{\varepsilon}=6.48\times10^{-22}$ J)

6. 当氢气(视为双原子刚体分子气体)和氦气的压强,体积和温度都相等时,求它们的质量之比及内能之比. (1:2; 5:3)

热学单元　习题三(麦克斯韦速率分布律　平均碰撞次数与平均自由程)

班级＿＿＿＿＿　学号＿＿＿＿＿　姓名＿＿＿＿＿　成绩＿＿＿＿＿

1. 两种不同的理想气体,若它们的最概然速率相等,则它们的　(　　)

(A) 平均速率相等,方均根速率相等

(B) 平均速率相等,方均根速率不相等

(C) 平均速率不相等,方均根速率相等

(D) 平均速率不相等,方均根速率不相等

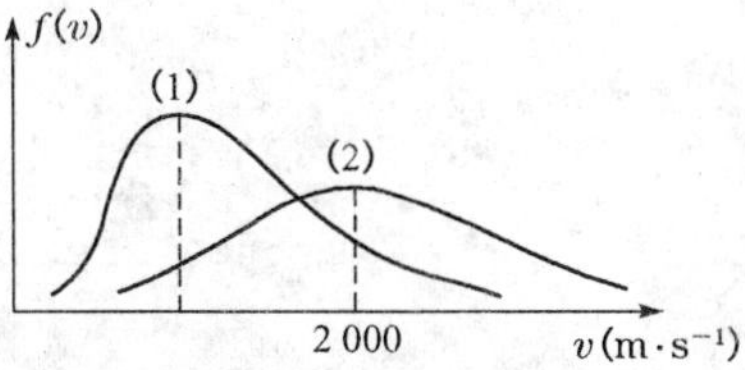

2. 如图,两条曲线分别为氧和氢气在同一温度下的速率分布函数,则氧气的最概然速率为　(　　)

(A) 2 000　　(B) 1 000

(C) 800　　(D) 500

3. 一定量的某种理想气体先经等压过程使其热力学温度升为原来的 2 倍,再经等压过程使其体积变为原来的 2 倍,则气体分子的平均自由程变为原来的＿＿＿＿＿＿倍.

4. 在一封闭的容器内,若理想气体的平均速率提高为原来的 2 倍,则温度和压强的变化为　(　　)

(A) 温度和压强都变为原来的 2 倍

(B) 温度变为原来的 2 倍,压强变为原来的 4 倍

(C) 温度变为原来的 4 倍,压强变为原来的 2 倍

(D) 温度和压强都变为原来的 4 倍

5. 在一个体积不变的容器中,储有一定量的某种理想气体,温度为 T_0 时,气体分子的平均速率为 $\bar{v}_0$,分子平均碰撞次数为 $\bar{Z}_0$,平均自由程为 $\bar{\lambda}_0$,当气体温度升高为 $4T_0$ 时,气体分子的平均速率 $\bar{v}$,平均碰撞频率 $\bar{Z}$ 和平均自由程 $\bar{\lambda}$ 分别为　(　　)

(A) $\bar{v}=4\bar{v}_0$, $\bar{Z}=4\bar{Z}_0$, $\bar{\lambda}=4\bar{\lambda}_0$　　(B) $\bar{v}=2\bar{v}_0$, $\bar{Z}=2\bar{Z}_0$, $\bar{\lambda}=\bar{\lambda}_0$

(C) $\bar{v}=2\bar{v}_0$, $\bar{Z}=2\bar{Z}_0$, $\bar{\lambda}=4\bar{\lambda}_0$　　(D) $\bar{v}=4\bar{v}_0$, $\bar{Z}=2\bar{Z}_0$, $\bar{\lambda}=\bar{\lambda}_0$

6. 目前实验室获得的极限真空约为 1.33×10^{-11} Pa,这与距地球表面 1.0×10^4 km 处的压强大致相等. 而电视机显像管的真空度为 1.33×10^{-3} Pa,试求在27℃时这两种不同压强下单位体积中的分子数及分子的平均自由程.(设气体分子的有效直径 $d=3.0\times10^{-8}$ cm)($3.21\times10^9\ \mathrm{m^{-3}}$、$7.8\times10^8$ m; $3.21\times10^{17}\ \mathrm{m^{-3}}$、7.8 m)

7. 在一定的压强下，温度为20℃时，氩气和氮气分子的平均自由程分别为 9.9×10^{-8} m 和 27.5×10^{-8} m. 试求：(1) 氩气和氮气分子的有效直径之比；(2) 当温度不变且压强为原值的一半时，氮气分子的平均自由程和平均碰撞频率.（(1) 1.67；(2) 5.5×10^{-7} m、$8.56\times10^{-8}\cdot s^{-1}$）

8. 有 N 个质量均为 m 的同种气体分子，它们的速率分布如图所示.(1) 说明曲线与横坐标所包围面积的含义；(2) 由 N 和 v_0 求 a 值；(3) 求速率在 $v_0/2$ 到 $3v_0/2$ 间隔内的分子数；(4) 求分子的平均平动动能.（(2) $2N/3v_0$；(3) $7N/12$；(4) $31mv_0^2/36$）

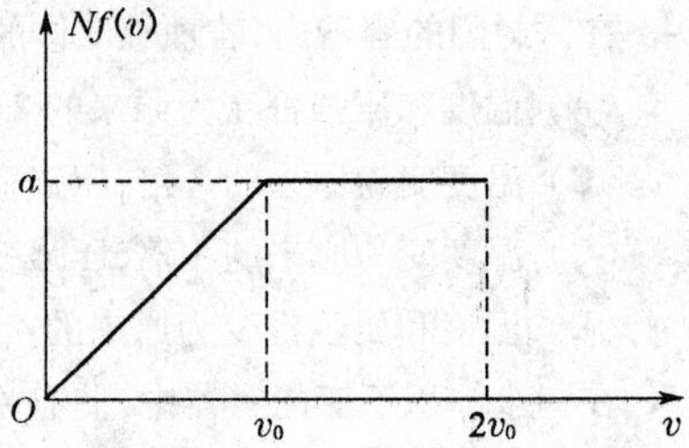

热学单元　习题四(热力学第一定律　理想气体等体、等压过程)

班级________　学号________　姓名________　成绩________

1. 一定量理想气体经过某一过程温度升高了,根据热力学第一定律可以判断　(　　)

(1) 该理想气体在此过程中做了功

(2) 在此过程中,外界对该理想气体系统做了正功

(3) 该理想气体内能增加了

(4) 在此过程中系统从外界吸热,同时对外做了正功

(A) (1)(3)　　(B) (2)(3)

(C) (3)　　(D) (3)(4)

(E) (4)

2. 对于双原子理想气体,在等压膨胀情况下,系统对外做功与吸收热量之比$\frac{W}{Q}=$　(　　)

(A) $\frac{1}{3}$　　(B) $\frac{1}{4}$

(C) $\frac{2}{5}$　　(D) $\frac{2}{7}$

3. 一定量的空气,吸收了1.71×10^3 J的热量,并保持在1.0×10^5 Pa下膨胀,体积从1.0×10^{-2} m^{3}增加到1.5×10^{-2} m^3,问空气对外作了多少功?它的内能改变了多少?(5.0×10^2 J, 1.21×10^3 J)

4. 一压强为1.0×10^5 Pa,体积为1.0×10^{-3} m^{3}的氧气自0℃加热到100℃,问:(1) 当压强不变时,需要多少热量?当体积不变时,需要多少热量?(2) 在等压或等体过程中各作了多少功?

((1) 128.1 J, 91.5 J; (2) 36.6 J, 0)

5. 如图所示，在绝热壁的气缸内盛有 1 mol 的氮气，活塞外为大气，氮气的压强为 1.51×10^5 Pa，活塞面积为 0.02 m^2. 从气缸底部加热，使活塞缓慢上升了 0.5 m. 问：(1) 气体经历了什么过程？(2) 气缸中的气体吸收了多少热量？(根据实验测定，已知氮气的摩尔定压热容 $C_{p,m}=29.12\ J\cdot mol^{-1}\cdot K^{-1}$，摩尔定体热容 $C_{V,m}=20.80\ J\cdot mol^{-1}\cdot K^{-1}$.) ((1) 等压过程；(2) 5.29×10^3 J)

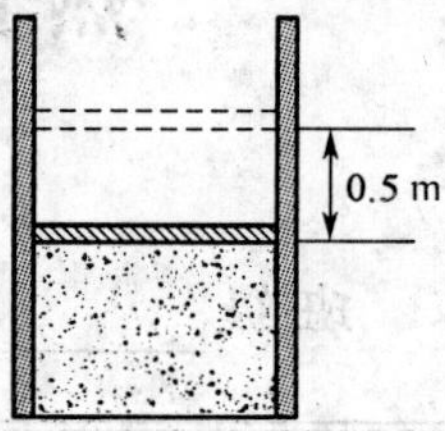

热学单元　习题五（理想气体等温、绝热过程等）

班级________　学号________　姓名________　成绩________

1. 总结理想气体 4 个典型过程，将有关公式填入下表.

过　程	过程方程	吸收热量 Q	对外做功 W	内能增加 ΔE
等　体	$V=C$			
等　压		$Q=\frac{m}{M}C_p\cdot\Delta T$		
等　温			$W=\frac{m}{M}RT\ln\left(\frac{V_2}{V_1}\right)$	
绝　热	$pV^{\gamma}=C$			

2. 一定量理想气体从同一状态 A 出发分别经等压、等温和绝热过程由体积 V_1 膨胀到体积 V_2. 在此三个过程中________对外做功最多，________对外做功最少；________内能增加，________内能减少；________吸热最多.

3. 一气缸内有 1 mol，温度为 27℃，压强为 1 atm 的氮气. 先使它等压膨胀到原体积的 2 倍，再使它等体升压到 2 atm，最后使它等温膨胀到 1 atm，求系统在全部过程中对外做功、吸收热量及内能的变化.

$\left(W=300R(1+4\ln2)=9.41\times10^{3}\ \text{J};\Delta E=\frac{15\times300}{2}R=1.87\times10^{4}\ \text{J};\Delta Q=2.81\times10^{4}\ \text{J}\right)$

4. 1 mol 氧气由状态 $A(p_1, V_1)$ 沿直线变化到 $B(p_2, V_2)$，求此变化过程中系统做功 W、内能改变 ΔE 和吸热量 Q.

$\left(W=\frac{1}{2}(p_1+p_2)(V_2-V_1)；\Delta E=\frac{5}{2}(p_2V_2-p_1V_1)；\right.$

$\left.Q=3(p_2V_2-p_1V_1)+\frac{1}{2}(p_1V_2-p_2V_1)\right)$

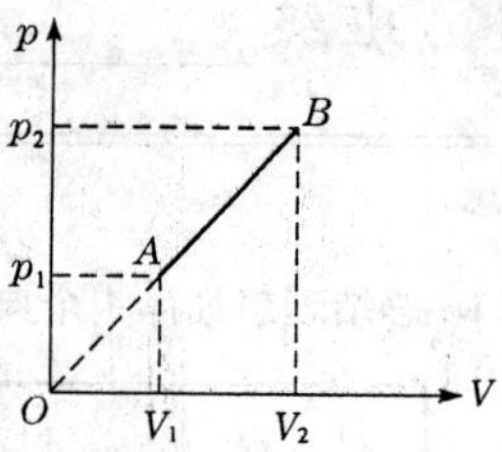

5. 如图所示，使 1 mol 氧气(1)由 A 等温地变到 B；(2)由 A 等体地变到 C，再由 C 等压地变到 B. 试分别计算氧气所作的功和吸收的热量.（(1) 2.77×10^3 J、2.77×10^3 J；(2) 2.0×10^3 J、2.0×10^3 J）

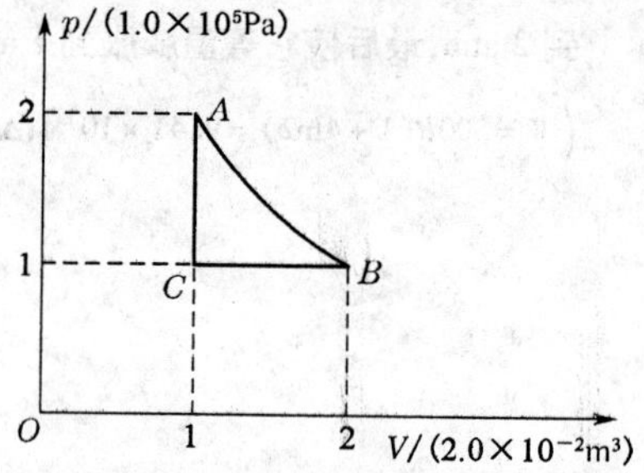

热力学单元　习题六(循环过程　热力学第二定律　熵)

班级________　学号________　姓名________　成绩________

1. 根据热力学第二定律　(　　)

(A) 自然界中一切自发过程都是不可逆的

(B) 不可逆过程就是不能向相反方向变化的过程

(C) 热量可以从高温物体传到低温物体,而不能从低温物体传向高温物体

(D) 任何过程都是沿着熵增加的方向进行的

2. 如图,理想气体在 $a \to b \to c$ 的过程中应是　(　　)

(A) 气体从外界净吸热,内能增加

(B) 气体从外界净吸热,内能减少

(C) 气体向外界净放热,内能增加

(D) 气体向外界净放热,内能减少

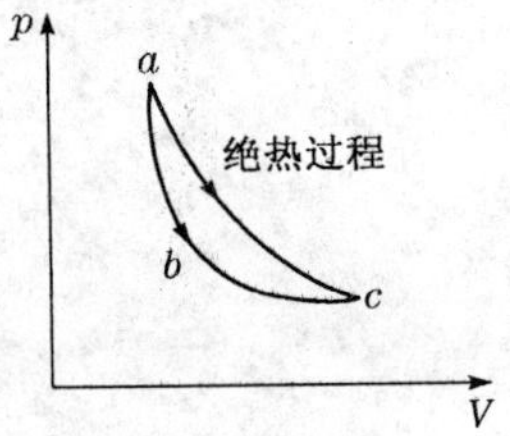

(第 2 题)

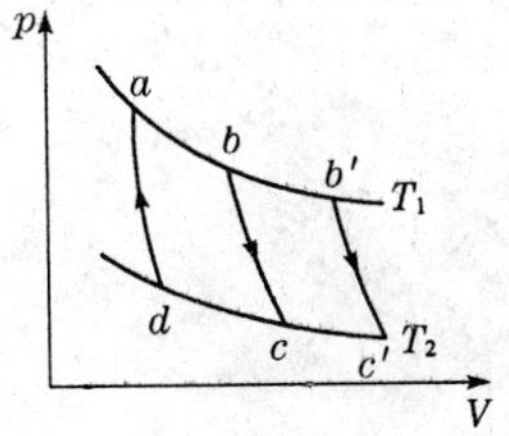

(第 3 题)

3. 图中所示,热机 M、N 所做卡诺循环的循环曲线分别为:M 机为 $abcda$,N 机为 $ab'c'da$. 若所做净功用 W 表示,效率用 η 表示,则　(　　)

(A) $W_M > W_N, \eta_M < \eta_N$　　(B) $W_M < W_N, \eta_M > \eta_N$

(C) $W_M = W_N, \eta_M = \eta_N$　　(D) $W_M < W_N, \eta_M = \eta_N$

4. 一绝热的容器被分割成两半,一半为真空,另一半为理想气体. 若把隔板抽出,气体进行绝热自由膨胀达到平衡后　(　　)

(A) 温度不变,熵增加　　(B) 温度下降,熵增加

(C) 温度不变,熵不变　　(D) 温度上升,熵增加

5. 有 1 mol 的理想气体做 $acba$ 循环,其中 acb 为半圆弧,ab 为等压过程,$p_c = 2p_a$. 设气体由 a 到 b 的等压过程吸热为 Q_{ab},则循环过程中净吸热量 Q ________ Q_{ab}.(填 >、= 或 <)

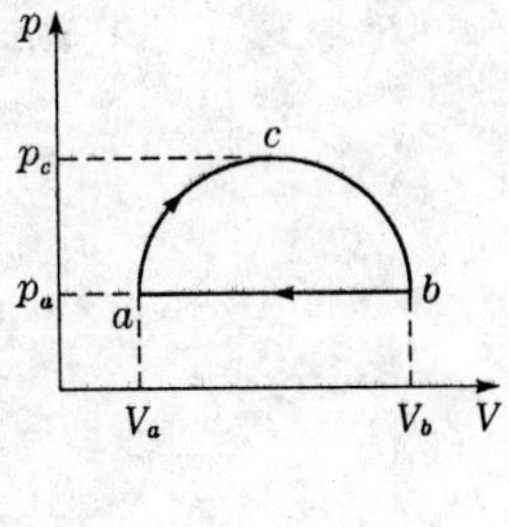

6. 一定量的理想气体经历由两个绝热过程和两个等压过程构成的正循环 $T_B=T_1$，$T_C=T_2$. 求循环的效率.

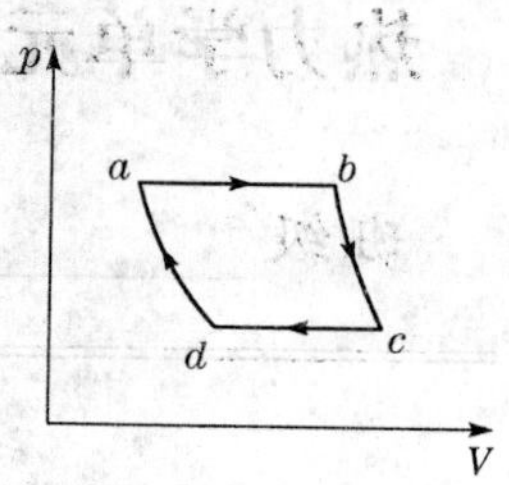

7. 当热源温度为 100℃和冷却器温度为 0℃时设一卡诺循环所做的净功为 800 J. 今维持冷却器温度不变，使卡诺循环的功增至 1.6×10^3 J，若此两循环工作于相同的绝热线之间，工作物质为理想气体，问热源的温度应变为多少？此时循环的效率多大？($T=473$ K；$\eta=0.423$)

***8.** 1 mol 理想气体的状态变化如图所示，其中 1–3 为等温线，1–2 为等压线、2–3 为等体线，试由两条变化曲线计算，从 1 到 3 状态过程中的熵变. (由 1–3：$\Delta S=R\ln2$　由 1–2–3：$\Delta S=R\ln2$)

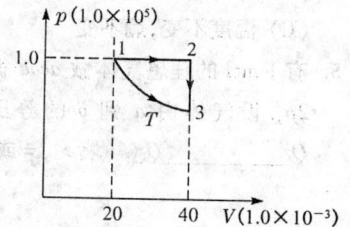

振动、波动单元　习题一（简谐运动方程和分析）

班级__________　学号__________　姓名__________　成绩__________

1. 水平弹簧振子，质量为 m，劲度系数为 K. 若该振子作自由振动，则振动的周期 $T=$__________，频率 $\nu=$__________，角频率 $\omega=$__________.

2. 竖直弹簧振子，自然平衡时弹簧的伸长量为 l_0，该振子作自由振动的周期 $T=$__________，角频率 $\omega=$__________，若从平衡位置向下拉 x_0 并由静止释放，则谐振动的振幅 $A=$__________.

3. 一单摆长为 l，质量为 m，若它作小幅自由振动，则振动周期 $T=$__________，频率 $\nu=$__________，角频率 $\omega=$__________.

4. 若一简谐运动方程为 $x=0.1\cos\left(\pi t+\dfrac{\pi}{4}\right)$(SI)求：(1)角频率，频率和周期；(2)初始时刻振子的位置 x_0 和速度 v_0；(3)若振子质量为 0.1 kg，$t=2$ s 时振子所受到的合外力 F. $\left((1)\ \pi\ \mathrm{s}^{-1},\ \dfrac{1}{2}\mathrm{Hz},\ 2\ \mathrm{s};\ (2)\ x_0=0.071\ \mathrm{m},\ v_0=-0.222\ \mathrm{m\cdot s^{-1}};\ (3)\ F=-0.070\ \mathrm{N}\right)$

5. 一简谐振动曲线如图所示，求(1) 谐振动方程；(2) $t=2$ s 时，质点的位移、速度.

$\left((1)\ x=6\times10^{-2}\cos\left(\frac{\pi}{2}t+\frac{\pi}{2}\right);\ (2)\ 0,\ 0.09\ ms^{-1}\right)$

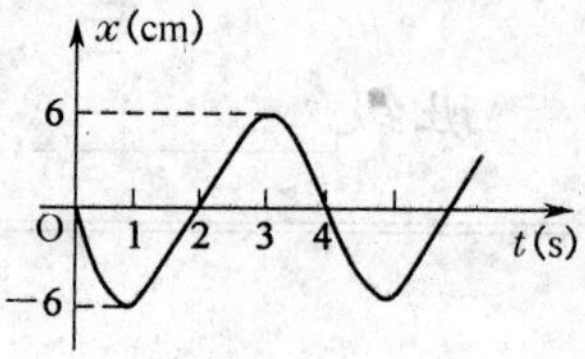

6. 一弹簧振子作简谐运动，振幅为 A，周期为 T，其运动方程用余弦函数表示，若 $t=0$ 时，处于下列状态，求谐振动方程.

(1) 振子在负的最大位移处；

(2) 振子在平衡位置向正方向运动；

(3) 振子在位移为 $A/2$ 处，且向负方向运动.

$\left((1)\ x=A\cos\left(2\pi\frac{t}{T}+\pi\right);\ (2)\ x=A\cos\left(2\pi\frac{t}{T}-\frac{\pi}{2}\right);\ (3)\ x=A\cos\left(2\pi\frac{t}{T}+\frac{\pi}{3}\right)\right)$

振动、波动单元　习题二（简谐运动方程　旋转矢量）

班级＿＿＿＿＿＿　学号＿＿＿＿＿＿　姓名＿＿＿＿＿＿　成绩＿＿＿＿＿＿

1. 一简谐运动的旋转矢量图如图所示，振幅矢量长 2 cm，则该简谐运动的初相为＿＿＿＿＿＿．运动方程为＿＿＿＿＿＿＿（SI）．

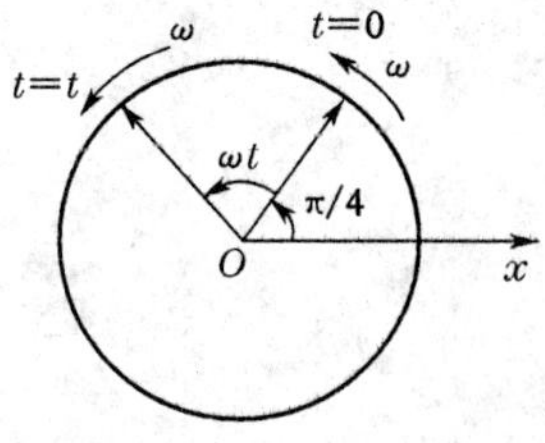

2. 一个质点作简谐运动，振幅为 A，在起始时刻质点的位移为 $-\dfrac{A}{2}$，且向 x 轴正方向运动，代表此简谐运动的旋转矢量为　　　　（　　）

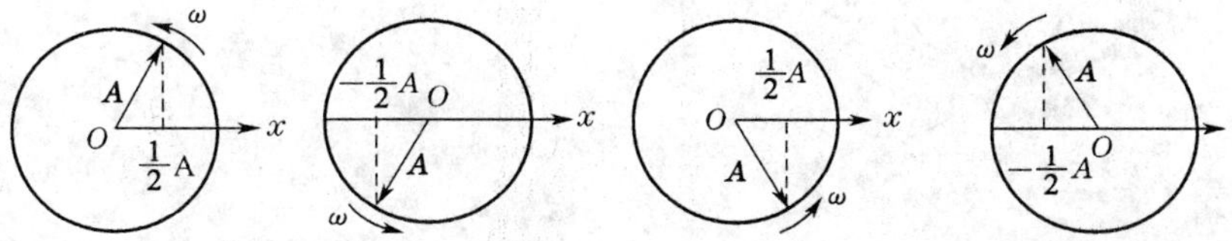

3. 已知两同频率简谐运动 x_1 和 x_2 的振动曲线如图所示，在下图中定性画出两简谐运动的旋转矢量 $\boldsymbol{A}_1$ 和 $\boldsymbol{A}_2$，x_1 的相位比 x_2 相位＿＿＿＿＿＿（填超前或滞后）＿＿＿＿＿＿．

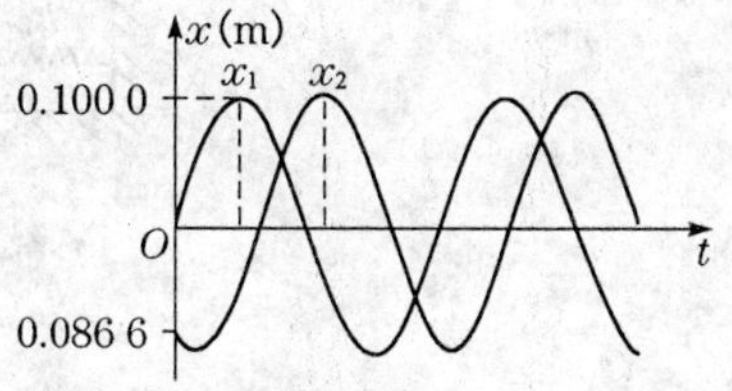

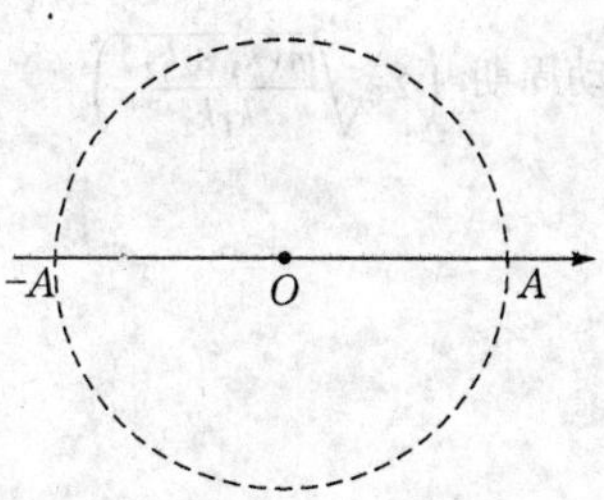

4. 一质点作简谐运动，其振动曲线如图所示：

（1）在同一旋转矢量图中，作出 $t=0$ s 和 $t=2$ s 时对应的旋转矢量，并由此求初相 φ 和角频率 ω；

（2）写出该简谐运动的方程．$\left(（1）略；（2）x=0.04\cos\left(\dfrac{7}{12}\pi t+\dfrac{4}{3}\pi\right)(\text{SI})\right)$

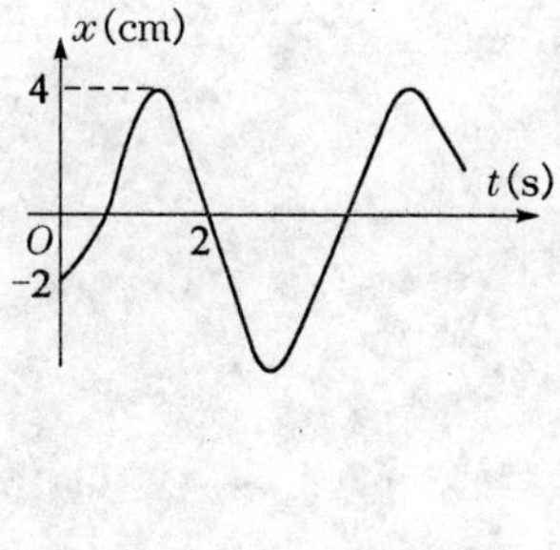

5. 如图所示，质量为0.01 kg的子弹，以500 m · s^{-1}的速度射入并嵌在质量为4.99 kg的木块中，同时压缩弹簧作简谐运动，已知弹簧劲度系数为8.0×10^3 N · m^{-1}，若以弹簧原长时物体m_2所在位置为坐标系原点，向右为x轴正向，求简谐运动方程. ($x=0.025\cos(40t+0.5\pi)$ (SI))

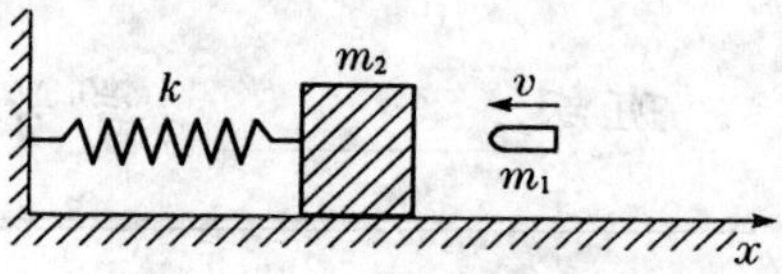

*6. 如图所示，两个轻弹簧，劲度系数分别为k_1、k_2，当物体在光滑水平面上振动时，证明振子m作简谐运动并求振动周期. $\left(2\pi\sqrt{\frac{m(k_1+k_2)}{k_1k_2}}\right)$

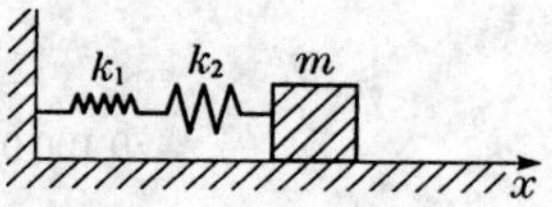

振动、波动单元　习题三(简谐运动能量以及合成)

班级________　学号________　姓名________　成绩________

1. 一物体作简谐运动,振动方程为 $x = A\cos\left(\omega t + \frac{1}{2}\pi\right)$. 则该物体在 $t = 0$ 时刻的动能与 $t = \frac{T}{8}$(T 为振动周期)时刻的动能之比为: (　　)

(A) 1∶4　(B) 1∶2　(C) 1∶1　(D) 2∶1　(E) 4∶1

2. 一作简谐运动的振动系统,振子质量为 2 kg,系统振动频率为 1 000 Hz,振幅为 0.5 cm,则其振动能量为________.

3. 物块悬挂在弹簧下方作简谐运动,当该物块的位移等于振幅的一半时,其动能是总能量的________(设平衡位置处势能为零). 当该物块在平衡位置时,弹簧的长度比原长长 Δl,这一振动系统的周期为________.

4. 在竖直悬挂的轻弹簧下端系一质量为 100 g 的物体,当物体处于平衡状态时,再对物体加一拉力使弹簧伸长,然后从静止状态将物体释放,已知物体在 32 s 内完成 48 次振动,振幅为 5 cm.

(1) 上述的外加拉力是多大?

(2) 当物体在平衡位置以下 1 cm 处时,此振动系统的动能和势能各是多少?((1) 0.444 N; (2) 1.07×10^{-2} J, 4.44×10^{-4} J)

5. 某振子同时参与两个同方向简谐运动,其运动方程分别为 $x_1 = 0.06\cos\left(\pi t + \frac{\pi}{3}\right)$(SI)和 $x_2 = 0.08\cos(\pi t + \varphi)$(SI).

求:(1)当 φ 为何值时,合振动最强,其振幅 A 为多少;(2)当 φ 为何值时,合振动最弱,其振幅 A 为多少. $\left((1)\ \varphi = \frac{\pi}{3} + 2k\pi;\ A = 0.14(\mathrm{SI});\ (2)\ \varphi = \frac{4}{3}\pi + 2k\pi;\ A = 0.02(\mathrm{SI})\right)$

6. 已知,两个同频率同方向的简谐运动方程分别为 $x_1 = 0.3\cos\left(4\pi t + \frac{\pi}{3}\right)$(SI),$x_2 = 0.4\cos\left(4\pi t + \frac{5}{6}\pi\right)$(SI).

求:(1)它们合振动的振幅和初相;(2)合振动的运动方程. ((1) $A = 0.5$ m; $\varphi = 113°$; (2) $x = 0.5\cos(4\pi t + 1.97)$(SI))

7. 两个同方向同频率的简谐运动,其合振幅 A 为 10 cm,合振动与第一个分振动的相位差为 $\frac{\pi}{6}$,如第一个分振动振幅 A_1 为 8 cm,求第二个分振动的振幅 A_2 及两分振动间相位差 $\Delta\varphi$ 各为多少.

($A = 5.06$ cm, $\Delta\varphi = 98.8°$)

振动、波动单元　习题四(波的概念　波函数及分析)

班级________　学号________　姓名________　成绩________

1. 在下面几种说法中,正确的是　(　　)

(A) 波源不动时,波源的振动周期与波动的周期在数值上是不同的

(B) 波源振动的速度与波速相同

(C) 在波传播方向上任一质点的振动相位总是比波源的相位滞后(按差值不大于π计)

(D) 在波传播方向上任一质点的振动相位总是比波源的相位超前(按差值不大于π计)

2. 当机械波由一种介质进入另一种介质时,其传播速度、频率和波长　(　　)

(A) 均发生变化　　(B) 波速和波长变、频率不变

(C) 波速和频率变,波长不变　　(D) 都不变化

3. 一横波的表达式是 $y=2\cos\left[2\pi\left(\frac{t}{0.01}+\frac{x}{30}\right)+\frac{\pi}{3}\right]$,其中 x 和 y 的单位是厘米、t 的单位是秒,此波的波长是________cm,波速是________$\mathrm{m\cdot s^{-1}}$. $x=0$ 处质元的振动初相 $\varphi=$________,波沿 x 轴________传播.

4. 平面简谐波的波动方程为 $y=0.08\cos(4\pi t-2\pi x)$,式中 y 和 x 的单位为 m,t 的单位为 s. 求:(1) $t=2.1$ s时坐标原点及 $x=0.10$ m 两处的相位;(2) x 为 0.08 m 及 0.03 m 两处的相差. ((1) 8.4π、8.2π,(2) 0.1π)

5. 一横波沿绳子传播，其波的表达式为 $y=0.05\cos\left(100\pi t-2\pi x+\frac{\pi}{3}\right)$ (SI)

(1) 求此波的振幅、波速、频率和波长；

(2) 求绳子上各质点的最大振动速度和最大振动加速度；

(3) 求 $x_1=0.2$ m 处和 $x_2=0.7$ m 处两质点振动的相位差. ((2) $15.7\ \mathrm{m\cdot s^{-1}}$, $4.93\times10^3\ \mathrm{m\cdot s^{-2}}$; (3) π)

6. 如图所示，一平面简谐波以波速 $u=30\ \mathrm{m\cdot s^{-1}}$ 沿 x 轴正向传播，已知 A 点振动方程为 $y=0.03\cos3\pi t$ (SI)求：

(1) 以 A 为坐标原点该波的波函数；

(2) 以距 A 点 5 m 处 B 点为坐标原点该波的波函数. ((1) $y=0.03\cos3\pi\left(t-\frac{x}{30}\right)$ (SI); (2) $y=0.03\cos\left[3\pi\left(t-\frac{x}{30}\right)-\frac{\pi}{2}\right]$ (SI))

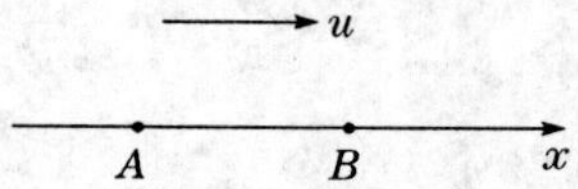

振动、波动单元　习题五（波函数　波的能量）

班级________　学号________　姓名________　成绩________

1. 当一平面简谐机械波在弹性介质中传播时，下列结论正确的是　　　　　　　　　　　　（　　）

（A）介质质元的振动动能增大时，其弹性势能减少，但机械能守恒

（B）介质质元的动能和势能都作周期性变化，但两者相位不同

（C）介质质元的动能和势能作同相变化，但两者数值不等

（D）介质质元在其平衡位置处弹性势能最大

2. 一波源功率为 50 W，若波源发出的为球面波，不计介质对波的吸收，则通过距波源 $r=10$ m 处球面的平均能流为________，该处波的平均能流密度（强度）$\bar{I}=$________.

3. 图（a）表示一质点作简谐运动的振动曲线，则该质点振动的初相位 $\varphi_a=$________，图（b）表示 $t=0$ 时，一简谐波的波形图，则 $x=0$ 处质元振动的初相位 $\varphi_b=$________. 若（b）图中波沿 Ox 轴负向传播，则 $\varphi_b=$________.

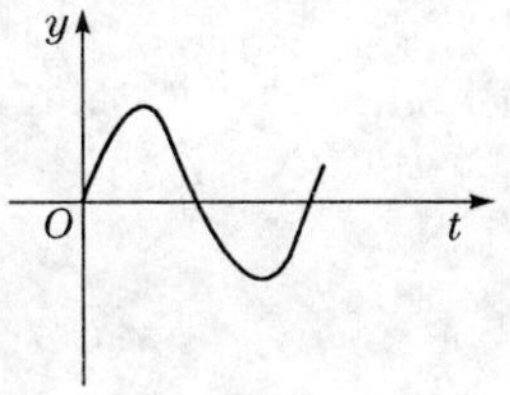

（a）

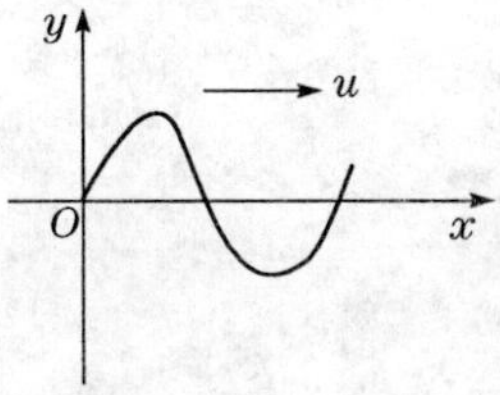

（b）

4. 沿 x 轴负方向传播的平面简谐波在 $t=2$ s 时刻的波形曲线如图所示，设波速 $u=0.5\ \mathrm{m\cdot s^{-1}}$. 求：

（1）波函数；（2）$x=1$ m 处 P 点的振动方程.

（（1）$y=0.5\cos[0.5\pi(t+2x)+0.5\pi]$（SI）；$y_P=0.5\cos(0.5\pi t-0.5\pi)$（SI））

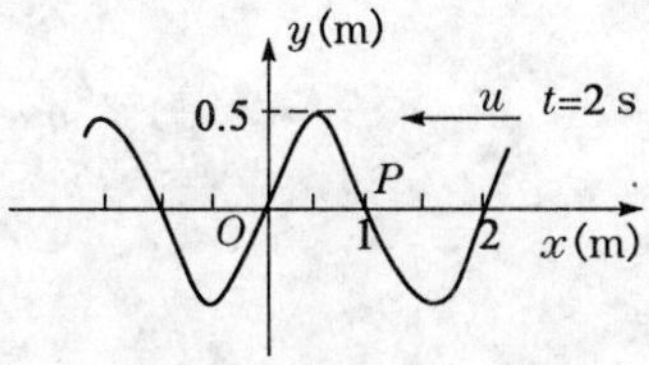

5. 如图,一平面简谐波沿 Ox 轴负向传播,波长为 λ,若图中 P_1 点处质元的运动方程为 $y_1=A\cos(2\pi\nu t+\varphi)$. 求:(1) 该波波函数 y;(2) P_2 处质元的运动方程 y_2. $\left((1)\ y=A\cos\left[2\pi\left(\nu t+\frac{x}{\lambda}\right)+\varphi+\frac{2\pi}{\lambda}L_1\right];(2)\ y_2=A\cos\left[2\pi\nu t+\varphi+\frac{2\pi}{\lambda}(L_1+L_2)\right]\right)$

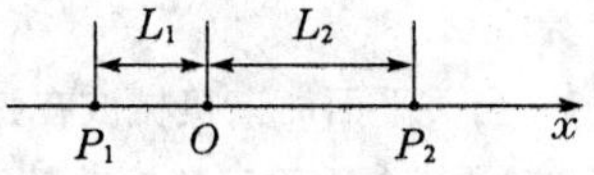

振动、波动单元　习题六(波的叠加)

班级________　学号________　姓名________　成绩________

1. 下列关于两列波是相干波条件的叙述正确的是　(　　)

(A) 振动方向平行,相位差恒定,频率和振幅可以不同

(B) 频率相同,振动方向平行,相位差恒定

(C) 频率和传播方向相同,相位差恒定

(D) 频率相同,振动方向垂直,相位差恒定

2. 如图所示,两列波长为 λ 的相干波在点 P 相遇.波在点 S_1 振动的初相是 φ_1,点 S_1 到点 P 的距离是 r_1.波在点 S_2 的初相是 φ_2,点 S_2 到点 P 的距离是 r_2,以 k 代表零或正、负整数,则点 P 是干涉极大的条件为　(　　)

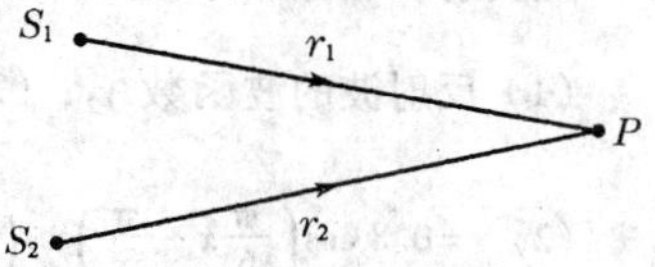

(A) $r_2 - r_1 = k\pi$

(B) $\varphi_2 - \varphi_1 = 2k\pi$

(C) $\varphi_2 - \varphi_1 + 2\pi(r_2 - r_1)/\lambda = 2k\pi$

(D) $\varphi_2 - \varphi_1 + 2\pi(r_1 - r_2)/\lambda = 2k\pi$

3. 在波长为 λ 的驻波中,波腹与相邻波节之间距离为________,在任一波节两侧的质点振动的相位差为________.

4. 如图,两相干波源 S_1 和 S_2,其振动方程分别为 $y_1 = 0.1\cos 2\pi t$(SI),$y_2 = 0.3\cos(2\pi t + \pi)$(SI),它们在 P 处相遇,已知波速 $u = 0.2\ \mathrm{m \cdot s^{-1}}$,$PS_1 = 0.4\ \mathrm{m}$,$PS_2 = 0.5\ \mathrm{m}$,求:两列波传播到 P 点的相位差;(2) P 处质元振动的合振幅,是加强还是减弱.((1) 0;(2) 0.4 m)

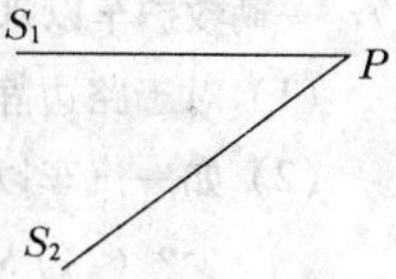

5. 两相干点波源 S_1 和 S_2 位于 x 轴上，如图所示，其振幅相等，频率均为 100 Hz，已知 S_1 比 S_2 的相位滞后 π，若波速为 $400\ \mathrm{m\cdot s^{-1}}$，求 x 轴上因干涉静止点的位置 x.（1）S_1 左侧；（2）S_2右侧；（3）S_1 与 S_2 之间.
（(1)(2)均无干涉静止点；(3) $x=0,\ \pm2,\ \pm4,\ \cdots,\ \pm14$ 共 15 个静止点）

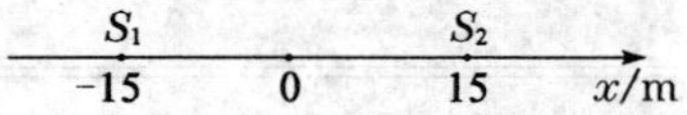

6. 设沿弦线传播的一入射波的表达式为 $y_1=0.4\cos\left[2\pi\left(\frac{t}{2}-\frac{x}{12}\right)-\frac{\pi}{2}\right]$（SI）波在 $x=1$ m 处（B 点）发生反射，反射点为固定端（如图）. 设波在传播和反射过程中振幅不变，求：

（1）反射波的波函数 y_2；（2）合成波（驻波）的表达式 y. $\left(（1）y_2=0.4\cos\left[2\pi\left(\frac{t}{2}+\frac{x}{12}\right)+\frac{\pi}{6}\right](\mathrm{SI})；\right.$

$\left.（2）y=0.8\cos\left(\frac{\pi}{6}x+\frac{\pi}{3}\right)\cos\left(\pi t-\frac{\pi}{6}\right)(\mathrm{SI})\right)$

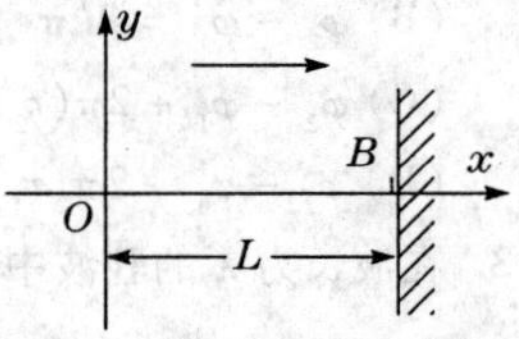

7. 一辆救护车以 $30\ \mathrm{m\cdot s^{-1}}$的速度在公路上行驶，汽笛频率为 500 Hz，设声速为 $330\ \mathrm{m\cdot s^{-1}}$，求：

（1）对于路边静止观察者来说，当救护车驶近时，其感受的汽笛频率为多少？

（2）如一汽车以 $20\ \mathrm{m\cdot s^{-1}}$ 的速度，在救护车后方，与救护车同向行驶，则司机感受到的汽笛频率为多少？（(1) 550 Hz; (2) 486 Hz）

波动光学单元　习题一(光的干涉一)

班级__________　学号__________　姓名__________　成绩__________

1. 在真空中波长为 λ 的单色光,在折射率为 n 的透明介质中从 A 沿某路径传播到 B,若 A、B 两点相位差为 3π,则此路径 AB 的光程为　(　　)

(A) 1.5λ　(B) $\frac{1.5\lambda}{n}$

(C) $1.5n\lambda$　(D) 3λ

2. 如图,在双缝干涉实验中,若把一厚度为 d、折射率为 n 的薄云母片覆盖在 S_1 缝上,中央明条纹将向______移动;覆盖云母片后,两束相干光至原中央明纹 O 处的光程差为____________________.

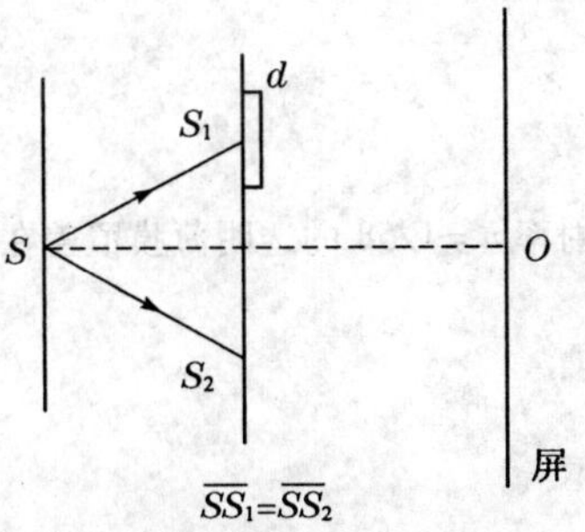

(第3题)

3. 在双缝干涉实验中,双缝与屏间的距离 $d'=1.2$ m,双缝间距 $d=0.45$ mm,若测得屏上干涉条纹相邻明条纹间距为 1.5 mm,求光源发出的单色光的波长 λ.(562.5 nm)

4. 双缝干涉实验装置如图所示,双缝与屏之间的距离 $d' = 120$ cm,两缝之间的距离 $d = 0.50$ mm,用波长 $\lambda = 500$ nm的单色光垂直照射双缝. 求原点 O(零级明条纹所在处)上方的第三级明条纹的坐标 x. (3.6 mm)

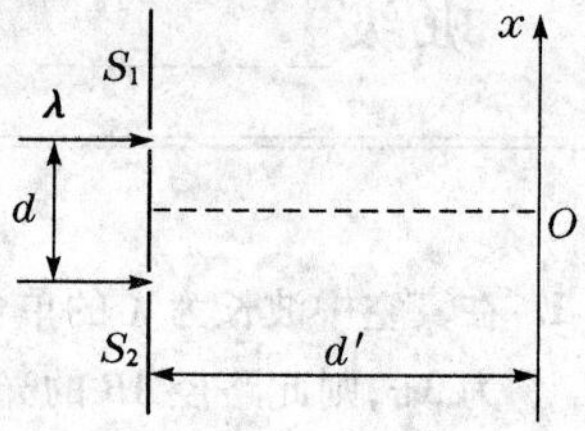

5. 如果用厚度 $l = 1.0\times10^{-2}$ mm,折射率 $n = 1.58$ 的透明薄膜覆盖在上题图中的 S_1 缝后面,求上述第三级明条纹的坐标 x'. (17.5 mm)

波动光学单元　习题二（光的干涉二）

班级________　学号________　姓名________　成绩________

1. 在迈克耳孙干涉仪的一支光路中，放入一片折射率为 n 的透明介质薄膜后，测出两束光的光程差的改变量为一个波长 λ，则薄膜的厚度是　　（　　）

（A）$\frac{\lambda}{2}$　　（B）$\frac{\lambda}{2n}$

（C）$\frac{\lambda}{n}$　　（D）$\frac{\lambda}{2(n-1)}$

2. 用波长为 λ 的单色光垂直照射如图所示的劈形膜（$n_1<n_2<n_3$），观察反射光干涉．劈形膜尖顶处为________纹，从此开始算起，第 2 条明条纹中心所对应的膜厚度 $d=$________________．

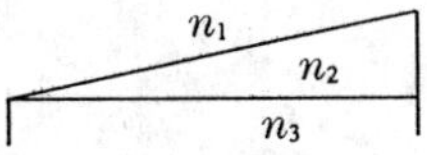

（第 2 题）

3. 波长 $\lambda=600$ nm 的单色光垂直照射到牛顿环装置上，第二个明环与第五个明环所对应的空气膜厚度之差为________nm，若将平凸透镜缓慢向上平移，则牛顿环________（填向中心收缩，向外扩张或静止不动）

4. 用白光垂直照射置于空气中的厚度为 0.50 μm 的玻璃片．玻璃片的折射率为 1.50．在可见光范围内（400 ~ 760 nm）哪些波长的反射光有最大限度的增强？（600 nm，428.6 nm）

5. 用波长为 $\lambda = 600$ nm 的光垂直照射由两块平玻璃板构成的空气劈形膜，劈尖角 $\theta = 2 \times 10^{-4}$ rad. 求：

(1) 相邻明纹的间距 l；

(2) 改变劈尖角，相邻两明条纹间距缩小了 $\Delta l = 1.0$ mm，求劈尖角的改变量 $\Delta\theta$.

((1) 1.5 mm; (2) 4.0×10^{-4} rad)

6. 如图所示，折射率 $n_2 = 1.2$ 的油滴落在 $n_3 = 1.50$ 的平板玻璃上，形成一上表面近似于球面的油膜，测得油膜中心最高处的高度 $d_m = 1.1\ \mu m$，用 $\lambda = 600$ nm 的单色光垂直照射油膜. 求：(1) 油膜周边是暗环还是明环？(2) 整个油膜可看到几个完整暗环？((1) 明; (2) 4 个)

波动光学单元　习题三(光的衍射一)

班级________　学号________　姓名________　成绩________

1. 在夫琅禾费单缝衍射实验中,对于给定的入射单色光,当缝宽度变小时,除中央亮纹的中心位置不变外,各级衍射条纹　　(　　)

(A) 对应的衍射角变小　　(B) 对应的衍射角变大

(C) 对应的衍射角不变　　(D) 光强不变

2. 在单缝夫琅禾费衍射实验中,波长为 λ 的单色光垂直入射在宽度为 $b=4\lambda$ 的单缝上,对应于衍射角为 30°的方向,单缝处波阵面可分成的半波带数目为　　(　　)

(A) 2 个　　(B) 4 个　　(C) 6 个　　(D) 8 个

3. 汽车两盏前灯相距 l,与观察者相距 $S=10$ km. 夜间人眼瞳孔直径 $d=5.0$ mm,人眼敏感波长为 $\lambda=550$ nm,若只考虑人眼的圆孔衍射,则人眼要分辨出汽车两前灯的最小间距 $l=$ ________ m.

4. 在夫琅禾费单缝衍射实验中,用单色光垂直照射单缝,已知入射光波长为 500 nm,透镜焦距 $f=1$ m. 如单缝的宽度 $b=0.5$ mm,求第一级明纹衍射角 θ 和屏上位置 x. (1.5×10^{-3} rad, 1.5 mm)

5. 波长为 600 nm 的单色平行光垂直照射到缝宽 $b=0.1$ mm 的单缝上,缝后有一焦距 $f=60$ cm 的透镜,在透镜的焦平面观察衍射图样. 求:

(1) 中央明纹的宽度 Δx_0;

(2) 中央明纹两侧两个第 1 级明纹中心的间距 Δx.

((1) 7.2 mm; (2) 10.8 mm)

6. 在夫琅禾费单缝衍射实验中用波长为 500 nm 单色光垂直单缝. 透镜焦距 $f=1$ m. 若第一级暗纹对应衍射角为 30°,求缝宽 b. (1.0×10^{-6} m)

7. 一单色平行光垂直照射于一单缝,若其第三条明纹位置正好和波长为 600 nm 的单色光入射时的第二级明纹位置一样,求前一种单色光的波长. (428.6 nm)

8. 老鹰眼睛的瞳孔直径约为 6 mm,问其最多飞翔多高时可看清地面上身长为 5 cm 的小鼠? 设光在空气中的波长为 600 nm. (409.8 m)

波动光学单元　习题四(光的衍射二)

班级__________　学号__________　姓名__________　成绩__________

1. 波长 $\lambda=550$ nm 的单色光垂直入射于光栅常数 $d=2\times10^{-4}$ cm 的平面衍射光栅上,可能观察到的光谱线的最大级次为　(　　)

(A) 2　　(B) 3　　(C) 4　　(D) 5

2. 用波长 $\lambda_1=400$ nm, $\lambda_2=760$ nm 的两种光垂直入射到光栅常数 $d=1.0\times10^{-3}$ cm 的光栅上,若透镜的焦距 $f=50$ cm,求屏幕上这两种光第一级主明纹之间的距离. (1.8 cm)

3. 用钠光($\lambda=589.3$ nm)垂直照射到某光栅上,测得第三级光谱的衍射角为60°.

(1) 若换用另一光源测得其第二级光谱的衍射角为30°,求后一光源发光的波长;

(2) 若以白光(400 ~ 760 nm)照射在该光栅上,求其第二级光谱的张角. ((1) 510 nm; (2) 25°)

4. 一束平行光垂直入射到某个光栅上，该光束有两种波长的光，$\lambda_1 = 440$ nm 和 $\lambda_2 = 660$ nm. 实验发现，两种波长的谱线（不计中央明纹）第二次重合于衍射角 $\varphi = 60°$ 的方向上，求此光栅的光栅常数. (3.05×10^{-6}m)

5. 波长为 600 nm 的单色光垂直入射在一光栅上，其透光和不透光部分的宽度比为 1∶3，第二级主极大出现在 $\sin\varphi = 0.20$ 处. 试问：(1) 光栅上相邻两缝的间距是多少？(2) 光栅上狭缝的宽度有多大？(3) 在 $-90° < \varphi < 90°$ 范围内，呈现全部明条纹的级数为哪些？((1) 6×10^{-6}m；(2) 1.5×10^{-6}m；(3) 0，±1，±2，±3，±5，±6，±7，±9)

波动光学单元　习题五(光的偏振)

班级________　学号________　姓名________　成绩________

1. 光的偏振现象证实了　(　　)

(A) 光的波动性　(B) 光是电磁波　(C) 光是纵波　(D) 光是横波

2. 一束光通过方解石晶体会产生两束光,有　(　　)

(A) 寻常光(o 光)是偏振光,非常光(e 光)是自然光

(B) 寻常光是自然光,非常光是偏振光

(C) 寻常光和非常光都是偏振光,但寻常光遵守折射定律,非常光不遵守

(D) 寻常光和非常光都是自然光,但寻常光遵守折射定律,非常光不遵守

3. 一束光强为 I_0 的自然光通过两个偏振片,已知两偏振片的偏振化方向成45°角,则通过第一个偏振片后的光为________光,光强为________,通过第二个偏振片的光是________光,光强为________.

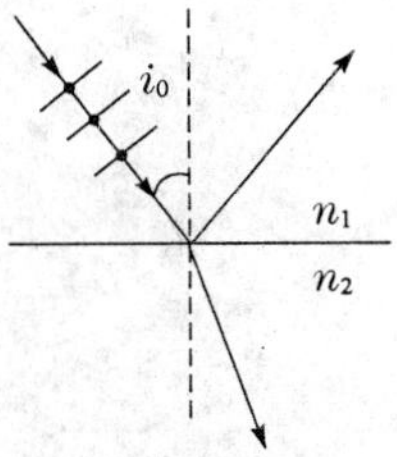

4. 如图,当一束自然光以布儒斯特角 i_0 入射到两种介质的分界面(垂直于纸面)上时,画出图中反射光和折射光的光矢量振动方向. 反射光为________光. 其振动方向________于入射面. 并在图中分别标出反射光和折射光的偏振态.

5. 将两个偏振片叠放在一起,此两偏振片的偏振化方向之间的夹角为60°,一束光强为 I_0 的线偏振光垂直入射到偏振片上,该光束的光矢量振动方向与二偏振片的偏振化方向皆成30°角.

(1) 求透过偏振片后的光束强度;

(2) 若将原入射光束换为强度相同的自然光,求透过偏振片后的光束强度. $\left((1)\ \frac{3}{16}I_0;\ (2)\ \frac{1}{8}I_0\right)$

6. 自然光入射到一组偏振片上，这组偏振片有 3 片，每片偏振片的偏振化方向依次相对前一个沿顺时针方向转过 30°角，求透射光强占入射光强的百分比.（28.1%）

7. 用相互平行的一束自然光和一束线偏振光构成的混合光垂直照射在一偏振片上，以光的传播方向为轴旋转偏振片时，发现透射光强的最大值为最小值的 4 倍，求入射光中自然光强 I_0 与线偏振光强 I 之比.$\left(\frac{2}{3}\right)$

8. 一束自然光自空气入射到水（折射率为 1.33）表面上，若反射光是线偏振光，

（1）此入射光的入射角为多大?

（2）折射角为多大?（（1）53.1°；（2）36.9°）

近代物理基础单元　习题一（狭义相对论一）

班级________　学号________　姓名________　成绩________

1. 按照相对论的时空观，判断下列叙述中正确的是　(　　)

(A) 在一个惯性系中，两个同时的事件，在另一惯性系中一定是同时事件

(B) 在一个惯性系中，两个同时的事件，在另一惯性系中一定是不同时事件

(C) 在一个惯性系中，两个同时又同地的事件，在另一惯性系中一定是同时同地事件

(D) 在一个惯性系中，两个同时不同地的事件，在另一惯性系中只可能同时不同地

(E) 在一个惯性系中，两个同时不同地的事件，在另一惯性系中只可能同地不同时

2. 有一细棒固定在 S' 系中，它与 Ox' 轴的夹角 $\theta' = 60°$，如果 S' 系以速度 u 沿 Ox 方向相对于 S 系运动，S 系中观察者测得细棒与 Ox 轴的夹角　(　　)

(A) 等于 60°

(B) 大于 60°

(C) 小于 60°

(D) 当 S' 系沿 Ox 正方向运动时大于 60°，而当 S' 系沿 Ox 负方向运动时小于 60°

3. 有下列几种说法：(1) 两个相互作用的粒子系统对某一惯性系满足动量守恒，对另一个惯性系来说，其动量不一定守恒；(2) 在真空中，光的速度与光的频率、光源的运动状态无关；(3) 在任何惯性系中，光在真空中沿任何方向的传播速率都相同. 上述说法中正确的是　(　　)

(A) 只有(1)、(2) 是正确的

(B) 只有(1)、(3)是正确的

(C) 只有(2)、(3)是正确的

(D) 三种说法都是正确的

4. 设有两个惯性系 S 和 S'，S'系相对于 S 系以 $v = 0.6c$ 沿 xx'轴正方向运动，在 $t = t' = 0$ 时，S 系与 S'系重合，有一事件，在 S'系中发生在 $t' = 8.0 \times 10^{-8}$ s，$x' = 60$ m，$y' = 0$，$z' = 0$ 处，则该事件在 S 系内发生的时间坐标为____________，空间坐标为________________________。

5. 一固有长度为 4.0 m 的物体，若以速率 $0.60c$ 沿 x 轴相对某惯性系运动，从该惯性系来测量，此物体的长度为__________.

6. 若从一惯性系中测得宇宙飞船的长度为其固有长度的一半，则宇宙飞船相对此惯性系的速度为（以光速 c 表示）__________.

7. π^+ 介子是一不稳定粒子，平均寿命是 2.6×10^{-8} s（在它自己的参照系中测得）. (1) 如果此粒子相对于实验室以 $0.8c$ 的速度运动，那么实验室坐标系中测量的 π^+ 介子寿命为__________s；(2) π^+ 介子在衰变前运动了__________m.

8. 远方的一颗星以 $0.8c$ 的速度离开我们，接受到它辐射出来的闪光按 5 昼夜的周期变化，固定在此星上的参照系测得的闪光周期为__________.

9. 在惯性系 S 中观察到有两个事件发生在同一地点，其时间间隔为 4.0 s，从另一惯性系 S' 中观察到这两个事件的时间间隔为 6.0 s，设 S' 系以恒定速率相对 S 系沿 xx' 轴运动，试问：

（1）S' 系相对于 S 系的运动速度；

（2）从 S' 系测量到这两个事件的空间间隔. $\left(（1）v = \pm\frac{\sqrt{5}}{3}c；（2）\Delta x' = \mp 1.34\times10^{9}\,\mathrm{m}\right)$

10. 在惯性系 S 中，有两个事件同时发生在 xx' 轴上相距为 $1.0\times10^{3}\,\mathrm{m}$ 的两处，从惯性系 S' 观察到这两个事件相距为 $2.0\times10^{3}\,\mathrm{m}$ 处，设 S' 系相对于 S 系以恒定速率沿 xx' 轴运动. 试问：

（1）S' 系相对于 S 系速率；

（2）由 S' 系测得此两个事件的时间间隔. $\left(（1）v = \pm\frac{\sqrt{3}}{2}c；（2）\Delta t' = \pm 5.77\times10^{-6}\,\mathrm{s}\right)$

近代物理基础单元　习题二(狭义相对论二)

班级________　学号________　姓名________　成绩________

1. 地球上一观察者,看到一飞船 A 以 $v_A = 2.4\times10^8\,\mathrm{m\cdot s^{-1}}$ 向东飞行,另一飞船 B 以 $v_B = 1.8\times10^8\,\mathrm{m\cdot s^{-1}}$ 跟随 A 向东飞行,求:

(1) A 船乘客看到 B 船的速度;

(2) B 船乘客看到 A 船的速度.((1) $1.15\times10^8\ \mathrm{m\cdot s^{-1}}$　向西;(2) $1.15\times10^8\ \mathrm{m\cdot s^{-1}}$　向东)

2. 一原子核以 $0.5c$ 的速度离开观察者而运动,原子核在它运动方向上向前发射一电子,该电子相对于原子核有 $0.8c$ 的速度;此原子核又向后发射了一光子指向观察者. 对静止观察者来讲:(1) 电子具有多大的速度;(2) 光子具有多大的速度.((1) $0.93c$;(2) $-c$)

3. 某人测得一静止棒长为 l,质量为 m,于是求得此棒线密度为 $\rho=\frac{m}{l}$. 假定此棒以速度 v 在棒长方向上运动,此人再测棒的线密度应为____________,若棒在垂直长度方向上运动,它的线密度又为__________.

4. 将电子由静止加速到速率为 $0.1c$,需对它做__________功,如将电子由速度率 $0.80c$ 加速到 $0.90c$,又需对它做__________功.

5. 若一电子的总能量为 5.0 MeV,则该电子的静止能量为__________,动能为__________、动量为__________、速率为____________ c.

6. 设电子的速度为(1)$1.0\times10^{6}\ \mathrm{m\cdot s^{-1}}$、(2)$2.0\times10^{8}\ \mathrm{m\cdot s^{-1}}$,试计算电子的动能各是多少?如用古典力学公式计算电子动能又各为多少?((1) 4.55×10^{-19} J, 4.55×10^{-19} J; (2) 2.79×10^{-14} J, 1.82×10^{-14} J)

近代物理基础单元　习题三(黑体辐射　光电效应)

班级__________　学号__________　姓名__________　成绩__________

1. 随着黑体绝对温度的升高,其最大单色辐出度对应的波长将　(　　)

(A) 不受影响　(B) 向长波方面移动

(C) 向短波方面移动　(D) 先向长波方面移动,随后移向短波

2. 天狼星的温度大约是 11 000℃,由维恩位移定律可计算出单色辐出度峰值对应的波长是______________________。

3. 在加热黑体过程中,其最大辐出度对应的波长由 0.69×10^{-6} m 变到 0.5×10^{-6} m,总辐出度变为原来的几倍?(3.63)

4. 太阳可看作是半径为 7.0×10^{8} m 的球形黑体,试计算太阳的温度. 设太阳射到地球表面上的辐射能量为 1.4×10^{3} $\mathrm{W\cdot m^{-2}}$,地球与太阳间的距离为 1.5×10^{11} m. (5.8×10^{3} K)

5. 关于光子的性质,有以下说法:(1)不论真空中或介质中的速度都是 c; (2)它的静止质量为零;(3)它的动量为 $h\nu/c$; (4)它的总能量就是它的动能;(5) 它有动量和能量,但没有质量. 其中正确的是 (　　)

(A) (1)(2)(3)　　(B) (2)(3)(4)　　(C) (3)(4)(5)　　(D) (3)(5)

6. 波长为 500 nm 的可见光能量为__________J,动量为__________$\text{kg}\cdot\text{m}\cdot\text{s}^{-1}$,质量为__________kg.

7. 钨的逸出功是 4.52 eV,钡的逸出功是 2.50 eV,分别计算钨和钡的截止频率,哪一种金属可以用作可见光范围内的光电管阴极材料? (1.09×10^{15} Hz, 6.3×10^{14} Hz,钡)

8. 钾的截止频率为 4.62×10^{14} Hz,今以波长为 435.8 nm 的光照射,求钾放出的光电子的初速度. ($5.74\times10^{5}\,\text{m}\cdot\text{s}^{-1}$)

近代物理基础单元　习题四(康普顿效应等)

班级________　学号________　姓名________　成绩________

1. 光电效应和康普顿效应都是光子和物质原子中的电子相互作用过程,其区别何在?在下面几种理解中,正确的是　(　　)

(A) 两种效应中电子与光子组成的系统都服从能量守恒定律和动量守恒定律

(B) 光电效应是由于电子吸收光子能量而产生的,而康普顿效应则是由于电子与光子的弹性碰撞过程

(C) 两种效应都相当于电子与光子的弹性碰撞过程

(D) 两种效应都属于电子吸收光子的过程

2. 波长为 0.10 nm 的辐射,射在碳上,从而产生康普顿效应. 从实验中,测量到散射辐射的方向与入射辐射的方向相垂直. 求:(1) 散射辐射的波长;(2) 反冲电子的动能和运动方向. ((1) 0.1024 nm; (2) 291 eV, 44.3°)

3. 在康普顿效应中,入射光子的波长为 3.0×10^{-3} nm,反冲电子的速度为光速的60%,求散射光子的波长及散射角. (4.35×10^{-12} m, 63°36′)

4. 由玻尔理论导出的氢原子能级公式及轨道半径公式可得到 ( )

(A) 当 n 越大时，相邻两能级间能量差越大，半径差越大

(B) 当 n 越大时，相邻两能级间能量差越大，半径差越小

(C) 当 n 越大时，相邻两能级间能量差越小，半径差越大

(D) 当 n 越大时，相邻两能级间能量差越小，半径差越小

5. 玻尔的氢原子理论的三个基本假设是：

(1) ____________________;

(2) ____________________;

(3) ____________________.

6. 在玻尔氢原子理论中，当电子由量子数 $n_i=5$ 的轨道跃迁到 $n_f=2$ 的轨道上时，对外辐射光的波长为多少？若再将该电子从 $n_f=2$ 的轨道跃迁到游离状态，外界需要提供多少能量？（435.3 nm，5.44×10^{-19}J）

7. 如用能量为 12.6 eV 的电子轰击氢原子，将产生哪些谱线？（102.6 nm，657.9 nm，121.6 nm）

近代物理基础单元　习题五(德布罗意波　不确定关系)

班级__________　学号__________　姓名__________　成绩__________

1. 德布罗意波的统计意义是____

____.

2. 若电子和光子的波长均为0.20 nm,则它们的动量和动能各为多少?

(3.32×10^{-24} kg·m·s^{-1}, 3.32×10^{-24} kg·m·s^{-1}, 37.8 eV, 6.23×10^{3} eV)

3. 已知 α 粒子的静质量为 6.68×10^{-27} kg. 求速率为 5 000 km·s^{-1} 的 α 粒子的德布罗意波长. (1.99×10^{-15} nm)

4. 求动能为 1.0 eV 的电子的德布罗意波的波长. (1.23 nm)

5. 关于不确定关系 $\Delta x\Delta p_x \geqslant h$,有以下几种理解:(1)粒子的动量不可能确定,但坐标可以被确定;(2) 粒子的坐标不可能确定,但动量可以被确定;(3)粒子的动量和坐标不可能同时确定;(4) 不确定关系不仅适用于电子和光子,也适用于其他粒子. 其中正确的是 (　　)

(A) (1)、(2)　　(B) (2)、(4)　　(C) (3)、(4)　　(D) (1)、(4)

6. 设粒子运动的波函数分别如图(a)、(b)、(c)、(d)所示,那么其中________图确定粒子动量准确度最高,________图确定粒子位置准确度最高.

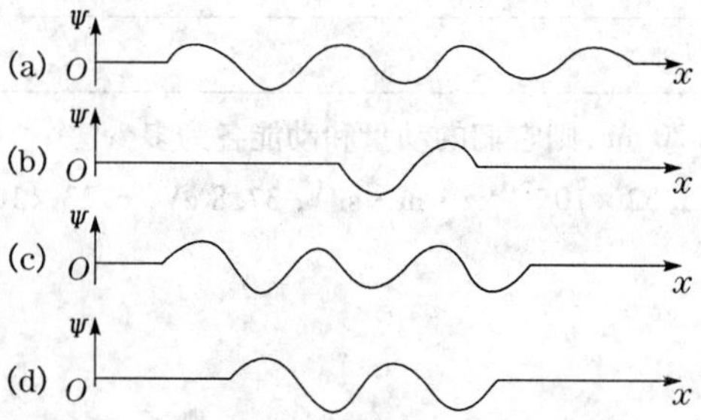

7. 电子位置的不确定量为 5.0×10^{-2} nm 时,其速率的不确定量为多少?($1.46\times10^{7}\ \mathrm{m\cdot s^{-1}}$)

8. 一质量为 40 g 的子弹以 $1.0\times10^{3}\ \mathrm{m\cdot s^{-1}}$的速率飞行,求:(1)其德布罗意波的波长;(2) 若测量子弹位置的不确定量为 0.10 mm,求其速率的不确定量. ((1) 1.66×10^{-35} m; (2) $1.66\times10^{-28}\ \mathrm{m\cdot s^{-1}}$)

近代物理基础单元　习题六(一维势阱等)

班级________　学号________　姓名________　成绩________

1. 已知粒子在一维矩形无限深势阱中运动,其波函数为

$$\psi(x)=\sqrt{\frac{2}{a}}\sin\frac{3\pi}{a}x\quad(0\leqslant x\leqslant a)$$

那么粒子在 $x=\dfrac{a}{6}$ 处出现的概率密度为　　　(　　)

(A) $\dfrac{\sqrt{2}}{\sqrt{a}}$　　(B) $\dfrac{1}{a}$　　(C) $\dfrac{2}{a}$　　(D) $\dfrac{1}{\sqrt{a}}$

2. 设有一电子在宽为 0.20 nm 的一维无限深的方势阱中.(1)计算电子在最低能级的能量;(2)当电子处于第一激发态时,在势阱何处出现的概率最小,其值为多少?((1) 9.43 eV;(2) $x=0$、0.10 nm、0.20 nm,0)

3. 一电子被限制在宽度为 1.0×10^{-10} m 的一维无限深势阱中运动.（1）欲使电子从基态跃迁到第一激发态需给它多少能量？（2）在基态时,电子处于 $x_1=0.090\times10^{-10}$ m 与 $x_2=0.110\times10^{-10}$ m 之间的概率为多少？（3）在第一激发态时,电子处于 $x_1=0$ 与 $x_2=0.25\times10^{-10}$ m 之间的概率为多少？((1) 112 eV; (2) 3.8×10^{-3}; (3) 0.25)

4. 在描述原子内电子状态的量子数 n, l, m_l 中:(1)当 $n=5$ 时, l 的可能值是多少？(2)当 $l=5$ 时, m_l 的可能值为多少？(3)当 $l=4$ 时, n 的最小可能值是多少？(4)当 $n=3$ 时,电子可能状态数为多少？((1) 0, 1, 2, 3, 4; (2) 0, ±1, ±2, ±3, ±4, ±5; (3) 5; (4) 18)